国外实用统计丛书

统计计算　使用 R

Statistical Computing with R

[美] 玛利亚 L. 里佐（Maria L. Rizzo）著
胡　锐　李　义　译

机械工业出版社

本书是统计计算或者计算统计学教材. 书中包含了计算统计学的传统核心问题：概率分布模拟随机变量、蒙特卡罗积分和方差缩减法、蒙特卡罗法和马尔可夫链蒙特卡罗方法、自助法和水手刀法、密度估计和多元数据可视化等内容.

本书包含大量实例和练习, 所有实例中的代码都可以在网站上下载. 实现实例所使用的数据也都是 R 中的公开数据或者模拟数据.

本书既可作为高年级本科生和研究生的教材, 也可作为相关科研人员和统计爱好者的参考书.

图书在版编目（CIP）数据

统计计算：使用 R/（美）玛利亚 L. 里佐（Maria L. Rizzo）著；胡锐, 李义译. —北京：机械工业出版社, 2016. 12（2023.6重印）
（国外实用统计丛书）
书名原文：Statistical Computing with R（Chapman Hall/CRC The R Series）
ISBN 978-7-111-55362-5

Ⅰ. ①统… Ⅱ. ①玛…②胡…③李… Ⅲ. ①概率统计计算法 – 高等学校 – 教材 Ⅳ. ①O242. 28

中国版本图书馆 CIP 数据核字（2016）第 273011 号

机械工业出版社（北京市百万庄大街22 号　邮政编码100037）
策划编辑：韩效杰　责任编辑：韩效杰
责任校对：王　延　封面设计：张　静
责任印制：张　博
北京建宏印刷有限公司印刷
2023 年 6 月第 1 版第 3 次印刷
184mm×260mm · 24 印张 · 580 千字
标准书号：ISBN 978-7-111-55362-5
定价：79.00 元

凡购本书, 如有缺页、倒页、脱页, 由本社发行部调换
电话服务　　　　　　　　　　　　网络服务
服务咨询热线：010-88379833　　机 工 官 网：www.cmpbook.com
读者购书热线：010-88379649　　机 工 官 博：weibo. com/cmp1952
　　　　　　　　　　　　　　　　教育服务网：www.cmpedu.com
封面无防伪标均为盗版　　　　金 书 网：www.golden-book.com

译者序

本书不但是美国统计计算方面的畅销教科书，而且在欧洲和澳大利亚的销量也很好，同时也已出版日文版. 本书的最大特点是，不但给出了关于统计计算算法的简单解释，而且还通过相应简单且高效的R程序去实现. 阅读本书时强烈建议读者运行相应的R程序，读者可以通过微调一些参数的大小，帮助自己更好地理解书中的概念和算法. 把书中的程序稍加改变，便可将其应用在自己的学习、工作和科研中. 其他关于统计计算的书，虽然对统计计算的概念和算法也有很好的论述，但是往往缺少与之相对应的程序去实现书中的算法. 对于第一次学习统计计算的读者，如果只有关于算法的论述，往往只能获得对算法的模糊认识. 本书把讲解和程序相结合，这也正是其在美国成为畅销教科书的一个重要原因. 本书不但对学习统计计算很重要，而且对学习其他统计课程有很高的参考价值.

前　言

本书是对统计计算和计算统计学的介绍. 计算统计学是统计研究和应用中发展非常迅速的一个领域. 它包含了统计学中需要进行大量计算的方法, 比如蒙特卡罗方法、自助法、马尔可夫链蒙特卡罗方法、密度估计、非参数回归、分类和聚类, 以及多元数据可视化等. Gentle[113]和Wegman[295]将计算统计学称为统计学中的计算密集型方法. 统计计算主要专注于统计量的数值算法, 至少传统上是这样的（参见Thisted[269]）. 通常一本书的书名只含有两个名词中的一个, 比如Givens和Hoeting的《计算统计学》(Computational Statistics[121]）, 该书包含了最优化、数值积分、密度估计和光滑, 以及计算统计学中的蒙特卡罗方法和马尔可夫链蒙特卡罗方法中经典的统计计算问题. 我们将本书的书名定为《统计计算 使用R》, 它既是指统计计算, 也是指计算统计学. 而且虽然没有在书名中指出, 但是本书着重强调了蒙特卡罗方法和重抽样.

R是一个基于S语言的统计学计算环境. 相关软件在自由软件基金会(Free Software Foundation)的GNU通用公共许可协议(GNU General Public License)条款下是免费的. 它在很多操作系统中都可以使用, 比如Linux, Windows, 以及 Mac OS. 具体说明可以参见http://www.r-project.org/. 本书中所有的例子都是在R中实现的.

本书面向的读者是研究生, 以及学习了微积分、线性代数、概率论和数理统计课程的高年级本科生. 本书可以作为计算统计学的入门教材, 也可以用来自学. 此外, 由于相关内容的计算特性, 本书也是一本很好的R语言使用指南, 书中通过大量的例子在实际计算问题的背景下阐明编程概念. 本书并不要求读者熟悉任何编程语言.

相对于理论, 本书更注重实现过程, 但是会解释清楚与数学思想以及理论基础之间的联系. 第1章对计算统计学做了一个综述, 对R统计计算环境做了简单的介绍. 第2章对概率和经典统计推断中的基本概念做了总结和回顾. 余下部分每一章都涵盖了一个计算统计学的主题.

本书的主题包含了计算统计学的传统核心内容：由概率分布模拟随机变量、蒙特卡罗积分和方差缩减方法、蒙特卡罗和马尔可夫链蒙特卡罗方法、自助法和水手刀法、密度估计以及多元数据可视化. 尽管R提供了常见概率分布的随机生成程序, 但是生成这些分布在算法学习方面还是有指导意义的. 在研究问题中经常遇到非标准的、推广的或未实现的分布. 书中也介绍了生成混合变量和多元数据的方法. 本书在最后一章介绍了R中的数值方法.

本书包含了大量的例子和练习. 所有的例子都可以在R统计计算环境中彻底实现, 例子的代码可以在作者的个人网站personal.bgsu.edu/ mrizzo上下载. 为了保证资料的独立完整, 所有的例子和练习所使用的都是R（基本程序包和推荐程序包）中的数据集或者模拟数据. 此外也使用了一些CRAN提供的程序包中的函数和数据集, 它们可以通过R中的函数来安装.

本书的出版周期很长, 而软件却在不断演变. 当读者拿到这本书时可能已经出现了一个或者多个R的新版本. 笔者在现有R版本下已尽了最大努力来检查代码示例, 欢迎读者的批评、建议和指正.

致谢

R是非常出色的统计计算软件包, 而这在一定程度上也促成了本书的出现, 笔者对开发小组不断支持和改进这个软件表示感谢.

一些专家给出了非常有价值的建议和意见, 我在此表示感谢, 尤其是Jim Albert、Hua Fang、Herb McGrath、Xiaoping Shen和Gábor Székely. 我还想对我的学生们所做的贡献表示感谢, 他们在俄亥俄大学使用了本书的初稿并提供了很多有益的反馈, 特别感谢Roxana Hritcu、Nihar Shah和Jinfei Zhang. 在整个出版过程中, Taylor&Francis/CRC出版社的编辑Bob Stern、项目编辑Marsha Hecht、项目助理Amber Donley给予了很大的帮助. 最后, 我想感谢我的家人, 谢谢他们一直以来的支持和鼓励.

Maria L. Rizzo

博林格林州立大学数学与统计系

目　录

附录

表 格 目 录

插 图 目 录

XI

第1章　引　言

1.1　计算统计和统计计算

计算统计和统计计算是统计的两个领域，可宽泛地描述为用计算、图形和数值方法去解决统计问题. 统计计算传统上把重点放在数值方法和算法，例如最优化和随机数产生，而计算统计可能包括诸如探索数据分析、蒙特卡罗方法和数据分割的主题. 然而，大多数使用计算密集方法的研究人员会同时使用统计计算和计算统计的方法；统计计算和计算统计有比较大的重叠，在不同的上下文和不同的学科中，术语的使用有所不同. Gentle[113]、Givens和Hoeting[121]使用计算统计去涵盖所有与之相关的并且应该包含在现代入门教科书中的主题，这样统计计算在某种程度上被包含于这个更宽泛的计算统计的定义中. 另一方面，期刊和专业组织却使用这两个术语去包含相同的领域，这样的组织有国际统计计算协会、国际统计协会和美国统计协会的统计计算分会.

这本书包含了统计计算和计算统计的部分内容，因为一本统计计算方法的入门书必须同时包括两者. 现将部分本书所涵盖的主题表述如下：

蒙特卡罗方法是指在需要使用模拟技术的统计推断和数值分析中的一个宽泛的集合. 许多统计问题可以通过某种形式的蒙特卡罗积分来解决. 在参数自举中，用产生自给定概率分布的样本去计算概率，获得诸如偏差和样本误差之类的信息来评估在统计推断中各方法的性能，并比较基于同一问题不同方法的性能. 诸如普通自助法和水手刀法等重复抽样方法属于非参数方法. 当随机变量的分布或是产生变量分布的方法无法得到时，非参数方法可以被使用. 对蒙特卡罗分析的需求之所以不断增长，是因为在许多问题中，渐进估计值是令人不满意的或是困难的. 收敛到极限分布的速度很慢，或是我们需要基于有限样本的结果；或是渐进分布有未知参数. 5、6、7、8和9章是讲述蒙特卡罗方法的. 模拟分析的第一工具是产生伪随机样本；这些方法将在第3章中讲述.

马尔可夫链蒙特卡罗（Markov Chain Monte Carlo，MCMC）方法是基于样本产生自特定目标概率分布的算法，而该分布是马尔可夫链的平稳分布. 这些方法在贝叶斯分析、计算物理和计算金融中被广泛使用. 第9章讲述马尔可夫链蒙特卡罗方法.

在计算密集型方法中，一些主题也同样值得介绍. 第10章密度估计讲述了密度的非参数估计，在探索数据分析、聚类分析和其他方面有着很多用途. 计算方法是多维数据可视化和维数缩减的核心. 随着人们对海量数据和流数据的兴趣日渐浓厚，来自工程和生物领域的高维数据也在日益增多，例如，在多变量分析及可视化方面，就迫切需要一种改进的或全新的算法. 第4章介绍了多维数据的可视化. 第11 章讲述了在最优化和数值积分中的一些方法.

一些好的参考文献被推荐. Gentle[113]和Gentle负责编写的计算统计手册详尽地涵盖了计算统计的内容. Givens 和Hoetings[121]是一本关于计算统计和统计计算比较新的研究生教材. Martinez和Martinez[192]是计算统计的入门书，书中的例子代码是用MATLAB写的. 计算统计的书籍包括Kennedy和Gentle[161]以及Thisted[269]. Kundu或Basu[165]包含了对统计计算比较新的概述. Lange[168]或Monahan[202]则讲述了数值分析的统计应用. 涵盖蒙特卡罗方法或是重复抽样的书籍包括Davison和Hinkley[63]，Efron和Tibshirani[84]，Hjorth[143]，Liu[179]，以及Robert 和Casella[228]. Scott[244]和Silverman讲述了密度估计.

1.2　　R环境

R环境是基于S的用来数据分析和可视化的一套软件和编程语言. "什么是R？"这是一个经常被问到的问题，这个问题也包括在R的在线文档中. 以下是从R FAQ中的一段摘录.

R是统计计算和图形软件. 它包含一种语言、图形运行环境、编译器，以及特定系统函数的入口，它能运行存储在脚本文档中的程序.

R软件的主页是http://www.r-project.org/，当前可用的R版本和说明文档存储于R 综合典藏网(CRAN). CRAN的主网站设在奥地利的维也纳技术大学(TU Wien, Austria). 可通过http://cran.R-project.org/访问. R版本包括基本和推荐的包含文档的包. 帮助系统和几个参考手册将和软件一起被安装.

R是基于S语言的. R-FAQ（常见问题）[147]给出了R和S的一些详细区别. Venables和Ripley是在应用统计中如何使用S、Splus和R的一本好书. 其他关于S的资料有参考文献[24，41，42，277].

一本非常好的入门书是《R入门手册》[279].一些入门书籍包括 Dalgaard[62]和Verzani[280]. 关于编程方法参见Chambers[41]，以及Venables和Ripley[277,278]. 其他关于Splus、S和（或）R的文献同样也有帮助(参见Crawley[57]或Everitt和Hothorn[88]). Albert[5]是贝叶斯统计计算的入门书. 关于统计建模，参见Faraway[90,91]，Fox[97]、Harrell[131]，以及Pinhiero和Bates[211]. 更多的参考书可以在R软件主页上找到.

在本书中编程只在需要的章节才讨论. 本书的"R笔记"解释新的函数或编程方法. 本书鼓励读者查询R帮助文档和手册[147,279,217]. 关于安装和使用图形用户界面，最好的参考书是R手册[218]和网站www.r-project.org上的信息.

在余下部分，我们讲述一些基本信息来帮助新用户使用R. 其主题包括基本语法、如何使用在线帮助、数据集、文档、脚本和各种包，同时也简述了各种图形函数. 关于数据框，参照附录B.

1.3 第一次如何使用R

R有一个命令行界面，它可以被交互使用或用于批处理. 命令行可以在R控制窗口的命令提示符中输入，或经由source命令（见1.8 节）. 例如，我们可以通过输入以下公式或（更简单）输入dnorm函数，计算标准正态密度.

```
> 1/sqrt(2*pi)*exp(-2)
[1] 0.05399097
> dnorm(2)
[1] 0.05399097
```

在上面的例子中，命令提示符是"＞". "[1]"表示显示的命令运行结果是向量的第一个元素.

一个命令可以延续到第二行. 当前一行命令不完整时，下一行命令提示符会由"＞"变为"＋". 在下面这个例子中，画图命令延续到第二行，同时命令提示符变为"＋".

```
> plot(cars,xlab="Speed", ylab = "Distance to stop",
+ main = "Stopping Distance for Cars in 1920")
```

当一个语句或是表达式在本行结束处不完整时，语法分析程序会自动延续到下一行，不需要其他特殊符号来结束本行. （分号可用来在同一行分割不同的语句，但是一行多个语句也会使程序难以阅读）. 一组句子可以放在花括号中使其成为一个（复合）表达式. 如果想取消一条命令、部分命令，或是运行中的程序，可以用〈Ctrl+C〉，或是在Windows版本中R的图形用户界面（GUI），使用键盘左上角〈Esc〉键（退出键）. 退出R程序，可以输入命令q()或是直接关闭R的图形用户界面.

通常赋值操作符是"<-". 例如，"x<- \quad sqrt(2*pi)"，赋值$\sqrt{2\pi}$给变量"x".

在R控制台中输入的语句会自动在控制台中显示出来，但赋值操作符却不显示. 我们可用一些输出方法把对象结果显示出来，所以整个对象结果的自动显示不是必需的，但是可以显示一个汇总的结果. 比较以下命令的作用. 第一个命令自动显示序列$(0.0, 0.5, 1.0, 1.5, 2.0, 2.5, 3.0)$，但是不储存这个序列. 而第二个命令把这个序列储存到"x"中，但是不显示.

```
seq(0, 3, 0.5)
x <- seq(0, 3, 0.5)
```

操作符

以下语法是一些关于R操作符和语法的帮助提示（见表1.1）. 通过"?"加关键词可以调用系统相关帮助文档.

```
?Syntax
?Arithmetic
?Logic
?Comparison \# 关系运算操作符
?Extract      \# 向量和数组操作符
?Control      \# 控制流
```

函数和变量的符号或标签对大小写是敏感的，可以包括字母、数字和英文句点. 符号不可以包括下画线，不可以以数字开头⊖. 许多符号已经在R的基本包或是推荐包定义中. 如果想确定一个符号是不是已被定义，可以在命令提示符后输入该符号. 例如，符号"q""t""I""T"和"F"已在R中被定义. 注意当一个包被安装时，其他符号可能会被这个包定义.

```
> T
[1] TRUE
> t
function (x)UseMethod("t")<environment: namespace:base>
> g
Error: object "g" $not found
```

这里我们看到符号"T"和"t"都已定义，但是"g"没有被R或者用户定义. 用户可以给诸如"t"和"T"等已定义的符号赋新值，但这是一个坏的编程习惯，它可能会导致不可预料的结果和编程错误.

大多数R的新用户有诸如C、MATLAB或是SAS等语言的编程经验. 一些操作和特性对这些语言是共同的. 表1.1罗列了一些共同使用的操作符和语法. 更多细节见语法帮助. 表1.2罗列了一些各语言共同的函数. 多数的算术运算符是针对向量元素的. 例如，"x^2"将对向量"x"的每一个元素进行二次方运算，或是对矩阵"x"的每一元素进行二次方运算. 相同地，"x*y"将对向量"x"的每一元素和"y"向量的对应元素进行求积运算（但如果两个向量的长度不一样，R将给出一个警告）. 表1.3讨论矩阵运算符.

1.4　使用R在线帮助

想得到相关主题的帮助文档，输入"?topic"或"help(topic)"，输入的"topic"是用户想获得帮助的主题的名字. 例如，输入"?seq"将显示与序列函数有关的文档. 在一些情况下，用引号把主题括起来是很有必要的.

⊖ "x_4"可以作为变量名，但如果变量名可以以数字开头，那么对于一个给定的字符，例如8，计算机将无法识别8是数字还是变量名. ——译者注

表 1.1　R语法和常用的操作符

描述	R符号	例子
注释	#	# 这是一个注释
赋值	<-	x <- log2(2)
连接符	c	c(3,2,2)
元素乘法	*	a * b
求幂	^	2^1.5
求余数	x %% y	25 %% 3
整数除法	%/%	25 %/% 3
从a到b步长为h的序列	seq	seq(a,b,h)
序列的操作符	:	0:20

表 1.2　常用函数

描述	R 函数符号
二次方根	sqrt
$\lfloor x \rfloor, \lceil x \rceil$	floor, ceiling
自然对数	log
指数函数e^x	exp
阶乘	factorial
随机均匀数	runif
正态分布	pnorm, dnorm, qnorm
秩,排序	rank, sort
方差，协方差	var, cov
标准差, 相关系数	sd, cor
频率表	table
缺失值	NA, is.na

表 1.3 关于向量和矩阵的R语法和函数

描述	R符号	例子
零向量	numeric(n)	x <- numeric(n)
	integer(n)	x <- integer(n)
	rep(0,n)	x <- rep(0,n)
零矩阵	matrix(0,n,m)	x <- matrix(0,n,m)
向量a的第i个元素	a[i]	a[i] <- 0
矩阵A的第j列	A[,j]	sum(A[i,j])
矩阵A的第ij个元素	A[i,j]	x <- A[,j]
矩阵乘法	%*%	a %*% b
元素对应相乘	*	a * b
矩阵转置	t	t(A)
逆矩阵	solve	solve(A)

```
> ?%%
Error: syntax error, unexpected SPECIAL in "?%%"
```

而下面这个版本则会顺利产生帮助文档.

```
> ?"%%"
```

在大多数系统中，Html帮助同样可以通过命令"help.start()"获得；在Windows中，可以尝试Help菜单下的Html帮助. 这个命令将在网页浏览器上显示附有超链接的帮助文档. 这个Html帮助系统有一个搜索引擎.

另一查询帮助的方法是"help.search()". 这个命令和Html的搜索引擎配合使用将锁定其他相关主题.

例如，如果我们查询计算排列（permutation）的方法，

```
help.search("permutation")
```

产生两个结果："order"和"sample". 接着我们可以查询关于"order"和"sample"的帮助文档. 关于"sample"的帮助主题将显示不放回抽样x(向量x的元素的排列)

```
sample(x)              # permutation of all elements of x
sample(x, size = k) # permutation of k elements of x
```

（如果目标是计数排列并计算 $\frac{n!}{(n-k)!}$，我们需要"?special"，诸如"factorial"和"gamma"一系列的特殊函数）. 很多帮助文档最后部分是可以运行的完整例子. 这些例子可以被复制或粘贴到命令行. 要运行所有有关同一主题的例子，使

用example(topic). 例如，参见关于密度的有趣例子集合. 要运行关于密度的所有例子，输入"example(density)". 如想查看一个例子，需要打开帮助页，复制程序代码并在命令提示符后粘贴它们.

```
help(density)
#copy and paste the lines below from the help page
#The Old Faithful geyser data
d <- density(faithful$eruptions, bw = "sj")
d
plot(d)
```

可以用"data()"显示基本包和已安装包的数据集，可以用帮助主题显示相关的装入包的文档. 例如，"help(faithful)"命令可以用来显示关于Old Faithful（老忠实泉）的帮助主题. 如果一个包被安装但没有被载入，则应指定包的名字. 例如，"help("geyser",package= MASS)"在没有装载"MASS"包的情况下将显示数据集"geyser"的帮助.

R笔记1.1 基本包中的数据集无需使用"data"明确地载入它们就可以被调用. 其他包中的数据集可以通过"data"函数来载入. 例如

```
data("geyser",package = "MASS")
```

可以从"MASS"包中载入"geyser"数据集.

1.5 函数

定义函数的语法是

```
function(arglist)expr
return(value)
```

在R使用说明[279]的"构造你自己的函数"一章中会有很多函数的例子.

以下是一个用户定义的R函数的例子，这个函数掷n个骰子，并返回总和.

```
sumdice <- function(n) {
k <- sample(1:6, size = n, replace = TRUE)
return(sum(k))
}
```

函数定义的输入可以有以下几种方法.

1. 如果定义很短，在命名提示符后直接输入.

2. 从编辑器上复制并粘贴到命令提示符后.

3. 在脚本文档中保存函数然后在R中载入脚本文档.

注意R GUI提供用来提交程序的编辑器和工具栏. 一旦用户输入的自定义函数进入工作空间，这个函数就会像其他R函数一样被调用.

```
# to print the result at the console
> sumdice(2)
[1] 9
# to store the result rather than print it
a <- sumdice(100)
# we expect the mean for 100 dice to be close to 3.5
> a/100
[1] 3.59
```

R函数的返回值是R函数"return"语句的自变量或是最后表达式的计算结果, "sumdice"函数可以被写为

```
sumdice <- function(n)
sum(sample(1:6, size = n, replace = TRUE))
```

函数可能有默认的自变量. 例如, 函数"sumdice"可以推广到掷s边的骰子, 但是默认值是6边的. 用法如下:

```
sumdice <- function(n, sides = 6) {
if(sides < 1) return(0)
k <- sample(1:sides, size = n, replace = TRUE)
return(sum(k))
}

> sumdice(5) # default 6 sides
[1] 12
> sumdice(n = 5, sides = 4) #4 sides
[1] 14
```

1.6 数组 数据框 表

数组、数据框和表是一些用来在R中存储数据的对象. 矩阵是二维数组. 数据框不是矩阵, 但是却可以被表示为一个类似矩阵的矩形结构. 与矩阵不同, 数据框的列可以是不同种类的变量. 而数组则只能是一种类型.

数据框

数据框是一组变量, 每一个变量有相同的长度, 但未必是同一类型的变量. 在这一小节, 我们将讨论如何从数据框中提取变量值.

例1.1 (鸢尾花数据).

费舍尔(Fisher)鸢尾花(Iris)数据给出了三种类型的鸢尾花上的四组观测数据. 以下是前几个鸢尾花观测数据

```
  Sepal.Length Sepal.Width Petal.Length Petal.Width Species
1      5.1         3.5          1.4          0.2     setosa
2      4.9         3.0          1.4          0.2     setosa
3      4.7         3.2          1.3          0.2     setosa
4      4.6         3.1          1.5          0.2     setosa
```

鸢尾花(Iris)数据是数据框的一个例子. 它有150行的观测值和5个列变量. 在导入数据后, 变量可以通过 "$" 加名称(列变量名)的方式被引用, 还可以通过类似矩阵下标, 或者通过 "[[ ]]" 位置操作符引用. 所有变量的名字都可以通过 "names" 函数得到. 下面显示一些例子和结果.

```
> names(iris)
[1] "Sepal.Length" "Sepal.Width"  "Petal.Length" "Petal.Width"
[5] "Species"

> table(iris$Species)

    setosa versicolor  virginica
    50         50         50
> w <- iris[[2]] # Sepal.Width
> mean(w)
[1] 3.057333
```

数据框也可以被直接粘贴, 然后就可以直接使用变量名来引用变量. 如果数据框被粘贴, 当该数据框不再被使用时, 分离(detach) 这个数据框是一个好的习惯, 这样可以避免数据框中的变量名和其他变量名相冲突.

```
> attach(iris)
> summary(Petal.Length[51:100]) # versicolor petal length
   Min. 1st Qu. Median   Mean 3rd Qu.   Max.
   3.00    4.00   4.35   4.26    4.60   5.10
```

如果我们仅仅是临时需要鸢尾花数据, 则可以使用 "with" 函数. 在这个例子中, 语法如下:

```
with(iris, summary(Petal.Length[51:100]))
```

　　假设我们希望用分类变量"种类(species)"的值把其他数值变量分组后，计算其他数值变量分组后的均值. 可以用"iris[,1:4]"引用数据框的头四个变量. 这里省略的行标识表示所有的行都应该被包括. "by"函数可以容易地按种类(species)分组并计算各变量的均值.

```
> by(iris[,1:4], Species, mean)
Species: setosa
Sepal.Length  Sepal.Width  Petal.Length  Petal.Width
       5.006        3.428         1.462        0.246
-------------------------------------------------------------
Species: versicolor
Sepal.Length  Sepal.Width  Petal.Length  Petal.Width
       5.936        2.770         4.260        1.326
-------------------------------------------------------------
Species: virginica
Sepal.Length  Sepal.Width  Petal.Length  Petal.Width
       6.588        2.974         5.552        2.026
> detach(iris)
```

◇

　　R笔记1.2 尽管"iris\$Sepal.Width""iris[[2]]"和"iris[,2]"产生相同的结果，但是"\$"和"[[ ]]"操作符只能选择一个变量，而"[ ]"操作符却可以同时选择几个变量. 参见帮助主题"Extract".

数组和矩阵

　　数组是带有多维下标的单一种类的数据集合. 数组具有维数特性，它是一个包含数组的维数向量.

　　例1.2 (数组).

　　不同的数组显示如下. 数字序列从1到24开始时是一个没有维数特性的向量，接着变成一个维数数组，然后该向量用于生成一个4行6列的矩阵和一个3×4×2的数组.

```
> x <- 1:24                          # vector
> dim(x) <- length(x)                # 1 dimensional array
> matrix(1:24, nrow = 4, ncol = 6)   # 4 by 6 matrix
> x <- array(1:24, c(3, 4, 2))       # 3 by 4 by 2 array
```

如下显示最后一条语句定义的3×4×2的数组

```
, , 1

     [,1] [,2] [,3] [,4]
[1,]    1    4    7   10
[2,]    2    5    8   11
[3,]    3    6    9   12


, , 2

     [,1] [,2] [,3] [,4]
[1,]   13   16   19   22
[2,]   14   17   20   23
[3,]   15   18   21   24
```

数组"x"同样可以通过"x[, , 1]"(第一组3×4元素)和"x[, , 2]"(第二组3×4元素)来显示.   ◇

矩阵是同一类型数据的含二维下标的数组. 如果"A"是一个矩阵, 则"A[i, j]"是"A"的第ij个元素, "A[, j]"是"A"的第j列, A[i,]是A的第i行.序列操作符":"可以同时调用矩阵的若干行或是若干列. 例如, "A[2:3, 1:4]"提取2×4矩阵"A"的第2到第3行和第1到第4列.

例1.3 (矩阵).

以下三条语句均将2×2零矩阵赋值给"A".

```
A <- matrix(0, nrow=2, ncol=2)
A <- matrix(c(0, 0, 0, 0), nrow =2, ncol =2)
A <- matrix(0, 2, 2)
```

矩阵默认按列填充; 也就是说, 行标变化比列标快. 因此,

```
A <- matrix(1:8, nrow=2, ncol=4)
```

在矩阵"A"中存储

$$\begin{pmatrix} 1 & 3 & 5 & 7 \\ 2 & 4 & 6 & 8 \end{pmatrix}$$

如果需要, 可以在矩阵中使用选择"byrow = TRUE"来改变默认设置.   ◇

例1.4 (鸢尾花数据: 例1.1续).

我们可以使用"as.matrix"把鸢尾花数据的前四列数据转换成矩阵.

```
> x <- as.matrix(iris[,1:4]) #all rows of columns 1 to 4

> mean(x[,2]) #mean of sepal width, all species
[1] 3.057333
> mean(x[51:100,3]) #mean of petal length, versicolor
[1] 4.26
```

我们可以把矩阵转换成一个三维数组,但数组(和矩阵)则会以"列优先的顺序"被默认保存. 对于数组,"列优先"是指该下标向左改变的速度比向右改变的速度快. 在这种情况下,很容易以物种作为第二维度将矩阵转换为50×3×4数组,因为在数据矩阵中按列优先的顺序,鸢尾花品种名比变量名(列)变化快.

```
> y <- array(x, dim=c(50, 3, 4))
> mean(y[,,2]) #mean of sepal width, all species
[1] 3.057333
> mean(y[,2,3]) #mean of petal length, versicolor
[1] 4.26
```

较为困难的是如何产生一个以物种为第三个维度的50×4×3数组的鸢尾花数据. 下面是一种方法. 首先,矩阵被分成3块,对应于三个物种,每一块都有50个观测数据. 那么这三个块连接成一个长度为600的向量,所以该物种名是变化最慢,而观测值(行)是变化最快的. 然后向这个向量填充一个50×4×3数组.   ◇

```
> y <- array(c(x[1:50,], x[51:100,], x[101:150,]),
+ dim=c(50, 4, 3))

> mean(y[,2,]) #mean of sepal width, all species
[1] 3.057333

> mean(y[,3,2]) #mean of petal length, versicolor
[1] 4.26
```

R中以"iris3"数据集的形式提供了这个数组。

列表

列表是对象的有序集合. 列表(组件)的成员可以是不同的类型. 列表比数据框更普遍;事实上,数据框是"data.frame"类下的一种列表. 列表可以通过"list()"函数创建.

列表被频繁地用于在一个单一的对象中返回一个函数的几个结果. 返回"htest"类的几个经典的假设检验是一个很好的例子. 可以参见"t.test"或"chisq.test"

的帮助主题. 请参阅文档的"value"部分. 返回的值是一个包含检验统计量和p值等的列表. 列表中的组件可以通过使用"$"或位置操作符"[[ ]]"来引用.

例1.5 (列表).

Wilcoxon秩和检验可以通过函数"wilcox.test"实现. 这个检验常被用于两个服从正态分布但具有不同均值的样本中.

```
w <- wilcox.test(rnorm(10), rnorm(10, 2))
> w #print the summary
 Wilcoxon rank sum test

data: rnorm(10) and rnorm(10, 2)
W = 2, p-value = 4.33e-05
alternative hypothesis:
true location shift is not equal to 0

> w$statistic #stored in object w
W 2
> w$p.value
[1] 4.330035e-05
```

尝试"unlist(w)"和"unclass(w)"来查看更多细节. ◇

这本书中还有一些返回一个列表的函数的例子, 这些函数可以在例7.14、例10.12和例11.17中找到.

例1.6 (名字的列表).

下面我们创建一个列表, 在矩阵中指定行和列的名字. 列表的第一部分行名将是"NULL", 因为我们不想给行分配名称.

```
a <- matrix(runif(8), 4, 2) #a 4x2 matrix
dimnames(a) <- list(NULL, c("x", "y"))
```

这里就出现了一个有列名的4×2矩阵（输入"a"来显示此矩阵）.

```
          x          y
[1,] 0.88009604 0.6583918
[2,] 0.32964955 0.1385332
[3,] 0.61625490 0.1378254
[4,] 0.08102034 0.1746324
# if we want row names
```

```
> dimnames(a) <- list(letters[1:4], c("x", "y"))
> a
       x         y
a 0.88009604 0.6583918
b 0.32964955 0.1385332
c 0.61625490 0.1378254
d 0.08102034 0.1746324
# another way to assign row names
> row.names(a) <- list("NE", "NW", "SW", "SE")
> a
        x         y
NE 0.88009604 0.6583918
NW 0.32964955 0.1385332
SW 0.61625490 0.1378254
SE 0.08102034 0.1746324
```

◇

1.7　工作区和文档

R的工作区中包含数据和其他对象. 在程序中创建的用户定义的对象一直保存直到R被关闭. 如果在退出R之前保存工作区，那么在程序中创建的对象将被保存. 因此没有必要在这里保存工作区的例子和代码.

"ls"命令将在当前工作区中显示对象的名称. 在工作区中可以通过"rm"或"remove"命令来去除一个或多个对象. 欲了解更多信息，请查询R文档.

请注意，在工作区中保存的对象可能会导致意外的结果和严重的隐性编程错误. 例如，在下文中，假设程序员为了随机产生一个"b"的值，但不小心遗漏了代码.

```
y < - runif ( 100 , 0 , b)
```

现在，如果在工作区中发现一个名为"b"的对象，则"b"的值将会在"runif"中产生一个有效的表达式，而且系统也不会报告错误. 一个错误即将发生，但是程序员不会意识到它已经发生.

建议用户偶尔检查一下什么被存储在工作空间，并删除那些不需要的对象. "ls()"命令用于返回对象的整个列表，"rm(list = ls())"命令则用于不加警告地删除整个列表.

一般情况下，在工作空间中存储函数可能是一个不好的做法，因为用户可能忘记了某些对象的存在并且这些对象或是没有被记录或是仅有一些注释. 而在脚本中保存

函数和在文档中保存数据是一个更好的主意. 函数和数据集还可在包中被组织和记录. (见第1.8和1.9节)

工作目录

R提供了许多脚本和数据集,用户也可以自己来创建很多脚本和数据集. 我们可以方便地创建一个文件夹或一个有短路径名的目录来存储这些文件. 在这些例子中,我们假定文件位于"/Rfiles",它将由用户创建. 任何其他名称或路径也可以被使用.

虽然没有必要指定工作目录,但有时这样做的确很方便. 用户可以通过"getwd"和"setwd"命令来获取或设置当前工作目录. 例如,通过命令"setwd("/Rfiles")"设置工作目录为"/Rfiles". Windows用户可以通过编辑Windows下R-GUI快捷方式中的属性来改变默认设置. 关于对R启动选项的详细信息可以在帮助主题"Startup"中发现.

从外部文件读取数据

我们要分析的数据经常被存储在外部文件中. 通常情况下,数据是存储在纯文本文件中,用空格分隔(如制表符或空格),或通过特殊字符(如逗号).

可以通过"scan"命令从外部文件中读入单变量数据,并把它变成一个向量. 如果该文件包含一个数据框或矩阵,或者是逗号分隔符(Comma Separated Values,CSV)格式,可使用"read.table"函数. 函数"read.table"有许多选项,以支持不同的文件格式. 这里有几个简单的例子,它们引用了Hand等人[126]的数据文件. 这些数据文件可以在http://www.stat.ncsu.edu/sas/sicl/data/或在http://www.stat.ucla.edu/data/中找到. 注意下载而不是保存网页. 尤其不要将数据复制到一个本地文本编辑器并保存为纯文本. Windows用户注意下面的路径名的UNIX风格的反斜杠. 参阅"R for Windows FAQ"[225].

```
forearm <- scan("/Rfiles/forearm.dat") #a vector
x <- read.table("/Rfiles/irises.dat") #a data frame
> dim(x)
[1] 50 12
#get the fourth variable in the data frame
x <- read.table("/Rfiles/irises.dat")[[4]] #a vector
#read and coerce to matrix
x <- as.matrix(read.table("/Rfiles/irises.dat"))
```

在文献[126]的鸢尾花数据的版本中给出了一个50×12数组,其中列1:4、列5:8和列9:12上的变量对应于所有三个品种的四个测量值. 请注意,许多文献[126]中的数据文件都被水平空白组划分(例如,见Tibetan skulls数据),所以它们可能需要在读入数据框之前重新格式化.

"read.table"里面的帮助主题还包含关于"read.csv"和"read.delim"的文档,"read.csv"用于读取逗号分隔值(.csv)文件,"read.delim"用于读取文本文件与其他分隔符. 另请参阅附录B.3.4中关于.csv格式的例子.

　　R笔记1.3　默认情况下,"**read.table**"会将字符变量转换为因子. 为了防止转换字符数据为因子, 设定 "**as.is = TRUE**" (还可参见 "**read.table**" 里面的 "**colClasses**" 参数).

　　一个值得推荐的R软件包是**foreign**包, 它提供了一些实用功能, 能够读取Minitab、S、SAS、SPSS、Stata和其他格式的文件. 输入 "**help(package = foreign)**" 就能了解有关详细信息.

1.8　使用脚本

　　R 脚本是包含R程序的纯文本文件. 一旦代码被保存在一个脚本中, 就可以通过 "**source**" 命令提交脚本, 或通过复制和粘贴一部分脚本 (到控制台) 来运行.

　　为了在一个文件中保存R命令, 需要在纯文本编辑器中准备一个文件并用扩展名.R 来保存. Windows的图形用户界面提供了一个集成文本编辑器. 文件菜单包含 "新建脚本" "打开脚本" "R源代码" 等命令. 当一个脚本编辑器打开时, 在编辑菜单和工具栏上提供了更多的关于提交代码的命令.

　　还有许多其他的图形用户界面可供编写和提交脚本. 目前有几个图形用户界面在网站www.sciviews.org/_rgui . 对喜欢WinEdt的Windows用户来说 "**RWinEdt**" 包[177]特别有用.

　　"**source**" 命令用于加载并执行脚本里的命令. 文件没有必要关闭, 而事实上, 为了编辑脚本, 保持文件的打开状态可能更方便些. 在运行 "**source**" 命令前要保存对脚本的更改. 例如, 如果 "/Rfiles/example.R" 是一个含有R程序的文件, 命令

```
source("/Rfiles/example.R")
```

将在命令提示符下输入文件的所有行, 并执行代码. Windows用户应该使用UNIX风格的反斜杠或双反斜杠命令.

```
source("\\Rfiles\\example.R")
```

最近使用过的命令可以使用〈↑〉键来调出. 编辑源文件并再次运行它 (保存后), 只需使用〈↑〉键重新调用 "**source**" 命令, 然后按〈Enter〉键.

　　请注意, 默认情况下, 当脚本运行时, 表达式的运行结果并不显示到控制台 (计算机屏幕). 在脚本中使用 "**print**" 命令可以显示表达式的值. 因此, 在交互模式下, 一个表达式和其值均显示

```
> sqrt(pi)
[1] 1.772454
```

但是在脚本中, 有必要使用打印 "**print(sqrt(pi))**".

另外，在源语句中，设置选项用来控制打印（显示）内容. 设置"echo = TRUE"后，语句和表达式的计算结果都将被显示到控制台. 如果只想查看表达式的计算结果而不查看语句，可以设置"echo = FALSE"并设置"print.eval = TRUE". 例子如下：

```
source("/Rfiles/example.R", echo = FALSE)
source("/Rfiles/example.R", print.eval = TRUE)
```

1.9 使用软件包

R安装包包括基本包和几个推荐的包. 输入"library()"来查看已安装的软件包. 一个包必须被安装和加载才可被调用. 基本包自动加载. 其他包则可以根据需要来安装并加载.

本书使用了几个推荐的软件包. 一些有价值的包也被使用. R系统提供接口，用来根据需要安装CRAN中提供的包（参见"install.packages"；在Windows图形用户界面下请查看Packages菜单）. 一个常见的错误是"没有找到对象"错误，当使用一个包中的符号而这个包又未曾使用时，这个错误就会发生. 如果发生此类错误，首先应检查拼写，然后检查包含对象的包是否已被加载.

使用"library"或"require"命令加载已安装的包. 例如，为了加载推荐的包"boot"，在命令提示符下输入"library(boot)". 如果包被加载，则包的帮助系统也会被同时加载. 还可以通过图形用户界面的加载包菜单来加载包. 输入命令"help(package=boot)"，会出现显示包内容的窗口. 一旦包被加载，输入"?help"就会弹出"boot"包中的"boot"帮助主题. （如果没有被加载，使用"help(boot, package = boot)"）.

在CRAN网站上提供了所有可用的软件包的完整列表. 可用的软件包的清单还包括在R FAQ（常见问题）[147]中. 输入"installed.packages()"来查看所有已安装的软件包的列表.

1.10 图形

R中的"graphics"包包含了大多数常用的图形函数. 在本节中，列出了一些图形函数和选项或参数以供读者参考. 本书包括了诸多图形的例子和用于生成这些图形的代码. Murrell[204]中有更多的实例. Maindonald和Braun[184]，以及Venables和Ripley[278]中也有许多图形例子.

表1.4列出了一些基本的2D图形函数("graphics"包)和其他包. 本书也给出了一些使用表1.4中图形功能的几个例子. 表4.1和第4章会介绍更多2D图形函数和3D可视化的例子. 还可参阅http://addictedtor.free.fr/graphiques/中的图形库.

表 1.4　R（"graphics"包）和其他包中的一些基本图形函数

方法	图	包
散点图	plot	
向图中加回归线	abline	
加参照直线	abline	
加参照曲线	curve	
直方图	hist	truehist (MASS)
条形图	barplot	
经验CDF图	plot.ecdf	
QQ图（分位数对分位数图）	qqplot	qqmath(lattice)
正态QQ图	qqnorm	
QQ 正态参照线	qqline	
盒子图	boxplot	
茎叶图	stem	

颜色、绘图符号和线型

在大多数绘图函数中，可以使用"col""pch"和"lty"分别指定颜色、符号和线类型．"cex"指定一个符号的大小．说明书[279, 第12章]包含了可用的绘制符号，包括下面在图例中显示图形符号的例子．

```
plot.new() #if a plot is not open
legend(locator(1), as.character(0:25), pch=0:25)
#then click to locate the legend
```

上面的例子通过用"lty"代替"pch"来显示线的类型．以下命令将产生颜色的显示．

```
legend(locator(1), as.character(0:8), lwd=20, col=0:8)
```

当然，还有其他颜色和调色板可供选择．例如，使一个15色的彩虹调色板生效，并显示颜色．然后用"colors()"来查看已命名的颜色向量．

```
plot.new()
palette(rainbow(15))
legend(locator(1), as.character(1:15), lwd=15, col=1:15)
```

本书的图形采用黑白颜色．在颜色调色板常被使用的地方，我们将使用灰度调色板作为替代．在这些情况下，屏幕中最好是用预先定义的颜色调色板或自定义调色板作为代替．要定义一个调色板，参见主题"?palette"；要使用定义好的调色板，请参阅主题"?rainbow"(主题"rainbow""heat.colors""topo.colors"和"terrain.colors"都在同一页.)

"show.pch()"("Hmisc"包)产生绘制字符的表."DASG"包中的"show.colors"可以显示R的可用颜色. 也可参阅"Hmisc"包[132]中的"show.col()".

设置图形参数"par(ask = TRUE)"，使图形设备在显示下一个图之前等待用户输入；例如，当消息"Waiting to confirm page change ..."出现时，用户应在图形用户界面上单击图形窗口来显示下一个屏幕. 输入"par(ask = FALSE)"可以关闭这个功能.

第2章 概率和统计回顾

在本章我们将简要且不加证明地回顾一下概率和统计中的一些定义和概念. 有很多介绍性的或者较深入的教材可以作为参考. 关于概率方面可以参考Bean[23]、Ghahramani[118]或Ross[232]. 关于概率论和数理统计, DeGroot和Schervish[64]、I.Miller和M.Miller[201]、Hogg、McKean和Craig[146]以及Larsen和Marx[170]，这些可以作为本科生高年级或研究生一年级的教材. 更深入的学习可以参考Casella和Berger[39]或者Bain和Engelhardt[16]. Durrett[77]是一本研究生阶段的概率论教材. Lehmann[172]以及Lehmann和Casella合作编写的书[173]则可以作为研究生阶段的统计推断教材.

2.1 随机变量和概率

分布和密度函数

随机变量X的累积分布函数(cumulative distribution function，cdf)F_X定义为

$$F_X(x) = P(X \leqslant x), \qquad x \in \mathbf{R}.$$

在本书中$P(\cdot)$表示概率. 如果在上下文中不会引起混淆，我们将省略下标X而直接记为$F(x)$. 累积分布函数具有下列性质：

1. F_X是单增的；
2. F_X是右连续的，即

$$\lim_{\epsilon \to 0^+} F_X(x + \epsilon) = F_X(x), \quad \text{对于任一}x \in \mathbf{R}.$$

3. $\lim_{n \to -\infty} F_X(x) = 0$且$\lim_{n \to +\infty} F_X(x) = 1$.

如果F_X是一个连续函数，则称随机变量X是连续的. 如果F_X是一个阶梯函数，那么称随机变量X是离散的.

离散分布可以由概率质量函数(probability mass function, pmf)$p_X(x) = P(X = x)$给出. 累积分布函数的不连续点为概率质量函数大于0的点，且$p(x) = F(x) - F(x^-)$.

如果X是离散的，那么X的累积分布函数为

$$F_X(x) = P(X \leqslant x) = \sum_{\{k \leqslant:\ p_X(k) > 0\}} p_X(k).$$

连续分布在任何一点都没有正的概率质量. 对连续型随机变量X, 如果F_X是可导的, 那么其概率密度函数(probability density function, pdf)或密度为$f_X(x) = F'_X(x)$, 且由微积分基本定理可知

$$F_X(x) = P(X \leqslant x) = \int_{-\infty}^{x} f_X(t)\mathrm{d}t.$$

设连续型随机变量X和Y的联合密度为$f_{X,Y}(x,y)$, 则(X,Y)的累积分布函数为

$$F_{X,Y}(x,y) = P(X \leqslant x, Y \leqslant y) = \int_{-\infty}^{x}\int_{-\infty}^{y} f_{X,Y}(s,t)\mathrm{d}t.$$

X和Y的边缘概率密度由

$$f_X(x) = \int_{-\infty}^{+\infty} f_{X,Y}(x,y)\mathrm{d}y; \qquad f_Y(y) = \int_{-\infty}^{+\infty} f_{X,Y}(x,y)\mathrm{d}x$$

给出.

离散型随机变量的相应公式与此类似, 只要把积分换为求和就可以了. 在本章接下来的部分为了简单起见, $f_X(x)$既可以表示X的概率密度函数（若X是连续的）也可以表示为X的概率质量函数（若X是离散的）.

点集$\{x : f_X(x) > 0\}$称为随机变量X的支撑集. 类似地, (X,Y)的二元分布的支撑集为$\{(x,y) : f_{X,Y}(x,y) > 0\}$.

期望、方差和矩

随机变量X的均值称为期望值或变量的数学期望, 用符号$E[X]$表示. 如果X是连续的, 密度函数为f, 那么X的期望值为

$$E[X] = \int_{-\infty}^{+\infty} xf(x)\mathrm{d}x.$$

如果X是离散的, 概率质量函数为$f(x)$, 那么

$$E[X] = \sum_{\{x : f_X(x) > 0\}} xf(x).$$

（上面的积分以及和不一定是有限的. 接下来如果在公式中出现$E[X]$, 我们都默认$E[X] < +\infty$. ）如果连续型随机变量X的概率密度函数为f, 那么关于它的函数$g(X)$的期望值定义为

$$E[g(X)] = \int_{-\infty}^{+\infty} g(x)f(x)\mathrm{d}x.$$

令$\mu_X = E[X]$. 那么μ_X也称为X的一阶矩. X的r阶矩为$E[X^r]$. 因此, 如果X是连续的, 则

$$E[X^r] = \int_{-\infty}^{+\infty} x^r f_X(x)\mathrm{d}x.$$

X的方差为二阶中心矩,

$$\mathrm{Var}(x) = E[(X - E[x])^2].$$

由恒等式$E[(X-E[X])^2] = E[X^2] - (E[X])^2$可以推出方差的一个等价形式

$$\text{Var}(x) = E[X^2] - (E[X])^2 = E[X^2] - \mu_X^2.$$

X的方差也可以用σ_X^2来表示. 方差的二次方根称为标准差，方差的倒数称为精度.

如果连续型随机变量X和Y具有联合概率密度函数$f_{X,Y}$，那么它们乘积的期望值为

$$E[XY] = \int_{-\infty}^{+\infty} \int_{-\infty}^{+\infty} xy f_{X,Y}(x,y)\mathrm{d}x\mathrm{d}y.$$

X和Y的协方差定义为

$$\begin{aligned}
\text{Cov}(X,Y) &= E[(X-\mu_X)(Y-\mu_Y)] \\
&= E[XY] - E[X]E[Y] = E[XY] - \mu_X\mu_Y.
\end{aligned}$$

X和Y的协方差也可用σ_{XY}来表示. 注意$\text{Cov}(X,X) = \text{Var}(X)$. 乘积矩相关系数为

$$\rho(X,Y) = \frac{\text{Cov}(X,Y)}{\sqrt{\text{Var}(X)\text{Var}(Y)}} = \frac{\sigma_{XY}}{\sigma_X\sigma_Y}.$$

相关系数也可写为

$$\rho(X,Y) = E\left[\left(\frac{X-\mu_X}{\sigma_X}\right)\left(\frac{Y-\mu_Y}{\sigma_Y}\right)\right].$$

如果$\rho(X,Y) = 0$那么称变量X和Y不相关.

条件概率和独立性

在古典概率论中，已知事件B发生的条件下事件A的条件概率为

$$P(A|B) = \frac{P(AB)}{P(B)},$$

其中$AB = A \cap B$是事件A和B的交集. 如果$P(AB) = P(A)P(B)$，则称事件A和B是相互独立的，否则称它们是不独立的. A和B都发生的联合概率可以写为

$$P(AB) = P(A|B)P(B) = P(B|A)P(A).$$

如果随机变量X和Y有联合密度$f_{X,Y}(x,y)$，那么给定$Y = y$时，X的条件密度为

$$f_{X|Y=y}(x) = \frac{f_{X,Y}(x,y)}{f_Y(y)}.$$

类似地，当给定$X = x$时，Y的条件密度为

$$f_{Y|X=x}(x) = \frac{f_{X,Y}(x,y)}{f_X(x)}.$$

因此，(X,Y)的联合密度可以写为

$$f_{X,Y}(x,y) = f_{X|Y=y}(x) \cdot f_Y(y) = f_{Y|X=x}(y) \cdot f_X(x).$$

独立性

随机变量X和Y是相互独立的，当且仅当

$$f_{X,Y}(x,y) = f_X(x) \cdot f_Y(y)$$

对所有的x和y都成立；或者等价地，当且仅当$F_{X,Y}(x,y) = F_X(x) \cdot F_Y(y)$对所有的$x$和$y$都成立.

随机变量$X_1, \cdots, X_d$是相互独立的，当且仅当$X_1, \cdots, X_d$的联合概率密度函数f等于边缘密度函数的乘积. 即$X_1, \cdots, X_d$是相互独立的，当且仅当

$$f(x_1, \cdots, x_d) = \prod_{j=1}^{d} f_j(x_j)$$

对所有的$\boldsymbol{x} = (x_1, \cdots, x_d)^{\mathrm{T}} \in \mathbf{R}^d$都成立，其中$f_j(x_j)$是$X_j$的边缘密度（或边缘概率质量函数）.

如果$X_1, \cdots, X_n$是独立同分布(Independent and Identically Distributed, IID)的，并服从分布F_X，那么称$\{X_1, \cdots, X_n\}$是服从分布F_X的随机样本. 在这种情况下，$\{X_1, \cdots, X_n\}$的联合密度为

$$f(x_1, \cdots, x_n) = \prod_{i=1}^{n} f_X(x_i)$$

如果X和Y是相互独立的，那么$\mathrm{Cov}(X,Y) = 0$，$\rho(X,Y) = 0$. 但是反过来并不成立，不相关的变量并不一定是相互独立的. 在一个重要情况下逆命题是成立的：如果X和Y是正态分布的，那么由$\mathrm{Cov}(X,Y) = 0$可以推出独立性.

期望和方差的性质

假设X和Y是随机变量，a和b是常数. 那么下列性质成立（假设矩存在）：

1. $E[aX + b] = aE[X] + b$；
2. $E[X + Y] = E[X] + E[Y]$；
3. 如果X和Y是相互独立的，则$E[XY] = E[X]E[Y]$；
4. $\mathrm{Var}(b) = 0$；
5. $\mathrm{Var}[aX + b] = a^2\mathrm{Var}(X)$；
6. $\mathrm{Var}(X + Y) = \mathrm{Var}(X) + \mathrm{Var}(Y) + 2\mathrm{Cov}(X,Y)$；
7. 如果X和Y是相互独立的，则$\mathrm{Var}(X + Y) = \mathrm{Var}(X) + \mathrm{Var}(Y)$.

如果$\{X_1, \cdots, X_n\}$是独立同分布的，我们有

$$E[X_1 + \cdots + X_n] = n\mu_X, \qquad \mathrm{Var}(X_1 + \cdots + X_n) = n\sigma_X^2$$

所以对于样本均值$\overline{X} = \frac{1}{n}\sum_{i=1}^{n} X_i$有期望值$\mu_X$和方差$\sigma_X^2/n$. （分别应用上面的性质2、7和5. ）

如果$F_{X|Y=y}(x)$是连续的，那么给定$Y = y$时，X的条件期望值为

$$E[X|Y = y] = \int_{-\infty}^{+\infty} x f_{X|Y=y}(x)\mathrm{d}x.$$

最后给出两个重要结果：条件期望规则和条件方差公式

$$E[X] = E[E[X|Y]], \tag{2.1}$$

$$\mathrm{Var}(X) = E[\mathrm{Var}(X|Y)] + \mathrm{Var}(E[X|Y]), \tag{2.2}$$

式(2.1)和式(2.2)的证明及应用可以参见Ross[233, 第3章].

2.2 一些离散分布

"计数分布"是一类重要的离散分布. 比如，计数分布可以用来对事件频率和事件等待时间建立模型. 三个重要的计数分布为二项分布（伯努利分布）、负二项分布（几何分布）和泊松分布.

包括二项分布、几何分布和负二项分布在内的一些离散分布都可以用伯努利试验结果的形式给出. 一个伯努利试验只有两个可能的结果——"成功"和"失败". 因此一个伯努利随机变量X具有概率质量函数

$$P(X = 1) = p, \qquad P(X = 0) = 1 - p.$$

其中p是成功的概率. 很容易验证$E[X] = p$及$\mathrm{Var}(X) = p(1 - p)$. 伯努利试验序列是一列独立同分布的伯努利试验的结果$X_1, X_2, \cdots$.

二项分布和多项分布

n重独立同分布伯努利试验中成功的概率为p，假设X记录了n次试验中成功的次数. 那么X服从参数为n, p的二项分布，简记为$X \sim \mathrm{Bin}(n, p)$，且

$$P(X = x) = \binom{n}{x} p^x (1-p)^{n-x} = \frac{n!}{x!(n-x)!} p^x (1-p)^{(n-x)}, \qquad x = 0, 1, \cdots, n.$$

注意到二项变量是n个独立同分布的参数为p的伯努利变量的和，由此可以简单推导出均值和方差公式.

二项分布是一类特殊的多项分布. 假设存在$k+1$个互斥且完全的事件$A_1, \cdots, A_{k+1}$，这些事件在每次试验中都有可能发生且每个事件发生的概率为$P(A_j) = p_j, j = 1, \cdots, k + 1$. 令$X_j$记录事件$A_j$在$n$次独立同分布试验中发生的次数. 那么$X = (X_1, \cdots, X_k)$服从联合概率密度函数为

$$f(x_1, \cdots, x_k) = \frac{n!}{x_1! x_2! \cdots x_{k+1}!} p_1^{x_1} p_2^{x_2} \cdots p_{k+1}^{x_{k+1}}, \qquad 0 \leqslant x_j \leqslant n \tag{2.3}$$

的多项分布，其中$x_{k+1} = n - \sum_{j=1}^{k} x_j$.

几何分布

考虑一列成功概率为p的伯努利试验. 用随机变量X来表示直到第一次成功时所失败的次数. 那么

$$P(X = x) = p(1-p)^x, \qquad x = 0, 1, 2, \cdots. \tag{2.4}$$

具有概率质量函数式(2.4)的随机变量X服从参数为p的几何分布，简记为$X \sim \text{Geom}(p)$. 如果$X \sim \text{Geom}(p)$，那么X的累积分布函数为

$$F_X(x) = P(X \leqslant x) = 1 - (1-p)^{\lfloor x \rfloor + 1}, \qquad x \geqslant 0,$$

否则$F_X(x) = 0$. X的均值和方差分别为

$$E[X] = \frac{1-p}{p}; \qquad \text{Var}[X] = \frac{1-p}{p^2}.$$

几何分布的另一种形式

有时也可以将Y定义为直到第一次成功所试验的次数并用其来表示几何分布. 那么$Y = X + 1$，其中X是上面定义的具有概率质量函数(2.4)中的随机变量. 在这种模型中，我们有$P(Y = y) = p(1-p)^{y-1}, y = 1, 2, \cdots$，且

$$E[Y] = E[X+1] = \frac{1-p}{p} + 1 = \frac{1}{p};$$

$$\text{Var}[Y] = \text{Var}[X+1] = \text{Var}[X] = \frac{1-p}{p^2}.$$

但是作为一个计数分布或频率模型，经常使用上面给出的第一种形式，即式(2.4)，因为频率模型通常必须包括零计数的概率.

负二项分布

除了关注的变量为直到第r次成功所失败的次数之外，负二项频率模型和几何模型的设定是完全相同的. 假设第r次成功之前恰好发生了X次失败. 如果$X = x$，那么第r次成功出现在第$x + r$次试验中. 在前$x + r - 1$次试验中总共有$r - 1$次成功和x次失败. 这总共有$\binom{x+r-1}{r-1} = \binom{x+r-1}{x}$种情况，每种情况的概率为$p^r q^x$. 随机变量$X$的概率质量函数为

$$P(X = x) = \binom{x + r - 1}{r - 1} p^r q^x, \quad x = 0, 1, 2, 3, \cdots. \tag{2.5}$$

对$r > 0$和$0 < p < 1$的情况定义负二项分布如下. 如果

$$P(X = x) = \frac{\Gamma(x + r)}{\Gamma(r)\Gamma(x + 1)} p^r q^x, \quad x = 0, 1, 2, 3, \cdots. \tag{2.6}$$

则称随机变量X服从参数为(r, p)的负二项分布，其中$\Gamma(\cdot)$是将要在式(2.8)中定义的完全伽马函数. 注意当r为正整数的时候式(2.5)和式(2.6)是等价的. 如果X有概率质量函数式(2.6)，我们可以写为$X \sim \text{NegBin}(r, p)$. 特殊情形$\text{NegBin}(r = 1, p)$即为几何分布.

假设 $X \sim \text{NegBin}(r, p)$，其中 r 为正整数. 那么 X 是 r 个独立同分布的参数为 p 的几何变量的和. 因此 X 的均值和方差分别为

$$E[X] = r\frac{1-p}{p}, \quad \text{Var}[x] = r\frac{1-p}{p^2}.$$

它们是式(2.4)中 $\text{Geom}(p)$ 变量的均值和方差的 r 倍. 这些公式对所有的 $r > 0$ 都成立.

注意，和几何随机变量类似，负二项分布模型也有另一种形式，而在这种形式中需要计算直到第 r 次成功所进行的试验次数.

泊松分布

如果 X 的概率质量函数为

$$p(x) = \frac{\mathrm{e}^{-\lambda}\lambda^x}{x!}, x = 0, 1, 2, \cdots.$$

其中 $\lambda > 0$ 为参数，那么称随机变量 X 服从参数为 λ 的泊松分布.

如果 $X \sim \text{Poisson}(\lambda)$，那么

$$E[X] = \lambda; \qquad \text{Var}(X) = \lambda.$$

关于概率质量函数还有一个比较有用的递推公式 $p(x+1) = p(x)\frac{\lambda}{x+1}, x = 0, 1, 2, \cdots$. 泊松分布有许多重要的性质和应用（参见文献[124, 158, 233]）.

例子

例2.1 (几何累积分布函数).

成功概率为 p 的几何分布的累积分布函数可以按下面公式得到. 如果 $q = 1 - p$，那么在点 $x = 0, 1, 2, \cdots$ 处，X 的累积分布函数为

$$P(X \leqslant x) = \sum_{k=0}^{x} pq^k = p(1 + q + q^2 + \cdots + q^x) = \frac{p(1-q^{x+1})}{1-q} = 1 - q^{x+1}.$$

或者，$P(X \leqslant x) = 1 - P(X \geqslant x+1) = 1 - P(\text{前}x+1\text{次试验均失败}) = 1 - q^{x+1}$.

例2.2 (泊松分布的均值).

如果 $X \sim \text{Poisson}(\lambda)$，那么

$$E[x] = \sum_{x=0}^{+\infty} x\frac{\mathrm{e}^{-\lambda}\lambda^x}{x!} = \lambda\sum_{x=1}^{+\infty} \frac{\mathrm{e}^{-\lambda}\lambda^x}{(x-1)!} = \lambda\sum_{x=0}^{+\infty} \frac{\mathrm{e}^{-\lambda}\lambda^x}{x!} = \lambda.$$

最后一个等号成立是由于被加数是泊松概率质量函数且总概率加起来必须等于1.

2.3　一些连续分布

正态分布

具有概率分布函数

$$f(x) = \frac{1}{\sqrt{2\pi}\sigma} \exp\left\{ -\frac{1}{2}\left(\frac{x-\mu^2}{\sigma} \right) \right\}, \qquad -\infty < x < +\infty.$$

的连续分布称为正态分布，它具有均值 μ 和方差 σ^2，简记为 $N(\mu, \sigma^2)$.

标准正态分布 $N(0, 1)$ 具有零均值和单位方差，且标准正态累积分布函数为

$$\Phi(z) = \int_{-\infty}^{x} \frac{1}{\sqrt{2\pi}} \mathrm{e}^{-\frac{t^2}{2}} \mathrm{d}t, \qquad -\infty < z < +\infty.$$

正态分布有一些重要的性质. 我们不加证明地总结一下这些性质. 更多的性质和特征可以参见文献[156，第13章]、文献[210]或文献[270].

正态变量的线性变换还是正态分布：如果 $X \sim N(\mu, \sigma^2)$，那么 $Y = aX + b$ 的分布为 $N(a\mu + b, a^2\sigma^2)$. 由此可知如果 $X \sim N(\mu, \sigma^2)$，那么

$$Z = \frac{X - \mu}{\sigma} \sim N(0, 1).$$

正态变量的线性组合还是正态的；如果 $X_1, \cdots, X_k$ 是相互独立的，$X_i \sim N(\mu_i, \sigma_i^2)$，$a_1, \cdots, a_k$ 为常数，那么

$$Y = a_1 X_1 + \cdots + a_k X_k$$

是正态分布的，且有均值 $\mu = \sum\limits_{i=1}^{k} a_i \mu_i$ 和方差 $\sigma^2 = \sum\limits_{i=1}^{k} a_i^2 \sigma_i^2$.

因此，如果 $(X_1, \cdots, X_n)$ 是一个随机样本（其中 $X_1, \cdots, X_n$ 独立同分布），且服从 $N(\mu, \sigma^2)$ 分布，那么和 $Y = X_1 + \cdots + X_n$ 是正态分布，且 $E[Y] = n\mu$，$\mathrm{Var}(Y) = n\sigma^2$. 由此可知如果抽样分布是正态的，则样本均值 $\overline{X} = Y/n$ 服从 $N(\mu, \sigma^2/n)$ 分布（在抽样分布不是正态的情况下，如果样本容量非常大，那么由中心极限定理可知 Y 的分布是近似正态的，参见2.5节）.

伽马分布和指数分布

如果随机变量 X 的概率分布函数为

$$f(x) = \frac{\lambda^r}{\Gamma(r)} x^{r-1} \mathrm{e}^{-\lambda x}, \qquad x \geqslant 0, \tag{2.7}$$

其中 $r > 0$ 和 $\lambda > 0$ 为参数，那么称 X 服从形状参数为 r、率参数为 λ 的伽马分布. 上式中的 $\Gamma(\cdot)$ 为完全伽马函数，其定义为

$$\Gamma(r) = \int_{0}^{+\infty} t^{r-1} \mathrm{e}^{-t} \mathrm{d}t, \qquad r \neq 0, -1, -2, \cdots. \tag{2.8}$$

注意 $\Gamma(n) = (n-1)!$ 对所有正整数成立.

符号$X \sim \mathrm{Gamma}(r, \lambda)$表明$X$有密度式(2.7)，形状参数为$r$，率参数为$\lambda$. 如果$X \sim \mathrm{Gamma}(r, \lambda)$，那么

$$E[X] = \frac{r}{\lambda}; \qquad \mathrm{Var}(x) = \frac{r}{\lambda^2}.$$

定义尺度参数$\theta = 1/\lambda$，那么也可以用尺度参数θ代替率参数λ来表示伽马分布. 在参数为(r, θ)的形式下，均值为$r\theta$，方差为$r\theta^2$. $r = 1$是伽马分布的一个很重要的特殊情况，此时它是率参数为λ的指数分布. 指数分布$\mathrm{Exponential}(\lambda)$的概率分布函数为

$$f(x) = \lambda \mathrm{e}^{-\lambda x}, \qquad x \geqslant 0.$$

如果X服从率参数为λ的指数分布，简记为$X \sim \mathrm{Exp}(\lambda)$，那么

$$E[X] = \frac{1}{\lambda}; \quad \mathrm{Var}(X) = \frac{1}{\lambda^2}.$$

可以看出独立同分布的指数变量的和服从伽马分布. 如果$X_1, \cdots, X_r$独立同分布，且服从$\mathrm{Exp}(\lambda)$分布，那么$Y = X_1 + \cdots + X_r$服从$\mathrm{Gamma}(r, \lambda)$分布.

卡方分布和t分布

自由度为ν的卡方分布用$\chi^2(\nu)$表示. $\chi^2(\nu)$随机变量X的概率分布函数为

$$f(x) = \frac{1}{\Gamma(\nu/2)2^{\nu/2}} x^{(\nu/2)-1} \mathrm{e}^{-x/2}, \qquad x \geqslant 0, \quad \nu = 1, 2, \cdots.$$

注意$\chi^2(\nu)$是伽马分布的一个特殊情况，它是形状参数为$\nu/2$、率参数为$1/2$的伽马分布. 标准正态变量的二次方服从$\chi^2(1)$分布. 如果$Z_1, \cdots, Z_\nu$是独立同分布的标准正态变量，那么$Z_1^2 + \cdots + Z_\nu^2 \sim \chi^2(\nu)$. 如果$X \sim \chi^2(\nu_1)$和$Y \sim \chi^2(\nu_2)$是相互独立的，那么$X + Y \sim \chi^2(\nu_1 + \nu_2)$. 如果$X \sim \chi^2(\nu)$，那么

$$E[x] = \nu, \quad \mathrm{Var}(X) = 2\nu.$$

t分布（也叫学生t分布）定义如下. 令$Z \sim N(0,1)$，$V \sim \chi^2(\nu)$. 如果Z和V相互独立，那么

$$T = \frac{Z}{\sqrt{V/\nu}}$$

服从自由度为ν的t分布，用$t(\nu)$表示. $t(\nu)$随机变量X的密度为

$$f(x) = \frac{\Gamma(\frac{\nu+1}{2})}{\Gamma(\nu/2)} \frac{1}{\sqrt{\nu\pi}} \frac{1}{(1 + \frac{x^2}{\nu})^{(\nu+1)/2}}, \qquad x \in \mathbf{R}, \quad \nu = 1, 2, \cdots.$$

$X \sim t(\nu)$的均值和方差分别为

$$E[X] = 0, \quad \nu > 1; \quad \mathrm{Var}(x) = \frac{\nu}{\nu - 2}, \quad \nu > 2.$$

在$\nu = 1$的特殊情况下，$t(1)$分布为标准柯西分布. 对于较小的ν，和正态分布相比t分布具有"厚尾". 对于较大的ν，$t(\nu)$分布是近似正态的，且$\nu \to \infty$时$t(\nu)$依分布收敛到标准正态分布.

贝塔分布和均匀分布

如果随机变量X具有密度函数

$$f(x) = \frac{\Gamma(\alpha + \beta)}{\Gamma(\alpha)\Gamma(\beta)} x^{\alpha-1}(1 - x)^{\beta-1}, \quad 0 \leqslant x \leqslant 1, \alpha > 0, \beta > 0. \tag{2.9}$$

则称其服从Beta(α, β)分布. 贝塔密度中的常数是贝塔函数的倒数，贝塔函数定义为

$$\text{Beta}(\alpha, \beta) = \int_0^1 t^{\alpha-1}(1 - t)^{\beta-1}\mathrm{d}t = \frac{\Gamma(\alpha + \beta)}{\Gamma(\alpha)\Gamma(\beta)}.$$

$(0, 1)$上的连续均匀分布或Uniform$(0, 1)$是特殊情况Beta$(1, 1)$. 参数α和β都是形状参数. 当$\alpha = \beta$时分布关于$1/2$对称. 当$\alpha \neq \beta$时分布是偏态的，偏度方向和数量取决于形状参数. 均值和方差分别为

$$E[x] = \frac{\alpha}{\alpha + \beta}; \quad \text{Var}(x) = \frac{\alpha\beta}{(\alpha + \beta)^2(\alpha + \beta + 1)}.$$

如果$X \sim \text{Uniform}(0, 1) = \text{Beta}(1, 1)$，那么$E[X] = \frac{1}{2}$，$\text{Var}(X) = \frac{1}{12}$.

在贝叶斯分析中，经常选择贝塔分布来构造概率参数的模型，比如伯努利试验或者二项试验中的成功概率.

对数正态分布

如果随机变量$X = \mathrm{e}^Y$，其中$Y \sim N(\mu, \sigma^2)$，那么我们称X服从参数为(μ, σ^2)的对数正态分布，简记为$X \sim \log N(\mu, \sigma^2)$. 可以看出$\log X \sim N(\mu, \sigma^2)$. 对数正态密度函数为

$$f_X(x) = \frac{1}{x\sqrt{2\pi}\sigma} \mathrm{e}^{(-\log x - \mu)^2/(2\sigma^2)}, \quad x > 0.$$

累积分布函数可以通过$\log X \sim N(\mu, \sigma^2)$的正态累积分布函数计算得到，所以$X \sim \log N(\mu, \sigma^2)$的累积分布函数为

$$F_X(x) = \Phi\left(\frac{\log x - \mu}{\sigma}\right), \quad x > 0.$$

矩为

$$E[X^r] = E[\mathrm{e}^{rY}] = \exp\left\{r\mu + \frac{1}{2}r^2\sigma^2\right\}, \quad r > 0. \tag{2.10}$$

均值和方差分别为

$$E[X] = \mathrm{e}^{\mu + \sigma^2/2}, \quad \text{Var}(x) = \mathrm{e}^{2\mu + \sigma^2}(\mathrm{e}^{\sigma^2} - 1).$$

例2.3 (双参数指数累积分布函数).

双参数指数密度为

$$f(x) = \lambda \mathrm{e}^{-\lambda(x-\eta)}, \quad x \geqslant \eta, \tag{2.11}$$

其中λ和η为正常数. 将具有密度函数(2.11)的分布记为Exp(λ, η). 当$\eta = 0$时，密度式(2.11)为具有率参数λ的指数密度.

双参数指数分布的累积分布函数为

$$F(x) = \int_{\eta}^{x} \lambda e^{-\lambda(t-\eta)} dt = \int_{0}^{x-\eta} \lambda e^{-\lambda u} du = 1 - e^{-\lambda(x-\eta)}, \quad x \geqslant \eta.$$

在 $\eta = 0$ 的特殊情况下，我们有 $\mathrm{Exp}(\lambda)$ 分布的累积分布函数

$$F(x) = 1 - e^{-\lambda x}, \qquad x \geqslant 0.$$

◇

例2.4 (指数分布的无记忆性).

率参数为 λ 的指数分布具有无记忆性. 即如果 $X \sim \mathrm{Exp}(\lambda)$，那么

$$P(X > s + t | X > s) = P(x > t), \quad \text{对于任一} s, t \geqslant 0.$$

X 的累积分布函数为 $F(x) = 1 - \exp(-\lambda x), x \geqslant 0$（参见例2.3）. 因此，对所有的 $s, t \geqslant 0$ 我们有

$$
\begin{aligned}
P(X > s + t | X > s) &= \frac{P(X > s + t)}{X > s} = \frac{1 - F(s+t)}{1 - F(s)} \\
&= \frac{e^{-\lambda(s+t)}}{e^{-\lambda s}} = e^{-\lambda t} = 1 - F(t) \\
&= P(X > t).
\end{aligned}
$$

第一个等号就是条件概率的定义，$P(A|B) = P(AB)/P(B)$.

◇

2.4 多元正态分布

二元正态分布

如果连续随机变量 X 和 Y 满足 (X, Y) 的联合密度为二元正态密度函数

$$
\begin{aligned}
f(x, y) = {}& \frac{1}{2\pi\sigma_1\sigma_2\sqrt{1-\rho^2}} \exp\Big\{ -\frac{1}{2(1-\rho^2)} \Big[\Big(\frac{x-\mu_1}{\sigma_1}\Big)^2 - \\
& 2\rho\Big(\frac{x-\mu_1}{\sigma_1}\Big)\Big(\frac{y-\mu_2}{\sigma_2}\Big) + \Big(\frac{y-\mu_2}{\sigma_2}\Big)^2 \Big] \Big\},
\end{aligned} \tag{2.12}
$$

$(x, y) \in \mathbf{R}^2$，则称 X 和 Y 服从二元正态分布. 参数为 $\mu_1 = E[X]$，$\mu_2 = E[Y]$，$\sigma_1^2 = \mathrm{Var}(X)$，$\sigma_2^2 = \mathrm{Var}(Y)$ 以及 $\rho = \mathrm{Cor}(X, Y)$. 符号 $(X, Y) \sim \mathrm{BVN}(\mu_1, \mu_2, \sigma_1^2, \sigma_2^2, \rho)$ 表明 (X, Y) 有联合概率密度函数式(2.12). 下面给出二元正态分布式(2.12)的一些性质：

1. X 和 Y 的边缘分布是正态的；也即 $X \sim N(\mu_1, \sigma_1^2)$，$Y \sim N(\mu_2, \sigma_2^2)$；

2. 给定 $X = x$ 时，Y 的条件分布是正态的，并且均值为 $\mu_2 + \rho\sigma_2/\sigma_1(x - \mu_1)$，方差为 $\sigma_2^2(1 - \rho^2)$；

3. 给定 $Y = y$ 时，X 的条件分布是正态的，并且均值为 $\mu_1 + \rho\sigma_1/\sigma_2(y - \mu_2)$，方差为 $\sigma_1^2(1 - \rho^2)$；

4. X和Y相互独立，当且仅当$\rho = 0$.

假设$(X_1, X_2) \sim \text{BVN}(\mu_1, \mu_2, \sigma_1^2, \sigma_2^2, \rho)$. 令$\boldsymbol{\mu} = (\mu_1, \mu_2)^{\text{T}}$,

$$\boldsymbol{\Sigma} = \begin{pmatrix} \sigma_{11} & \sigma_{12} \\ \sigma_{21} & \sigma_{22} \end{pmatrix},$$

其中$\sigma_{ij} = \text{Cov}(X_i, X_j)$. 那么$(X_1, X_2)$的二元正态概率密度函数式(2.12)可以用矩阵符号表示为

$$f(x_1, x_2) = \frac{1}{(2\pi)|\boldsymbol{\Sigma}|^{1/2}} \exp\left\{ -\frac{1}{2}(\boldsymbol{x} - \boldsymbol{\mu})^{\text{T}} \boldsymbol{\Sigma}^{-1}(\boldsymbol{x} - \boldsymbol{\mu}) \right\},$$

其中$\boldsymbol{x} = (x_1, x_2)^{\text{T}} \in \mathbf{R}^2$.

多元正态分布

如果连续随机变量$X_1, \cdots, X_d$的联合概率密度函数为

$$f(x_1, \cdots, x_d) = \frac{1}{(2\pi)^{d/2}|\boldsymbol{\Sigma}|^{1/2}} \exp\left\{ -\frac{1}{2}(\boldsymbol{x} - \boldsymbol{\mu})^{\text{T}} \boldsymbol{\Sigma}^{-1}(\boldsymbol{x} - \boldsymbol{\mu}) \right\}, \tag{2.13}$$

其中$\boldsymbol{\Sigma}$是$(X_1, \cdots, X_d)^{\text{T}}$的$d \times d$非奇异协方差矩阵，$\boldsymbol{\mu} = (\mu_1, \cdots, \mu_d)^{\text{T}}$是均值向量，$\boldsymbol{x} = (x_1, \cdots, x_d)^{\text{T}} \in \mathbf{R}^d$，则称$X_1, \cdots, X_d$的联合分布为多元正态的或$d$元正态的，记为$N_d(\boldsymbol{\mu}, \boldsymbol{\Sigma})$.

多元正态变量的一维边缘分布是正态的，均值为μ_i，方差为σ_i^2，$i = 1, \cdots, d$. 这里σ_i^2是$\boldsymbol{\Sigma}$对角线上的第i项. 事实上多元正态向量的所有边缘分布都是多元正态的（参见Tong[273, 第3.3节]）.

正态随机变量$X_1, \cdots, X_d$是相互独立的，当且仅当协方差矩阵$\boldsymbol{\Sigma}$是对角矩阵.

多元正态随机向量的线性变换也是多元正态的. 即如果$\boldsymbol{C}$是一个$m \times d$矩阵，$\boldsymbol{b} = (b_1, \cdots, b_m)^{\text{T}} \in \mathbf{R}^m$，那么$\boldsymbol{Y} = \boldsymbol{CX} + \boldsymbol{b}$服从均值向量为$\boldsymbol{C\mu} + \boldsymbol{b}$、方差为$\boldsymbol{C\Sigma C}^{\text{T}}$的$m$维多元正态分布.

多元正态分布的性质及应用可以参考Anderson[8]以及Mardia等[188]. 关于二元正态和多元正态分布的性质和特征可以参考Tong[273].

2.5 极限定理

大数定律

弱大数定律(Weak Law of Large Numbers, WLLN或LLN)说明样本均值依概率收敛到总体均值. 假设$X_1, X_2, \cdots$是独立同分布的，$E|X_1| < +\infty$，且$\mu = E[X_1]$. 对每个n，令$\overline{X}_n = \frac{1}{n}\sum_{i=1}^{n} X_i$. 那么当$n \to \infty$时，$\overline{X}_n$依概率收敛到$\mu$. 即对任意的$\epsilon > 0$，

$$\lim_{n \to \infty} P(|\overline{X}_n - \mu| < \epsilon) = 1,$$

证明可参见Durrett[77].

强大数定律(Strong Law of Large Numbers, SLLN)说明样本均值几乎必然收敛到总体均值μ. 假设$X_1, X_2, \cdots$是独立同分布的, $E|X_1| < +\infty$, 且$\mu = E[X_1]$. 对每个n, 令$\overline{X}_n = \frac{1}{n} \sum_{i=1}^{n} X_i$. 那么当$n \to \infty$时, $\overline{X}_n$几乎必然收敛到μ. 即对任意的$\epsilon > 0$,

$$P(\lim_{n \to \infty} |\overline{X_n} - \mu| < \epsilon) = 1.$$

Etemadi的证明可参见Durrett[77].

中心极限定理

中心极限定理的最早版本是棣莫弗(de Moivre)在18世纪前期, 在对伯努利变量的随机样本进行研究时证明的. 而更加完善的证明则是林德伯格(Lindeberg)和列维(Lévy)在19世纪20年代前期分别独立给出的.

定理2.1 (中心极限定理). 如果$X_1, \cdots, X_n$是一个随机样本, 且服从具有均值μ和有限方差$\sigma^2 > 0$的分布, 那么

$$Z_n = \frac{\overline{X} - \mu}{\sigma / \sqrt{n}}$$

的极限分布是标准正态分布.

证明可参见Durrett[77].

2.6 统计学

除非特殊指明, $X_1, \cdots, X_n$表示一个随机样本, 累积分布函数为$F_X(x) = P(X \leqslant x)$, 概率密度函数或概率质量函数为$f_X(x)$, 均值为$E[X] = \mu_X$, 方差为$\sigma_X^2$. 当上下文中比较明确的时候则可以省略$F, f, \mu$和$\sigma$的下标$X$. 小写字母$x_1, \cdots, x_n$表示一个观测随机样本.

统计量是样本的函数$T_n = T(X_1, \cdots, X_n)$. 一些常见的统计量有样本均值、样本方差等. 样本均值为$\overline{X}_n = \frac{1}{n} \sum_{i=1}^{n} X_i$, 样本方差为

$$S^2 = \frac{1}{n} \sum_{i=1}^{n} (X_i - \overline{x})^2 = \frac{\sum_{i=1}^{n} X_i^2 - n\overline{X}^2}{n - 1},$$

样本标准误差为$S = \sqrt{S^2}$.

经验分布函数

$F_X(x) = P(X \leqslant x)$的估计为落在区间$(-\infty, x]$内的样本点的比例. 这个估计称为经验累积分布函数(empirical cumulative distribution function, ecdf) 或经验分布函数(empirical distribution function, edf). 一个观测样本$x_1, \cdots, x_n$的经验累积分布函数

定义为

$$F_n(x) = \begin{cases} 0, \ x < x_{(1)}, \\ \frac{i}{n}, x_{(i)} \leqslant x < x_{(i+1)}, \ i = 1, \cdots, n-1, \\ 1, \ x_{(n)} \leqslant x, \end{cases}$$

其中$x_{(1)} \leqslant x_{(2)} \leqslant \cdots \leqslant x_{(n)}$为有序样本.

考虑与累积分布函数相反的问题可以找到一个分布的分位数. 但是由于累积分布函数不一定是严格单调递增的, 所以分位数定义如下. 随机变量X具有累积分布函数$F(x)$, 其q分位数为

$$X_q = \inf_x \{x : F(x) \geqslant q\}, \quad 0 < q < 1.$$

可以通过求随机样本的经验累积分布函数或其他统计量的函数的逆来估计分位数. 在R、SAS、Minitab、SPSS等统计软件包中计算样本分位数的方法都不一样（参见Hyndman和Fan[148]以及R中的"quantile"帮助主题）.

R笔记2.1 R中使用的默认估计方法为"quantile"函数, 它将累计概率$(k-1)/(n-1)$分配给第k个顺序统计量. 因此, 经验累积概率定义为

$$0, \frac{1}{n-1}, \frac{2}{n-1}, \cdots, \frac{n-2}{n-1}, 1.$$

注意这个概率集和经验累积分布函数的通常分配$\{k/n\}_{k=1}^n$是不同的.

偏差和均方误差

如果统计量$\hat{\theta}_n$满足$E[\hat{\theta}_n] = \theta$, 那么称$\hat{\theta}_n$是参数$\theta$的无偏估计量. 如果

$$\lim_{n \to 0} E[\hat{\theta}_n] = \theta,$$

那么称估计量$\hat{\theta}_n$对θ是渐进无偏的. 一个估计量$\hat{\theta}$对参数θ的偏差定义为$bias(\hat{\theta}) = E[\hat{\theta}] - \theta$.

很明显, $\overline{X}$是均值$\mu = E[X]$的无偏估计量. 可以看出$E[S^2] = \sigma^2 = \text{Var}(X)$, 所以样本方差$S^2$是$\sigma^2$的无偏估计量. 方差的极大似然估计量为

$$\hat{\sigma}^2 = \frac{1}{n} \sum_{i=1}^{n} (X_i - \overline{X})^2,$$

它是σ^2的有偏估计量. 但是当$n \to \infty$时偏差$-\sigma^2/n$趋于0, 所以$\hat{\sigma}^2$对σ^2是渐进无偏的.

估计量$\hat{\theta}$对参数θ的均方误差(Mean Squared Error, MSE)为

$$MSE(\hat{\theta}) = E[(\hat{\theta} - \theta)^2].$$

注意对一个无偏估计量而言均方误差等于估计量的方差. 但是如果$\hat{\theta}$对θ是有偏的, 那么均方误差要比方差大. 事实上均方误差可以分成两部分,

$$\begin{aligned} MSE(\hat{\theta}) &= E[\hat{\theta}^2 - 2\theta\hat{\theta} + \theta^2] \\ &= E[\hat{\theta}^2] - (E[\hat{\theta}])^2 + (E[\hat{\theta}])^2 - 2\theta E[\hat{\theta}] + \theta^2 \\ &= \text{Var}(\hat{\theta}) + (E[\hat{\theta}] - \theta)^2, \end{aligned}$$

所以均方误差是方差和偏差的二次方的和

$$MSE(\hat{\theta}) = \mathrm{Var}(\hat{\theta}) + [bias(\hat{\theta})]^2.$$

估计量$\hat{\theta}$的标准误差为方差的二次方根：$se(\hat{\theta}) = \sqrt{\mathrm{Var}(\hat{\theta})}$. 一个重要的例子是均值的标准误差

$$se(\overline{X}) = \sqrt{\mathrm{Var}(\overline{X})} = \sqrt{\frac{\mathrm{Var}(X)}{n}} = \frac{\sigma_X}{\sqrt{n}}.$$

样本比例$\hat{p}$是总体比例p的无偏估计量. 样本比例的标准误差为$\sqrt{p(1-p)/n}$. 注意$se(\hat{p}) \leqslant 0.5/\sqrt{n}$.

对固定的$x \in \mathbf{R}$, 经验累积分布函数$F_n(x)$是累积分布函数$F(x)$的无偏估计量. $F_n(x)$的标准误差为

$$\sqrt{F(x)(1 - F(x))/n} \leqslant 0.5/\sqrt{n}.$$

q样本分位数的方差[63,2.7]为

$$\mathrm{Var}(\hat{x}_q) = \frac{q(1-q)}{nf(x_q)^2}. \tag{2.14}$$

其中f是抽样分布的密度. 估计分位数时, 密度f通常是未知的, 但是式(2.14)指出在支撑集密度接近于0的部分估计分位数时需要选取较大的样本.

矩方法

假设r阶矩存在, r阶样本矩$m'_r = \frac{1}{n}\sum_{i=1}^{n} X_i^r, r = 1, 2, \cdots$是$r$阶总体矩$E[X^r]$的无偏估计量. 如果$X$有密度$f(x; \theta_1, \cdots, \theta_k)$, 那么$\theta = (\theta_1, \cdots, \theta_k)$的矩方法估计量可以通过方程组

$$E[X^r] = m'_r(x_1, \cdots, x_n) = \frac{1}{n}\sum_{i=1}^{n} x_i^r, \ r = 1, \cdots, k$$

的联立解$\hat{\theta} = (\hat{\theta}_1, \cdots, \hat{\theta}_k)$给出.

似然函数

假设样本观测值是独立同分布的, 分布具有密度函数$f(X|\theta)$, 其中θ为参数. 似然函数为给定θ时观测样本的条件概率, 通过

$$L(\theta) = \prod_{i=1}^{n} f(x_i|\theta) \tag{2.15}$$

给出. 参数θ可以是一个参数向量$\theta = (\theta_1, \cdots, \theta_p)$. 似然函数将数据作为参数$\theta$的函数. 由于$L(\theta)$是一个乘积, 通常讨论$L(\theta)$的对数会比较简单, 称其为对数似然函数,

$$l(\theta) = \log(L(\theta)) = \sum_{i=1}^{n} \log f(x_i|\theta). \tag{2.16}$$

极大似然估计

极大似然方法是由R. A. Fisher提出的. 通过使似然函数$L(\theta)$对参数θ取最大值, 我们寻找θ在给定可用信息（即样本数据）下的最可能的值. 假设Θ是θ的可能值的参数空间. 如果$L(\theta)$的最大值存在并且出现在唯一的点$\hat{\theta} \in \Theta$处, 那么$\hat{\theta}$称为θ的极大似然估计量. 如果最大值存在但取得最大值的点并不唯一, 那么任何最大值点都是θ的极大似然估计量. 对许多问题极大似然估计量可以解析地给出. 但是更多的情况下不能解析地得到最大值点, 这时就需要使用数值最优化或其他计算方法.

极大似然估计量具有不变性. 这个性质说明如果$\hat{\theta}$是θ的极大似然估计量, τ是θ的函数, 那么$\tau(\hat{\theta})$是$\tau(\theta)$的极大似然估计量.

注意极大似然法原理也可以用来解决观测变量不独立或者不同分布的问题（上面式(2.15)给出的似然函数是独立同分布的情况）.

例2.5（双参数的极大似然估计）.

给出双参数指数分布（参见例2.3）的参数$\theta = (\lambda, \eta)$的极大似然估计量. 假设$x_1, \cdots, x_n$是一个服从$\mathrm{Exp}(\lambda, \eta)$分布的随机样本. 似然函数为

$$L(\theta) = L(\lambda, \eta) = \prod_{i=1}^{n} \lambda \mathrm{e}^{-\lambda(x_i - \eta)} I(x_i \geqslant \eta),$$

其中$I(\cdot)$为指示变量（在集合A上$I(A) = 1$, 在A的补集上$I(A) = 0$）. 那么如果$x_{(1)} = \min\{x_1, \cdots, x_n\}$, 我们有

$$L(\theta) = L(\lambda, \eta) = \lambda^n \exp\left\{ -\lambda \sum_{i=1}^{n} (x_i - \eta) \right\}, x_1 \geqslant \eta.$$

对数似然函数为

$$l(\theta) = l(\lambda, \eta) = n \log \lambda - \lambda \sum_{i=1}^{n} (x_i - \eta), \quad x_{(1)} \geqslant \eta,$$

那么对每个固定的λ而言$l(\theta)$是η的增函数, 且$\eta \leqslant x_{(1)}$, 所以$\hat{\eta} = x_{(1)}$. 为了找到$l(\theta)$关于λ的最大值, 解方程

$$\frac{\partial l(\lambda, \eta)}{\partial \lambda} = \frac{n}{\lambda} - \sum_{i=1}^{n} (x_i - \eta) = 0, \quad x_{(1)} \geqslant \eta,$$

找到驻点$\lambda = 1/(\bar{x} - \eta)$. $\theta = (\lambda, \eta)$ 的极大似然估计量为

$$(\hat{\lambda}, \hat{\eta}) = \left(\frac{1}{\bar{x} - x_1}, x_1 \right).$$

◇

例2.6 (极大似然估计的不变性).

找到例2.3和例2.5中$\mathrm{Exp}(\lambda, \eta)$分布的$\alpha$分位数的极大似然估计量. 由例2.3我们有

$$F(x) = 1 - \mathrm{e}^{-\lambda(x-\eta)}, \quad x \geqslant \eta.$$

因此由$F(x_\alpha) = \alpha$可以推出

$$x_\alpha = -\frac{1}{\lambda} \log(1 - \alpha) + \eta,$$

并且由极大似然的不变性可知x_α的极大似然估计量为

$$\hat{x}_\alpha = -(\overline{x} - x_{(1)}) \log(1 - \alpha) + x_{(1)}.$$

$\diamond$

2.7 贝叶斯定理和贝叶斯统计

全概率法则

如果事件$A_1, \cdots, A_k$将样本空间S划分为互斥且完全的非空事件, 那么全概率法则指出事件B的全概率为

$$
\begin{aligned}
P(B) &= P(A_1 B) + P(A_2 B) + \cdots + P(A_k B) \\
&= P(B|A_1)P(A_1) + P(B|A_2)P(A_2) + \cdots + P(B|A_k)P(A_k) \\
&= \sum_{j=1}^{k} P(B|A_j)P(A_j).
\end{aligned}
$$

对于连续型随机变量X和Y, 我们有全概率法则的分布形式

$$f_Y(y) = \int_{-\infty}^{+\infty} f_{Y|X=x}(y) f_X(x) \mathrm{d}x.$$

对于离散型随机变量X和Y, 我们可以将全概率法则的分布形式写为

$$f_Y(y) = P(Y = y) = \sum_x P(Y = y|X = x) P(X = x).$$

贝叶斯定理

贝叶斯定理提供了一种考虑与条件概率完全相反的问题的方法. 在最简单的形式中, 如果A和B是事件且$P(B) > 0$, 那么

$$P(A|B) = \frac{P(B|A)P(A)}{P(B)}.$$

通常使用全概率法则来计算分母中的$P(B)$. 可以由条件概率和联合概率的定义得到这些公式.

对于连续型随机变量贝叶斯定理的分布形式为

$$f_{X|Y=y}(x) = \frac{f_{Y|X=x}(y)f_X(x)}{f_Y(y)} = \frac{f_{Y|X=x}(y)f_X(x)}{\int_{-\infty}^{+\infty} f_{Y|X=x}(y)f_X(x)\mathrm{d}x}.$$

对离散型随机变量

$$f_{X|Y=y}(x) = P(X=x|Y=y) = \frac{P(Y=y|X=x)P(X=x)}{\sum_x P(Y=y|X=x)P(X=x)}.$$

可以由条件概率和联合概率的定义得到这些公式.

贝叶斯统计

在统计学的频率学派的方法中，分布的参数被认为是固定的而又未知的常数. 贝叶斯方法将分布的未知参数看成是随机变量. 这样，在贝叶斯分析中，可以和样本统计量一样计算参数的概率.

贝叶斯定理允许我们基于观测数据去修正一个人对未知参数的先验看法. 先验看法反映了我们对参数的可能值赋予的相对权重. 假设X有密度$f(x|\theta)$. 给定样本观测值$x_1, \cdots, x_n$时θ的条件密度称为后验密度，定义为

$$f_{\theta|x}(\theta) = \frac{f(x_1, \cdots, x_n|\theta)f_\theta(\theta)}{\int f(x_1, \cdots, x_n|\theta)f_\theta(\theta)\mathrm{d}\theta}.$$

其中$f_\theta(\theta)$是θ的先验分布的概率密度函数. 后验分布考虑了已经观测到的数据，总结了我们关于未知参数的改进观点. 这样我们对计算后验量产生了兴趣，比如后验均值、后验众数、后验标准差等.

注意似然函数中的任何常数都会在后验密度函数中消掉. 基本关系为

$$后验 \propto 先验 \times 相似性,$$

它表明了如果只考虑后验密度函数的形状，可以不考虑（后验密度函数前的）乘法常数⊖. 通常这个常数的计算非常困难，并且得不到闭型上的积分. 但是可以通过蒙特卡罗方法从后验分布抽样并估计感兴趣的后验量，因为蒙特卡罗方法不需要计算常数. 关于马尔可夫链蒙特卡罗方法抽样的发展可以参考文献[44, 103, 106, 120, 228].

读者可以通过Lee[171]对贝叶斯统计做一个简单的了解. Albert[5]介绍了使用R计算贝叶斯的方法. DeGroot和Schervish[64]包括了经典观点和贝叶斯观点下的概率论和数理统计，可以作为高年级本科生的教材.

2.8 马尔可夫链

本节我们简单回顾一下离散时间和离散状态空间的马尔可夫链. 关于马尔可夫链的基本了解是学习第9章马尔可夫链蒙特卡罗方法的前提要求. 关于马尔可夫链比较好的介绍可以参考Ross[234, 第4章].

⊖这里所谓乘法常数实际上包含两个常数，第一个是分子表达式$f(x_1, \cdots, x_n|\theta)f_\theta(\theta)$包含的常数项，第二个是分母表达式$\int f(x_1, \cdots, x_n|\theta)f_\theta(\theta)\mathrm{d}\theta$，这个积分表达式的结果是个常数. ——译者注

马尔可夫链是一个以时间$t \geqslant 0$为指标的随机过程$\{X_t\}$. 我们的目的是通过模拟生成一个链, 所以我们考虑离散时间马尔可夫链. 时间指标应该是非负整数, 所以过程从状态X_0开始, 并不断转移到$X_1, X_2, \cdots, X_t, \cdots$. X_t的可能值构成的集合为状态空间.

假设一个马尔可夫链的状态空间是有限的或可数的. 不失一般性, 我们假设状态为$0, 1, 2, \cdots$. 如果序列$\{X_t | t \geqslant 0\}$满足

$$P(X_{t+1} = j | X_0 = i_0, X_1 = i_1, \cdots, X_{t-1} = i_{t-1}, X_t = i_t) = P(X_{t+1} = j | X_t = i)$$

对所有的状态对(i, j)和$t \geqslant 0$成立, 那么$\{X_t | t \geqslant 0\}$称为马尔可夫链. 换句话说, 转移概率只依赖于当前状态, 不依赖于过去的状态.

如果状态空间是有限的, 转移概率$P(X_{t+1} | X_t)$可以用转移矩阵$\boldsymbol{P} = (p_{ij})$来表示, 其中元$p_{ij}$为链从状态$i$步转移到状态$j$的概率. 链通过$k$步从状态$i$转移到状态$j$的概率为$p_{ij}^{(k)}$, Chapman-Kolmogorov方程 (参见文献[234, 第4章]) 指出k步转移概率为$\boldsymbol{P}^k$矩阵中的元. 即$\boldsymbol{P}^{(k)} = (p_{ij}^{(k)}) = \boldsymbol{P}^k$, 转移矩阵的$k$次幂.

如果所有的状态都能和其他全部状态沟通, 即对所有的状态对(i, j), 链从状态i在有限步内转移到状态j的概率大于0, 则称马尔可夫链为不可约的. 如果链回到状态i的概率为1, 则称状态i为常返的, 否则称状态i为非常返的. 如果链回到i的期望时间是有限的, 则i称为非零常返或正常返的. 从i开始到i结束的路径长度的最大公因子称为状态i的周期. 在不可约链中所有状态的周期都是相等的, 如果所有状态的周期都是1则称链为非周期的. 正常返、非周期的状态称为遍历的. 在有限状态马尔可夫链中所有的常返状态都是正常返的.

在不可约遍历马尔可夫链中, 转移概率收敛到状态空间上的平稳分布π, 和链的初始状态无关.

在有限状态马尔可夫链中, 由不可约性和非周期性推出对所有状态j而言

$$\pi_j = \lim_{n \to \infty} p_{ij}^{(n)}$$

存在且和初始状态i无关. 概率分布$\pi = \{\pi_j\}$称为平稳分布, 且π是方程组

$$\pi_j = \sum_{i=0}^{\infty} \pi_i p_{ij}, \quad j \geqslant 0; \quad \sum_{j=0}^{\infty} \pi_j = 1 \tag{2.17}$$

的唯一非负解. 我们可以将π_j理解为链在状态j的时间 (极限) 比例.

例2.7 (有限状态马尔可夫链).

Ross[234]给出了下面DNA突变的马尔可夫链模型的例子. DNA核苷酸有4个可能的值. 模型指定在单位时间内核苷酸改变的概率为3α, $0 < \alpha < 1/3$. 如果发生改变, 那么它将等可能地变为其他三个值中的任何一个. 因此$p_{ii} = 1 - 3\alpha$, $p_{ij} = 3\alpha/3 = \alpha (i \neq j)$.

如果我们将状态记为1到4，则转移矩阵为

$$
\boldsymbol{P} = \begin{pmatrix} 1-3\alpha & \alpha & \alpha & \alpha \\ \alpha & 1-3\alpha & \alpha & \alpha \\ \alpha & \alpha & 1-3\alpha & \alpha \\ \alpha & \alpha & \alpha & 1-3\alpha \end{pmatrix}, \tag{2.18}
$$

其中$p_{ij} = \boldsymbol{P}_{ij}$是从状态$i$突变到状态$j$的概率. 转移矩阵的第$i$行是过程在当前情况下从状态$i$转移到状态$j$的条件概率分布$P(X_{n+1} = j|X_n = i), j = 1, 2, 3, 4$. 因此每一行加起来一定等于1（矩阵是行随机的）. 这个矩阵恰好是双随机的，因为每一列加起来也等于1，但是对一般转移矩阵只需要是行随机的.

假设$\alpha = 0.1$. 两步转移矩阵和16步转移矩阵分别为

$$
\boldsymbol{P}^2 = \begin{pmatrix} 0.52 & 0.16 & 0.16 & 0.16 \\ 0.16 & 0.52 & 0.16 & 0.16 \\ 0.16 & 0.16 & 0.52 & 0.16 \\ 0.16 & 0.16 & 0.16 & 0.52 \end{pmatrix}, \quad \boldsymbol{P}^{16} = \begin{pmatrix} 0.2626 & 0.2458 & 0.2458 & 0.2458 \\ 0.2458 & 0.2626 & 0.2458 & 0.2458 \\ 0.2458 & 0.2458 & 0.2626 & 0.2458 \\ 0.2458 & 0.2458 & 0.2458 & 0.2626 \end{pmatrix}.
$$

三步转移矩阵为$\boldsymbol{P}^2\boldsymbol{P} = \boldsymbol{P}^3$，等等. 从状态1两步转移到状态4的概率$p_{14}^{(2)}$为$\boldsymbol{P}_{1,4}^2 = 0.16$，通过16步从状态2回到状态2的概率为$p_{22}^{(16)} = \boldsymbol{P}_{2,2}^{16} = 0.2626$.

$\boldsymbol{P}$的所有元都是正的，因此所有的状态都是互通的；链是不可约和遍历的. 每一行的概率都收敛到相同的4个状态上的平稳分布π. 平稳分布是方程式(2.17)的解；在这种情形下$\pi(i) = \frac{1}{4}, i = 1, 2, 3, 4$（在本例中可以看出极限概率不依赖于$\alpha$：$n \to \infty$时，$\boldsymbol{P}_{ii}^n = \frac{1}{4} + \frac{3}{4}(1-4\alpha)^n \to \frac{1}{4}$）. ◇

例2.8（随机游动）.

随机游动是一个无限状态空间的离散时间马尔可夫链的例子. 状态空间为整数集，转移概率为

$$
\begin{aligned}
p_{i,i+1} &= p, & i &= 0, \pm 1, \pm 2, \cdots, \\
p_{i,i-1} &= 1-p, & i &= 0, \pm 1, \pm 2, \cdots, \\
p_{i,j} &= 0, & j &\notin \{i-1, i+1\}.
\end{aligned}
$$

在随机游动模型中，每次转移随机地以概率p向右移动一个单位长度或者以概率$1-p$向左移动一个单位长度. 过程在时间n的状态为游动点在时间n的当前位置. 另一种理解方式为赌徒对一列参数为p的伯努利试验押1块钱，每次转移中赢或输1块钱；如果$X_0 = 0$，过程在时间n的状态为他在n次试验后赢或输的钱.

在随机游动模型中所有的状态是互通的，所以链是不可约的. 所有的状态周期为2. 比如，从状态0开始不可能以奇数步回到0. 从状态0开始通过$2n$步第一次回到0的概率为

$$
p_{00}^{(2n)} = \binom{2n}{n} p^n (1-p)^n = \frac{(2n)!}{n!n!} [p(1-p)]^n.
$$

可以看出 $\sum\limits_{n=1}^{\infty} p_{00}^{(2n)} < +\infty$，当且仅当 $p \neq 1/2$. 因此访问0的期望次数是有限的，当且仅当 $p \neq 1/2$ 时成立. 常返性和非常返性是类属性，因此链是常返的当且仅当 $p = 1/2$，否则所有的状态都是非常返的. 当 $p = 1/2$ 时过程称为对称随机游动. 对称随机游动将在例3.26中进行讨论. ◇

第3章 随机变量生成方法

3.1 引言

计算统计学中一个最基本的工作就是模拟服从某些特定概率分布的随机变量. 在这方面有很多出色的参考文献. 关于生成服从某些特定概率分布的随机变量的一般方法, 读者可以参看文献[69, 94, 112, 114, 154, 223, 228, 233, 238]. 至于一些特殊的方法, 读者可以参看文献[3, 4, 31, 43, 68, 98, 155, 159, 190].

举个最简单的例子, 为了模拟从有限总体中随机抽取一个观测值就需要有一个由离散均匀分布生成随机观测值的方法. 因此一个恰当地生成均匀伪随机数的程序成为了最基本的要求. 而生成服从其他概率分布的随机变量的生成程序都是以生成均匀随机数的程序为基础的.

在本书中, 我们认为这样恰当地生成均匀伪随机数的程序是存在的. 关于R中默认的随机数生成程序的详细信息可以参看帮助主题中的 ".Random.seed" 选项或 "RNGkind" 选项. 至于不同类型的随机数生成程序和它们的相关性质可以参考Gentle[112]和Knuth[164].

R中的均匀随机数生成函数是 "runif". 通篇来讲, 只要提到了生成随机数都是指生成的是伪随机数. 要生成一个含有n个0与1之间的（伪）随机数的向量, 可以使用命令 "runif(n)". 要生成n个a和b之间均匀分布的随机数, 可以使用命令 "runif(n, a, b)". 要生成一个由0与1之间的随机数构成的$n \times m$矩阵, 可以使用命令 "matrix(runif(n*m), nrow=n, ncol=m)" 或 "matrix(runif(n*m), n, m)".

在本章的例子中给出了一些生成连续型或离散型概率分布的随机变量的函数. 在R中, 很多分布的生成程序都可以直接调用, 比如 "rbeta" "rgeom" "rchisq" 等. 但是下面将要介绍的方法更具有一般性, 可以应用到很多其他的分布上. 而且这些方法对外部库、独立程序以及非标准模拟问题都是适用的.

在大多数的例子中都对生成的样本和相关总体的理论分布进行了比较. 在一些例子中构造了直方图、密度曲线或QQ图. 在一些例子中还对某些概括统计量与其理论值进行了对比, 比如样本矩、样本百分位数或经验分布. 这些都是检验一个模拟随机变量的算法的非正式方法.

例3.1 (有限总体抽样).

抽样函数可以对有限总体进行放回或是不放回抽样.

```
> #toss some coins
> sample(0:1, size = 10, replace = TRUE)
[1] 0 1 1 1 0 1 1 1 1 0

> #choose some lottery numbers
> sample(1:100, size = 6, replace = FALSE)
[1] 51 89 26 99 74 73

> #permuation of letters a-z
> sample(letters)
[1] "d" "n" "k" "x" "s" "p" "j" "t" "e" "b" "g" "a" "m" "y" "i" "v"
"l" "r" "w" "q" "z" "u" "h" "c" "f" "o"

> #sample from a multinomial distribution
> x <- sample(1:3, size = 100, replace = TRUE, prob = c(.2, .3, .5))
> table(x)
x
 1  2  3
17 35 48
```

R中常见概率分布的随机生成程序

下面给出多种方法来生成服从某种特定概率分布的随机变量. 在介绍这些方法之前, 我们先来总结一下R中可以直接调用的概率函数. 概率质量函数(pmf)、概率密度函数(pdf)、累积分布函数(cdf)以及分位数函数都是可以直接调用的. 除此之外, 很多常用概率分布的随机生成程序也是可以直接调用的, 比如帮助主题中的"Binomial"选项给出的4个函数:

```
dbinom(x, size, prob, log = FALSE)
pbinom(q, size, prob, lower.tail = TRUE, log.p = FALSE)
qbinom(p, size, prob, lower.tail = TRUE, log.p = FALSE)
rbinom(n, size, prob)
```

◇

相同的模式也可以应用到其他概率分布中去. 在分布函数的名称缩写中, "d"代表概率质量函数(pmf)或概率密度函数(pdf), "p"代表累积分布函数(cdf), "q"代表分位数函数, "r"代表随机分布生成程序.

在表3.1中给出了部分可直接调用的概率分布以及它们的参数. 至于完整目录可以参看R使用说明[279, 第8章]. 除列举的参数外, 有一些函数可选择 "log" "lower.tail" 或 "log.p" 参数, 还有一些函数可选择 "ncp" 参数（非中心性参数）.

表 3.1　R 中可用的单变量概率函数

描述	cdf	生成函数	函数参数
贝塔分布	pbeta	rbeta	shape1, shape2
二项分布	pbinom	rbinom	size, prob
卡方分布	pchisq	rchisq	df
指数分布	pexp	rexp	rate
F分布	pf	rf	df1, df2
伽马分布	pgamma	rgamma	shape, rate or scale
几何分布	pgeom	rgeom	prob
对数正态分布	plnorm	rlnorm	meanlog, sdlog
负二项分布	pnbinom	rnbinom	size, prob
正态分布	pnorm	rnorm	mean, sd
泊松分布	ppois	rpois	lambda
t分布	pt	rt	df
均匀分布	punif	runif	min, max

3.2　逆变换法

生成随机变量的逆变换法基于下面一些结论（参见文献[16, p201]和[231, p203]）.

定理3.1 (概率积分变换). X是一个连续随机变量, 具有累积分布函数$F_X(x)$, 那么$U = F_X(x) \sim U(0,1)$.

应用概率积分变换可以得到生成随机变量的逆变换法. 定义逆变换如下

$$F_X^{-1}(u) = \inf\{x : F_X(x) = u\}, \quad 0 < u < 1.$$

如果$U \sim U(0,1)$, 那么对任意的$x \in \mathbf{R}$

$$
\begin{aligned}
P(F_X^{-1}(U) \leqslant x) &= P(\inf\{t : F_X(t) = U\} \leqslant x) \\
&= P(U \leqslant F_X(x)) \\
&= F_U(F_X(x)) = F_X(x).
\end{aligned}
$$

因此, $F_U^{-1}(x)$与X同分布. 这样为了生成一个随机观测值X, 只需要生成一个分布为$U(0,1)$的变量u, 再做逆变换$F_X^{-1}(u)$就可以了. 由于F_X^{-1}是很容易计算的, 因此这种方法使用起来非常简单. 该方法既可以生成连续型随机变量，也可以生成离散型随机变量. 现将方法概括如下：

1. 推导反函数 $F_X^{-1}(u)$.

2. 编写命令或函数计算 $F_X^{-1}(u)$.

3. 对每一个随机变量要求

(a) u 服从 $U(0,1)$ 分布；

(b) 令 $x = F_X^{-1}(u)$.

3.2.1   连续情形下的逆变换法

例3.2 (连续情形下的逆变换法).

这里我们用逆变换法来模拟一个密度函数为 $f_X(x) = 3x^2 (0 < x < 1)$ 的随机样本.

令 $F_X(x) = x^3, 0 < x < 1$, $F_X^{-1}(u) = u^{1/3}$. 把 n 个所求的均匀随机数看成一个向量 "u"，这样 "u^(1/3)" 就成了长度为 "n" 的向量, 且包含样本 $x_1, \cdots, x_n$.

```
n <- 1000
u <- runif(n)
x <- u^(1/3)
#density histogram of sample
hist(x, prob = TRUE, main = bquote(f(x)==3*x^2))
y <- seq(0, 1, .01)
lines(y, 3*y^2)    #density curve f(x)
```

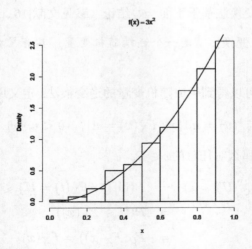

图 3.1   例3.2中使用逆变换法得到的随机样本的概率直方图, 其中叠加了理论密度函数 $f(x) = 3x^2$

从图3.1中的直方图和密度图中可以看出，经验分布和理论分布基本吻合.

R笔记3.1　图3.1的标题中含有数学表达式，这可以通过调用"expression"函数指定主标题得到，方法如下：

```
hist(x, prob = TRUE, main = expression(f(x) == 3*x^2))
```

或者也可以通过"main = bquote(f(x) == 3*x^2))"得到. 数学注释的相关内容参见"帮助"中的"plotmath"部分，也可参见"text"或"axis"部分.

例3.3（指数分布）.

这里我们用逆变换方法来生成一个服从均值为$1/\lambda$的指数分布的随机样本.

如果$X \sim \exp(\lambda)$，那么X的累积分布函数为$F_X(x) = 1 - \mathrm{e}^{-\lambda x}$，其逆变换为$F_X^{-1}(u) = -\frac{1}{\lambda}\log(1-u)^{\ominus}$. 注意到$U$和$1-U$具有相同的分布，令$x = -\frac{1}{\lambda}\log(u)$会更加简单. 可根据下面的程序得到一个参数为"lambda"的大小为"n"的随机样本：

```
-log(runif(n))  / lambda
```

生成函数"rexp"在R中是已存在的. 而且这种算法对C程序等其他程序中的运算也相当地有用.

3.2.2　离散情形下的逆变换法

逆变换法也可以应用到离散分布的情形. 如果X是一个离散型随机变量并且

$$\cdots < x_{i-1} < x_i < x_{i+1} < \cdots$$

是$F_X(x)$的不连续点，那么令$F_X^{-1}(u) = x_i$，其中$F_X(x_{i-1}) < u \leqslant F_X(x_i)$.

对每个随机变量要求：

1. u服从$U(0,1)$分布；
2. 由不等式$F_X(x_{i-1}) < u \leqslant F_X(x_i)$解出$x_i$.

对某些分布而言，步骤2中不等式$F_X(x_{i-1}) < u \leqslant F_X(x_i)$的求解会比较困难. 可以参考Devroye在离散情形下进行逆变换的几种不同方法.

例3.4（两点分布）.

这里我们用逆变换方法生成一个伯努利变量构成的随机样本（参数为$p = 0.4$）. 在R中可能还有更为简单的办法来生成两点分布，而本例则是在最简单的情况下展示了如何计算离散随机变量的逆累积分布函数.

在本例中，$F_X(0) = f_X(0) = 1 - p$，$F_X(1) = 1$. 这样，当$u > 0.6$时，$F_X^{-1}(u) = 1$，当$u < 0.6$时，$F_X^{-1}(u) = 0$. 因此在生成程序中应对逻辑表达式$u > 0.6$赋值.

$\ominus$本书中log表示自然对数. ——译者注

```
n <- 1000
p <- 0.4
u <- runif(n)
x <- as.integer(u > 0.6)    #(u > 0.6) is a logical vector

> mean(x)
[1] 0.41
> var(x)
[1] 0.2421421
```

比较样本统计量和理论矩. 生成样本的样本均值应接近$p = 0.4$，而样本方差应接近$p(1 - p) = 0.24$，样本统计量分别为$\overline{x} = 0.41(se = \sqrt{0.24/1000} = 0.0155)$，$S^2 = 0.242$.

R笔记3.2 在R中可以用参数"size=1"的"rbinom"(random binomial)函数来生成伯努利样本，也可以对概率分布为$(1 - p, p)$的向量$(0, 1)$取样得到.

```
rbinom(n,size = 1, prob = p)
sample(c(0,1), size = n, replace = TRUE, prob = c(0.6, 0.4))
```

也可参见例3.1.

例3.5 (几何分布).

通过逆变换方法生成一个参数为$p = 1/4$的随机几何样本.

概率质量函数为$f(x) = pq^x$，其中$x = 0, 1, 2, \cdots$. 在不连续点$x = 0, 1, 2, \cdots$ 处，累积分布函数为$F(x) = 1 - q^{x+1}$. 对每个样本元素，我们需要生成一个服从随机均匀分布的u并解不等式

$$1 - q^x < u \leqslant 1 - q^{x+1}.$$

该不等式可简化为$x < \log(1 - u)/\log(q) \leqslant x + 1$. 解为$x + 1 = \lceil \log(1 - u)/\log(q) \rceil$，其中$\lceil t \rceil$代表取整函数（不小于$t$的最小整数）.

```
n <- 1000
p <- 0.25
u <- runif(n)
k <- ceiling(log(1-u) / log(1-p)) - 1
```

由于U和$1 - U$具有相同的分布，而且$\log(1 - u)/\log(1 - p)$是整数的概率为0，故可将最后一步简化为

```
# more efficient
k <- floor(log(u) / log(1-p))
```

由于只需要简单解出不等式

$$F(x-1) < u \leqslant F(x),$$

而不用比较每一个u与所有的可能值$F(x)$,因此用逆变换法模拟几何分布尤为简单. 但同样的方法应用到泊松分布中就会复杂得多,因为我们并没有满足不等式$F(x-1) < u \leqslant F(x)$的$x$的显式表达.

R中的"rpois"函数可以生成随机泊松样本. 生成参数为λ的泊松变量的基本方法是通过下面的递推公式生成并储存累积分布函数

$$f(x+1) = \frac{\lambda f(x)}{x+1}; \quad F(x+1) = F(x) + f(x+1).$$

对于每个要求的泊松变量,需要生成一个随机均匀分布的u,并且累积分布函数向量需要从$F(x-1) < u \leqslant F(x)$的解中得到.

为了说明用逆变换法生成泊松变量的主要思路,这里举一个更为简单的例子——对数分布. 对数分布是不能由R中的生成程序直接生成的,它是在正整数点取值的单参数离散分布.

例3.6 (对数分布).

本例通过逆变换法给出了一个可以模拟参数为θ的对数随机样本的函数. 如果随机变量X满足

$$f(x) = P(X = x) = \frac{a\theta^x}{x}, \quad x = 1, 2, \cdots, \tag{3.1}$$

则称其服从对数分布. $f(x)$的递推公式为

$$f(x+1) = \frac{\theta^x}{x+1} f(x), \quad x = 1, 2, \cdots. \tag{3.2}$$

从理论上来说概率质量函数可以通过式(3.2)递推地估计,但是对于取值很大的x而言这种计算方法并不足够精确,并且最终会使得$f(x) = 0$但$F(x) < 1$. 相反地,我们可利用式(3.1)中概率质量函数的变形形式$\exp(\log a + x \log \theta - \log x)$来计算. 在生成大样本的时候,对于相同的值$F(x)$ 会有很多的重复计算,因此储存累积分布函数的值会更加有效率. 首先为累积分布函数向量选取一个长度N,然后计算$F(x), x = 1, 2, \cdots, N$. 必要的话,可以把$N$的值变得更大.

为了对某个特定的u解出不等式$F(x-1) < u \leqslant F(x)$,必需计算出满足$F(x-1) < u$的$x$的个数. 如果$F$是一个向量,$u_i$是一个数,那么表达式$F < u_i$就会生成一个逻辑向量,即一个和$F$同长度的包含逻辑值"TRUE"和"FALSE"的向量. 在算术表达式中,"TRUE"的值为1,"FALSE"的值为0. 注意逻辑向量$(u_i > F)$的和恰好为$x - 1$.

"rlogarithmic"的代码将在本节的末尾介绍,它主要用来生成一个服从参数为0.5的对数分布的随机样本.

```
n <- 1000
theta <- 0.5
x <- rlogarithmic(n, theta)
#compute density of logarithmic(theta) for comparison
k <- sort(unique(x))
p <- -1 / log(1 - theta) * theta^k / k
se <- sqrt(p*(1-p)/n)    #standard error
```

在下面的结果中，样本的相对频数（第一行）与参数为0.5的对数分布的理论分布（第二行）在两个标准误差之内是吻合的.

```
>  round(rbind(table(x)/n, p, se),3)
        1     2     3     4     5     6     7     8     11
    0.703 0.193 0.063 0.028 0.007 0.003 0.001 0.001 0.001
p   0.721 0.180 0.060 0.023 0.009 0.004 0.002 0.001 0.000
se  0.014 0.012 0.008 0.005 0.003 0.002 0.001 0.001 0.000
```

◇

```
rlogarithmic <- function(n, theta) {
    #returns a random logarithmic(theta) sample size n
    u <- runif(n)
    #set the initial length of cdf vector
    N <- ceiling(-16 / log10(theta))
    k <- 1:N
    a <- -1/log(1-theta)
    fk <- exp(log(a) + k * log(theta) - log(k))
    Fk <- cumsum(fk)
    x <- integer(n)
    for (i in 1:n) {
        x[i] <- as.integer(sum(u[i] > Fk)) #F^{-1}(u)-1
        while (x[i] == N) {
            #if x==N we need to extend the cdf
            #very unlikely because N is large
            logf <- log(a) + (N+1)*log(theta) - log(N+1)
            fk <- c(fk, exp(logf))
            Fk <- c(Fk, Fk[N] + fk[N+1])
            N <- N + 1
            x[i] <- as.integer(sum(u[i] > Fk))
```

```
        }
    }
    x + 1
}
```

注3.1　3.4节的例3.9中会介绍一种更有效率的参数为θ的对数分布的生成程序.

3.3　接受拒绝法

设X和Y为随机变量，分别具有概率密度函数或概率质量函数f和g，并存在常数c使得

$$\frac{f(t)}{g(t)} \leqslant c$$

对所有满足$f(t) > 0$的t都成立. 这样接受拒绝法（或称拒绝法）可以用来生成随机变量X.

接受拒绝法

1.找到一个随机变量Y，使得其概率密度函数g满足条件：当$f(t) > 0$时，$f(t)/g(t) \leqslant c$. 这就提供了生成随机变量Y的方法.

2.对每个要求的随机变量：

(a)生成一个随机变量y，使其服从概率密度函数为g的分布；

(b)生成一个随机变量u，使其服从$U(0,1)$；

(c)如果$u < f(y)/(cg(y))$，则令$x = y$；否则的话拒绝y，返回步骤2(a).

在步骤2(c)中请注意

$$P(\text{接受}|Y) = P\left(U < \frac{f(Y)}{cg(Y)}\Big|Y\right) = \frac{f(Y)}{cg(Y)}.$$

最后一个等式通过对u的累积分布函数进行简单计算就可得到. 因此，对任何一次重复接受的全概率为

$$\sum_y P(\text{接受}|y)P(Y = y) = \sum_y \frac{f(y)}{cg(y)}g(y) = \frac{1}{c},$$

直到接受时所重复的次数服从均值为c的几何分布. 这样，平均起来X的每个样本值都需要重复c次. 为了提高效率，Y应该取得容易模拟而c则应取得较小.

可以通过贝叶斯定理来验证接受取样和X具有相同的分布. 在离散情形下，当$f(k) > 0$时，

$$P(k|\text{接受}) = \frac{P(\text{接受}|k)g(k)}{P(\text{接受})} = \frac{[f(k)/(cg(k))]g(k)}{1/c} = f(k).$$

连续情形同理可证.

例3.7 (接受拒绝法).

本例通过贝塔(Beta)分布来说明接受拒绝法. 在这种方法下为了生成1000个服从贝塔($\alpha = 2, \beta = 2$) 分布的变量, 平均来说需要模拟多少个随机数? 这主要取决于$f(t)/g(t)$ 的上界c, 而这又取决于函数$g(x)$的选取.

Beta(2,2)的密度函数为$f(x) = 6x(1-x), 0 < x < 1$. 令$g(x)$为$U(0,1)$分布的密度函数. 这样对于$0 < x < 1$都有$f(x)/g(x) \leqslant 6$, 因此可以令$c = 6$. 如果满足下面条件, 一个服从$g(x)$分布的随机数$x$ 就是被接受的

$$\frac{f(x)}{cg(x)} = \frac{6x(1-x)}{6(1)} = x(1-x) > u.$$

平均来说, 生成一个大小为1000的样本, 需要进行$cn = 6000$次重复（12000个随机数）. 在下面的模拟过程中, 重复次数的计数器"j"不是必须的, 这里添加进来只是为了记录生成1000个Beta变量实际上需要重复多少次.

```
n <- 1000
k <- 0 #counter for accepted
j <- 0 #iterations
y <- numeric(n)

while (k < n) {
    u <- runif(1)
    j <- j + 1
    x <- runif(1) #random variate from g
    if (x * (1-x) > u) {
        #we accept x
        k <- k + 1
        y[k] <- x
    }
}


>j
[1] 5873
```

在这次模拟中, 为了生成1000个Beta变量总共进行了5873次重复（11746个随机数）. 接下来比较一下经验百分位数和理论百分位数.

```
#compare empirical and theoretical percentiles
p <- seq(.1, .9, .1)
Qhat <- quantile(y, p) #quantiles of sample
```

```
Q <- qbeta(p, 2, 2)    #theoretical quantiles
se <- sqrt(p * (1-p) / (n * dbeta(Q, 2, 2)^2)) #see Ch. 2
```

从下面的比较结果来看，样本百分位数（第一行）和"qbeta"函数（第二行）计算出来的Beta(2,2)百分位数基本吻合，都非常接近分布的中心. 为了估计密度接近于0的百分位数，需要进行很多次的重复.

```
> round(rbind(Qhat, Q, se), 3)
        10%   20%   30%   40%   50%   60%   70%   80%   90%
Qhat  0.189 0.293 0.365 0.449 0.519 0.589 0.665 0.741 0.830
   Q  0.196 0.287 0.363 0.433 0.500 0.567 0.637 0.713 0.804
  se  0.010 0.011 0.012 0.013 0.013 0.013 0.012 0.011 0.010
```

再进行一次生成10000个Beta变量的模拟会得到更精确的估计.

```
> round(rbind(Qhat, Q, se), 3)
        10%   20%   30%   40%   50%   60%   70%   80%   90%
Qhat  0.194 0.292 0.368 0.436 0.504 0.572 0.643 0.716 0.804
   Q  0.196 0.287 0.363 0.433 0.500 0.567 0.637 0.713 0.804
  se  0.003 0.004 0.004 0.004 0.004 0.004 0.004 0.004 0.003
```

◇

注3.2 在例3.8中给出了一个基于 Γ 比值法的Beta变量生成程序，这种方法效率更高.

3.4 其他变换方法

除了逆变换之外，还有很多种变换可以用来模拟随机变量. 下面给出一些例子：

1.如果 $Z \sim N(0,1)$，那么 $V = Z^2 \sim \chi^2(1)$.

2.如果 $U \sim \chi^2(m)$ 和 $V \sim \chi^2(n)$ 是相互独立的，那么 $F = \frac{U/m}{V/n}$ 服从自由度为 (m,n) 的 F 分布.

3.如果 $Z \sim N(0,1)$ 和 $V \sim \chi^2(n)$ 是相互独立的，那么 $T = \frac{Z}{\sqrt{V/n}}$ 服从自由度为 (m,n) 的 t 分布.

4.如果 $U, V \sim U(0,1)$ 是相互独立的，那么

$$Z_1 = \sqrt{-2\log U}\cos(2\pi V),$$
$$Z_2 = \sqrt{-2\log U}\sin(2\pi V)$$

是相互独立的标准正态变量（参见文献[238, p86]）.

5.如果$U \sim \text{Gamma}(r, \lambda)$和$V \sim \text{Gamma}(s, \lambda)$是相互独立的，那么$X = \frac{U}{U+V}$服从Beta$(r, s)$分布.

6.如果$U, V \sim U(0, 1)$是相互独立的，那么

$$X = \left[1 + \frac{\log(V)}{\log(1 - (1-\theta)^U)} \right]$$

服从Logarithmic(θ)分布，其中$[x]$表示x的整数部分.

基于例子5和例子6中变换的生成程序会在例3.8和例3.9中给出. 在3.5节中将会对求和与混合这两种特殊类型的变换进行讨论. 例3.21中使用了多元变换生成了在单位球面上均匀分布的点.

例3.8（贝塔(Beta)分布）.

我们可以通过下面贝塔分布和伽马分布的关系给出一个新的Beta变量生成程序.

如果$U \sim \text{Gamma}(r, \lambda)$，$V \sim \text{Gamma}(s, \lambda)$是相互独立的，那么

$$X = \frac{U}{U+V}$$

服从Beta(r, s)分布（参见文献[238, p64]）. 这个变换给出了一个生成随机Beta(a, b)变量的算法.

1.生成一个服从Gamma$(a, 1)$分布的随机数u；

2.生成一个服从Gamma$(b, 1)$分布的随机数v；

3.令$x = \frac{u}{u+v}$.

下面应用这种方法来生成一个随机Beta$(3, 2)$样本.

```
n <- 1000
a <- 3
b <- 2
u <- rgamma(n, shape=a, rate=1)
v <- rgamma(n, shape=b, rate=1)
x <- u / (u + v)
```

可以通过分位数对分位数(Quantile-Quantile, QQ)图对样本数据和Beta$(3, 2)$分布进行比较. 如果取样分布确实是Beta$(3, 2)$，那么QQ图应该接近一条直线.

```
q <- qbeta(ppoints(n), a, b)
qqplot(q, x, cex=0.25, xlab="Beta(3, 2)", ylab="Sample")
abline(0, 1)
```

其中添加了一条直线$x = q$用来参照. 在图3.2中，有序样本和Beta$(3, 2)$分位数的对比QQ图非常接近直线，这说明了生成样本应该是一个来自Beta$(3, 2)$的样本.

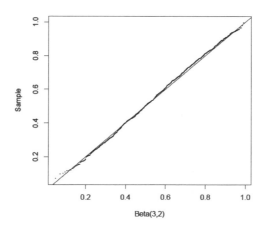

图 3.2 对Beta$(3,2)$分布和例3.8中用伽马比值法模拟的随机样本进行对比得到的QQ图

例3.9 (对数分布, 方法二).

本例给出另一个更有效率的对数分布生成程序（参见例3.6). 如果U,V是相互独立的服从$U(0,1)$分布的随机变量, 那么

$$X = \left\lfloor 1 + \frac{\log(V)}{\log(1 - (1-\theta)^U)} \right\rfloor \tag{3.3}$$

服从Logarithmic(θ)分布（参见文献[69, p546-p548]或文献[159]). 这个变换给出了一个更简单更有效率的对数分布生成程序.

1.生成一个服从$U(0,1)$分布的随机数u;

2.生成一个服从$U(0,1)$分布的随机数v;

3.令$x = \lfloor 1 + \log(v)/\log(1 - (1-\theta)^u) \rfloor$.

下面给出Logarithmic(0.5)的理论分布和使用式(3.3)生成的样本的比较结果. 其中经验概率"p.hat"在理论概率"p"的两个标准误差以内.

```
n <- 1000
theta <- 0.5
u <- runif(n)  #generate logarithmic sample
v <- runif(n)
x <- floor(1 + log(v) / log(1 - (1 - theta)^u))
k <- 1:max(x)  #calc. logarithmic probs.
p <- -1 / log(1 - theta) * theta^k / k
se <- sqrt(p*(1-p)/n)
p.hat <- tabulate(x)/n

> print(round(rbind(p.hat, p, se), 3))
```

```
       [,1]   [,2]   [,3]   [,4]   [,5]   [,6]   [,7]
p.hat 0.740  0.171  0.052  0.018  0.010  0.006  0.003
p     0.721  0.180  0.060  0.023  0.009  0.004  0.002
se    0.014  0.012  0.008  0.005  0.003  0.002  0.001
```

因此, 例3.6中的"rlogarithmic"函数可以替换为下面这种更简单的形式.

```
rlogarithmic <- function(n, theta) {
    stopifnot(all(theta > 0 & theta < 1))
    th <- rep(theta, length=n)
    u <- runif(n)
    v <- runif(n)
    x <- floor(1 + log(v) / log(1 - (1 - th)^u))
    return(x)
}
```

◇

R笔记3.3 算子"&"表示两个元素之间的"与"运算, 算子"&&"按从左到右的顺序进行"与"计算, 直到得到一个逻辑值为止. 比如:

```
x <- 1:5
>1<x&x<5
[1] FALSE TRUE TRUE TRUE FALSE
> 1 < x && x < 5
[1] FALSE
> any( 1 < x & x < 5 )
[1] TRUE
> any( 1 < x && x < 5 )
[1] FALSE
> any(1 < x) && any(x < 5)
[1] TRUE
> all(1 < x) && all(x < 5)
[1] FALSE
```

同理, 算子"|"表示两个元素之间的"或"运算, 算子"||"表示按从左到右的顺序进行"或"运算.

R笔记3.4 "tabulate"函数的自变量为正整数, 因此它可以用在对数模型上. 对其他类型的数据, 或者将其记为正整数, 或者使用"table"函数. 如果数据不是正整数, "tabulate"函数将会对实数取整并且不加警告地忽略小于1的整数.

3.5　求和变换与混合

随机变量的求和变换与混合是两种特殊类型的变换. 本节我们主要讨论独立随机变量求和变换（卷积）问题，以及一些离散型或连续型随机变量混合分布的例子.

卷积

设 $X_1, \cdots, X_n$ 是相互独立的随机变量，且 $X_j \sim X$. 令 $S = X_1 + \cdots + X_n$. 和 S 的分布函数称为 X 的 n 重卷积，用符号 $F_X^{*(n)}$ 来表示. 我们可以通过生成 $X_1, \cdots, X_n$ 并求和来直接模拟卷积.

一些分布可以通过卷积联系起来. 如果 ν 是一个正整数，那么以 ν 为自由度的卡方分布就是 ν 个独立同分布的标准正态随机变量二次方的卷积. 负二项分布 $\text{NegBin}(r, p)$ 是 r 个独立同分布的 $\text{Geom}(p)$ 随机变量的卷积. r 个独立 $\text{Exp}(\lambda)$ 随机变量的卷积服从 $\text{Gamma}(r, \lambda)$ 分布. 关于各种分布之间的关系可以参见 Bean 所做的介绍性概览[23].

当然，在 R 中也可以很简单地使用函数"rchisq""rgeom"和"rnbinom"生成卡方、几何和非负二项随机样本. 下面举例说明当分布和卷积联系起来时（生成随机变量）可以使用的一般方法.

例3.10 (卡方分布).

本例通过 ν 个正态随机变量二次方的卷积来生成 $\chi^2(\nu)$ 随机变量. 如果 $Z_1, \cdots, Z_n$ 是独立同分布的 $N(0,1)$ 随机变量，那么 $V = Z_1^2 + \cdots + Z_n^2$ 服从 $\chi^2(\nu)$ 分布. 生成大小为 n 的服从 $\chi^2(\nu)$ 分布的随机样本，其步骤如下：

1.用 $n\nu$ 个随机 $N(0,1)$ 变量生成一个 $n \times \nu$ 的矩阵；

2.把步骤1中矩阵里的每个元素二次方；

3.计算正态变量二次方的行和，每一个行和都是一个来自 $\chi^2(\nu)$ 分布的随机观测值；

4.导出行和（构成）的向量.

下面给出一个 $n = 1000$、$\nu = 2$ 的例子.

```
n <- 1000
nu <- 2
X <- matrix(rnorm(n*nu), n, nu)^2 #matrix of sq. normals
#sum the squared normals across each row: method 1
y <- rowSums(X)
#method 2
y <- apply(X, MARGIN=1, FUN=sum) #a vector length n
> mean(y)
[1] 2.027334
> mean(y^2)
```

[1] 7.835872

$\chi^2(\nu)$随机变量具有均值ν和方差2ν. 我们的样本统计量与理论矩$E[Y] = \nu = 2$、$E[Y^2] = 2\nu + \nu^2 = 8$非常吻合. 这里样本矩的标准误差分别为0.063和0.089.   ◇

R笔记3.5 本例中使用了函数"apply". 函数"apply"可以把一个函数应用在数组的各维度. 可以将函数("FUN=sum")应用到行上去("MARGIN=1")来得到矩阵"X"的行和. 计算行和的时候不要使用循环程序，一般来讲，在R中为了提高编程效率都应尽量避免使用循环程序（事实上可以更加简单地使用函数"rowSums"和"colSums"来计算行和以及列和）.

混合分布

设$X_1, X_2, \cdots$是一列随机变量，$\theta_i > 0$,且$\sum_i \theta_i = 1$，如果X的分布是一个加权和$F_X(x) = \sum_i \theta_i F_{X_i}(x)$的形式，则称随机变量$X$是一个离散混合变量. 常数$\theta_i$称为混合权重或混合概率. 尽管和变量与混合变量的表现形式看起来很类似，但得到的分布函数却差别很大.

设$X|Y = y$是一族以实数y为指标的随机变量，权重函数f_Y满足$\int_{-\infty}^{+\infty} f_Y(y)\mathrm{d}y = 1$，如果$X$的分布满足$F_X(x) = \int_{-\infty}^{+\infty} F_{X|Y=y}(x) f_Y(y)\mathrm{d}y$ 的形式，则称随机变量X是一个连续混合变量.

接下来比较一下正态随机变量的卷积模拟和混合分布模拟. 假设$X_1 \sim N(0,1), X_2 \sim N(3,1)$，并且它们是相互独立的. 表达式$S = X_1 + X_2$表示$X_1$和$X_2$的卷积. S的分布是均值为$\mu_1 + \mu_2 = 3$、方差为$\sigma_1^2 + \sigma_2^2 = 2$的正态分布.

模拟卷积的步骤：

1.生成一个来自$N(0,1)$分布的x_1；

2.生成一个来自$N(3,1)$分布的x_2；

3.令$s = x_1 + x_2$.

如果令分布为$F_X(x) = 0.5F_{X_1}(x) + 0.5F_{X_2}(x)$，我们也可以定义一个50%正态混合随机变量$X$. 与上面的卷积不同，该混合变量$X$明显是非正态的（事实上它是双峰的）.

模拟混合变量的步骤：

1.生成一个整数$k \in \{1,2\}$，其中$P(1) = P(2) = 0.5$；

2.如果$k = 1$，生成一个来自$N(0,1)$分布的x；如果$k = 2$，生成一个来自$N(3,1)$分布的x.

在下面的例子中我们会比较一下模拟出来的伽马随机变量的卷积分布和混合分布.

例3.11 (卷积和混合).

假设$X_1 \sim \text{Gamma}(2,2)$，$X_2 \sim \text{Gamma}(2,4)$，并且它们是相互独立的. 对比由卷积$S = X_1 + X_2$生成样本的直方图和由混合$F_X(x) = 0.5F_{X_1}(x) + 0.5F_{X_2}(x)$生成样本的直方图.

```
n <- 1000
x1 <- rgamma(n, 2, 2)
x2 <- rgamma(n, 2, 4)
s <- x1 + x2                 #the convolution
u <- runif(n)
k <- as.integer(u > 0.5)    #vector of 0's and 1's
x <- k * x1 + (1-k) * x2    #the mixture

par(mfcol=c(1,2))           #two graphs per page
hist(s, prob=TRUE)
hist(x, prob=TRUE)
par(mfcol=c(1,1))           #restore display
```

在图3.3中可以看出卷积的直方图和混合变换的直方图之间的差异是非常明显的.

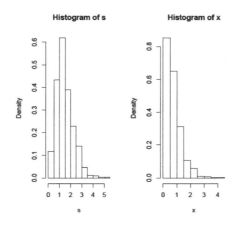

图 3.3　左图为例3.11中模拟Gamma$(2,2)$和Gamma$(2,4)$随机变量的卷积的直方图，右图为模拟Gamma$(2,2)$和Gamma$(2,4)$随机变量的50%混合变量的直方图

R笔记3.6　函数"par"可以用来设定（或查询）某些图形参数. 命令"par()"可以给出所有的图形参数，命令"par(mfcol=c(n,m))"可以配置图形（显示）设备，使得每一屏幕以n行m列的排列方式显示nm幅图片.

本例中生成混合分布的方法对于两个分布的混合变换来说是很简单的，但对任意多个分布混合则不然. 下面的例子就展示了多个分布在任意混合概率下的混合变量是如何生成的.

例3.12 (多个伽马分布的混合变量).

本例和上例比较相似，不同之处在于这里是对多个分布进行混合，并且混合权重也是不一样的. 假设$X_j \sim$ Gamma$(r = 3, \lambda_j = 1/j)$,并且是相互独立的，混合概率

为$\theta_j = j/15, j = 1, \cdots, 5$. 混合分布为

$$F_X = \sum_{j=1}^{5} \theta_j F_{X_j}.$$

生成服从混合分布F_X的随机变量的步骤如下：

1.生成一个整数$k \in \{1, 2, 3, 4, 5\}$，其中$P(k) = \theta_k, k = 1, \cdots, 5$；

2.生成一个随机伽马(r, λ_k)变量.

将步骤1和步骤2重复n次可以得到一个大小为n的样本.

注意，在上面的算法中使用了"for"循环，但实际上在R中"for"循环的效率是非常低的. 其实这种算法可以转换成一种向量化的方法.

1.生成一个由整数组成的样本$k_1, \cdots, k_n$，其中$P(k) = \theta_k, k = 1, \cdots, 5$. 在算法中将其组成一个向量"k"，而"k[i]"则表示样本中的第i个元素服从哪一个伽马分布（使用"sample"函数）；

2.将长度为n的向量$\lambda = \lambda_k$赋值给"rate"；

3.生成一个大小为n、形状参数为r、比率向量为"rate"的伽马样本（使用"rgamma"函数）.

这样我们就可以通过下面的例子给出R中一个高效率的实现方式.

```
n <- 5000
k <- sample(1:5, size=n, replace=TRUE, prob=(1:5)/15)
rate <- 1/k
x <- rgamma(n, shape=3, rate=rate)

#plot the density of the mixture
#with the densities of the components
plot(density(x), xlim=c(0,40), ylim=c(0,.3),
    lwd=3, xlab="x", main="")
for (i in 1:5)
    lines(density(rgamma(n, 3, 1/i)))
```

图3.4给出了每个X_j的密度曲线和混合变量的密度曲线（粗线条）. 图3.4中的密度曲线实际上是密度估计，这个问题我们将在第10章讨论.

例3.13 (多个伽马分布的混合分布).

假设$X_j \sim \text{Gamma}(3, \lambda_j)$,并且是相互独立的，比率为$\lambda = (1, 1.5, 2, 2.5, 3)$，混合概率为$\theta = (0.1, 0.2, 0.2, 0.3, 0.2)$. 混合变量表示为

$$F_X = \sum_{j=1}^{5} \theta_j F_{X_j}.$$

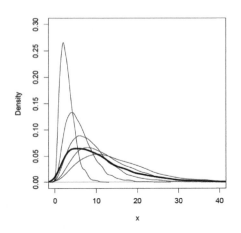

图 3.4　例3.12中的密度估计：多个伽马密度（细线条）的混合分布（粗线条）

本例和上例非常类似. 按概率权重θ从1到5取样，再生成一个长度为n的向量. 向量中的第i个位置代表样本中的第i个元素服从哪一个伽马分布. 通过这个向量来从向量"lambda"中选取正确的率参数.

```
n <- 5000
p <- c(.1,.2,.2,.3,.2)
lambda <- c(1,1.5,2,2.5,3)
k <- sample(1:5, size=n, replace=TRUE, prob=p)
rate <- lambda[k]
x <- rgamma(n, shape=3, rate=rate)
```

注意"lambda[k]"是和"k"长度相同的向量，其元素为向量"k"所指向的"lambda"中的元素. "lambda[k]"用数学符号来表示的话就是$(\lambda_{k_1}, \lambda_{k_2}, \cdots, \lambda_{k_n})$.

对比"k"的前几项和通过λ得到的"rate"中的对应值：

```
> k[1:8]
[1] 5 1 4 2 1 3 2 3
> rate[1:8]
[1] 3.0 1.0 2.5 1.5 1.0 2.0 1.5 2.0
```

例3.14 (绘制混合变量的密度图).

绘制伽马分布的密度以及混合分布的密度（不是密度估计）图（本例是一个编程练习，包括参数向量的使用和"apply"函数的反复使用）.

混合变量的密度是

$$f(x) = \sum_{j=1}^{5} \theta_j f_j(x). \ (x > 0) \tag{3.4}$$

式中，$f_j(x)$是Gamma$(3, \lambda_j)$的密度.

我们需要定义一个计算混合变量的密度$f(x)$的函数以便画图.

```
f <- function(x, lambda, theta) {
    #density of the mixture at the point x
    sum(dgamma(x, 3, lambda) * theta)
}
```

函数"f"对单个值"x"计算混合变量的密度即式(3.4). 如果"x"的长度为1，那么"dgamma(x, 3, lambda)"就是一个和"lambda"相同长度的向量，在本例中就是$(f_1(x), f_2(x), \cdots, f_5(x))$. 此时，"dgamma(x, 3, lambda)*theta"就是向量$(\theta_1 f_1(x), \theta_2 f_2(x), \cdots, \theta_5 f_5(x))$. 这个向量的和就是式(3.3)中的混合变量在"x"点的密度.

```
x <- seq(0, 8, length=200)
dim(x) <- length(x)  #need for apply

#compute density of the mixture f(x) along x
y <- apply(x, 1, f, lambda=lambda, theta=p)
```

把函数"f"应用到向量"x"上去就可以得到混合变换的密度. 函数"f"有多个参数，所以需要在函数名"f"后面添加额外的参数"lambda=lambda"和"theta=prob".

图3.5给出了5个密度函数以及混合变换后的密度函数的图形. 生成图形的代码如下所述. 密度f_k可以用函数"dgamma"来计算. 定义一系列"x"点，然后计算各点的密度.

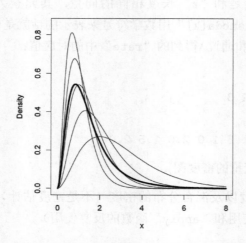

图 3.5 例3.14中的密度：多个伽马密度（细线条）的混合分布（粗线条）

```
#plot the density of the mixture
plot(x, y, type="l", ylim=c(0,.85), lwd=3, ylab="Density")

for (j in 1:5) {
    #add the j-th gamma density to the plot
    y <- apply(x, 1, dgamma, shape=3, rate=lambda[j])
    lines(x, y)
}
```

◇

R笔记3.7 函数"apply"对"x"有维度属性的要求，而在默认情况下"x"是一个向量，并没有维度属性. 因此"x"的维度可以由命令"dim(x)<-length(x)"给出，或者通过命令"x<-as.matrix(x)"将"x"转化为具有维度属性的矩阵（列向量）.

例3.15 (泊松-伽马混合分布).

本例是一个连续混合分布的例子. 如果Λ服从伽马(Gamma)分布，那么Poisson(Λ)分布的混合分布就会是一个负二项分布. 特别地，如果$(X|\Lambda = \lambda) \sim \text{Poisson}(\lambda)$，$\Lambda \sim \text{Gamma}(r, \beta)$，则$X$服从参数为$r$和$p = \beta/(1 + \beta)$的负二项分布（参见文献[23]）. 本例给出了一种泊松-伽马混合分布取样的方法，并将样本和负二项分布进行了对比.

```
#generate a Poisson-Gamma mixture
n <- 1000
r <- 4
beta <- 3
lambda <- rgamma(n, r, beta) #lambda is random

#now supply the sample of lambda's as the Poisson mean
x <- rpois(n, lambda)          #the mixture

#compare with negative binomial
mix <- tabulate(x+1) / n
negbin <- round(dnbinom(0:max(x), r, beta/(1+beta)), 3)
se <- sqrt(negbin * (1 - negbin) / n)
```

从下面的比较结果来看，混合变量的经验分布（下面第一行）与负二项$(4, 3/4)$的概率密度函数（第二行）是非常接近的.

```
> round(rbind(mix, negbin, se), 3)
      [,1] [,2] [,3] [,4] [,5] [,6] [,7] [,8] [,9]
```

```
mix     0.334 0.305 0.201 0.091 0.042 0.018 0.005 0.003 0.001
negbin  0.316 0.316 0.198 0.099 0.043 0.017 0.006 0.002 0.001
se      0.015 0.015 0.013 0.009 0.006 0.004 0.002 0.001 0.001
```

◇

3.6   多元分布

本节主要介绍多元正态分布、多元正态混合分布、Wishart分布和$\mathbf{R}^d$单位球面上的均匀分布的生成程序.

3.6.1   多元正态分布

如果随机向量$\boldsymbol{X} = (X_1, \cdots, X_d)$的密度满足

$$f(\boldsymbol{x}) = \frac{1}{(2\pi)^{d/2}|\boldsymbol{\Sigma}|^{1/2}} \exp\left\{-\frac{1}{2}(\boldsymbol{x} - \boldsymbol{\mu})^{\mathrm{T}} \boldsymbol{\Sigma}^{-1}(\boldsymbol{x} - \boldsymbol{\mu})\right\}, \quad \boldsymbol{x} \in \mathbf{R}^d, \qquad (3.5)$$

则称$\boldsymbol{X}$服从d维多元正态(MultiVariate Normal, MVN)分布,记作$\boldsymbol{X} \sim N_d(\boldsymbol{\mu}, \boldsymbol{\Sigma})$. 其中$\boldsymbol{\mu} = (\mu_1, \cdots, \mu_d)^{\mathrm{T}}$为均值向量,$\boldsymbol{\Sigma}$是一个由$\sigma_{ij} = \mathrm{Cov}(X_i, X_j)$构成的$d \times d$ 对称正定矩阵

$$\begin{pmatrix} \sigma_{11} & \sigma_{12} & \cdots & \sigma_{1d} \\ \sigma_{21} & \sigma_{22} & \cdots & \sigma_{2d} \\ \vdots & \vdots & & \vdots \\ \sigma_{d1} & \sigma_{d2} & \cdots & \sigma_{dd} \end{pmatrix}.$$

$\boldsymbol{\Sigma}^{-1}$表示$\boldsymbol{\Sigma}$的逆矩阵,$|\boldsymbol{\Sigma}|$表示$\boldsymbol{\Sigma}$的行列式.

在二维下的情况$N_2(\boldsymbol{\mu}, \boldsymbol{\Sigma})$就是常见的二元正态分布.

要生成一个随机$N_d(\boldsymbol{\mu}, \boldsymbol{\Sigma})$的变量,需要两步来完成. 首先,生成$\boldsymbol{Z} = (Z_1, \cdots, Z_d)$,其中$Z_1, \cdots, Z_d$是独立同分布的标准正态向量. 其次对$Z$进行变换使其具有均值向量$\boldsymbol{\mu}$和协方差矩阵$\boldsymbol{\Sigma}$. 这个变换需要生成协方差矩阵$\boldsymbol{\Sigma}$.

注意,如果$\boldsymbol{Z} \sim N_d(\boldsymbol{\mu}, \boldsymbol{\Sigma})$,那么线性变换$\boldsymbol{CZ} + \boldsymbol{b}$就是服从均值$\boldsymbol{C\mu} + \boldsymbol{b}$和协方差$\boldsymbol{C\Sigma C}^{\mathrm{T}}$的多元正态分布. 如果$\boldsymbol{Z} \sim N_d(0, I_d)$,那么

$$\boldsymbol{CZ} + \boldsymbol{b} \sim N_d(\boldsymbol{b}, \boldsymbol{CC}^{\mathrm{T}}).$$

如果能找到矩阵$\boldsymbol{C}$使得$\boldsymbol{\Sigma}$可以表示成$\boldsymbol{\Sigma} = \boldsymbol{CC}^{\mathrm{T}}$的形式,那么

$$\boldsymbol{CZ} + \boldsymbol{\mu} \sim N_d(\boldsymbol{\mu}, \boldsymbol{\Sigma}),$$

$\boldsymbol{CZ} + \boldsymbol{\mu}$就是所需要的变换.

所需的Σ的分解可以通过谱分解方法（特征向量分解）、Choleski分解或奇异值分解(Singular Value Decomposition, SVD)等方法实现. R中的相关函数分别为"eigen""chol"和"svd".

通常我们不会每次只对样本中的一个向量进行线性变换，而是通过对一个数据矩阵进行变换进而将整个样本进行线性变换. 假设$\boldsymbol{Z} = Z_{ij}$是一个$n \times d$矩阵，其中Z_{ij}相互独立且服从$N(0,1)$分布. 那么$\boldsymbol{Z}$的每一行都是一个服从d维标准多元正态分布的随机观测值.

对数据矩阵应用变换

$$\boldsymbol{X} = \boldsymbol{ZQ} + \boldsymbol{J\mu}^{\mathrm{T}}, \tag{3.6}$$

其中，$\boldsymbol{QQ}^{\mathrm{T}} = \boldsymbol{\Sigma}$，$\boldsymbol{J}$是一个由1组成的列向量. 那么所得矩阵$\boldsymbol{X}$的每一行都是一个服从$d$维多元正态分布、具有均值向量$\boldsymbol{\mu}$和协方差矩阵$\boldsymbol{\Sigma}$的随机观测值.

生成多元正态样本的方法

生成大小为n、服从$N_d(\boldsymbol{\mu}, \boldsymbol{\Sigma})$分布的随机样本的步骤如下：

1.生成包含nd个随机$N(0,1)$变量的$n \times d$矩阵$\boldsymbol{Z}$（n个$\mathbf{R}^d$中的随机向量）；

2.求出$\boldsymbol{\Sigma}$的分解$\boldsymbol{\Sigma} = \boldsymbol{QQ}^{\mathrm{T}}$；

3.应用变换$\boldsymbol{X} = \boldsymbol{ZQ} + \boldsymbol{J\mu}^{\mathrm{T}}$；

4.导出$n \times d$矩阵$\boldsymbol{X}$. $\boldsymbol{X}$的每一行都是一个服从$N_d(\boldsymbol{\mu}, \boldsymbol{\Sigma})$分布的随机变量.

在R中可以通过如下代码实现变换$\boldsymbol{X} = \boldsymbol{ZQ} + \boldsymbol{J\mu}^{\mathrm{T}}$，注意矩阵乘法符号是"%*%"，

```
Z <- matrix(rnorm(n*d), nrow = n, ncol = d)
X <- z%*%Q + matrix(mu, n, d, byrow = TRUE)
```

在代码中令矩阵乘积$\boldsymbol{J\mu}^{\mathrm{T}}$即为"matrix(mu, n, d, byrow = TRUE)"，这样处理省去了一次矩阵相乘运算. 由于默认参数为"byrow = FALSE"，所以必须将此参数设定为"byrow = TRUE"，这样可以将均值向量"mu"逐行地填入矩阵.

在本节中每介绍一种生成MVN（多元正态）随机样本的方法时都会同时给出例子. 需要注意的是在R的程序包中有直接生成多元正态样本的函数，比如"MASS"程序包中的"mvrnorm"函数[278]和"mvtnorm"程序包中的"rmvnorm"函数[115]. 在下面的例子中，我们均使用"rnorm"函数来生成标准正态随机变量.

生成$N_d(\boldsymbol{\mu}, \boldsymbol{\Sigma})$样本的谱分解法

协方差矩阵的二次方根为$\boldsymbol{\Sigma}^{1/2} = \boldsymbol{P\Lambda}^{1/2}\boldsymbol{P}^{-1}$，其中$\boldsymbol{\Lambda}$是由$\boldsymbol{\Sigma}$的特征值构成的对角矩阵，$\boldsymbol{P}$由$\boldsymbol{\Lambda}$中的特征值对应的单位特征列向量构成. 这种方法也称为特征分解法. 在特征分解法中，由于$\boldsymbol{P}^{-1} = \boldsymbol{P}^{\mathrm{T}}$，因此$\boldsymbol{\Sigma}^{1/2}$可以写成$\boldsymbol{P\Lambda}^{1/2}\boldsymbol{P}^{\mathrm{T}}$. 矩阵$\boldsymbol{Q} = \boldsymbol{\Sigma}^{1/2}$就是满足$\boldsymbol{Q}^{\mathrm{T}}\boldsymbol{Q} = \boldsymbol{\Sigma}$的一个分解.

例3.16（谱分解法）.

本例给出一个生成多元正态随机样本的函数"rmvn.eigen". 我们用它来生成一个具有均值向量0和

$$\boldsymbol{\Sigma} = \begin{pmatrix} 1.0 & 0.9 \\ 0.9 & 1.0 \end{pmatrix}$$

的二元正态样本.

```
# mean and covariance parameters
mu <- c(0, 0)
Sigma <- matrix(c(1, .9, .9, 1), nrow = 2, ncol = 2)
```

函数"eigen"返回一个矩阵的特征值和特征向量.

```
rmvn.eigen <-
function(n, mu, Sigma) {
    # generate n random vectors from MVN(mu, Sigma)
    # dimension is inferred from mu and Sigma
    d <- length(mu)
    ev <- eigen(Sigma, symmetric = TRUE)
    lambda <- ev$values
    V <- ev$vectors
    R <- V %*% diag(sqrt(lambda)) %*% t(V)
    Z <- matrix(rnorm(n*d), nrow = n, ncol = d)
    X <- Z %*% R + matrix(mu, n, d, byrow = TRUE)
    X
}
```

为了检验模拟结果，我们输出概括统计量并显示散点图.

```
# generate the sample
X <- rmvn.eigen(1000, mu, Sigma)

plot(X, xlab = "x", ylab = "y", pch = 20)
> print(colMeans(X))
[1] -0.001628189 0.023474775

> print(cor(X))
          [,1]       [,2]
[1,] 1.0000000 0.8931007
[2,] 0.8931007 1.0000000
```

例3.16的结果显示样本均值向量为$(-0.002, 0.023)$，相关系数为0.893，这和指定参数非常吻合.

图3.6中给出的散点图展示了多元正态分布的椭圆对称性. ◇

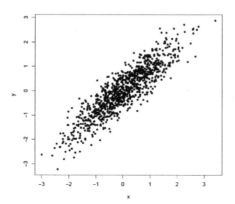

图 3.6　例3.16中具有均值向量**0**、方差$\sigma_1^2 = \sigma_2^2 = 1$和相关系数$\rho = 0.9$的随机二元正态样本的散点图

生成$N_d(\boldsymbol{\mu}, \boldsymbol{\Sigma})$样本的SVD法

奇异值分解(SVD)将特征向量的概念推广到了长方形矩阵上. 矩阵$\boldsymbol{X}$的奇异值分解(SVD)是指$\boldsymbol{X} = \boldsymbol{U}\boldsymbol{D}\boldsymbol{V}^{\mathrm{T}}$, 其中$\boldsymbol{D}$是由$\boldsymbol{X}$的奇异值构成的向量, $\boldsymbol{U}$是$\boldsymbol{X}$的左奇异向量作为列构成的矩阵, $\boldsymbol{V}$是$\boldsymbol{X}$的右奇异向量作为列构成的矩阵. 在这种情况下, $\boldsymbol{X}$就是总体协方差矩阵$\boldsymbol{\Sigma}$, 并且$\boldsymbol{U}\boldsymbol{V}^{\mathrm{T}} = \boldsymbol{I}$. 对于对称正定矩阵$\boldsymbol{\Sigma}$而言, 其奇异值分解为$\boldsymbol{U} = \boldsymbol{V} = \boldsymbol{P}$, $\boldsymbol{\Sigma}^{1/2} = \boldsymbol{U}\boldsymbol{D}^{1/2}\boldsymbol{V}^{\mathrm{T}}$. 这样在生成$N_d(\boldsymbol{\mu}, \boldsymbol{\Sigma})$样本的应用中奇异值分解法和谱分解法就是一样的了, 不过奇异值分解法效率要低一些, 因为这种方法并没有用到矩阵$\boldsymbol{\Sigma}$是对称方阵这一特性.

例3.17 (SVD法).

本例中使用SVD法生成矩阵$\boldsymbol{\Sigma}$, 从而给出一个生成多元正态随机样本的函数"rmvn.svd".

```
rmvn.svd <-
function(n, mu, Sigma) {
    # generate n random vectors from MVN(mu, Sigma)
    # dimension is inferred from mu and Sigma
    d <- length(mu)
    S <- svd(Sigma)
    R <- S$u %*% diag(sqrt(S$d)) %*% t(S$v) #sq. root Sigma
    Z <- matrix(rnorm(n*d), nrow=n, ncol=d)
    X <- Z %*% R + matrix(mu, n, d, byrow=TRUE)
    X
}
```

这个函数会在例3.19中用到.　　　　　　　　　　　　　　　　　　　　　◇

生成$N_d(\mu, \Sigma)$样本的Choleski分解法

实对称正定矩阵X的Choleski分解是指$X = Q^TQ$，其中Q是一个上三角矩阵. 在R中通过函数"chol"来实现Choleski分解，基本语法为"chol(X)"，其返回值为一个满足$R^TR = X$的上三角矩阵R.

例3.18 (Choleski分解法).

本例中使用Choleski分解法生成200个服从四维多元正态分布的随机观测值.

```
rmvn.Choleski <-
function(n, mu, Sigma) {
    # generate n random vectors from MVN(mu, Sigma)
    # dimension is inferred from mu and Sigma
    d <- length(mu)
    Q <- chol(Sigma) # Choleski factorization of Sigma
    Z <- matrix(rnorm(n*d), nrow=n, ncol=d)
    X <- Z %*% Q + matrix(mu, n, d, byrow=TRUE)
    X
}
```

在本例中，我们将生成和四维弗吉尼亚鸢尾花(iris virginica)数据具有相同均值和协方差结构的样本.

```
y <- subset(x=iris, Species=="virginica")[, 1:4]
mu <- colMeans(y)
Sigma <- cov(y)
> mu
Sepal.Length Sepal.Width Petal.Length Petal.Width
   6.588         2.974        5.552        2.026
> Sigma
             Sepal.Length Sepal.Width Petal.Length Petal.Width
Sepal.Length   0.40434286  0.09376327   0.30328980  0.04909388
Sepal.Width    0.09376327  0.10400408   0.07137959  0.04762857
Petal.Length   0.30328980  0.07137959   0.30458776  0.04882449
Petal.Width    0.04909388  0.04762857   0.04882449  0.07543265

#now generate MVN data with this mean and covariance
X <- rmvn.Choleski(200, mu, Sigma)
pairs(X)
```

图3.7中的数据对比图给出了每一对边缘分布的二元分布的二维视图.

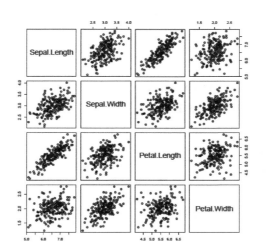

图 3.7 例3.18中模拟的多元正态随机样本的二元边缘分布对比图（参数和iris virginica数据的均值和方差吻合）

每一对边缘分布的联合分布理论上来说应该是双正态的. 第4章的图4.1显示了iris virginica数据，因此这个图可以与图4.1对比着来看（iris virginica数据并不是多元正态的，但每一对变量的均值和相关系数应该是和模拟数据相似的）.

注3.3 为了把一个多元正态样本标准化，在参数未知的情况下，我们需要代入样本均值向量和样本协方差矩阵反过来执行上述步骤. 变换后的d维样本具有均值向量$\mathbf{0}$和协方差矩阵I_d. 这和按比例缩放数据矩阵的列是不一样的. ◇

生成程序性能比较

我们已经讨论了多种生成服从特定概率分布的随机样本的方法. 当多种方法都可用的时候，哪一种是首选呢？一个需要考虑的因素是计算时间（时间复杂度）. 如果模拟的目的是估计一个或多个参数，那么还有另一个重要的因素需要考虑——估计量的方差. 后面这个因素我们将在第5章中讨论. 至于计算时间，我们可以通过对程序计时来比较它们的实际表现.

R中的"system.time"函数可以对系统中参与运算的参数进行计时，因此可以将这个函数作为一个粗略的检查程序来比较不同算法的性能. 在下面的例子中，调用函数"system.time"来比较几种生成多元正态样本的方法所需的CPU时间[注].

例3.19 (MVN生成程序性能比较).

本例来比较3.6.1节中介绍的几种方法和R中已经存在的两种生成程序生成高维($d = 30$)多元正态样本所需的时间. 本例使用了"mvtnorm"程序包中的"rmvnorm"函

[注]CPU时间，即反映中央处理器(CPU) 全速工作时完成某个进程所花费的时间. ——编辑注

数[115]，这个程序包不是R自带的，但可以从CRAN上下载安装．"MASS"程序包[278]是一个被广泛推荐使用的程序包，它是R自带的．

```
library(MASS)
library(mvtnorm)
n <- 100             #sample size
d <- 30              #dimension
N <- 2000            #iterations
mu <- numeric(d)


set.seed(100)
system.time(for (i in 1:N)
    rmvn.eigen(n, mu, cov(matrix(rnorm(n*d), n, d))))
set.seed(100)
system.time(for (i in 1:N)
    rmvn.svd(n, mu, cov(matrix(rnorm(n*d), n, d))))
set.seed(100)
system.time(for (i in 1:N)
    rmvn.Choleski(n, mu, cov(matrix(rnorm(n*d), n, d))))
set.seed(100)
system.time(for (i in 1:N)
    mvrnorm(n, mu, cov(matrix(rnorm(n*d), n, d))))
set.seed(100)
system.time(for (i in 1:N)
    rmvnorm(n, mu, cov(matrix(rnorm(n*d), n, d))))
set.seed(100)
system.time(for (i in 1:N)
    cov(matrix(rnorm(n*d), n, d)))
```

在生成多元正态样本的过程中，大部分工作都是协方差矩阵的分解．实际上本例中使用的协方差矩阵是标准多元正态样本的协方差矩阵．这样，每次重复随机生成的Σ都不一样，但却都接近单位矩阵．为了使得每种方法都用相同的协方差矩阵来计时，每次运行前随机数种子都要被还原．为了和生成程序运行的总时间作个比较，最后一次运行只是简单生成了协方差矩阵．

下面的结果（从控制台输出信息的总结）显示当协方差矩阵接近单位矩阵的时候这五种方法的性能存在很大的差异．Choleski方法多少要快一些，而"rmvn.eigen"和"mvrnorm"（"MASS"）[278]这两种方法看起来差别不大．"rmvn.eigen"和"mvrnorm"

性能表现上的相似性并不令人意外, 实际上从"mvrnorm"的说明文件中就可以看出它分解矩阵的方法也是特征分解法. "mvrnorm"的说明文件中写道: "尽管Choleski分解法可能会更快一些, 但特征分解法更加稳定".

```
Timings of MVN generators


               user system elapsed
rmvn.eigen     7.36   0.00    7.37
rmvn.svd       9.93   0.00    9.94
rmvn.choleski  5.32   0.00    5.35
mvrnorm        7.95   0.00    7.96
rmvnorm       11.91   0.00   11.93
generate Sigma 2.78   0.00    2.78
```

$\diamondsuit$

函数"system.time"也会用来比较例3.22和例3.23中的方法, 那里的代码(未给出)和上面的例子是类似的.

3.6.2　多元正态的混合分布

多元正态的混合分布用下面的式子来表示

$$pN_d(\boldsymbol{\mu}_1, \boldsymbol{\Sigma}_1) + (1 - p)N_d(\boldsymbol{\mu}_2, \boldsymbol{\Sigma}_2). \tag{3.7}$$

式中, 抽样总体是概率为p的$N_d(\boldsymbol{\mu}_1, \boldsymbol{\Sigma}_1)$和概率为$1 - p$的$N_d(\boldsymbol{\mu}_2, \boldsymbol{\Sigma}_2)$.

由于混合参数p和其他参数不同, 多元正态混合分布表现为各种各样偏离正态的类型. 比如一个50%的正态位置混合分布是轻尾对称的, 而一个90%的正态位置混合分布是厚尾非对称的. 一个$p = 1 - \frac{1}{2}(1 - \frac{\sqrt{3}}{3})$的正态位置混合分布则给出了一个具有正态峰度的偏斜分布的例子[140]. 可以将参数取得不同, 来生成多种多样的分布形状. Johnson[154]对二元正态混合变换给出了很多的例子. 很多常见的应用统计程序在这种偏离了正态的类型下表现得并不理想, 所以正态混合分布经常被选来比较各种鲁棒性方法的性能.

如果$\boldsymbol{X}$具有式(3.7)中的分布, 可以按下面方法生成服从$\boldsymbol{X}$的分布的随机观测值.

生成服从$pN_d(\boldsymbol{\mu}_1, \boldsymbol{\Sigma}_1) + (1 - p)N_d(\boldsymbol{\mu}_2, \boldsymbol{\Sigma}_2)$分布的随机样本的步骤如下:

1. 生成一个服从$U(0, 1)$分布的U;

2. 如果$U \leqslant p$, 生成一个服从$N_d(\boldsymbol{\mu}_1, \boldsymbol{\Sigma}_1)$分布的$\boldsymbol{X}$, 如果$U > p$, 生成一个服从$N_d(\boldsymbol{\mu}_2, \boldsymbol{\Sigma}_2)$分布的$\boldsymbol{X}$.

或者也可以按如下步骤进行:

1. 生成一个服从伯努利p分布的N;

2. 如果 $N = 1$，生成一个服从 $N_d(\boldsymbol{\mu}_1, \boldsymbol{\Sigma}_1)$ 分布的 $\boldsymbol{X}$，如果 $N = 0$，生成一个服从 $N_d(\boldsymbol{\mu}_2, \boldsymbol{\Sigma}_2)$ 分布的 $\boldsymbol{X}$.

例3.20 (多元正态的混合分布).

这里给出一个生成具有两个分量的多元正态混合分布的函数. 位置混合变换具有两个分量，这和单纯的位置是不一样的. 我们使用 "mvrnorm" 函数("MASS")[278]来生成多元正态观测值.

首先，我们使用效率较低的循环语句来编写生成程序，这样可以将上面的步骤较为清晰地展现出来. （后面我们会去掉循环语句.）

```
library(MASS)   #for mvrnorm
#ineffecient version loc.mix.0 with loops

loc.mix.0 <- function(n, p, mu1, mu2, Sigma) {
    #generate sample from BVN location mixture
    X <- matrix(0, n, 2)

    for (i in 1:n) {
        k <- rbinom(1, size = 1, prob = p)
        if (k)
            X[i,] <- mvrnorm(1, mu = mu1, Sigma) else
            X[i,] <- mvrnorm(1, mu = mu2, Sigma)
    }
    return(X)
}
```

尽管上面的代码能够生成所要的混合分布，但由于使用了循环语句，效率还是比较低的. 我们还可以使用下面的方法. 生成服从 $\text{Binomial}(n, p)$ 分布的 n_1，将其作为需要生成的服从第一个分量的观测值的个数. 生成 n_1 个服从第一个分量的随机变量，生成 $n_2 = n - n_1$ 个服从第二个分量的随机变量. 生成一个从1到 n 的随机排列，用其指明样本观测值在数据矩阵中的顺序. 关于矩阵行的重排的细节请参考附录B.1.

```
#more efficient version
loc.mix <- function(n, p, mu1, mu2, Sigma) {
    #generate sample from BVN location mixture
    n1 <- rbinom(1, size = n, prob = p)
    n2 <- n - n1
    x1 <- mvrnorm(n1, mu = mu1, Sigma)
    x2 <- mvrnorm(n2, mu = mu2, Sigma)
```

```
X <- rbind(x1, x2)          #combine the samples
return(X[sample(1:n), ])    #mix them
}
```

为了具体展示正态混合分布的生成程序，我们使用函数loc.mix来生成一个由$n = 1000$个观测值组成的随机样本，并且这些观测值服从$\boldsymbol{\mu}_1 = (0,0,0,0)$、$\boldsymbol{\mu}_2 = (2,3,4,5)$和协方差矩阵为$\boldsymbol{I}_4$的50%四维正态位置混合变换.

```
x <- loc.mix(1000, .5, rep(0, 4), 2:5, Sigma = diag(4))
r <- range(x) * 1.2
par(mfrow = c(2, 2))
for (i in 1:4)
    hist(x[ , i], xlim = r, ylim = c(0, .3), freq = FALSE,
    main = "", breaks = seq(-5, 10, .5))
par(mfrow = c(1, 1))
```

将$\mathbf{R}^4$中的数据可视化是很困难的，所以我们在图3.8中只显示边缘分布的直方图. 可以看出所有的一维边缘分布都是单变量正态位置混合变换. 将多元数据可视化的方法会在第4章中介绍. 另外，在第10章的图10.13中我们会从一个有趣的视角给出一个具有三个分量的双正态混合变换. ◇

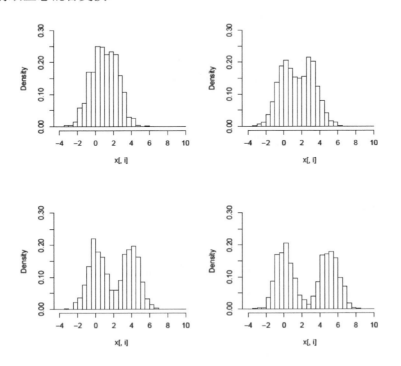

图 3.8　例3.20中多元正态位置混合变换的边缘分布的直方图

3.6.3   Wishart分布

假设$M = X^T X$，其中X是一个服从$N_d(\boldsymbol{\mu}, \boldsymbol{\Sigma})$分布的随机样本的$n \times d$数据矩阵，那么$M$服从以$\boldsymbol{\Sigma}$为尺度矩阵、以$n$为自由度的Wishart分布，记为$M \sim W_d(\boldsymbol{\Sigma}, n)$（参见文献[8，118]）. 注意当$d = 1$时，$X$的元构成了一个服从$N_d(\boldsymbol{\mu}, \sigma^2)$分布的单变量随机样本，此时$W_1(\sigma^2, n) \overset{D}{=} \sigma^2 \chi^2(n)$.

一个生成服从Wishart分布的随机变量的方法是生成多元正态随机样本并计算矩阵乘积$X^T X$，这种方法很直接但效率较低. 这种方法计算量很大，因为为了给出M中$d(d+1)/2$个不同的元素，必须生成nd个随机正态变量.

Johnson[154, p204]总结出一个基于Bartlett分解的高效率方法. 令$T = T_{ij}$是一个$d \times d$下三角随机矩阵，其元素互相独立且满足：

1.$T_{ij} \overset{iid}{\sim} N(0, 1), i > j$;

2.$T_{ii} \sim \sqrt{\chi^2(n-i+1)}, i = 1, \cdots, d$.

这样矩阵$A = TT^T$服从$W_d(I_d, n)$分布. 为了生成$W_d(\boldsymbol{\Sigma}, n)$分布，只需得到$\boldsymbol{\Sigma}$的Choleski分解$\boldsymbol{\Sigma} = LL^T$，其中$L$为下三角矩阵. 这样就有$LAL^T \sim W_d(\boldsymbol{\Sigma}, n)$[21, 133, 207]. 其实现过程留作练习.

3.6.4 d维球面上的均匀分布

d维球面是由$\mathbf{R}^d$中所有满足$||\boldsymbol{x}|| = (\boldsymbol{x}^T \boldsymbol{x})^{1/2} = 1$的点构成的集合. d维球面上均匀分布的随机向量具有等可能的方向. 生成这种分布的一种办法是利用多元正态分布的性质（参见文献[94，154]）. 如果$X_1, \cdots, X_d$互相独立且均服从$N(0,1)$分布，那么$U = (U_1, \cdots, U_d)$在$\mathbf{R}^d$的单位球面上均匀分布，其中

$$U_j = \frac{X_j}{(X_1^2 + \cdots + X_d^2)^{1/2}}, \ j = 1, \cdots, d. \tag{3.8}$$

生成d维球面上的均匀变量的算法

对每个变量$\boldsymbol{u}_i, i = 1, \cdots, n$重复下面步骤：

(a)生成服从$N(0,1)$分布的样本$x_{i1}, \cdots, x_{id}$;

(b)计算欧氏范数$||\boldsymbol{x}_i|| = (x_{i1}^2 + \cdots + x_{id}^2)^{1/2}$;

(c)令$u_{ij} = x_{ij}/||\boldsymbol{x}_i||, j = 1, \cdots, d$;

(d)令$\boldsymbol{u}_i = (u_{i1}, \cdots, u_{id})$;

在R中为了对一个大小为n的样本更有效率地完成这几步，可以按下面方法进行：

(1)在$n \times d$矩阵"M"中生成nd个单正态变量，"M"的第i行对应着第i个随机向量$\boldsymbol{u}_i$;

(2)对每一行计算式(3.8)中的分母，将n个范数储存到向量"L"中;

(3)将每一个数"M[i,j]"除以范数"L[i]"来生成矩阵"U"，其中"U[i,]" $= u_i = (u_{i1}, \cdots, u_{id})$;

(4)生成矩阵"U"，它的每一行都是一个随机观测值.

例3.21 (生成球面上的随机变量).

本例给出了一个生成d维单位球面上服从均匀分布的随机变量的函数.

```
runif.sphere <- function(n, d) {
# return a random sample uniformly distributed
# on the unit sphere in R ^d
M <- matrix(rnorm(n*d), nrow = n, ncol = d)
L <- apply(M, MARGIN = 1,
           FUN = function(x){sqrt(sum(x*x))})
D <- diag(1 / L)
U <- D %*% M
U
}
```

这里使用函数 "runif.sphere" 来生成由 200 个在圆上均匀分布的点所构成的样本.

```
#generate a sample in d=2 and plot
X <- runif.sphere(200, 2)
par(pty = "s")
plot(X, xlab = bquote(x[1]), ylab = bquote(x[2]))
par(pty = "m")
```

图3.9给出了这些点形成的圆.   ◇

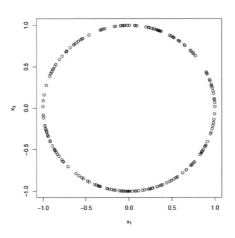

图 3.9 例3.21中由200个服从双变量分布(X_1, X_2)的点构成的随机样本，它们在单位圆上是均匀分布的

R笔记3.8 函数"runif.sphere"中的"apply"函数返回一个向量，该向量由矩阵"M"中的n个样本向量的范数$||\boldsymbol{x}_1||, ||\boldsymbol{x}_2||, \cdots, ||\boldsymbol{x}_n||$组成.

R笔记3.9 命令"par(pty = "s")"设置了方格图的类型，使得图形显示成圆形而不是椭圆形；命令"par(pty = "m")"还原了类型设置以得到最大的画图区域. 其他图形参数可以参考"帮助"主题中的"?par"选项.

可以通过对d维球面的均匀样本做适当的线性变换来生成在超椭圆体上均匀分布的点. Fishman[94, 3.28]给出了一个在单形内部和单形上生成点的算法.

3.7 随机过程

随机过程是一族由T中元素为指标的随机变量构成的集合$\{X_t : t \in T\}$，其中T中的元素表示时间. 指标集T可以是离散的，也可以是连续的. X_t所有可能的取值构成的集合称为状态空间，它既可以是离散的也可以是连续的. Ross 在文献[234]中对随机过程做了很好地介绍，其中一章讲的就是随机过程的模拟.

计数过程记录了截止到时间t,事件发生或到达的次数. 如果在不相交的时间段内到达次数是无关的，那么称计数过程具有独立增量. 如果一段时间区间内事件发生的次数只与区间长度有关，那么称计数过程具有平稳增量. 泊松过程就是一个计数过程的例子.

为了通过模拟来研究计数过程，我们可以生成一个在有限时间内记录事件的随机过程. 连续到达的时间集记录了结果并决定了任何时刻t的状态$X(t)$. 在模拟中，到达时间序列必须是有限的. 一种模拟计数过程的方法就是选取一段充分长的时间区间，然后在这段时间区间内生成到达时间和到达时间间隔.

泊松过程

如果一个计数过程$\{N_t, t \geqslant 0\}$具有独立增量，且满足$N(0) = 0$，以及

$$P(N(s+t) - N(s) = n) = \frac{\mathrm{e}^{\lambda t}(\lambda t)^n}{n!}, \quad n \geqslant 0, \quad t, s > 0, \tag{3.9}$$

则称其为具有参数λ的齐次泊松过程. 可以看出齐次泊松过程具有平稳增量，$[0, t]$内的事件数$N(t)$服从Poisson(λt)分布. 如果T_1是第一次到达时间，

$$P(T_1 > t) = P(N(t) = 0) = \mathrm{e}^{-\lambda t}, \quad t \geqslant 0,$$

所以T_1服从参数为λ的指数分布. 到达时间间隔$T_1, T_2, \cdots$表示两次到达之间的时间. 到达时间间隔相互独立且服从参数为λ的指数分布，这可以由式(3.9)和指数分布的无记忆性得到.

一种模拟泊松过程的方法是生成到达时间间隔. 这样第n次到达的时间$S_n = T_1 + \cdots + T_n$ （直到第n次到达的等待时间）. 到达时间间隔序列$\{T_n\}_{n=1}^{\infty}$或到达时间序列$\{S_n\}_{n=1}^{\infty}$就可以看成随机过程的实现. 这样的实现是一个无穷序列而不是有限序列.

在模拟过程中，有限的到达时间间隔序列$\{T_n\}_{n=1}^N$或到达时间序列$\{S_n\}_{n=1}^N$是随机过程在区间$[0, S_N)$上的模拟实现.

对$N(t) = n$的（无序）到达时间的条件分布和大小为n、服从$U(0, t)$分布的随机样本的条件分布是一样的，利用这一事实我们可以得到另一种模拟泊松过程的方法.

随机过程在给定时间t的状态等于在$[0, t]$内的到达次数，即$\min(k : S_k > t) - 1$. 这样就有$N(t) = n - 1$，其中S_n是大于t的最小到达时间.

通过生成到达时间间隔来模拟区间$[0, t_0]$上的齐次泊松过程的算法

1.令$S_1 = 0$；

2.对$j = 1, 2, \cdots$，如果$S_j \leqslant t_0$

(a)生成服从$\text{Exp}(\lambda)$分布的T_j；

(b)令$S_j = T_1 + \cdots + T_j$；

3.$N(t_0) = \min_j(S_j > t_0) - 1$.

在R中若使用for循环来实现这个算法是比较低效率的. 应该像下面例子中展示的那样，将其转化成向量化的操作.

例3.22 (泊松过程).

本例展示了一种模拟参数为λ的泊松过程的简单方法. 假设我们需要$N(3)$，即$[0, 3]$内的到达次数. 生成互相独立的、服从参数为λ的指数分布的时间间隔T_i，找到累积和$S_n = T_1 + \cdots + T_n$第一次超过3的下标n. 从而可以得出$[0, 3]$内的到达次数为$n - 1$. 平均来说，这个数应该是$E[N(3)] = 3\lambda$.

```
lambda <- 2
t0 <- 3
Tn <- rexp(100, lambda)          #interarrival times
Sn <- cumsum(Tn)                 #arrival times
n <- min(which(Sn > t0))         #arrivals+1 in [0, t0]
```

两次运行结果如下：

```
> n-1
[1] 8
> round(Sn[1:n], 4)
[1] 1.2217 1.3307 1.3479 1.4639 1.9631 2.0971
    2.3249 2.3409 3.9814

> n-1
[1] 5
> round(Sn[1:n], 4)
[1] 0.4206 0.8620 1.0055 1.6187 2.6418 3.4739
```

在本例中，如果运行多次的话，模拟值$N(3) = n - 1$的平均值应该在$E[N(3)] = 3\lambda = 6$附近.   ◇

给定区间$(0, t)$内的到达次数，无序到达时间的条件分布就是区间$(0, t)$内的均匀分布. 基于这样一个事实，可以给出另一种生成泊松过程到达时间的方法. 即给定区间$(0, t)$内的到达次数n的话，到达时间$S_1, \cdots, S_n$将会作为大小为n、服从$U(0, t)$分布的有序随机样本联合分布.

通过应用到达时间的条件分布，可以这样来模拟区间$(0, t)$上的参数为λ的泊松过程：

首先，生成一个服从$Poisson(\lambda t)$分布的随机观测值n，然后生成含有n个服从$U(0, 1)$分布的观测值的随机样本并对其排序来获得到达时间.

例3.23 (泊松过程，续).

回到例3.22，利用到达时间的条件分布来模拟参数为λ的泊松过程并给出$N(3)$. 作为检验，我们重复10000次来估计$N(3)$的均值和方差.

```
lambda <- 2
t0 <- 3
upper <- 100
pp <- numeric(10000)
for (i in 1:10000) {
    N <- rpois(1, lambda * upper)
    Un <- runif(N, 0, upper)        #unordered arrival times
    Sn <- sort(Un)                  #arrival times
    n <- min(which(Sn > t0))        #arrivals+1 in [0, t0]
    pp[i] <- n - 1                  #arrivals in [0, t0]
    }
```

如下所示，可以用函数"replicate"来替代循环语句.

```
pp <- replicate(10000, expr = {
    N <- rpois(1, lambda * upper)
    Un <- runif(N, 0, upper)        #unordered arrival times
    Sn <- sort(Un)                  #arrival times
    n <- min(which(Sn > t0))        #arrivals+1 in [0, t0]
    n - 1  })                       #arrivals in [0, t0]
```

在本例中均值和方差都应该是$\lambda t = 6$，生成值$N(3)$的样本均值和样本方差也非常接近于6.

```
> c(mean(pp), var(pp))
[1] 5.977100  5.819558
```

事实上，有可能出现生成的到达时间没有一个超过$t_0 = 3$的情况. 在这种情况下，模拟随机过程所需的时间比"upper"中的时间要长. 因此在实际中，我们应该根据随机过程的参数来选择"upper"，并做一些错误校验. 比如为了得到$N(t_0)$，我们可以在函数"min(which())"外面添加函数"try"，并用函数"is.integer"检验"try"返回的结果是否为整数.

Ross[234]讨论了例3.22和例3.23中两种方法的计算效率问题. 事实上在R中，将因子取成4或5时第二种方法要比第一种方法慢很多. 生成程序"rexp"和"runif"运算速度基本上是一样的，但排序运算增加了时间$O(n \log(n))$. 如果是在C语言中实现这个算法的话可能效果会好一些，因为在C语言中有一个更快的对均匀随机数排序的算法.

非齐次泊松过程

如果$N(0) = 0$，$N(t)$具有独立增量，并且对任意$h > 0$有

$$P(N(t + h) - N(t) \geqslant 2) = o(h),$$
$$P(N(t + h) - N(t) = 1) = \lambda(t)h + o(h).$$

那么称这个计数过程为具有强度函数$\lambda(t), t \geqslant 0$的泊松过程. 如果强度函数$\lambda(t)$不是常数，那么称泊松过程$N(t)$是非齐次的. 非齐次泊松过程具有独立增量，但不具有平稳增量.

$$N(s + t) - N(s)$$

服从均值为$\int_s^{s+t} \lambda(y)\mathrm{d}y$的泊松分布. 函数$m(t) = E[N(t)] = \int_0^t \lambda(y)\mathrm{d}y$称为过程的均值函数. 注意在齐次泊松过程中，由于强度函数是一个常数，所以$m(t) = \lambda t$.

具有有界强度函数的非齐次泊松过程可以通过对齐次泊松过程进行时间抽样得到. 假设对$t > 0$均有$\lambda(t) \leqslant \lambda < \infty$. 对Poisson$(\lambda)$过程进行抽样使得$t$时刻发生的事件被接受的概率为$\lambda(t)/\lambda$，这样就可以生成一个具有强度函数$\lambda(t)$的非齐次过程.

令$N(t)$表示$[0, t]$时间内接受的事件数. 这样$N(t)$服从泊松分布，并具有均值

$$E[N(t)] = \lambda \int_0^t \frac{\lambda(y)}{\lambda} \mathrm{d}y = \int_0^t \lambda(y) \mathrm{d}y.$$

为了模拟区间$[0, t_0]$上的非齐次泊松过程需要找到一个$\lambda_0 < \infty$，使得对$0 \leqslant t \leqslant t_0$均有$\lambda(t) \leqslant \lambda_0$. 然后由齐次Poisson$(\lambda_0)$过程生成到达时间$S_j$，按照概率$\lambda(S_j)/\lambda_0$接受每次到达. 模拟区间$[0, t_0]$上的过程的步骤如下.

通过对齐次泊松过程抽样模拟区间$[0, t_0]$上的非齐次泊松过程的算法

1.令$S_1 = 0$；

2.对$j = 1, 2, \cdots$，如果$S_j \leqslant t_0$

(a)生成服从Exp(λ_0)分布的T_j，并令$S_j = T_1 + \cdots + T_j$；

(b)生成服从$U(0, 1)$分布的U_j；

(c)如果$U_j \leqslant \lambda(S_j)/\lambda_0$，接受这次到达并令$I_j = 1$，否则的话令$I_j = 0$；

3.导出到达时间$\{S_j : I_j = 1\}$.

这种算法是非常简单的，但如果在R中使用向量化的运算来实现会更加有效率. 下面给出具体的例子.

例3.24 (非齐次泊松过程).

这里模拟一个具有强度函数$\lambda(t) = 3\cos^2(t)$的非齐次泊松过程. 强度函数有上界$\lambda = 3$，所以如果$U_j \leqslant 3\cos^2(S_j)/3 = \cos^2(S_j)$的话，第$j$次到达将被接受.

```
lambda <- 3
upper <- 100
N <- rpois(1, lambda * upper)
Tn <- rexp(N, lambda)
Sn <- cumsum(Tn)
Un <- runif(N)
keep <- (Un <= cos(Sn)^2)      #indicator, as logical vector
Sn[keep]
```

现在"Sn[keep]"中的值就是非齐次泊松过程中的有序到达时间.

```
> round(Sn[keep], 4)
 [1] 0.0237 0.5774 0.5841 0.6885 2.3262 2.4403 2.9984 3.4317 3.7588
[10] 3.9297 4.2962 6.2602 6.2862 6.7590 6.8354 7.0150 7.3517 8.3844
[19] 9.4499  9.4646 . . .
```

举例来说，为了判断过程在$t = 2\pi$时的状态，可以考察Sn中keep标记的项.

```
> sum(Sn[keep] <= 2*pi)
[1] 12
> table(keep)/N
keep
     FALSE      TRUE
 0.4969325 0.5030675
```

这样，$N(2\pi) = 12$，并且在本例中将近50%的到达被接受了.

更新过程

更新过程是泊松过程的推广. 如果计数过程$\{N_t, t \geqslant 0\}$满足非负到达时间间隔序列$T_1 , T_2, \cdots$独立同分布（不一定是指数分布），那么称$\{N_t, t \geqslant 0\}$是一个更新过程. 函数$m(t) = E[N(t)]$称为过程的均值函数，它是由到达时间间隔的分布唯一决定的. 如果事先指定独立同分布的到达时间间隔的分布$F_T(t)$，那么可以使用和例3.23中类似的方法，通过生成到达时间间隔序列来模拟更新过程.

例3.25 (更新过程).

假设更新过程的到达时间间隔服从成功概率为p的几何分布（参见文献[234，7.2节]）. 那么到达时间间隔是非负整数，$S_j = T_1 + \cdots + T_j$服从尺寸参数$r = j$和概率为p的负二项分布. 要想模拟这个过程，可以生成几何到达时间间隔，再用到达时间间隔的累计和来计算连续到达时间.

```
t0 <- 5
Tn <- rgeom(100, prob = .2)    #interarrival times
Sn <- cumsum(Tn)               #arrival times
n <- min(which(Sn > t0))       #arrivals+1 in [0, t0]
```

可以重复上面的模拟来估计$N(t_0)$的分布.

```
Nt0 <- replicate(1000, expr = {
    Sn <- cumsum(rgeom(100, prob = .2))
    min(which(Sn > t0)) - 1
    })
table(Nt0)/1000
Nt0
    0     1     2     3     4     5     6     7
0.273 0.316 0.219 0.108 0.053 0.022 0.007 0.002
```

改变时间t_0来估计均值$E[N(t)]$.

```
t0 <- seq(0.1, 30, .1)
mt <- numeric(length(t0))

for (i in 1:length(t0)) {
    mt[i] <- mean(replicate(1000,
    {
    Sn <- cumsum(rgeom(100, prob = .2))
    min(which(Sn > t0[i])) - 1
    }))
}
plot(t0, mt, type = "l", xlab = "t", ylab = "mean")
abline(0, .25)
```

我们来和齐次泊松过程做个比较，它的到达时间间隔均值是一个常数. 这里$p = 0.2$，所以平均到达时间间隔为$0.8/0.2 = 4$. 平均到达时间间隔为4的泊松过程，其泊松参数$\lambda t = t/4$. 我们使用函数"abline(0, .25)"在图中添加了一条参照线，它表示均值为$\lambda t = t/4$的泊松过程.

图3.10中给出了图形. 更新过程的均值非常接近λt，这并不意外，因为几何分布就是离散型的指数分布，也具有无记忆性. 即如果$X \sim \text{Geometric}(p)$，那么对所有的$j, k = 0, 1, 2, \cdots$有

$$P(X > j + k | X > j) = \frac{(1-p)^{j+k}}{(1-p)^j} = (1-p)^k = P(X > k).$$

◇

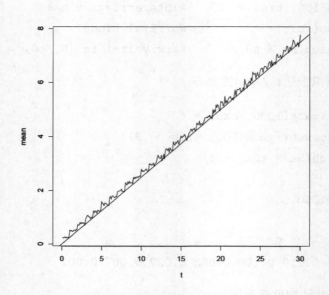

图 3.10　例3.25中模拟的更新过程的样本均值序列，参考线代表均值为$\lambda t = t/4$的齐次泊松过程

对称随机游动

设$X_1, X_2, \cdots$是一列独立同分布的随机变量，概率分布为$P(X_i = 1) = P(X_i = -1) = 1/2$. 定义部分和$S_n = \sum\limits_{i=1}^{n} X_i$. 过程$\{S_n, n \geqslant 0\}$称为对称随机游动. 比如一个人每次掷硬币都押1块钱，那么S_n表示他n次之后的输赢.

例3.26 (绘制一个随机游动的部分实现).

可以很容易地在短时间内生成一个对称随机游动.

```
n <- 400
incr <- sample(c(-1, 1), size = n, replace = TRUE)
```

```
S <- as.integer(c(0, cumsum(incr)))
plot(0:n, S, type = "l", main = "", xlab = "i")
```

图3.11给出了一个从$S_0 = 0$开始的对称随机游动过程的部分实现. 在时间$[1,400]$内过程多次回到原点. 从最近一次返回原点的时间开始的部分随机游动也可以给出S_n的值.

```
> which(S == 0)
[1] 1 3 27 29 31 37 41 95 225 229 233 237 239 241
```

◇

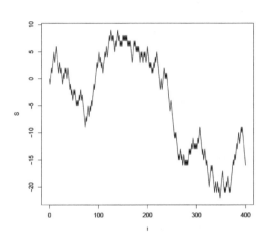

图 3.11　例3.26中对称随机游动的部分实现

如果只需要对称随机游动在n时刻的状态S_n而不需要n之前的状态, 那么下面生成S_n的方法对比较大的n来说会更有效率.

假设$S_0 = 0$是过程的初始状态. 如果过程在时刻n之前已经返回过原点, 那么生成S_n的时候完全可以忽略这个过程最近一次回到原点之前的历史. 令T为第一次返回原点的时间. 为了生成S_n, 我们可以把问题作如下简化. 先生成等待时间T, 直到总时间第一次超过n为止. 然后从n之前最后一次返回原点的时间开始生成增量X_i, 再将它们相加.

模拟对称随机游动的状态 S_n 的算法

下面的算法是对文献[69, XIV.6]中的结果改编得到的.

令W_j表示第j次返回原点的等待时间.

1.令$W_1 = 0$;

2.对$j = 1, 2, \cdots$, 如果$W_j \leqslant n$

(a)生成一个和第一次回到0的时间同分布的随机T_j;

(b)令$W_j = T_1 + \cdots + T_j$;

3.令$t_0 = W_j - T_j$（时间n内最后一次回到0的时刻）；

4.令$s_1 = 0$；

5.从时刻$t_0 + 1$到时刻n生成增量：对$i = 1, 2, \cdots, n - t_0$

(a)生成随机增量x_i使得$x_i \sim P(X = \pm 1) = 1/2$；

(b)令$s_i = x_1 + \cdots + x_i$；

(c)如果$s_i = 0$，重置计数器使$i = 1$（不允许再次回到0，所以拒绝这个部分随机游动并再次从时刻$t_0 + 1$开始生成一个新的增量序列）；

6.导出s_i.

为了实现这个算法，需要有一个T值（过程下一次回到0的时间）的生成程序. T的概率分布可以由下面式子给出[69, 定理6.1]

$$P(T = 2n) = p_{2n} = \binom{2n-2}{n-1} \frac{1}{n2^{2n-1}} = \frac{\Gamma(2n-1)}{n2^{2n-1}\Gamma^2(n)}, \quad n \geqslant 1,$$

$$P(T = 2n+1) = 0, \quad n \geqslant 0.$$

例3.27 (返回原点时间的生成程序).

Devroye给出了一个效率较高的生成分布T的算法[69, p754]. 这里我们使用一个效率较低但在R中比较容易实现的算法.

注意，p_{2n}等于$1/(2n)$乘以概率$P(X = n-1)$，其中$X \sim \text{Binomial}(2n-2, p = 1/2)$. 下面的方法是等价的.

```
#compute the probabilities directly
n <- 1:10000
p2n <- exp(lgamma(2*n-1)
          - log(n) - (2*n-1)*log(2) - 2*lgamma(n))
#or compute using dbinom
P2n <- (.5/n) * dbinom(n-1, size = 2*n-2, prob = 0.5)
```

注意，如果X是离散随机变量并且

$$\cdots < x_{i-1} < x_i < x_{i+1} < \cdots$$

是$F_X(x)$的不连续点，那么逆变换为$F_X^{-1}(u) = x_i$，其中$F_X(x_{i-1}) < u \leqslant F_X(x_i)$. 因此可以用上面计算出的概率向量写出一个生成20000个T值的生成程序.

```
pP2n <- cumsum(P2n)
#for example, to generate one T
u <- runif(1)
Tj <- 2 * (1 +sum(u > pP2n))
```

这里用两个例子来说明在概率向量中求解$F_X(x_{i-1}) < u \leqslant F_X(x_i)$的方法.

```
#first part of pP2n
[1] 0.5000000 0.6250000 0.6875000 0.7265625 0.7539062 0.7744141
```

在第一个例子中 $u = 0.6612458$，第一次返回原点发生在时刻 $n = 6$. 在第二个例子中 $u = 0.5313384$，第一次回到 0 之后，在时刻 $n = 4$ 第二次回到 0. 这样第二次返回原点发生在时刻 10 （"u > max(pP2n)" 的情况必须单独处理）.

现在假设 n 已经给定，我们需要计算在 $(0, n]$ 内最后一次回到 0 的时间.

```
#given n compute the time of the last return to 0 in (0,n]
n <- 200
sumT <- 0
while (sumT <= n) {
    u <- runif(1)
    s <- sum(u > pP2n)
    if (s == length(pP2n))
        warning("T is truncated")
    Tj <- 2 * (1 + s)
    #print(c(Tj, sumT))
    sumT <- sumT + Tj
    }
sumT - Tj
```

为了防止均匀随机超过了累积分布函数向量"pP2n"的最大值，我们使用了一个警告语句. 如果不使用警告语句的话，还可以将其附加到向量上去从而返回一个有效的 T 值. 这个方法留作练习. Devroye 给出了一个更好的算法[69, p754].

上面模拟的一次运行生成了过程回到 0 的时间110、128、162、164、166、168 和 210 （取消"print"语句的注释来输出时间）. 因此，在 $n = 200$ 之前最后一次回到 0 的时间是168.

最后，可以从 $S_{168} = 0$ 开始对 $t = 169, \cdots, 200$ 模拟对称随机游动，从而生成 S_{200} （拒绝回到 0 的部分随机游动）.

程序包和延伸阅读

关于离散事件模拟和随机过程模拟可以参看 Banks 等人[18]、Devroye[69] 以及 Fishman[95] 的著作. Fishman 在文献[94, 第5章]中讨论了生成随机游动的一般算法. 还可以参看 Cornuejols 和 Tütüncü[53] 关于相关优化方法的著作.

Ross[234, 第10章] 从布朗运动是随机游动的极限的观点出发，对布朗运动做了很好的介绍. 至于更加理论化的处理可以参看 Durrett[77, 第7章] 的著作.

关于高斯过程的模拟可以参看 Franklin[98]的著作. 模拟长记忆时间序列过程以及分形布朗运动的函数可以在R程序包"fSeries"[299]（比如函数"fbmSim"）和程序包"sde"[149]中找到. 程序包"FracSim"[65, 66]给出了模拟多重分形Lévy运动的方法. 还可以参看 Coeurjolly[51]对分形布朗运动的模拟和识别做一个参考性和比较性的学习.

关于生成服从某些特定概率分布的随机变量的一般方法，在3.1节中已经给出了参考文献，这里就不再重复了.

练习

3.1 写出一个函数，使其对任意的n, λ, η 生成并返回一个大小为n、服从双参数指数分布$\mathrm{Exp}(\lambda, \eta)$ 的随机样本（参见例2.3和例2.6）. 生成一个服从$\mathrm{Exp}(\lambda, \eta)$分布的大样本，并比较样本分位数和理论分位数.

3.2 标准拉普拉斯分布(Laplace)具有密度$f(x) = \frac{1}{2}\mathrm{e}^{-|x|}, x \in \mathbf{R}$. 使用逆变换法生成一个大小为1000、服从拉普拉斯分布的随机样本. 使用本章中给出的一种方法来比较生成样本和目标分布.

3.3 Pareto(a, b)分布具有累积分布函数

$$F(x) = 1 - \left(\frac{b}{x}\right)^a, \quad x \geqslant b > 0, \, a > 0.$$

导出概率逆变换$F^{-1}(U)$并用逆变换法模拟一个服从Pareto$(2, 2)$分布的随机样本. 画出样本的密度直方图并叠加Pareto$(2, 2)$的密度来加以比较.

3.4 Rayleigh密度[156, 第18章]为

$$f(x) = \frac{x}{\sigma^2}\mathrm{e}^{-x^2/(2\sigma^2)}, \, x \geqslant 0, \sigma > 0.$$

给出一个能够生成服从Rayleigh(σ)分布的随机变量的算法. 选取一些满足$\sigma > 0$的参数，生成Rayleigh(σ)样本，并验证生成样本的众数接近理论众数σ （验证直方图）.

3.5 离散随机变量X具有密度质量函数

表 3.2　概率分布

x	0	1	2	3	4
$p(x)$	0.1	0.2	0.2	0.2	0.3

使用逆变换法生成一个大小为1000、服从X的分布的随机样本. 构造一个相关的频数表并比较经验概率和理论概率. 反复使用"sample"函数.

3.6 证明接受拒绝抽样方法生成的接受变量是服从目标密度函数f_X的随机样本.

3.7 写出一个使用接受拒绝法生成大小为n、服从Beta(a,b)分布的随机样本的函数. 生成一个大小为1000、服从B$(3,2)$分布的随机样本. 画出样本的直方图并叠加理论Beta$(3,2)$密度曲线.

3.8 写出一个使用某种变换法生成服从Lognormal(μ,σ)分布的随机变量的函数，生成一个大小为1000的随机样本. 比较直方图和对数正态密度曲线，该曲线可由R中的函数"dlnorm"给出.

3.9 重标Epanechnikov核是指对称密度函数

$$f_e(x) = \frac{3}{4}(1-x^2), \quad |x| \leqslant 1. \tag{3.10}$$

Devroye和Györfi[71, p236]给出了一个模拟这个分布的算法. 生成独立同分布的$U_1, U_2, U_3 \sim U(-1,1)$. 如果$|U_3| \geqslant |U_2|$且$|U_3| \geqslant |U_1|$，导出$U_2$；否则导出$U_3$. 写出一个生成服从$f_e$分布的随机变量的函数，并构造一个大模拟随机样本的密度估计的直方图.

3.10 证明练习3.9中给出的算法生成的变量服从密度f_e(3.10).

3.11 生成一个大小为1000、服从正态位置混合变量的随机样本. 混合变量的分量分别服从$N(0,1)$分布和$N(3,1)$分布，混合密度为p_1和$p_2 = 1 - p_1$. 对$p_1 = 0.5$画出叠加了密度曲线的直方图. 对不同的p_1值进行重复，并观察混合变量的经验分布是否是双峰的. 推测能够生成使混合变量为双峰的p_1的值.

3.12 模拟一个连续的指数-伽马混合变量. 假设率参数Λ服从Gamma(r,β)分布，Y服从Exp(Λ)分布. 即$(Y|\Lambda = \lambda) \sim f_Y(y|\lambda) = \lambda e^{-\lambda y}$. 生成1000个服从$r = 4, \beta = 2$的混合变量的随机观测值.

3.13 可以指出的是，练习3.12中的混合变量服从Pareto分布，并具有累积分布函数

$$F(y) = 1 - \left(\frac{\beta}{\beta + y}\right)^r, \quad y \geqslant 0.$$

（这是练习3.3中给出的Pareto累积分布函数的另一种参数化形式）. 生成1000个服从$r = 4, \beta = 2$的混合变量的随机观测值. 画出样本的密度直方图并叠加Pareto密度曲线，比较经验和理论(Pareto)分布.

3.14 使用Choleski分解法生成200个服从三维多元正态分布的随机观测值，该分布具有均值向量$(0,1,2)$和协方差矩阵

$$\begin{pmatrix} 1.0 & -0.5 & 0.5 \\ -0.5 & 1.0 & -0.5 \\ 0.5 & -0.5 & 1.0 \end{pmatrix}$$

使用R中的"pairs"图对每一对变量画出一列散点图. 对每一对变量（视觉上）验证其位置和相关系数与相应的双正态分布的理论参数大致吻合.

3.15 写出一个函数，使得对任意的n和d都能将多元正态样本标准化. 即变换样本使得样本均值向量为$\mathbf{0}$、样本协方差矩阵为单位矩阵. 生成多元正态样本并在标准化前后输出样本均值和样本协方差矩阵来验证你的结果.

3.16 Efron和Tibshirani讨论了88个参加了五门考试的学生的考试成绩数据"scor"（"bootstrap"）（文献[84，表7.1]和文献[188，表1.2.1]）. 数据块的第i行是第i个学生的成绩集合$(x_{i1}, \cdots, x_{i5})$. 将成绩按考试类型标准化. 即标准化双变量样本(X_1, X_2)（闭卷）和三变量样本(X_3, X_4, X_5)（开卷）. 计算变换后的考试成绩样本的协方差矩阵.

3.17 比较练习3.7中的Beta生成程序、例3.8中的Beta生成程序和R中的生成程序"rbeta"的性能. 固定参数$a=2$，$b=2$，用每个程序生成大小为5000的样本，重复1000次并计时（参见例3.19）. 选择的a和b不同，结果会有所不同吗？

3.18 写出一个基于Bartlett分解的函数来生成一个服从$W_d(\boldsymbol{\Sigma}, n)$(Wishart)分布的随机变量，其中$n > d + 1 \geqslant 1$.

3.19 假设玩家A和B各以10块钱开始赌局，每次掷硬币赌1块钱，当有一方输光赌资时赌局结束. S_n代表玩家A在n时刻拥有的赌资. 那么$\{S_n, n \geqslant 0\}$是一个具有吸收壁0和20的对称随机游动. 模拟随机过程$\{S_n, n \geqslant 0\}$并画图比较S_n和从0开始直到被吸收的时间指标.

3.20 假设$\{N_t, t \geqslant 0\}$是一个泊松过程，$Y_1, Y_2, \cdots$独立同分布且和$\{N_t, t \geqslant 0\}$相互独立. 如果随机过程$\{X_t, t \geqslant 0\}$可以表示成随机和$X_t = \sum_{i=1}^{N(t)} Y_i, t \geqslant 0$的形式，那么称其为混合泊松过程. 写出一个模拟混合Poisson(λ) - Gamma过程的算法（Y服从Gamma分布）. 对不同的参数选择估计X_{10}的均值和方差并和理论值进行比较（提示：$E[X(t)] = \lambda t E[Y_1]$, $\text{Var}(X(t)) = \lambda t E[Y_1^2]$）.

3.21 一个非齐次泊松过程具有均值函数$m(t) = t^2 + 2t, t \geqslant 0$. 给出该过程的密度函数$\lambda(t)$，编写程序以便在区间$[4, 5]$上模拟该随机过程. 计算$N(5) - N(4)$的概率分布，把它和重复模拟过程得到的经验估计进行比较.

第4章 多元数据可视化

4.1 引言

多元数据可视化的问题和更一般的问题相关，如探索性数据分析(Exploratory Data Analysis, EDA)和统计制图法. "探索性"与"确定性"相对应，它可以用来描述假设检验. Tukey[275]认为在假设检验之前做一些探索性工作、得知可以提出哪些合适的问题，以及用哪些最恰当的方法来回答这些问题是非常重要的. 对多元数据来说，我们也会对维数缩减或者找到数据中的结构或群组产生兴趣. 这里我们把注意力集中在多元数据可视化方法上.

在本章中我们将使用多个绘图函数. 除了在R开始运行时默认加载的程序包 "graphics"，我们在本章中还会讨论程序包 "lattice"[239]和 "MASS"（参见文献[278]）. 另外程序包 "rggobi"[167]可作为GGobi的接口，程序包 "rgl"[2]可用来实现交互式三维可视化. 表4.1列出了R("graphics"包)及其他程序包中的一些基本的制图函数. 表4.1给出了较多的2D制图函数以及少量的三维可视化方法.

表 4.1　R("grahics"包)和其他包中的一些基本图形函数（续）

方法	图	包
3D scatterplot		cloud (lattice)
散点图矩阵	pairs	splom (lattice)
二维密度曲面	persp	wireframe (lattice)
等高线图	contour, image	contourplot (lattice)
	contourLines	contour (MASS)
	filled.contour	levelplot (lattice)
平行坐标图		parallel (lattice)
		parcoord (MASS)
星图	stars	
段图	stars	
互动3D 图		(rggobi), (rgl)

第1章中给出了关于颜色、制图符号和线型等选项的简短总结.

4.2 平面显示

平面显示是指多元数据集中多对数据的二维概览图排列成的数组. 比如, 散点图矩阵就是把所有成对变量的散点图显示成一个数组. 程序包"graphics"中的函数"pairs"就可以生成一个散点图矩阵, 可以参看例4.1中的图4.1和图4.2以及前面的图3.7. 图4.5给出了一个三维点的平面显示.

例4.1 (散点图矩阵).

我们在一个散点图矩阵中对鸢尾花("iris")数据中 virginica 种的4个变量进行比较.

```
data(iris)
#virginica data in first 4 columns of the last 50 obs.

# not shown in text
pairs(iris[101:150, 1:4])
```

在上面"pairs"命令生成的图中 (图片未显示) 变量名称出现在对角线上. 函数"pairs"有一个可选参数"diag.panel", 它决定了在对角线上显示哪些内容. 比如, 为了在对角线上显示估计密度曲线, 将这个参数取成一个能够生成密度曲线的函数的函数名就可以了. 下面的函数"panel.d"就可以生成密度.

```
panel.d <- function(x, ...) {
    usr <- par("usr")
    on.exit(par(usr))
    par(usr = c(usr[1:2], 0, .5))
    lines(density(x))
}
```

在函数"panel.d"中制图参数"usr"指定了绘图区域的用户坐标的端点. 在绘图前, 我们应用函数"scale"来将每个一维样本标准化.

```
x <- scale(iris[101:150, 1:4])
r <- range(x)
pairs(x, diag.panel = panel.d, xlim = r, ylim = r)
```

"pairs"图显示在图4.1中. 从图中我们可以看出长度变量是正相关的, 宽度变量近似正相关. 当然数据中也可能含有二元边缘分布未能显示的其他结构.

程序包lattice[239]提供了多个构造平面显示的函数. 这里我们给出程序包"lattice"中的散点图矩阵函数"splom".

```
library(lattice)
splom(iris[101:150, 1:4])    #plot 1

#for all 3 at once, in color, plot 2
splom(iris[,1:4], groups = iris$Species)

# Fig. 4.2
#for all 3 at once, black and white, plot 3
splom(~iris[1:4], groups = Species, data = iris,
    col = 1, pch = c(1, 2, 3),  cex = c(.5,.5,.5))
```

图4.2中给出了上面最后一个图(plot 3). 这里的图是黑白显示的, 但是如果在屏幕上用彩色显示的话, 图形会更容易理解.

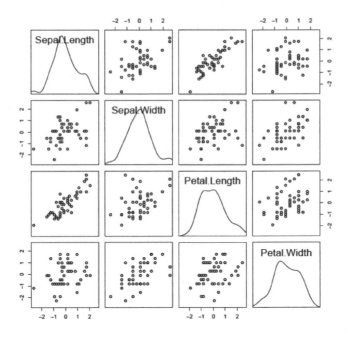

图 4.1 例4.1中比较virginica种鸢尾花的四种尺寸的散点图矩阵

关于鸢尾花数据的三维散点图可以参看图4.5. ◇

至于其他类型的平面显示可以参看函数"coplot"生成的条件图[42, 48, 49].

4.3 曲面图和三维散点图

一些程序包提供了曲面图和等高线图. 函数"persp"("graphics")可以在平面上画出曲面的透视图. 读者可以试着运行一下"persp"的演示例子, 将会看到很多有

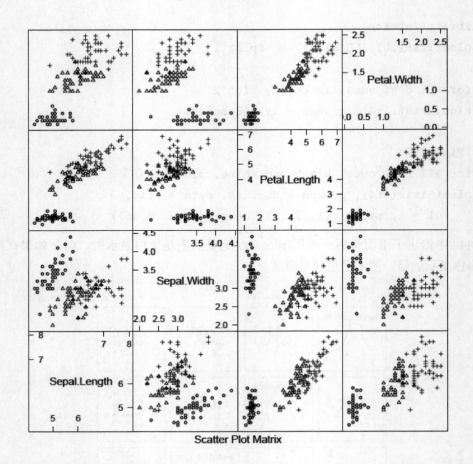

Scatter Plot Matrix

图 4.2 例4.1中比较setosa种（圆圈）、versicolor种（三角）和virginica种（十字）鸢尾花的四种尺寸的散点图矩阵

趣的图. 命令非常简单, 就是 "demo(persp)". 我们还可以在制图程序包 "lattice" 和程序包 "rgl" 中看到绘制三维图的方法[239, 278, 2].

4.3.1 曲面图

对某些函数我们需要在平面上生成一个由有规律的间隔点构成的网格. 这可以通过命令 "expand.grid" 得到. 如果我们不需要储存x和y的值而只需要函数值$\{z_{ij} = f(x_i, y_j)\}$, 那么也可以使用 "outer" 函数.

例4.2 (绘制二元正态密度).

绘制标准二元正态密度

$$f(x, y) = \frac{1}{2\pi} e^{-\frac{1}{2}(x^2 + y^2)}, \quad (x, y)^{\mathrm{T}} \in \mathbf{R}^2.$$

使用"persp"函数绘制标准二元正态密度曲面图的代码如下. 大多数的参数都是可选择的, 但"x""y""z"是必需的. 对这个函数, 我们需要z值的完整网格, 但对x值和y值各只要一个向量就可以了. 在本例中使用"outer"函数计算$z_{ij} = f(x_i, y_j)$.

```
#the standard BVN density
f <- function(x,y) {
    z <- (1/(2*pi)) * exp(-.5 * (x^2 + y^2))
    }


y <- x <- seq(-3, 3, length= 50)
z <- outer(x, y, f)    #compute density for all (x,y)

persp(x, y, z)          #the default plot

persp(x, y, z, theta = 45, phi = 30, expand = 0.6,
      ltheta = 120, shade = 0.75, ticktype = "detailed",
      xlab = "X", ylab = "Y", zlab = "f(x, y)")
```

图4.3将给出另一个版本的透视图.　　　　　　　　　　　　　　　　　　◇

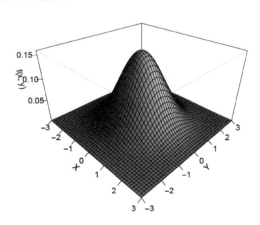

图 4.3　例4.2中的标准二元正态密度的透视图

R笔记4.1　在例4.2中, "outer"函数"outer(x, y, f)"将它的第三个参数f（二元函数）作用到(x, y)值的网格上去, 其返回值是网格中每一个点(x_i, y_j)处的函数值构成的矩阵. 储存网格其实是不必要的. 为了更好地展示, 可以对图进行上色"(col = "lightblue")". 边框可以通过"box = FALSE"取消.

对透视图添加元素

"persp"函数返回4×4矩阵中的"视点变换". 这个变换可以用来对图添加元素.

例4.3 (对透视图添加元素).

本例中使用标准二元正态密度的透视图返回的视点变换信息来对图添加点、线以及文本.

```
#store viewing transformation in M
persp(x, y, z, theta = 45, phi = 30,
       expand = .4, box = FALSE) -> M
```

调用函数 "persp" 返回的变换信息为

```
             [,1]         [,2]        [,3]        [,4]
[1,]  2.357023e-01 -0.1178511  0.2041241 -0.2041241
[2,]  2.357023e-01  0.1178511 -0.2041241  0.2041241
[3,] -2.184757e-16  4.3700078  2.5230252 -2.5230252
[4,]  1.732284e-17 -0.3464960 -2.9321004  3.9321004
```

对(x, y, z, t)使用变换矩阵 "M" 可以把这个点投影到屏幕上去，这样就可以在绘制透视图的坐标系中显示出来.

```
#add some points along a circle
a <- seq(-pi, pi, pi/16)
newpts <- cbind(cos(a), sin(a)) * 2
newpts <- cbind(newpts, 0, 1)  #z=0, t=1
N <- newpts %*% M
points(N[,1]/N[,4], N[,2]/N[,4], col=2)


#add lines
x2 <- seq(-3, 3, .1)
y2 <- -x2^2 / 3
z2 <- dnorm(x2) * dnorm(y2)
N <- cbind(x2, y2, z2, 1) %*% M
lines(N[,1]/N[,4], N[,2]/N[,4], col=4)


#add text
x3 <- c(0, 3.1)
y3 <- c(0, -3.1)
z3 <- dnorm(x3) * dnorm(y3) * 1.1
N <- cbind(x3, y3, z3, 1) %*% M
text(N[1,1]/N[1,4], N[1,2]/N[1,4], "f(x,y)")
text(N[2,1]/N[2,4], N[2,2]/N[2,4], bquote(y==-x^2/3))
```

图4.4给出了添加了元素的图（注意：可以用R中的函数"trans3d"来计算上面的坐标. 这里我们给出了计算的过程）.　　　　　　　　　　　　　　　　　　　◇

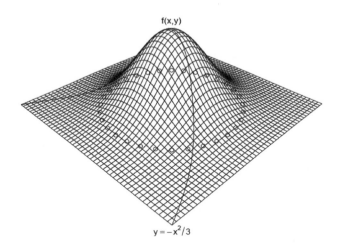

图 4.4　例4.3中，通过函数"persp"返回的视点变换添加了元素的标准二元正态密度透视图

其他绘制曲面图的函数

还可以使用"wireframe"（"lattice"）函数[239]来绘制曲面图. 这时需要给出公式"z~x*y"以及包含点(x, y, z)的数据框或数据矩阵.

例4.4（使用"wireframe"（"lattice"）绘制曲面图）.

```
library(lattice)
x <- y <- seq(-3, 3, length= 50)

xy <- expand.grid(x, y)
z <- (1/(2*pi)) * exp(-.5 * (xy[,1]^2 + xy[,2]^2))
wireframe(z ~ xy[,1] * xy[,2])
```

下面的代码通过使用"wireframe"（"lattice"）给出了一个和图4.3相似的二元正态密度透视图. 使用"wireframe"函数时需要一个公式$z \sim x * y$，其中$z = f(x, y)$是要绘制的曲面. "wireframe"的语法要求x、y和z有相同的行数. 我们可以用"expand.grid"生成(x, y)的坐标矩阵.

"wireframe"图（未显示）和图4.3中的二元正态密度透视图看起来非常地相似.◇

绘图程序包"rgl"[2]中给出了一个交互式的三维显示. 如果已经安装了程序包"rgl"，可以运行一下演示程序. 演示程序中的某个例子会给出二元正态密度（实际上，在这个演示中绘制曲面图的数据是由平滑模拟的二元正态数据生成的）.

```
library(rgl)
demo(bivar)  # or demo(rgl) to see more
```

扩大图片窗口会更好一些. 可以通过鼠标来旋转和倾斜图片以便从不同角度来观察曲面图. 至于这个演示的源代码可以参看"rgl"安装目录下的./demo/bivar.r文件.

第10章中给出了一些例子来介绍构造并绘制二元数据密度估计的方法. 参看图10.11、图10.12a和图10.13.

4.3.2　三维散点图

"cloud"("lattice")函数[239]可以生成三维散点图. 这种类型的图可以用来探测数据中是否有群组或聚类. 使用"cloud"函数的时候需要一个公式$z \sim x * y$, 其中$z = f(x, y)$是要绘制的曲面. 在下面的例子中, 第一部分介绍了"cloud"函数用颜色鉴别群组的简单应用, 第二部分介绍了函数的一些选项.

例4.5 (三维散点图).

本例中使用"lattice"程序包中的"cloud"函数来给出鸢尾花(iris)数据的三维散点图. 鸢尾花有三个种类, 每一种都有4个变量进行量度. 下面的代码生成一个包含花萼长度、花萼宽度和花瓣长度的三维散点图. 生成的图和图4.5中的第3幅图类似.

```
library(lattice)
attach(iris)
#basic 3 color plot with arrows along axes
print(cloud(Petal.Length ~ Sepal.Length * Sepal.Width,
      data=iris, groups=Species))
```

鸢尾花数据有4个变量, 所以需要画出4个由三个变量组成的子集. 使用"more"和"split"选项将这4幅图显示在一个屏幕上. "split"选项决定着图在面板中显示的位置.

```
print(cloud(Sepal.Length ~ Petal.Length * Petal.Width,
    data = iris, groups = Species, main = "1", pch=1:3,
    scales = list(draw = FALSE), zlab = "SL",
    screen = list(z = 30, x = -75, y = 0)),
    split = c(1, 1, 2, 2), more = TRUE)

print(cloud(Sepal.Width ~ Petal.Length * Petal.Width,
    data = iris, groups = Species, main = "2", pch=1:3,
    scales = list(draw = FALSE), zlab = "SW",
    screen = list(z = 30, x = -75, y = 0)),
```

```
    split = c(2, 1, 2, 2), more = TRUE)

print(cloud(Petal.Length ~ Sepal.Length * Sepal.Width,
    data = iris, groups = Species, main = "3", pch=1:3,
    scales = list(draw = FALSE), zlab = "PL",
    screen = list(z = 30, x = -55, y = 0)),
    split = c(1, 2, 2, 2), more = TRUE)

print(cloud(Petal.Width ~ Sepal.Length * Sepal.Width,
    data = iris, groups = Species, main = "4", pch=1:3,
    scales = list(draw = FALSE), zlab = "PW",
    screen = list(z = 30, x = -55, y = 0)),
    split = c(2, 2, 2, 2))
detach(iris)
```

图4.5给出了4个三维散点图. 从这些图片可以看出，在任意三个变量生成的三维子空间中，三个种类的鸢尾花都各成一个群组或聚类. 这些图中有一些明显的结构. 我们可以通过聚类分析或主成分分析的方法来分析数据中的明显的结构. 　　　　　◇

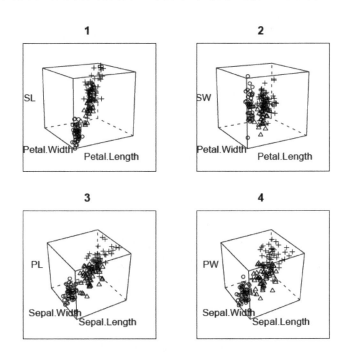

图 4.5　例4.5中由cloud(lattice)生成的鸢尾花数据的三维散点图，其中不同的绘图符号表示不同的种类

R笔记4.2 "cloud"的语法："screen"选项设定坐标轴的方向；令"draw = FALSE"则会去掉坐标轴的箭头并在坐标轴上添加标记.

"print(cloud)"的语法：令"split"等于向量(r, c, n, m)可将屏幕分成n行m列并把图放入位置(r, c). 与R中大多数的制图函数不同，"cloud"函数一个独特的特点是如果我们不输出平面图的话"cloud"是不会绘制它的. 关于"cloud"的输出方法可以参看"print.trellis".

4.4 等高线图

等高线图是三维曲面$(x, y, f(x, y))$在平面上的表现，它是通过选定常数c，从而把等高线$f(x, y) = c$投影到平面上得到的. 函数"contour"（"graphics"）和"contourplot"（"lattice"）[239]都可以生成等高线图. "graphics"程序包中的函数"filled.contour"和"lattice"程序包中的函数"levelplot"可以生成填充等高线图. "contour"和"contourplot"都默认标注等高线. 这种图的一个变化是"image"（"graphics"），它可以用不同的颜色来标明等高线.

例4.6（等高线图）.

R中给出了一个很好的使用"volcano"数据生成等高线图的例子. 数据的相关信息在帮助文件"volcano"中. 这个数据是由芒格法奥火山(Maunga Whau)的地形信息构成的87×61矩阵.

```
#contour plot with labels
contour(volcano, asp = 1, labcex = 1)


#another version from lattice package
library(lattice)
contourplot(volcano) #similar to above
```

图4.6a给出了"contour"函数生成的"volcano"数据的等高线图.

将等高线图与火山的三维曲面图进行比较也是比较有趣的. 函数"persp"的例子中给出了火山表面的三维视图. 这个例子的R代码在帮助页"persp"中. 使用"example(persp)"来运行这个例子.

如果安装了"rgl"程序包，那么也可以得到火山的交互式三维视图. 显示了火山曲面图之后，我们可以通过鼠标来旋转和倾斜曲面图以便从不同角度来观察它.

```
library(rgl)
example(rgl)
```

在"lattice"程序包中有"wireframe"函数的相关例子，其中也有"volcano"数据的另一种三维视图，在这种视图中对等高线 添加了阴影.参见帮助文件"wireframe"中的第一个例子.　　　　　　　　　　　　　　　　　　　　　　　　　◇

例4.7 (填充等高线图).

把等高线叠加到跟高度对应的彩色图上去，这样就可以将一个有三维效果的等高线图在二维上显示. "graphics"程序包中的函数"image"可以在图片中生成彩色背景. 下面代码生成的图片和图4.6a 很类似，不过这里图片的背景具有地形颜色.

```
image(volcano, col = terrain.colors(100), axes = FALSE)
contour(volcano, levels = seq(100,200,by = 10), add = TRUE)
```

只使用函数"image"而不使用"contour"生成的图本质上和"filled.contour"("graphics")与"levelplot"("lattice")生成的图是一个类型的. 函数"filled.contour"和"levelplot"的轮廓是通过图例来识别的，而不是通过叠加等高线得到的. 比较函数"image"生成的图和下面的两幅图.

```
filled.contour(volcano, color = terrain.colors, asp = 1)
levelplot(volcano, scales = list(draw = FALSE),
          xlab = "", ylab = "")
```

图4.6b给出了函数levelplot生成的图（在屏幕上显示的话会是彩色的）.　　　　　◇

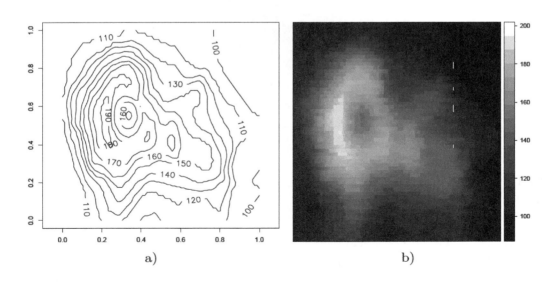

图 4.6　例4.6和例4.7中volcano数据的等高线图和等值面图

二维散点图的不足之处在于，对大数据集来说经常会出现有的区域数据非常密集，有的区域数据非常稀疏的情况. 在这种情况下，二维散点图只能给出二元密度的少量信息. 这时可以考虑生成二维或平面直方图，在这种图中每个格子的密度估计都会用一个适当的颜色来表示.

例4.8 (二维直方图).

在本例中，我们将在一个具有六边形格子的平面直方图里显示模拟的二元正态数据. "hexbin" 程序包[38]里的函数 "hexbin" 生成了一个简单的用灰度表示的二维直方图，这个图会在图4.7中给出（"hexbin" 程序包可以从Bioconductor库中找到）.

```
library(hexbin)
x <- matrix(rnorm(4000), 2000, 2)
plot(hexbin(x[,1], x[,2]))
```

比较一下图4.7中的平面密度直方图和图10.11中的二元直方图. 注意，深色对应着密度最高区域，颜色随着从原点附近开始延伸的射线逐渐变浅. 这个图现出近似圆形的对称性，这和标准二元正态分布是一致的.

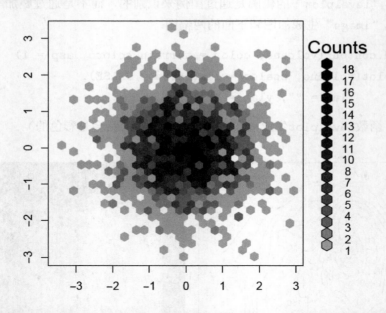

图 4.7　例4.8中函数 "hexbin" 生成的二元正态数据的具有六边形格子的平面密度直方图

我们还可以使用颜色表来给出每一块的密度，通过这种方法可以在二维中显示二元直方图. 常见的颜色表有 "heat.colors" 和 "terrain.colors". "gplots" 程序包中给出了一个类似的类型. 下面代码生成的图类似于图4.7，不过是彩色方格的.

```
library(gplots)
hist2d(x, nbins = 30, col = c("white", rev(terrain.colors(30))))
```

◇

4.5　数据的其他二维表现

除了等高线图和其他数据二维投影之外，还有另外一些方法可以在二维平面中表现多元数据. 这些方法包括安德鲁斯曲线、平行坐标图以及各种各样的图形化显示，比如分段图和星形图.

4.5.1　安德鲁斯曲线

如果 $X_1, \cdots, X_n \in \mathbf{R}^d$，可以通过把每一个样本数据向量映射为实值函数来实现数据在二维的可视化. 安德鲁斯曲线[10]把每一个样本观测值 $x_i = (x_{i1}, \cdots, x_{id})$ 映射为函数

$$
\begin{aligned}
f_i(t) &= \frac{x_{i1}}{\sqrt{2}} + x_{i2}\sin t + x_{i3}\cos t + x_{i4}\sin 2t + x_{i5}\cos 2t + \cdots \\
&= \frac{x_{i1}}{\sqrt{2}} + \sum_{1 \geqslant k \geqslant d/2} x_{i,2k}\sin kt + \sum_{1 \geqslant k \geqslant d/2} x_{i,2k+1}\cos kt, \quad -\pi \leqslant t \leqslant \pi.
\end{aligned}
$$

因此，每一个观测值都可以用它在正交基函数集 $\{2^{-1/2}, \{\sin kt\}_{k=1}^{\infty}, \{\cos kt\}_{k=1}^{\infty}\}$ 上的投影来表示. 注意测量值上的差异在低频项中会变得更大，所以这种表示依赖于变量或特征的顺序.

例4.9 (安德鲁斯曲线).

在本例中使用安德鲁斯曲线来表示两种叶结构类型的叶子的尺寸，这些叶子采集于澳大利亚北昆士兰[162]. 其数据集 "leafshape17" 在程序包 "DAAG" 中[184, 185]. 三种尺寸（叶长、叶柄和叶宽）对应着 $\mathbf{R}^3$ 中的点. 如果不同的叶结构用不同的颜色表示的话会使图变得非常容易理解，但是在这里我们使用不同的线型表示. 为了画出曲线，我们需要定义一个函数来对任意的 $x_i \in \mathbf{R}^3$ 和 $-\pi \leqslant t \leqslant \pi$ 计算 $f_i(t)$. 对每一个样本点 x_i 计算函数在区间 $[-\pi, \pi]$ 上的值.

```
library(DAAG)
attach(leafshape17)

f <- function(a, v) {
    #Andrews curve f(a) for a data vector v in R^3
    v[1]/sqrt(2) + v[2]*sin(a) + v[3]*cos(a)
}


#scale data to range [-1, 1]
x <- cbind(bladelen, petiole, bladewid)
```

```
n <- nrow(x)
mins <- apply(x, 2, min)   #column minimums
maxs <- apply(x, 2, max)   #column maximums
r <- maxs - mins           #column ranges
y <- sweep(x, 2, mins)     #subtract column mins
y <- sweep(y, 2, r, "/")   #divide by range
x <- 2 * y - 1             #now has range [-1, 1]

#set up plot window, but plot nothing yet
plot(0, 0, xlim = c(-pi, pi), ylim = c(-3,3),
    xlab = "t", ylab = "Andrews Curves",
    main = "", type = "n")

#now add the Andrews curves for each observation
#line type corresponds to leaf architecture
#0=orthotropic, 1=plagiotropic
a <- seq(-pi, pi, len=101)
dim(a) <- length(a)
for (i in 1:n) {
    g <- arch[i] + 1
    y <- apply(a, MARGIN = 1, FUN = f, v = x[i,])
    lines(a, y, lty = g)
}
legend(3, c("Orthotropic", "Plagiotropic"), lty = 1:2)
detach(leafshape17)
```

图4.8中给出了本例的安德鲁斯曲线图. 从该图可以看出斜向叶结构群与直生叶结构群内部的相似性, 以及群与群之间的差异性. 通常这种类型的图能够显示出可能的数据聚类. ◇

R笔记4.3　例4.9中使用"sweep"算子来减去列的最小值. 其语法为

```
sweep(x, MARGIN, STATS, FUN="-" ....)
```

默认情况下统计值是被减去的, 但也可以进行其他运算. 这里

```
y <- sweep(x, 2, mins) #subtract column mins
y <- sweep(y, 2, r, "/") #divide by range
```

减去了每一列(margin=2)的最小值. 然后每一列的值域都被清除了, 即用每一列的值域去除这一列.

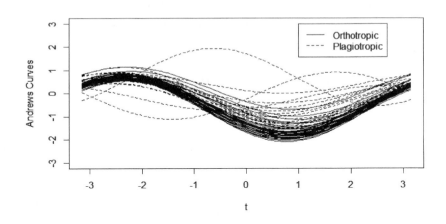

图 4.8 例4.9中的安德鲁斯曲线，该曲线表示了纬度17.1处的"`leafshape17`"（"`DAAG`"）数据的叶长、叶宽和叶柄尺寸. 不同的曲线代表不同的叶结构

R笔记4.4 为了在图4.8中使用不同的颜色来区别曲线，可以将"`lines`"和"`legend`"语句中的"`lty`"参数替换为"`col`"参数. ◇

4.5.2 平行坐标图

平行坐标图是另一种多元数据可视化的方法. Inselberg[152]发明了向量的平行坐标表示，Wegman[294]将其应用于数据分析.

与互相垂直的坐标轴不同，在平行坐标系中使用等距离的平行线表示坐标轴. 通常这些线都是水平的，并具有共同的原点、比例尺和方向. 为了表示$\mathbf{R}^d$中的向量，平行坐标可以简单取成d条平行于实轴的直线. 然后将向量的每个坐标标注在对应的坐标轴上，并将这些点用线段连接起来.

平行坐标图可以由"`MASS`"程序包[278]中的函数"`parcoord`"和"`lattice`"程序包[239]中的函数"`parallel`"生成. 函数"`parcoord`"将坐标轴显示为竖直的线，平面函数"`parallel`"将坐标轴显示为水平的线.

例4.10 (平行坐标).

本例使用函数"`parallel`"（"`lattice`"程序包)来构造一个"`crabs`"（"`MASS`"程序包)数据[278]平行坐标图的平面显示. "`crabs`"数据框是由200只螃蟹的5种尺寸构成的，它们来自于4个数量为50的蟹群. 这些蟹群通过种类（蓝色或橙色）和性别来区分. 图片最好使用彩色显示. 但这里我们用黑白显示，并且从可读性出发只使用1/5 的数据.

```
library(MASS)
```

```
library(lattice)
trellis.device(color = FALSE) #black and white display
x <- crabs[seq(5, 200, 5), ]  #get every fifth obs.
parallel(~x[4:8] | sp*sex, x)
```

图4.9a给出了生成的平行坐标图. 纵轴上的标签指出了坐标轴与5种尺寸（额叶大小、后部宽度、甲壳长度、甲壳宽度和身体高度）的对应关系. 从总体上来看群与群之间存在差异.

如果根据每一只螃蟹的大小来调整它的尺寸的话会生成一些更有趣的图. 按照Venables和Ripley[278]给出的建议，我们根据甲壳面积调整尺寸.

```
trellis.device(color = FALSE)      #black and white display
x <- crabs[seq(5, 200, 5), ]       #get every fifth obs.
a <- x$CW * x$CL                    #area of carapace
x[4:8] <- x[4:8] / sqrt(a)         #adjust for size
parallel(~x[4:8] | sp*sex, x)
```

图4.9b给出了生成的图. 从这张图中可以看出，相比于图4.9a，调整之后种类与性别之间的差异更加明显.　　　　　　　　　　　　　　　　　　　　　　　　◇

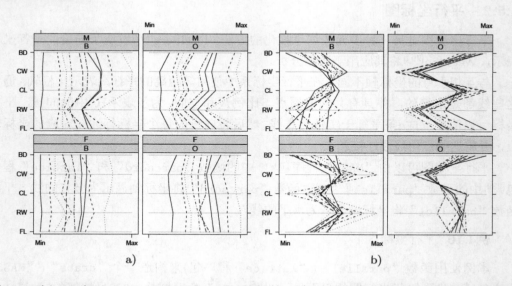

图 4.9　例4.10中对"crabs"（"MASS"）数据的一个子集生成的平行坐标图. a)从总体上看，种类（B代表蓝色，O代表橙色）和性别（M代表雄性，F代表雌性）之间的差异很大程度上被大幅变化掩盖了；b)根据螃蟹的大小调整它的尺寸后，群与群之间的差异变得明显了

4.5.3　分段图、星形图和其他表示法

多元数据可以由二维图标或符号表示，比如星形. 例4.9中的安德鲁斯曲线就是一个例子，曲线就是一个二维符号. 安德鲁斯曲线通过同一个坐标系中叠加来显示. 其他图标表示法最好在一个表中显示，这样可以对观察值的特征进行比较. 对高维或大数据集而言图显示法并没有太多的实际价值，但对某些小数据集却非常有用. 星形图和分段图就是很好的例子. 在R中很容易通过运行函数"stars"("graphics"程序包)得到这种类型的图.

例4.11（分段图）.

本例使用例4.10中的"crabs"（"MASS"程序包)数据的子集. 和例4.10一样，根据甲壳面积来调整个体尺寸.

```
#segment plot
library(MASS)  #for crabs data
attach(crabs)
x <- crabs[seq(5, 200, 5), ]        #get every fifth obs.
x <- subset(x, sex == "M")          #keep just the males
a <- x$CW * x$CL                    #area of carapace
x[4:8] <- x[4:8] / sqrt(a)          #adjust for size

#use default color palette or other colors
palette(gray(seq(.4, .95, len = 5))) #use gray scale
#palette(rainbow(6))                 #or use color
stars(x[4:8], draw.segments = TRUE,
      labels = x$sp, nrow = 4,
      ylim = c(-2,10), key.loc = c(3,-1))

#after viewing, restore the default colors
palette("default")
detach(crabs)
```

图4.10中给出了生成的图. 观测值用种类来标记. 从图中可以看出，在这个样本中（雄性）种类之间的差异是非常明显的. 比如该图显示相对于甲壳宽度来说橙色螃蟹的身高要比蓝色螃蟹高.　　　　　　　　　　　　　　　　　　　　　　　◇

4.6　数据可视化的其他方法

在各种文献中有许多其他的数据可视化方法，我们这里只介绍了一小部分.

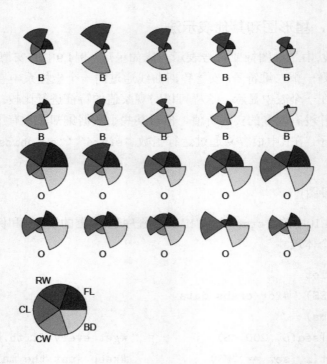

图 4.10　例4.11中对"crabs"("MASS")数据中的雄性数据的一个子集生成的分段图. 根据每一个螃蟹的总体大小调整了尺寸. 两个种类分别是蓝色(B)和橙色(O)

Asimov的grand tour[14]是一个交互式的制图工具，它将数据投影到平面上，可以沿任意角度旋转从而显示出数据中的结构. grand tour和投影寻踪探索性数据分析(Projection Pursuit Exploratory Data Analysis, PPEDA)(Friedman和Tukey[100])非常类似. 在这两种方法中结构被定义为偏离正态性. 一旦结构被移除了，可以再次重复搜索直到找不到任何显著的结构. 主成分分析也类似地使用投影方法（参见文献[188, 第8章]和文献[278, 11.1节]）. 当数据被投影到对应于协方差矩阵最大特征值的特征向量上时，第一主成分处在包含数据最大变化的方向上. 通过投影到少数的主成分上可以将维数降低，当然这些主成分要包含大部分(各观测值之间的）差异. 模式识别和数据挖掘是两个广泛使用可视化方法进行研究的领域. 参见Ripley[224]或者Duda和Hart[75]的著作. Rao、Wegman和Solka[222]的著作中提到了数据挖掘和数据可视化中的一些有趣的问题. 关于分类数据可视化有一个非常好的办法，可以参看Friendly[102]和http://www.math.yorku.ca/SCS/vcd/.

　　　除了本章提到的R函数和程序包之外，其他程序包也提供了一些方法. 这里我们还只是介绍了一部分.

　　　"faces"("aplpack")[298]和"faces"("TeachingDemos")[254]可以实现切尔诺夫脸谱图. 分类数据可视化的马赛克图可以由"mosaicplot"生成. 关于分类数据可视化还可以参见程序包"vcd"[199]. 函数"prcomp"和"princomp"可

以用来做主成分分析. R中的很多程序包可以用在数据挖掘或机器学习中, 初学者可参看"nnet"[278]、"rpart"[268] 和 "randomForest"[176]. CRAN在多元任务视图(Multivariate Task View)和机器学习任务视图(Machine Learning Task View)中给出了多个程序包. 此外还可以通过 http://addictedtor.free.fr/graphiques/ 来浏览图库.

程序包"rggobi"[167]提供了一个连接GGobi的命令行界面. GGobi是一个探索高维数据的开源可视化程序, 具有图形化的用户界面, 可以提供动态的、交互式的图形. 读者可以参阅http://www.ggobi.org/rggobi中的说明文件和例子. 还可以参阅Cook和Swayne[52]的书, 这本书主要介绍使用R和Gobbi的例子.

练习

4.1 生成200个服从均值向量为$(0,1,2)$、协方差矩阵为

$$\begin{pmatrix} 1.0 & -0.5 & 0.5 \\ -0.5 & 1.0 & -0.5 \\ 0.5 & -0.5 & 1.0 \end{pmatrix}$$

的多元正态分布的随机观测值. 构造一个散点图矩阵并验证每一幅图的位置和相关系数与对应二元分布的系数是吻合的.

4.2 对图4.1中的每一个散点图添加一条拟合光滑曲线("?panel.smooth").

4.3 随机变量X和Y独立同分布, 且服从正态混合分布. 混合变量的分量分别服从$N(0,1)$和$N(3,1)$ 分布, 混合概率分别为p_1和$p_2 = 1 - p_1$. 生成一个服从联合分布(X,Y)的二元随机样本并构造等高线图. 调整等高线的水平位置使得第二众数等高线可见.

4.4 对练习4.3中的二元混合变量构造填充等高线图.

4.5 对练习4.3中的二元混合变量构造曲面图.

4.6 对练习4.3中的混合变量模型选择不同的参数, 重复其过程, 并通过等高线图比较它们的分布.

4.7 使用"crabs"("MASS")[278]数据中的200个观测值生成平行坐标图. 根据螃蟹大小调整尺寸, 比较调整前后的图并解释得到的结果.

4.8 使用"leafshape17"("DAAG")[185]数据中尺寸的对数（叶宽对数、叶柄对数和叶长对数）生成安德鲁斯曲线图. 和例4.9一样使用不同的线型来区分叶结构. 比较得到的图和图4.8.

4.9 参考完整的"leafshape17"("DAAG")数据集. 对6个地点分别生成安德鲁斯曲线图. 把屏幕分成6个绘图区, 将6个图显示在同一个屏幕里. 用不同的线型或不同的颜色来区分叶结构. 从这些图中可以看出不同地点叶子形状的差异吗？

4.10 推广例4.9中的函数使其可以对$\mathbf{R}^d$中的向量返回安德鲁斯曲线函数,其中维数$d \geqslant 2$是任意的. 通过生成"iris"数据$(d = 4)$和"crabs"("MASS")数据$(d = 5)$的安德鲁斯曲线来检验函数.

4.11 参考完整的"leafshape17"("DAAG")数据集. 对南纬42度处(塔斯马尼亚,Tasmania)的树叶尺寸生成分段星形图. 使用尺寸的对数再做一次.

第5章　蒙特卡罗积分和方差缩减

5.1　引言

蒙特卡罗积分法是一种基于随机抽样的统计方法. 蒙特卡罗方法发明于第二次世界大战后的20世纪40年代末, 但随机抽样的思想早就存在了. 早在1777年, 法国数学家蒲丰(Comte de Buffon)就设计了一个随机试验来实际检验他的概率计算结果, 这个实验就是著名的蒲丰投针实验. 另一个为人熟知的例子是英国人威廉·戈塞特(W. S. Gossett)使用随机抽样来研究t分布（也叫学生t分布）, 他化名为Student将结果于1908年发表[256]. 1946年埃尼阿克（ENIAC, 世界上第一台电子计算机）在宾夕法尼亚大学的开发完成, 以及梅特罗波利斯(Metropolis)和乌拉姆(Ulam)于1949年发表的开创性文章[198]标志着抽样方法的应用进入了一个重要的新纪元. 洛斯阿拉莫斯(Los Alamos)国家实验室的科学家团队和许多其他的研究者都对早期发展做出了贡献, 这其中就包括乌拉姆(Ulam)、里克特迈耶(Richtmyer)和冯·诺依曼(von Neumann)[276,283]. 关于蒙特卡罗方法和科学计算的历史可以参看埃克哈特(Eckhart)[78]和梅特罗波利斯(Metropolis)[195, 196]的著作.

5.2　蒙特卡罗积分法

令$g(x)$是一个函数, 而我们想要计算$\int_a^b g(x)\mathrm{d}x$（假设积分存在）. 注意, 如果X是一个具有密度函数$f(x)$的随机变量, 那么随机变量$Y = g(X)$的数学期望为

$$E[g(x)] = \int_{-\infty}^{+\infty} g(x)f(x)\mathrm{d}x.$$

如果存在一个服从X的分布的随机样本, 那么$E[g(X)]$的无偏估计量就是样本均值.

5.2.1　简单的蒙特卡罗估计量

估计 $\theta = \int_0^1 g(x)\mathrm{d}x$的值. 如果$X_1, \cdots, X_m$是一个随机$U(0,1)$样本, 那么由强大数

定律可知

$$\hat{\theta} = \overline{g_m(X)} = \frac{1}{m} \sum_{i=1}^{m} g(X_i)$$

依概率1收敛于 $E[g(X)] = \theta$. 那么 $\int_0^1 g(x)\mathrm{d}x$ 的简单蒙特卡罗估计量就是 $\overline{g_m(X)}$.

例5.1 (简单的蒙特卡罗积分法).

计算

$$\theta = \int_0^1 \mathrm{e}^{-x}\mathrm{d}x$$

的蒙特卡罗估计值并比较估计值与精确值.

```
m <- 10000
x <- runif(m)
theta.hat <- mean(exp(-x))
print(theta.hat)
print(1 - exp(-1))
```

```
[1] 0.6355289
[2] 0.6321206
```

估计值为 $\hat{\theta} \doteq 0.6355$, 精确值为 $\theta = 1 - \mathrm{e}^{-1} \doteq 0.6321$.   ◇

为了计算 $\int_a^b g(t)\mathrm{d}t$ 需要对随机变量做适当地改变使得积分限还是从0到1. 可以使用线性变换 $y = (t - a)/(b - a)$ 和 $\mathrm{d}y = [1/(b - a)]\mathrm{d}t$. 代入可得

$$\int_a^b g(t)\mathrm{d}t = \int_0^1 g(y(b - a) + a)(b - a)\mathrm{d}y.$$

或者我们也可以将 $U(0, 1)$ 密度替换为其他定义在积分区间的密度. 比如

$$\int_a^b g(t)\mathrm{d}t = (b - a) \int_a^b g(t) \frac{1}{b - a}\mathrm{d}y$$

就是 $(b - a)$ 乘上 $g(Y)$ 的期望值, 其中 Y 具有区间 (a, b) 上的均匀密度. 因此这个积分就是 $(b - a)$ 乘以 $g(\cdot)$ 在区间 (a, b) 上的平均值.

例5.2 (简单的蒙特卡罗积分法, 续).

计算

$$\theta = \int_2^4 \mathrm{e}^{-x}\mathrm{d}x$$

的蒙特卡罗估计值并比较估计值与积分的精确值.

```
m <- 10000
x <- runif(m, min=2, max=4)
theta.hat <- mean(exp(-x)) * 2
print(theta.hat)
print(exp(-2) - exp(-4))
```

```
[1] 0.1172158
[1] 0.1170196
```

估计值为$\hat{\theta} \doteq 0.1172$，精确值为$\theta = \mathrm{e}^{-2} - \mathrm{e}^{-4} \doteq 0.1170$.　　　　　　　◇

概括来说，应按照下面方法计算积分$\theta = \int_0^1 g(x)\mathrm{d}x$的简单蒙特卡罗估计量：

1. 生成服从$U(a, b)$分布且相互独立的$X_1, \cdots, X_m$；
2. 计算$\overline{g(X)} = \frac{1}{m} \sum\limits_{i=1}^{m} g(X_i)$；
3. $\hat{\theta} = (b - a)\overline{g(X)}$.

例5.3 (蒙特卡罗积分法，无界区间).

使用蒙特卡罗方法估计标准正态累积分布函数

$$\Phi(x) = \int_{-\infty}^{x} \frac{1}{\sqrt{2\pi}} \mathrm{e}^{-\frac{t^2}{2}} \mathrm{d}t.$$

首先，注意积分区间是一个无界区间，所以我们不能直接使用上面的算法. 但是我们可以把这个问题变成两种情况来处理，一种是$x \geqslant 0$，一种是$x < 0$. 第二种情况我们可以用正态密度（函数）的对称性来处理. 这样我们就把问题转化为对$x > 0$估计$\theta = \int_0^x \mathrm{e}^{-t^2/2}\mathrm{d}t$的值. 这可以通过生成随机数$U(0, x)$来完成，但这样意味着每求一个累积分布函数的值就要改变一次均匀分布的参数. 我们更倾向于一个总是从$U(0, 1)$抽样的算法.

这可以通过改变随机变量来完成. 代入$y = t/x$，那么$\mathrm{d}t = x\mathrm{d}y$且

$$\theta = \int_0^1 x\mathrm{e}^{-(xy)^2/2}\mathrm{d}y.$$

这样$\theta = E_Y[x\mathrm{e}^{-(xY)^2/2}]$，其中随机变量$Y$服从$U(0, 1)$分布. 生成独立同分布的$U(0, 1)$随机数$u_1, \cdots, u_m$并计算

$$\hat{\theta} = \frac{1}{m} \sum_{i=1}^{m} x\mathrm{e}^{-(u_i x)^2/2}.$$

当$m \to \infty$时,样本均值$\hat{\theta}$收敛于$E[\hat{\theta}] = \theta$. 如果$x > 0$，$\Phi(x)$的估计值为$0.5 + \hat{\theta}/\sqrt{2\pi}$. 如果$x < 0$，计算$\Phi(x) = 1 - \Phi(-x)$.

```
x <- seq(.1, 2.5, length = 10)
m <- 10000
u <- runif(m)
cdf <- numeric(length(x))
for (i in 1:length(x)) {
    g <- x[i] * exp(-(u * x[i])^2 / 2)
    cdf[i] <- mean(g) / sqrt(2 * pi) + 0.5
}
```

现在在向量"cdf"中储存了x的10个不同值的函数值的估计值. 比较估计值与"pnorm"函数（数值）计算得到的$\Phi(x)$值.

```
Phi <- pnorm(x)
print(round(rbind(x, cdf, Phi), 3))
```

下面给出了在某些$x > 0$点处，估计值与正态累积分布函数"pnorm"的值的比较结果. 可以看出蒙特卡罗估计值与函数"pnorm"给出的值非常接近（在分布函数上尾端点的估计会差一些）.

	[,1]	[,2]	[,3]	[,4]	[,5]	[,6]	[,7]	[,8]	[,9]	[,10]
x	0.10	0.367	0.633	0.900	1.167	1.433	1.700	1.967	2.233	2.500
cdf	0.54	0.643	0.737	0.816	0.878	0.924	0.956	0.976	0.988	0.995
Phi	0.54	0.643	0.737	0.816	0.878	0.924	0.955	0.975	0.987	0.994

注意如果不做变换而直接生成随机的$U(0,x)$随机变量会简单一些. 这种方法留作练习. 事实上，在前面例子中被积函数就是密度函数，并且我们可以生成服从该密度函数的随机变量. 这样可以得到一个更加直接的估计积分的方法.　　　　　　　　　　◇

例5.4 (例5.3，续).

令$I(\cdot)$为示性（指示）函数，$Z \sim N(0,1)$. 对任意的常数x我们有$E[I(Z \leq x)] = P(Z \leq x) = \Phi(x)$，即标准正态累积分布函数在$x$处的值.

生成服从标准正态分布的随机样本$z_1, \cdots, z_m$. 那么样本均值

$$\widehat{\Phi(x)} = \frac{1}{m} \sum_{i=1}^{m} I(z_i \leq x)$$

依概率1收敛到期望值$E[I(Z \leq x)] = P(Z \leq x) = \Phi(x)$.

```
x <- seq(.1, 2.5, length = 10)
m <- 10000
z <- rnorm(m)
```

```
dim(x) <- length(x)
p <- apply(x, MARGIN = 1,
            FUN = function(x, z) {mean(z < x)}, z = z)
```

"p"中储存了一列x在不同点处的估计值, 可以将其与R正态累积分布函数 "pnorm"得到的结果进行比较.

```
Phi <- pnorm(x)
print(round(rbind(x, p, Phi), 3))
```

	[,1]	[,2]	[,3]	[,4]	[,5]	[,6]	[,7]	[,8]	[,9]	[,10]
x	0.100	0.367	0.633	0.900	1.167	1.433	1.700	1.967	2.233	2.500
p	0.538	0.641	0.736	0.819	0.880	0.927	0.956	0.975	0.986	0.993
Phi	0.540	0.643	0.737	0.816	0.878	0.924	0.955	0.975	0.987	0.994

与例5.3的结果进行比较可以看出, 本例的方法在上尾中与函数"pnorm"吻合度更高, 但在中心附近吻合度要低一些. ◇

概括地说, 如果$f(x)$是一个支撑集为A的概率密度函数 (即对所有$x \in \mathbf{R}$有$f(x) \geqslant 0$且$\int_A f(x)\mathrm{d}x = 1$), 为了估计积分

$$\theta = \int_A g(x)f(x)\mathrm{d}x,$$

可以生成一个服从分布$f(x)$的随机样本$x_1, \cdots, x_m$并计算样本均值

$$\hat{\theta} = \frac{1}{m} \sum_{i=1}^{m} g(x_i).$$

那么当$m \to \infty$时$\hat{\theta}$依概率1收敛于$E[\hat{\theta}] = \theta$.

$\hat{\theta} = \frac{1}{m} \sum\limits_{i=1}^{m} g(x_i)$的标准误差

$\hat{\theta}$的方差为σ^2/m, 其中$\sigma^2 = \mathrm{Var}_f(g(X))$. 当$X$的分布未知的时候我们用样本$x_1, \cdots, x_m$的经验分布$F_m$来代替分布函数$F_X$. 这样$\hat{\theta}$的方差可以由

$$\frac{\hat{\sigma}^2}{m} = \frac{1}{m^2} \sum_{i=1}^{m} [g(x_i) - \overline{g(x)}]^2 \tag{5.1}$$

来估计. 注意

$$\frac{1}{m} \sum_{i=1}^{m} [g(x_i) - \overline{g(x)}]^2 \tag{5.2}$$

是$\mathrm{Var}_f(g(X))$的嵌入式估计. 即式(5.2)是U的方差, 其中U在$\{g(x_i)\}$构成的集合上均匀分布. $\hat{\theta}$的标准差的相应估计为

$$\widehat{se}(\hat{\theta}) = \frac{\hat{\sigma}}{\sqrt{m}} = \frac{1}{m} \Big\{ \sum_{i=1}^{m} [g(x_i) - \overline{g(x)}]^2 \Big\}^{1/2}. \tag{5.3}$$

由中心极限定理可知当$m \to \infty$时

$$\frac{\hat{\theta} - E[\hat{\theta}]}{\sqrt{\mathrm{Var}\hat{\theta}}}$$

依分布收敛于$N(0,1)$. 因此如果m充分大的话, $\hat{\theta}$是近似正态的并具有均值θ. 在大样本中, $\hat{\theta}$的近似正态分布可以用来得到积分的蒙特卡罗估计值的置信区间或误差界, 还可以用来检验收敛性.

例5.5 (蒙特卡罗积分法的误差界).

估计例5.4中估计量的方差, 并对$\Phi(2)$和$\Phi(2.5)$的估计值构造置信水平为95%的近似置信区间.

```
x <- 2
m <- 10000
z <- rnorm(m)
g <- (z < x)   #the indicator function
v <- mean((g - mean(g))^2) / m
cdf <- mean(g)
c(cdf, v)
c(cdf - 1.96 * sqrt(v), cdf + 1.96 * sqrt(v))

[1] 9.7720e-01 2.228016e-06
[1] 0.9742744 0.9801256
```

概率$P(I(Z < x) = 1)$为$\Phi(2) \approx 0.977$. $g(X)$具有在$p \doteq 0.977$的$m = 10000$伯努利实验中结果是1的样本比例的分布, 因此$g(X)$的方差为$(0.977)(1 - 0.977)/10000 = 2.223 \times 10^{-6}$. 方差的蒙特卡罗估计值$2.228 \times 10^{-6}$与这个值非常接近.

对$x = 2.5$输出结果为

```
[1] 9.94700e-01 5.27191e-07
[1] 0.9932769 0.9961231
```

概率$P(I(Z < x) = 1)$为$\Phi(2.5) \approx 0.995$. 方差的蒙特卡罗估计值5.272×10^{-7}约等于理论值$(0.995)(1 - 0.995)/10000 = 4.975 \times 10^{-7}$. 　　　　　　　　　　◇

5.2.2　方差和效率

我们已经看出, 估计积分$\int_a^b g(x)\mathrm{d}x$的蒙特卡罗方法就是把积分表示为一个均匀随机变量的函数的期望值. 即如果$X \sim U(a, b)$，那么$f(x) = \frac{1}{b-a}, a < x < b$且

$$
\begin{aligned}
\theta &= \int_a^b g(x)\mathrm{d}x \\
&= (b-a)\int_a^b g(x)\frac{1}{b-a}\mathrm{d}x = (b-a)E[g(X)].
\end{aligned}
$$

回忆一下积分θ的样本均值蒙特卡罗估计量的计算方法：

1. 生成服从$U(a, b)$分布且相互独立的$X_1, \cdots, X_m$；
2. 计算$\overline{g(X)} = \frac{1}{m}\sum\limits_{i=1}^m g(X_i)$；
3. $\hat{\theta} = (b-a)\overline{g(X)}$.

样本均值$\overline{g(X)}$具有期望值$g(X) = \theta/(b-a)$，并且

$$
\mathrm{Var}(\overline{g(X)}) = (1/m)\mathrm{Var}(g(X)).
$$

因此$E[\hat{\theta}] = \theta$且

$$
\mathrm{Var}(\hat{\theta}) = (b-a)^2\mathrm{Var}(\overline{g(X)}) = \frac{(b-a)^2}{m}\mathrm{Var}(g(X)). \tag{5.4}
$$

由中心极限定理可知，对很大的m来说$\overline{g(X)}$是近似正态分布的，因此$\hat{\theta}$也是近似正态分布的，并具有均值θ和式(5.4)给出的方差.

随机(hit-or-miss)方式的蒙特卡罗积分法也是使用样本均值来估计积分，但样本均值取自于不同的样本，因此这种估计量的方差与式(5.4)不同.

设$f(x)$是随机变量X的密度函数. 估计$F(x) = \int_{-\infty}^x f(t)\mathrm{d}t$的hit-or-miss方法如下：

1. 生成服从X的分布的随机样本$X_1, \cdots, X_m$；
2. 对每个观测值X_i计算

$$
g(X_i) = I(X_i \leqslant x) = \begin{cases} 1, & X_i \leqslant x; \\ 0, & X_i > x. \end{cases}
$$

3. 计算$\widehat{F(x)} = \overline{g(X)} = \frac{1}{m}\sum\limits_{i=1}^m I(X_i \leqslant x)$.

注意随机变量$Y = g(X)$服从Binomial$(1, p)$分布，其中成功概率$p = P(X \leqslant x) = F(x)$. 变换后的样本$Y_1, \cdots, Y_m$是$m$重独立同分布的伯努利实验的结果. 估计量$\widehat{F(x)}$是样本比例$\hat{p} = y/m$，其中$y$是$m$次试验中成功的次数. 因此$E[\widehat{F(x)}] = p = F(x)$，$\mathrm{Var}(\widehat{F(x)}) = p(1-p)/m = F(x)[1-F(x)]/m$.

$\widehat{F(x)}$的方差可以由$\hat{p}(1-\hat{p})/m = \widehat{F(x)}[1-\widehat{F(x)}]/m$来估计. 当$F(x) = 1/2$时有最大方差，所以$\widehat{F(x)}$的方差保守估计为$1/(4m)$.

效率

设$\hat{\theta}_1$和$\hat{\theta}_2$是θ的两个估计量，如果

$$
\frac{\mathrm{Var}(\hat{\theta}_1)}{\mathrm{Var}(\hat{\theta}_2)} < 1,
$$

那么（从统计意义上来说）称$\hat{\theta}_1$比$\hat{\theta}_2$更有效率. 如果估计量$\hat{\theta}_i$的方差未知，我们可以通过对每一个估计量代入样本估计方差来估计效率.

注意通过增加重复次数可以缩减方差，所以计算效率是相对的，不是绝对的.

5.3 方差缩减

我们看到可以使用蒙特卡罗积分法估计$E[g(X)]$型的函数. 在本节我们将考虑一些缩减样本均值估计量$\theta = E[g(X)]$的方差的方法.

如果$\hat{\theta}_1$和$\hat{\theta}_2$是参数θ的估计量，且$\mathrm{Var}(\hat{\theta}_2) < \mathrm{Var}(\hat{\theta}_1)$，那么使用$\hat{\theta}_2$替代$\hat{\theta}_1$的方差缩减百分比为

$$100\left[\frac{\mathrm{Var}(\hat{\theta}_1) - \mathrm{Var}(\hat{\theta}_2)}{\mathrm{Var}(\hat{\theta}_1)}\right].$$

估计$E[g(X)]$的蒙特卡罗方法是对很大的数m计算m个服从$g(X)$的分布的重复试验的样本均值$\overline{g(X)}$. 函数$g(\cdot)$一般是一个统计量，即一个样本的n元函数$g(X_1,\cdots,X_n)$. 在这种情况下使用$g(X)$的话我们一般写成$g(\mathcal{X}) = g(X_1,\cdots,X_n)$，其中$\mathcal{X}$代表样本元素. 在不引起混淆的情况下，为了简单我们一般使用$g(X)$的形式.

设

$$X^{(j)} = X_1^{(j)},\cdots,X_n^{(j)}, \quad j = 1,\cdots,m.$$

相互独立且服从X的分布，计算对应的重复试验

$$Y_j = g(X_1^{(j)},\cdots,X_n^{(j)}), \quad j = 1,\cdots,m. \tag{5.5}$$

那么$Y_1,\cdots,Y_m$相互独立，服从$Y = g(\mathcal{X})$的分布，且

$$E[\overline{Y}] = E\left[\frac{1}{m}\sum_{j=1}^{m} Y_j\right] = \theta.$$

因此，蒙特卡罗估计量$\hat{\theta} = \overline{Y}$对$\theta = E[Y]$来说是无偏的. 蒙特卡罗估计量的方差为

$$\mathrm{Var}(\hat{\theta}) = \mathrm{Var}\,\overline{Y} = \frac{\mathrm{Var}_f(g(X))}{m}.$$

显然，显著增加重复试验次数m可以缩减蒙特卡罗估计量的方差. 而对于标准差来说，即使是很小的改进也需要大幅度地增大m的值. 为了将标准差从0.01减少到0.0001，我们需要将近10000次重复试验. 一般来说，如果要求标准差不超过e，则在$\mathrm{Var}_f(g(X)) = \sigma^2$的情况下最少需要$m \geqslant (\sigma^2/e^2)$次重复试验.

因此虽然说可以通过增加蒙特卡罗重复试验次数来缩减方差，但计算代价非常高昂. 相对于简单增加重复试验次数的方法，还有其他更有效率的缩减方差的方法.

下面一节介绍了几种缩减这种类型估计量的方差的方法. 其他文献中也介绍了一些方法，读者可以参看文献[69, 112, 113, 121, 228, 233, 238].

5.4 对偶变量法

考虑两个同分布的随机变量U_1和U_2的均值. 如果U_1和U_2相互独立, 那么

$$\mathrm{Var}\left(\frac{U_1+U_2}{2}\right)=\frac{1}{4}\left[\mathrm{Var}(U_1+U_2)\right],$$

但一般情况下,

$$\mathrm{Var}\left(\frac{U_1+U_2}{2}\right)=\frac{1}{4}\left[\mathrm{Var}(U_1)+\mathrm{Var}(U_2)+2\mathrm{Cov}(U_1,U_2)\right],$$

所以相对于相互独立的情况, 在U_1和U_2负相关的情况下$(U_1+U_2)/2$的方差要更小. 这个事实使我们考虑能否使用负相关变量来缩减方差.

举个例子, 假设$X_1,\cdots,X_n$是通过逆变换方法模拟的随机变量. 对m个重复试验, 我们生成$U_j\sim\mathrm{Uniform}(0,1)$, 计算$X^{(j)}=F_X^{-1}(U_j),j=1,\cdots,n$. 注意, 如果$U$在$(0,1)$上均匀分布, 那么$1-U$也在$(0,1)$上均匀分布, 但是$U$和$1-U$是负相关的. 这样, 在式(5.5)中

$$Y_j=g(F_X^{-1}(U_1^{(j)}),\cdots,F_X^{-1}(U_n^{(j)}))$$

和

$$Y_j'=g(F_X^{-1}(1-U_1^{(j)}),\cdots,F_X^{-1}(1-U_n^{(j)}))$$

有相同的分布.

在什么条件下Y_j与Y_j'是负相关的呢? 下面将会证明如果函数g是单调的, 那么变量Y_j与Y_j'负相关.

如果$x_j\leqslant y_j,j=1,\cdots,n$, 那么记$(x_1,\cdots,x_n)\leqslant(y_1,\cdots,y_n)$. 如果$g=g(X_1,\cdots,X_n)$随着坐标的增大而增大, 那么称$n$元函数$g$是单调递增的. 即如果$(x_1,\cdots,x_n)\leqslant(y_1,\cdots,y_n)$有$g(x_1,\cdots,x_n)\leqslant g(y_1,\cdots,y_n)$, 那么称$g$是单调递增的. 类似地, 如果$g=g(X_1,\cdots,X_n)$随着坐标的增大而减小, 那么称$n$元函数$g$是单调递减的. 单调递增和单调递减统称为单调.

性质5.1 如果$X_1,\cdots,X_n$相互独立, f和g是单调递增函数, 那么

$$E[f(X)g(X)]\geqslant E[f(X)]E[g(X)]. \tag{5.6}$$

证明 假设f和g是单调递增函数. 对n使用归纳法来完成证明.

令$n=1$. 对所有$x,y\in\mathbf{R}$, $[f(x)-f(y)][g(x)-g(y)]\geqslant 0$. 因此

$$E[(f(X)-f(Y))(g(X)-g(Y))]\geqslant 0,$$

且

$$E[f(X)g(X)] + E[f(Y)g(Y)] \geqslant E[f(X)g(Y)] + E[f(Y)g(X)].$$

这里X和Y是独立同分布的，所以

$$
\begin{aligned}
2E[f(X)g(X)] &= E[f(X)g(X)] + E[f(Y)g(Y)] \\
&\geqslant E[f(X)g(Y)] + E[f(Y)g(X)] = 2E[f(X)]E[g(X)],
\end{aligned}
$$

所以结论在$n = 1$时成立. 假设结论式(5.6)对$X \in \mathbf{R}^{n-1}$成立. 以X_n为条件并应用归纳假设可得

$$
\begin{aligned}
E[f(X)g(X)|X_n = x_n] &\geqslant E[f(X_1, \cdots, X_{n-1}, x_n)]E[g(X_1, \cdots, X_{n-1}, x_n)] \\
&= E[f(X)|X_n = x_n]E[g(X)|X_n = x_n],
\end{aligned}
$$

或者

$$E[f(X)g(X)|X_n] \geqslant E[f(X)|X_n]E[g(Y)|X_n].$$

现在$E[f(X)|X_n]$和$E[g(X)|X_n]$都是关于X_n的单调递增函数，所以使用$n = 1$时的结果并对两边取期望值可得

$$E[f(X)g(X)] \geqslant E[E[f(X)|X_n]E[g(X)|X_n]] \geqslant E[f(X)]E[g(X)].$$

$\square$

推论5.1　$g = g(X_1, \cdots, X_n)$是单调的，那么

$$Y = g(F_X^{-1}(U_1), \cdots, F_X^{-1}(U_n))$$

和

$$Y' = g(F_X^{-1}(1 - U_1), \cdots, F_X^{-1}(1 - U_n))$$

是负相关的.

证明　不妨假设g是单调递增的. 那么

$$Y = g(F_X^{-1}(U_1), \cdots, F_X^{-1}(U_n))$$

和

$$-Y' = f = -g(F_X^{-1}(1 - U_1), \cdots, F_X^{-1}(1 - U_n))$$

都是单调递增函数. 因此$E[g(U)f(U)] \geqslant E[g(U)]E[f(U)]$且$E[YY'] \leqslant E[Y]E[Y']$，从而可推出

$$\mathrm{Cov}(Y, Y') = E[YY'] - E[Y]E[Y'] \leqslant 0,$$

即Y与Y'是负相关的.

$\square$

对偶变量法应用起来非常简单. 如果要进行m次蒙特卡罗重复试验, 生成$m/2$次重复试验

$$Y_j = g(F_X^{-1}(U_1^{(j)}), \cdots, F_X^{-1}(U_n^{(j)})) \tag{5.7}$$

以及$m/2$次重复试验

$$Y_j^{'} = g(F_X^{-1}(1 - U_1^{(j)}), \cdots, F_X^{-1}(1 - U_n^{(j)})), \tag{5.8}$$

其中$U_i^{(j)}$是独立同分布的Uniform$(0,1)$变量, $i = 1, \cdots, n; j = 1, \cdots, m/2$. 那么对偶估计量为

$$\begin{aligned}
\hat{\theta} &= \frac{1}{m} Y_1 + Y_1^{'} + Y_2 + Y_2^{'} + \cdots + Y_{m/2} + Y_{m/2}^{'} \\
&= \frac{2}{m} \sum_{j=1}^{m/2} \left(\frac{Y_j + Y_j^{'}}{2} \right).
\end{aligned}$$

这样不用生成mn个变量, 只需要$mn/2$个变量即可, 并且使用对偶向量的话蒙特卡罗估计量的方差也会得到缩减.

例5.6 (对偶变量).

回顾例5.3, 使用蒙特卡罗积分法估计标准正态累积分布函数

$$\Phi(x) = \int_{-\infty}^{x} \frac{1}{\sqrt{2\pi}} \mathrm{e}^{-\frac{t^2}{2}} \, \mathrm{d}t,$$

使用对偶变量重新估计并找出标准误差的近似缩减量. 在本例中（改变变量之后）, 目标参数为$\theta = E_U[x\mathrm{e}^{-(xU)^2/2}]$, 其中$U$服从Uniform$(0,1)$分布.

如果把模拟限制在上尾中（参见例5.3）, 那么函数$g(\cdot)$是单调的, 满足推论5.1的要求. 生成随机数$u_i, \cdots, u_{m/2} \sim U(0,1)$, 对其中一半重复试验和以前一样使用

$$Y_j = g^{(j)}(u) = x\mathrm{e}^{-(u_j x)^2}, \quad j = 1, \cdots, m/2$$

计算, 而对剩下的一半重复试验使用

$$Y_j^{'} = x\mathrm{e}^{-[(1-u_j)x]^2}, \quad j = 1, \cdots, m/2$$

来计算.

样本均值

$$\begin{aligned}
\hat{\theta} = \overline{g_m(u)} &= \frac{1}{m} \sum_{j=1}^{m/2} (x\mathrm{e}^{-(u_j x)^2} + x\mathrm{e}^{-((1-u_j)x)^2}) \\
&= \frac{1}{m/2} \sum_{j=1}^{m/2} \left(\frac{(x\mathrm{e}^{-(u_j x)^2} + x\mathrm{e}^{-((1-u_j)x)^2})}{2} \right)
\end{aligned}$$

当$m \to \infty$时收敛于$E[\hat{\theta}] = \theta$. 如果$x > 0$，$\Phi(x)$的估计值为$0.5 + \hat{\theta}/\sqrt{2\pi}$. 如果$x < 0$，计算$\Phi(x) = 1 - \Phi(-x)$. 积分$\Phi(x)$的蒙特卡罗估计量可以由下面给出的函数"MC.Phi"来实现. "MC.Phi"可以选择是否使用对偶抽样来计算估计值. 如果添加一个取值为函数（即被积函数）的参数，那么函数"MC.Phi"可以变得更一般化（关于这类取值为函数的参数的例子可以参见"integrate"）.

```r
MC.Phi <- function(x, R = 10000, antithetic = TRUE) {
    u <- runif(R/2)
    if (!antithetic) v <- runif(R/2) else
        v <- 1 - u
    u <- c(u, v)
    cdf <- numeric(length(x))
    for (i in 1:length(x)) {
        g <- x[i] * exp(-(u * x[i])^2 / 2)
        cdf[i] <- mean(g) / sqrt(2 * pi) + 0.5
    }
    cdf
}
```

单一蒙特卡罗试验和对偶蒙特卡罗试验得到的估计值对比如下：

```r
x <- seq(.1, 2.5, length = 10)
m <- 10000
z <- rnorm(m)
dim(x) <- length(x)
p <- apply(x, MARGIN = 1,
        FUN = function(x, z) {mean(z < x)}, z = z)

Phi <- pnorm(x)
print(round(rbind(x, p, Phi), 3))
        [,1]    [,2]    [,3]    [,4]    [,5]
x    0.10000 0.70000 1.30000 1.90000 2.50000
MC1 0.53983 0.75825 0.90418 0.97311 0.99594
MC2 0.53983 0.75805 0.90325 0.97132 0.99370
Phi 0.53983 0.75804 0.90320 0.97128 0.99379
```

对给定的x，方差的近似缩减量可以用两种方法分别模拟来估计，即简单蒙特卡罗积分法和对偶变量法.

```r
m <- 1000
```

```
MC1 <- MC2 <- numeric(m)
x <- 1.95
for (i in 1:m) {
    MC1[i] <- MC.Phi(x, R = 1000, anti = FALSE)
    MC2[i] <- MC.Phi(x, R = 1000)
}

> print(sd(MC1))
[1] 0.006874616
> print(sd(MC2))
[1] 0.0004392972
> print((var(MC1) - var(MC2))/var(MC1))
[1] 0.9959166
```

在$x = 1.95$处，对偶变量法得到了将近99.5%的方差缩减量.　　　　　　　　◇

5.5　控制变量法

另一种缩减蒙特卡罗估计量$\theta = E[g(X)]$的方差的方法是使用控制变量. 假设存在一个函数f使得$\mu = E[f(X)]$已知且$f(X)$与$g(X)$有关.

那么对任意的常数c，很容易验证$\hat{\theta}_c = g(X) + c[f(X) - \mu]$是$\theta$的无偏估计量.

方差
$$\text{Var}(\hat{\theta}_c) = \text{Var}(g(X)) + c^2\text{Var}(f(X)) + 2c\text{Cov}(g(X), f(X)) \tag{5.9}$$
是关于c的二次函数. 它在$c = c^*$处取得最小值，其中
$$c^* = -\frac{\text{Cov}(g(X), f(X))}{\text{Var}(f(X))},$$
最小方差为
$$\text{Var}(\hat{\theta}_c^*) = \text{Var}(g(X)) - \frac{[\text{Cov}(g(X), f(X))]^2}{\text{Var}(f(X))}. \tag{5.10}$$

我们称随机变量$f(X)$为估计量$g(X)$的控制变量. 在式(5.10)中可以看出$\text{Var}(g(X))$缩减了
$$\frac{[\text{Cov}(g(X), f(X))]^2}{\text{Var}(f(X))},$$
因此方差缩减百分比为
$$100\frac{[\text{Cov}(g(X), f(X))]^2}{\text{Var}(g(X))\text{Var}(f(X))} = 100[\text{Cor}(g(X), f(X))]^2.$$

所以如果$f(X)$和$g(X)$强相关的话会非常有利，如果$f(X)$和$g(X)$不相关的话则得不到任何变量缩减.

我们需要$\mathrm{Cov}(g(X),f(X))$和$\mathrm{Var}(f(X))$来计算常数c^*，必要的话可以通过初步的蒙特卡罗实验来估计这些参数.

例5.7（控制变量）.

使用控制变量法来计算

$$\theta = E[e^U] = \int_0^1 e^u \mathrm{d}u,$$

其中$U \sim \mathrm{Uniform}(0,1)$. 在本例中，我们不需要通过模拟就可以直接算出$\theta = e - 1 = 1.718282$，这里只是拿它作为一个例子来展示控制变量法是如何实现的.

如果应用简单的蒙特卡罗方法，进行了m次重复试验，那么估计量的方差为$\mathrm{Var}(g(U))/m$，其中

$$\mathrm{Var}(g(U)) = \mathrm{Var}(e^U) = E[e^{2U}] - \theta^2 = \frac{e^2 - 1}{2} - (e - 1)^2 \doteq 0.2420351.$$

对于控制变量，一个很自然的选择是$U \sim \mathrm{Uniform}(0,1)$. 则$E[U] = 1/2$，$\mathrm{Var}(U) = 1/12$，$\mathrm{Cov}(e^U, U) = 1 - (1/2)(e - 1) \doteq 0.1408591$. 因此

$$c^* = \frac{-\mathrm{Cov}(e^U, U)}{\mathrm{Var}(U)} = -12 + 6(e - 1) \doteq -1.690309.$$

我们的控制估计量为$\hat{\theta}_{c^*} = e^U - 1.690309(U - 0.5)$. 对$m$次重复试验，$m\mathrm{Var}(\hat{\theta}_{c^*})$为

$$
\begin{aligned}
\mathrm{Var}(e^U) - \frac{[\mathrm{Cov}(e^U, U)]^2}{\mathrm{Var}(U)} &= \frac{e^2 - 1}{2} - (e - 1)^2 - 12\left(1 - \frac{e - 1}{2}\right)^2 \\
&\doteq 0.2420351 - 12(0.1408591)^2 \\
&= 0.003940175.
\end{aligned}
$$

和简单的蒙特卡罗估计相比，控制变量法的方差缩减百分比为

$$100(0.2429355 - 0.003940175/0.2429355) = 98.3781\%.$$

现在我们对这个问题使用控制变量法并计算模拟取得的经验方差缩减百分比. 比较简单的蒙特卡罗估计和控制变量法

```
m <- 10000
a <- - 12 + 6 * (exp(1) - 1)
U <- runif(m)
T1 <- exp(U)                    #simple MC
T2 <- exp(U) + a * (U - 1/2)   #controlled
```

得到如下结果

```
> mean(T1)
[1] 1.717834
> mean(T2)
[1] 1.718229
> (var(T1) - var(T2)) / var(T1)
[1] 0.9838606
```

可以看出在模拟中近似取得了上面推导出来的方差缩减百分比98.3781%. ◇

例5.8 (使用控制变量的蒙特卡罗积分法).

使用控制变量法来估计

$$\int_0^1 \frac{e^{-x}}{1+x^2}dx.$$

（文献[64, p734]有该问题的另一个版本）. 我们关心的参数是 $= E[g(X)]$和$g(X) = e^{-x}/(1+x^2)$，其中X服从在$(0,1)$上的均匀分布.

我们需要找到一个和g很接近并且已知期望值的函数f，使得$g(X)$和$f(X)$强相关. 比如函数$f(x) = e^{-0.5}(1+x^2)^{-1}$在$(0,1)$上和$g(x)$很接近，并且我们可以计算它的期望. 如果$U$在$(0,1)$上均匀分布，那么

$$E[f(U)] = e^{-0.5}\int_0^1 \frac{1}{1+u^2}du = e^{-0.5}\arctan(1) = e^{-0.5}\frac{\pi}{4}.$$

设置一个初步的模拟来估计常数c^*，同时我们还可以得到$\mathrm{Cor}(g(U), f(U)) \approx 0.974$的估计值.

```
f <- function(u)
    exp(-.5)/(1+u^2)

g <- function(u)
    exp(-u)/(1+u^2)

set.seed(510) #needed later
u <- runif(10000)
B <- f(u)
A <- g(u)
```

c^*和$\mathrm{Cor}(g(U), f(U))$的估计值为

```
> cor(A, B)
[1] 0.9740585
a <- -cov(A,B) / var(B) #est of c*
>a [1] -2.436228
```

使用和未使用控制变量法得到的模拟结果如下：

```
m <- 100000
u <- runif(m)
T1 <- g(u)
T2 <- T1 + a *(f(u) - exp(-.5)*pi/4)
> c(mean(T1), mean(T2))
[1] 0.5253543 0.5250021
> c(var(T1), var(T2))
[1] 0.060231423 0.003124814
> (var(T1) - var(T2)) / var(T1)
[1] 0.9481199
```

可以看出相对于$g(X)$，$g(X) + \hat{\theta}_{c^*}[f(X) - \mu]$将方差缩减了将近95%. 后面我们还会用到其他的变量缩减方法（重要抽样法）来处理这个问题.　　　　　　　　　　　◇

5.5.1　对偶变量作为控制变量

前面一节中的对偶变量估计量实际上是控制变量估计量的一种特殊情况. 首先注意控制变量估计量是θ的无偏估计量的线性组合. 一般来讲，如果$\hat{\theta}_1$和$\hat{\theta}_2$是θ的两个无偏估计量，那么对任意的常数c，

$$\hat{\theta}_c = c\hat{\theta}_1 + (1-c)\hat{\theta}_2$$

也是θ的无偏估计量. $c\hat{\theta}_1 + (1-c)\hat{\theta}_2$的方差为

$$\text{Var}(\hat{\theta}_2) + c^2\text{Var}(\hat{\theta}_1 - \hat{\theta}_2) + 2c\text{Cov}(\hat{\theta}_2, \hat{\theta}_1 - \hat{\theta}_2). \tag{5.11}$$

在式(5.7)和式(5.8)中对偶变量的特殊情况下，$\hat{\theta}_1$和$\hat{\theta}_2$同分布且$\text{Cov}(\hat{\theta}_1, \hat{\theta}_2) = -1$. 这时$\text{Cov}(\hat{\theta}_1, \hat{\theta}_2) = -\text{Var}(\hat{\theta}_1)$，式(5.11)中的方差为

$$\text{Var}(\hat{\theta}_c) = 4c^2\text{Var}(\hat{\theta}_1) - 4c\text{Var}(\hat{\theta}_1) + \text{Var}(\hat{\theta}_1) = (4c^2 - 4c + 1)\text{Var}(\hat{\theta}_1),$$

最优值常数为$c^* = 1/2$. 这种情况下的控制变量估计量为

$$\hat{\theta}_c^* = \frac{\hat{\theta}_1 + \hat{\theta}_2}{2},$$

（对这种$\hat{\theta}_1$和$\hat{\theta}_2$的特定选择来说）它实际上就是θ的对偶变量估计量.

5.5.2　多个控制变量

这种通过线性组合目标参数θ的无偏估计量来缩减方差的想法可以推广到多个控制变量的情况中去. 一般来讲，如果$E[\hat{\theta}_i] = \theta, i = 1, \cdots, k$，$c = (c_1, \cdots, c_k)$满

足 $\sum\limits_{i=1}^{k} c_i = 1$，那么

$$\sum_{i=1}^{k} c_i \hat{\theta}_i$$

也是 θ 的无偏估计量. 相应的控制变量估计量为

$$\hat{\theta}_c = g(X) + \sum_{i=1}^{k} c_i^* (f_i(X) - \mu_i),$$

其中 $\mu_i = E[f_i(X)], i = 1, \cdots, k$，并且

$$E[\hat{\theta}_c] = E[g(X)] + \sum_{i=1}^{k} c_i^* E[f_i(X) - \mu_i] = \theta.$$

通过拟合一个线性回归模型可以得到控制估计 $\hat{\theta}_{\hat{c}^*}$ 和最优值常数 c_i^* 的估计. 具体的细节将在5.5.3节中讨论.

5.5.3　控制变量与回归

本节中我们将讨论控制变量法和简单线性回归之间的对偶性. 这可以使我们更加清楚地了解控制变量是如何缩减蒙特卡罗积分法的方差的. 此外，通过拟合一个简单的线性回归模型我们还给出了一个估计最优值常数 c^*、目标参数、方差缩减百分比和估计量标准差的简便方法.

假设 $(X_1, Y_1), \cdots, (X_n, Y_n)$ 是一个服从均值为 (μ_X, μ_Y)、方差为 (σ_X^2, σ_Y^2) 的二元分布的随机样本. 我们来比较 X 对 Y 的回归的最小二乘估计量和控制变量估计量.

如果存在线性关系 $X = \beta_1 Y + \beta_0 + \varepsilon$，且 $E[\varepsilon] = 0$，那么

$$E[X] = E[E[X|Y]] = E[\beta_0 + \beta_1 Y + \varepsilon] = \beta_0 + \beta_1 \mu_Y.$$

这里 β_1 和 β_0 是常值参数，ε 是随机误差变量.

我们考虑二元样本 $(g(X_1), f(X_1)), \cdots, (g(X_n), f(X_n))$. 如果用 $g(X)$ 替换 X，用 $f(X)$ 替换 Y，我们有 $g(X) = \beta_0 + \beta_1 f(X) + \varepsilon$，且

$$E[g(X)] = \beta_0 + \beta_1 E[f(X)].$$

斜率的最小二乘估计量为

$$\hat{\beta}_1 = \frac{\sum\limits_{i=1}^{n} (X_i - \overline{X})(Y_i - \overline{Y})}{\sum\limits_{i=1}^{n} (Y_i - \overline{Y})} = \frac{\widehat{\mathrm{Cov}}(X, Y)}{\widehat{\mathrm{Var}}(Y)} = \frac{\widehat{\mathrm{Cov}}(g(X), f(X))}{\widehat{\mathrm{Var}}(f(X))} = -\hat{c}^*.$$

这给出了一个非常简便的估计 c^* 的方法，即拟合 $g(X)$ 对 $f(X)$ 的简单线性回归模型来估计斜率.

```
L <- lm(gx ~ fx)
c.star <- -L$coeff[2]
```

截距的最小二乘估计量为 $\hat{\beta}_0 = \overline{g(X)} - (-\hat{c}^*)\overline{f(X)}$，所以在 $\mu = E[f(X)]$ 处的预测响应值为

$$
\begin{aligned}
\hat{\beta}_0 + \hat{\beta}_1\mu &= \overline{g(X)} + \hat{c}^*(\overline{f(X)} - \hat{c}^*\mu) \\
&= \overline{g(X)} + \hat{c}^*(\overline{f(X)} - \mu) = \hat{\theta}_{\hat{c}^*}.
\end{aligned}
$$

这样控制变量估计 $\hat{\theta}_{\hat{c}^*}$ 就是响应变量 $g(X)$ 在点 $\mu = E[f(X)]$ 处的预测值.

在 X 对 Y 的回归中，误差方差估计为

$$
\begin{aligned}
\hat{\sigma}_\varepsilon^2 &= \widehat{\mathrm{Var}}(X - \hat{X}) = \widehat{\mathrm{Var}}(X - (\hat{\beta}_0 + \beta_1 Y)) \\
&= \widehat{\mathrm{Var}}(X - \hat{\beta}_1 Y) = \widehat{\mathrm{Var}}(X + \hat{c}^* Y),
\end{aligned}
$$

即剩余均方误差(Mean Squared Error, MSE). 控制变量估计量的方差估计值为

$$
\begin{aligned}
\widehat{\mathrm{Var}}(\overline{g(X)} + \hat{c}^*(\overline{f(X)} - \mu)) &= \frac{\widehat{\mathrm{Var}}(g(X) + \hat{c}^*(f(X) - \mu))}{n} \\
&= \frac{\widehat{\mathrm{Var}}(g(X) + \hat{c}^*(f(X))}{n} = \frac{\hat{\sigma}_\varepsilon^2}{n}.
\end{aligned}
$$

这样在R中很容易通过对服从拟合回归模型的"`lm`"程序使用"`summary`"函数来计算控制变量估计的估计标准差，比如使用

```
se.hat <- summary(L)$sigma
```

来得到 $\hat{\sigma}_\varepsilon = \sqrt{MSE}$ 的值.

最后，注意控制变量的方差缩减率为 $[\mathrm{Cor}(g(X), f(X))]^2$. 在简单线性回归模型中，可决系数是相同的量($R^2$)，它是指 $f(X)$ 解释的离差二次方和在 $g(X)$ 的总离差二次方和中所占的比例.

例5.9 (控制变量与回归).

回到例5.8，我们通过拟合回归模型再次进行估计. 在这个问题中，

$$
g(x) = \int_0^1 \frac{\mathrm{e}^{-x}}{1 + x^2} \mathrm{d}x
$$

的控制变量为

$$
f(x) = \mathrm{e}^{-0.5}(1 + x^2)^{-1}, \quad 0 < x < 1,
$$

且 $\mu = E[f(X)] = \mathrm{e}^{-0.5}\pi/4$. 为了估计常数 c^*，

```
set.seed(510)
u <- runif(10000)
f <- exp(-.5)/(1+u^2)
g <- exp(-u)/(1+u^2)
c.star <-  - lm(g ~ f)$coeff[2]    # beta[1]
mu <- exp(-.5)*pi/4
> c.star
       f
  -2.436228
```

我们使用和例5.8中相同的随机数种子, 得到的c^*的估计也是一样的. 现在$\hat{\theta}_{\hat{c}^*}$为点$\mu = 0.4763681$处的预测响应值, 所以

```
u <- runif(10000)
f <- exp(-.5)/(1+u^2)
g <- exp(-u)/(1+u^2)
L <- lm(g ~ f)
theta.hat <- sum(L$coeff * c(1, mu))  #pred. value at mu
```

估计值$\hat{\theta}$、剩余均方误差和方差缩减比例 (可决系数) 与例5.8中得到的估计是一致的.

```
> theta.hat
[1] 0.5253113
> summary(L)$sigma^2
[1] 0.003117644
> summary(L)$r.squared
[1] 0.9484514
```

◇

如果使用了多个控制变量, 我们可以类似地估计线性模型

$$X = \beta_0 + \sum_{i=1}^{k} \beta_i Y_i + \varepsilon$$

来估计最值常数$c^* = (c_1^*, \cdots, c_k^*)$. 这样$-\hat{c}^* = (\hat{\beta}_1, \cdots, \hat{\beta}_k)$, 估计值为在点$\mu = (\mu_1, \cdots, \mu_k)$处的预测响应值$\hat{X}$ (参见5.5.2节). 控制变量估计量的估计方差仍然是$\hat{\sigma}_\varepsilon^2/n = MSE/n$, 其中$n$是样本大小 (在这里就是重复试验的次数).

5.6 重要抽样法

函数$g(x)$在区间(a,b)上的平均值（在微积分中）一般定义为

$$\frac{1}{b-a}\int_a^b g(x)\mathrm{d}x.$$

这里使用了一个整个区间(a,b)上的均匀权重函数. 如果X是一个在区间(a,b)上均匀分布的随机变量，那么

$$E[g(X)] = \int_a^b g(x)\frac{1}{b-a}\mathrm{d}x = \frac{1}{b-a}\int_a^b g(x)\mathrm{d}x, \tag{5.12}$$

即在均匀权重函数下函数$g(x)$在区间(a,b)上的平均值. 简单的蒙特卡罗方法生成了大量在区间$[a,b]$上均匀分布的重复试验$X_1,\cdots,X_m$，并通过计算样本均值

$$\frac{b-a}{m}\sum_{i=1}^m g(X_i)$$

来估计$\int_a^b g(x)\mathrm{d}x$（由强大数定律可知样本均值以概率1收敛于$\int_a^b g(x)\mathrm{d}x$）. 这种方法的一个局限性在于它不能应用到无界区间上. 还有就是如果函数$g(x)$不是非常均匀的话，那么在区间上生成均匀分布的样本的效率是非常低的.

但是一旦我们把积分问题看成式(5.12)中的期望值问题，那么我们考虑其他权重函数（密度函数）而不是均匀权重函数就显得非常合理了. 这将我们引向了一个一般的方法——重要抽样法.

假设X是一个随机变量，密度函数为$f(x)$，且在集合$\{x : g(x) > 0\}$上有$f(x) > 0$. 令Y为随机变量$g(X)/f(X)$. 那么

$$\int g(x)\mathrm{d}x = \int \frac{g(x)}{f(x)}f(x)\mathrm{d}x = E[Y].$$

可以通过简单的蒙特卡罗积分法来估计$E[Y]$. 即对生成的m个具有密度$f(x)$的随机变量$X_1,\cdots,X_m$计算平均值

$$\frac{1}{m}\sum_{i=1}^m Y_i = \frac{1}{m}\sum_{i=1}^m \frac{g(X_i)}{f(X_i)},$$

其中，密度$f(x)$称为重要函数.

在重要抽样法中，基于$Y = g(X)/f(X)$的估计量的方差为$\mathrm{Var}(Y)/m$，所以Y的方差应该尽量的小. 如果Y接近于常数的话它的方差就会比较小，所以函数$f(\cdot)$应该接近$g(x)$. 另外具有密度$f(\cdot)$的随机变量也应该尽量容易模拟.

在例5.5中，生成了随机正态变量来计算标准正态累积分布函数的蒙特卡罗估计值，$\varPhi(2) = P(X \leqslant 2)$. 在朴素的蒙特卡罗方法中，对分布尾部的估计不是太精确. 自然地我们会希望如果模拟分布不是均匀分布的话，对给定的样本大小会有一个更加精确的

估计. 在这种情况下, 为了纠正这种偏差, 均值必须取成加权平均而不是非加权样本均值. 这种方法称为重要抽样法 (参见Robert和Casella[228, 3.3节]). 重要抽样法的优点在于它可以选择重要抽样分布来缩减蒙特卡罗估计量的方差.

假设$f(x)$是一个支撑在集合A上的密度. 如果在A上$\phi(x) > 0$, 则积分

$$\theta = \int_A g(x)f(x)\mathrm{d}x,$$

可以写成

$$\theta = \int_A g(x)\frac{f(x)}{\phi(x)}\phi(x)\mathrm{d}x$$

的形式. 如果$\phi(x)$是A上的密度, 那么$\theta = E_\phi[g(x)f(x)/\phi(x)]$的一个估计量为

$$\hat{\theta} = \frac{1}{n}\sum_{i=1}^{n} g(x_i)\frac{f(x_i)}{\phi(x_i)},$$

其中$X_1, \cdots, X_n$是具有密度$\phi(x)$的随机样本. 函数$\phi(\cdot)$称为包络 (envelope) 或重要抽样函数. 有很多方便模拟的密度$\phi(x)$. 通常我们应该选择$\phi(x)$使得在集合A上$\phi(x) \approx |g(x)|f(x)$ (还需要$\phi(x)$具有有限方差).

例5.10 (选择重要函数).

在本例 (选自文献[64, p728]) 中, 对使用重要抽样法来估计

$$\int_0^1 \frac{\mathrm{e}^{-x}}{1+x^2}\mathrm{d}x$$

时, 有多个重要函数可以选择, 这里将它们做一个比较. 几个可供选择的重要函数为

$$f_0(x) = 1, \quad 0 < x < 1,$$
$$f_1(x) = \mathrm{e}^{-x}, \quad 0 < x < +\infty,$$
$$f_2(x) = (1+x^2)^{-1}/\pi, \quad -\infty < x < +\infty,$$
$$f_3(x) = \mathrm{e}^{-x}/(1-\mathrm{e}^{-1}), \quad 0 < x < 1,$$
$$f_4(x) = 4(1+x^2)^{-1}/\pi, \quad 0 < x < 1.$$

被积函数为

$$g(x) = \begin{cases} \mathrm{e}^{-x}/(1+x^2), & 0 < x < 1, \\ 0, & \text{其他}. \end{cases}$$

这5个备选的重要函数在集合$0 < x < 1$ ($g(x) > 0$) 上都是正的. f_1和f_2的定义域太大, 这会导致求和的时候很多模拟值都起不到作用, 这种做法效率太低. 所有的分布都很容易模拟, f_2是标准柯西(Cauchy)分布或$t(\nu = 1)$分布. 在图5.1a中给出了这几个密度在$(0,1)$上的图形, 以便和$g(x)$比较. 满足比例$g(x)/f(x)$最接近常数的函数是f_3, 这一点可以从图5.1b中明显地看出. 根据图形我们更倾向于选择f_3以获得最小方差.

```
m <- 10000
theta.hat <- se <- numeric(5)
g <- function(x) {
    exp(-x - log(1+x^2)) * (x > 0) * (x < 1)
    }

x <- runif(m)       #using f0
fg <- g(x)
theta.hat[1] <- mean(fg)
se[1] <- sd(fg)


x <- rexp(m, 1)     #using f1
fg <- g(x) / exp(-x)
theta.hat[2] <- mean(fg)
se[2] <- sd(fg)


x <- rcauchy(m)     #using f2
i <- c(which(x > 1), which(x < 0))
x[i] <- 2  #to catch overflow errors in g(x)
fg <- g(x) / dcauchy(x)
theta.hat[3] <- mean(fg)
se[3] <- sd(fg)


u <- runif(m)       #f3, inverse transform method
x <- - log(1 - u * (1 - exp(-1)))
fg <- g(x) / (exp(-x) / (1 - exp(-1)))
theta.hat[4] <- mean(fg)
se[4] <- sd(fg)


u <- runif(m)       #f4, inverse transform method
x <- tan(pi * u / 4)
fg <- g(x) / (4 / ((1 + x^2) * pi))
theta.hat[5] <- mean(fg)
se[5] <- sd(fg)
```

显示图5.1a、b的代码将在本章最后给出.

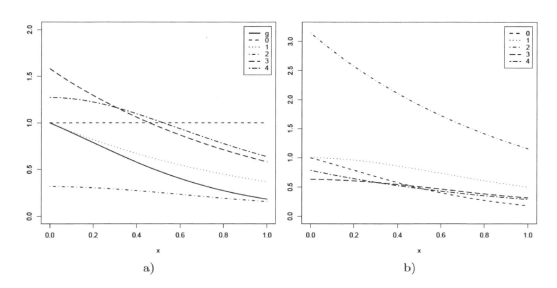

图 5.1　例5.10中的重要函数：a)函数$f_0, \cdots, f_4$（曲线0到4）和函数$g(x)$；b)比例$g(x)/f(x)$

使用所有重要函数进行模拟得到的积分$\int_0^1 g(x)\mathrm{d}x$的估计值（用"theta.hat"表示）和对应的标准差（用"se"表示）如下：

```
> rbind(theta.hat, se)
                 [,1]       [,2]      [,3]       [,4]       [,5]
theta.hat 0.5241140 0.5313584 0.5461507 0.52506988 0.5260492
se        0.2436559 0.4181264 0.9661300 0.09658794 0.1427685
```

模拟结果显示在5个重要函数中f_3产生的方差最小，当然也有可能是f_4，而f_2产生的方差最大. 不使用重要抽样的标准蒙特卡罗估计有$\widehat{se} \doteq 0.244 (f_0 = 1)$. 重要函数$f_1$和$f_2$并没有缩减标准差，但$f_3$和$f_4$在估计$\theta$时均缩减了标准差.

柯西密度(Cauchy)f_2的支撑集为整个实轴，但是只需要对被积函数$g(x)$在$(0,1)$上求积分. 在这种情况下，比例$g(x)/f(x)$中大部分的值都为0（将近75%），与此同时其他的值又远大于0，这就造成了很大的方差. 下面关于比例$g(x)/f_2(x)$的概括统计量证实了这一点：

```
   Min. 1st Qu.  Median    Mean 3rd Qu.    Max.
 0.0000  0.0000  0.0000  0.5173  0.0000  3.1380
```

对f_1而言也有类似低效率问题，这是因为f_1支撑在$(0,\infty)$上，这也会导致$g(x)/f(x)$在$(0,1)$以外的点上产生大量的0. 但是f_1的效率比f_2还是要高一点的（将近37%的0），这是因为这个分布的尾更轻. 下面关于比例$g(x)/f_1(x)$的概括统计量也证实了这一点：

```
   Min. 1st Qu.  Median    Mean 3rd Qu.    Max.
 0.0000  0.0000  0.6891  0.5314  0.9267  1.0000
```

◇

从例5.10可以看出，必须要小心选择重要函数以便得到$Y = g(X)/f(X)$的最小方差. 重要函数f应该满足恰好支撑在$g(x) > 0$的集合上，并且使得比例$g(x)/f(x)$接近于常数.

重要抽样法的方差

如果$\phi(x)$为重要抽样分布（包络），在A上$f(x) = 1$，且X的概率分布函数(pdf)支撑在A上，那么

$$\theta = \int_A g(x)\mathrm{d}x = \int_A \frac{g(x)}{\phi(x)}\phi(x)\mathrm{d}x = E\left[\frac{g(X)}{\phi(X)}\right].$$

如果$X_1, \cdots, X_n$是服从X的分布的随机样本，估计量仍然为样本均值

$$\hat{\theta} = \overline{g(X)} = \frac{1}{n}\sum_{i=1}^n \frac{g(X_i)}{\phi(X_i)}.$$

这样重要抽样法就变成了样本均值法，并且

$$\mathrm{Var}(\hat{\theta}) = E[\hat{\theta}^2] - (E[\hat{\theta}])^2 = \int_A \frac{g^2(x)}{\phi(x)}\mathrm{d}s - \theta^2$$

可以选择X的分布来缩减样本均值估计量的方差. 最小方差

$$\left(\int_A |g(x)|\mathrm{d}x\right)^2 - \theta^2$$

在

$$\phi(x) = \frac{|g(x)|}{\int_A |g(x)|\mathrm{d}x}$$

时取得. 不过我们的问题就是估计$\int_A g(x)\mathrm{d}x$, 所以不太可能找出$\phi(x)$的分母$\int_A |g(x)|\mathrm{d}x$的值. 尽管很难选择$\phi(x)$来取得最小方差，但是如果能够使得$\phi(x)$的形状在A上"接近"$|g(x)|$，那么方差也会"接近"最小值.

对一般的$f(x)$而言，选择$\phi(x)$使得在A上$\phi(x) \approx |g(x)|f(x)$. 如果被积函数和重要函数的比是有界的，那么重要抽样估计量会有有限方差. 考虑到相关估计量的计算效率，我们还应该选择$\phi(x)$使得生成蒙特卡罗重复试验的花费（时间）尽量少.

5.7 分层抽样法

另一种缩减方差的方法是分层抽样法，它通过把区间分层、在每一个具有更小方差的层上估计积分来缩减估计量的方差. 由积分算子的线性和强大数定律可知这些估计

的和依概率1收敛于 $\int g(x)\mathrm{d}x$. 在分层抽样法中，从k个层中得到的重复试验次数m 和重复试验次数m_j都是固定的，它们满足$m = m_1 + \cdots + m_k$，目标为

$$\mathrm{Var}(\hat{\theta}_k(m_1, \cdots, m_k)) < \mathrm{Var}(\hat{\theta}),$$

其中$\hat{\theta}_k(m_1, \cdots, m_k)$是分层估计量，$\hat{\theta}$是基于$m = m_1 + \cdots + m_k$次重复试验的标准蒙特卡罗估计量.

为了了解这种方法是如何使用的，我们先看一个数值的例子.

例5.11 (例5.10，续).

在图5.1a中可以很清楚地看到被积函数$g(x)$并不是一个常数. 把积分区间分成4个子区间，在每一个子区间上使用总数的1/4次重复试验来计算积分的蒙特卡罗估计. 然后把这4个估计加起来得到$\int_0^1 e^{-x}(1+x^2)^{-1}\mathrm{d}x$的估计. 和标准蒙特卡罗估计量的方差比较起来，这种方法得到的估计量的方差有所缩减吗？

结果在下面显示. 尽管运行10次并不足以得到较好的标准差，但是在这次模拟中可以看出分层抽样法将方差大约缩减到原来的1/10. ◇

直观来说，如果各层的均值像例5.11中一样有很大的离散而不是近似相等的话，那么分层抽样法可以得到更多的方差缩减. 对单调的被积函数而言，类似例5.11的分层抽样法是非常高效率的缩减方差的方法.

```
M <- 20    #number of replicates
T2 <- numeric(4)
estimates <- matrix(0, 10, 2)

g <- function(x) {
    exp(-x - log(1+x^2)) * (x > 0) * (x < 1) }

for (i in 1:10) {
    estimates[i, 1] <- mean(g(runif(M)))
    T2[1] <- mean(g(runif(M/4, 0, .25)))
    T2[2] <- mean(g(runif(M/4, .25, .5)))
    T2[3] <- mean(g(runif(M/4, .5, .75)))
    T2[4] <- mean(g(runif(M/4, .75, 1)))
    estimates[i, 2] <- mean(T2)
}
> estimates
         [,1]      [,2]
[1,] 0.6281555 0.5191537
```

```
[2,]  0.5105975 0.5265614
[3,]  0.4625555 0.5448566
[4,]  0.4999053 0.5151490
[5,]  0.4984972 0.5249923
[6,]  0.4886690 0.5179625
[7,]  0.5151231 0.5246307
[8,]  0.5503624 0.5171037
[9,]  0.5586109 0.5463568
[10,] 0.4831167 0.5548007
> apply(estimates, 2, mean)
[1] 0.5195593 0.5291568
> apply(estimates, 2, var)
[1] 0.0023031762 0.0002012629
```

性质5.2　将进行M次重复试验的标准蒙特卡罗估计量记为$\hat{\theta}^M$，令

$$\hat{\theta}^S = \frac{1}{k}\sum_{j=1}^{k}\hat{\theta}_j$$

代表各层具有相同大小$m = M/k$的分层估计量. 将层j上的$g(U)$的均值和方差分别记为θ_j和σ_j^2. 那么$\mathrm{Var}(\hat{\theta}^M) \geqslant \mathrm{Var}(\hat{\theta}^S)$.

证明　由$\hat{\theta}_j$的独立性可知

$$\mathrm{Var}(\hat{\theta}^S) = \mathrm{Var}\left(\frac{1}{k}\sum_{j=1}^{k}\hat{\theta}_j\right) = \frac{1}{k^2}\sum_{j=1}^{k}\frac{\hat{\theta}_j^2}{m} = \frac{1}{Mk}\sum_{j=1}^{k}\sigma_j^2.$$

如果J是随机选择的层，它被选择到的概率为均匀概率$1/k$，应用条件方差公式有

$$
\begin{aligned}
\mathrm{Var}(\hat{\theta}^M) &= \frac{\mathrm{Var}(g(U))}{M} = \frac{1}{M}(\mathrm{Var}(E[g(U|J)]) + E[\mathrm{Var}(g(U|J))]) \\
&= \frac{1}{M}\left[\mathrm{Var}(\theta_J) + \frac{1}{k}\sum_{j=1}^{k}\sigma_j^2\right] \\
&= \frac{1}{M}\mathrm{Var}(\theta_J) + \mathrm{Var}(\hat{\theta}^S) \geqslant \mathrm{Var}(\hat{\theta}^S),
\end{aligned}
$$

除了各层具有相同均值的情况之外，不等式一定是严格成立的.　　　　□

从上面的不等式可以清楚地看出各层的均值在离散很大的情况下，方差缩减也是很大的.

对各层具有不等概率的一般情况也可以类似证明. 一般情况的证明参见Fishman[94, 4.3节].

例5.12 (例5.10~例5.11，续，分层抽样).

对$\int_0^1 e^{-x}(1+x^2)^{-1}dx$的蒙特卡罗估计，分层抽样以一种更一般的方法来实现. 我们也会求得标准蒙特卡罗估计，并以此作对比.

```
M <- 10000   #number of replicates
k <- 10      #number of strata
r <- M / k   #replicates per stratum
N <- 50      #number of times to repeat the estimation
T2 <- numeric(k)
estimates <- matrix(0, N, 2)

g <- function(x) {
    exp(-x - log(1+x^2)) * (x > 0) * (x < 1)
    }

for (i in 1:N) {
    estimates[i, 1] <- mean(g(runif(M)))
    for (j in 1:k)
        T2[j] <- mean(g(runif(M/k, (j-1)/k, j/k)))
    estimates[i, 2] <- mean(T2)
}
```

这次模拟生成了下面的估计值：

```
> apply(estimates, 2, mean)
[1] 0.5251321 0.5247715
> apply(estimates, 2, var)
[1] 6.188117e-06 6.504485e-08
```

可以看出方差缩减率超过了98%.　　　　　　　　　　　　　　　　　　　　　◇

5.8　分层重要抽样法

估计$\theta = \int g(x)dx$的重要抽样法可以修改为分层重要抽样法.

选择一个适当的重要函数f. 假设X由概率积分变换生成并具有密度f和累积分布函数F. 如果生成了M次重复试验，θ的重要抽样估计的方差为σ^2/M，其中$\sigma^2 = \text{Var}(g(X)/f(X))$.

对分层重要抽样估计来说，把实轴分成k个区间$I_j = \{x : a_{j-1} \leqslant x < a_j\}$，其中端点$a_0 = -\infty$，$a_j = F^{-1}(j/k)$，$j = 1, \cdots, k-1$，$a_k = +\infty$（实轴在密度$f(x)$下被分成了具有等面积$1/k$的区间. 内部的端点为分位数或百分位数）. 在每一个子区间上定义$g_j(x)$：如果$x \in I_j$，令$g_j(x) = g(x)$；否则令$g_j(x) = 0$. 现在我们需要估计k个参数

$$\theta_j = \int_{a_{j-1}}^{a_j} g_j(x)\mathrm{d}x, \qquad j = 1, \cdots, k$$

以及$\theta = \theta_1 + \cdots + \theta_k$. 条件密度给出了每个子区间上的重要函数. 即在每个子区间I_j上X的条件密度f_j如下定义：

$$
\begin{aligned}
f_j(x) = f_{X|I_j}(x|I_j) &= \frac{f(x, a_{j-1} \leqslant x < a_j)}{P(a_{j-1} \leqslant x < a_j)} \\
&= \frac{f(x)}{1/k} = kf(x), \quad a_{j-1} \leqslant x < a_j.
\end{aligned}
$$

令$\sigma_j^2 = \mathrm{Var}(g_j(X)/f_j(X))$. 对每一个$j = 1, \cdots, k$，我们模拟一个大小为$m$的重要样本，在第$j$个子区间上计算$\theta_j$的重要抽样估计量$\hat{\theta}_j$，并计算$\hat{\theta}^{SI} = \frac{1}{k}\sum_{j=1}^{k} \hat{\theta}_j$. 然后由$\hat{\theta}_1, \cdots, \hat{\theta}_k$的独立性可知

$$\mathrm{Var}(\hat{\theta}^{SI}) = \mathrm{Var}(\sum_{j=1}^{k} \hat{\theta}_j) = \sum_{j=1}^{k} \frac{\sigma_j^2}{m} = \frac{1}{m}\sum_{j=1}^{k} \sigma_j^2.$$

将重要抽样估计量记为$\hat{\theta}^I$. 为了判断$\hat{\theta}^{SI}$相对$\hat{\theta}^I$是否是一个更好的θ估计量，我们需要去验证$\mathrm{Var}(\hat{\theta}^{SI})$比没有分层时的方差要小. 如果

$$\frac{\sigma^2}{M} > \frac{1}{m}\sum_{j=1}^{k} \sigma_j^2 = \frac{k}{M}\sum_{j=1}^{k} \sigma_j^2 \Rightarrow \sigma^2 - k\sum_{j=1}^{k} \sigma_j^2 > 0,$$

那么分层缩减了方差. 因此我们需要证明下面的性质.

性质5.3 假设$M = mk$是一个重要抽样估计量$\hat{\theta}^I$的重复试验次数. $\hat{\theta}^{SI}$是分层重要抽样估计量，在每一层上对θ_j的估计为$\hat{\theta}_j$，并有m次重复试验. 如果$\mathrm{Var}(\hat{\theta}^I) = \sigma^2/M$，且$\mathrm{Var}(\hat{\theta}_j^I) = \sigma_j^2/m$，$j = 1, \cdots, k$，那么

$$\sigma^2 - k\sum_{j=1}^{k} \sigma_j^2 \geqslant 0 \tag{5.13}$$

等号成立当且仅当$\theta_1 = \cdots = \theta_k$. 因此分层不会增加方差，并且除了$g(x)$是常数的情况之外一定存在能够缩减方差的分层.

证明 为了确定不等式(5.13)在何时成立，我们需要考虑具有密度f_j的随机变量和具有密度f的随机变量X之间的关系. 考虑一个两阶段试验. 首先在整数1到K之间随机生成一个数J. 观察到$J = j$之后，生成一个具有密度f_j的随机变量X^*，且

$$Y^* = \frac{g_j(X)}{f_j(X)} = \frac{g_j(X^*)}{kf_j(X^*)}.$$

我们应用条件方差公式

$$\mathrm{Var}(Y^*) = E[\mathrm{Var}(Y^*|J)] + \mathrm{Var}[E(Y^*|J)] \tag{5.14}$$

来计算Y^*的方差. 这里

$$E[\mathrm{Var}(Y^*|J)] = \sum_{j=1}^{k} \sigma_j^2 P(J=j) = \frac{1}{k}\sum_{j=1}^{k}\sigma_j^2,$$

$\mathrm{Var}(E[Y^*|J]) = \mathrm{Var}(\theta_J)$. 这样在式(5.14)中我们有

$$\mathrm{Var}(Y^*) = \frac{1}{k}\sum_{j=1}^{k}\sigma_j^2 + \mathrm{Var}(\theta_J).$$

另一方面,

$$k^2\mathrm{Var}(Y^*) = k^2 E[\mathrm{Var}(Y^*|J)] + k^2\mathrm{Var}[E(Y^*|J)].$$

且

$$\sigma^2 = \mathrm{Var}(Y) = \mathrm{Var}(kY^*) = k^2\mathrm{Var}(Y^*).$$

由此可以推出

$$\sigma^2 = k^2\mathrm{Var}(Y^*) = k^2\left[\frac{1}{k}\sum_{j=1}^{k}\sigma_j^2 + \mathrm{Var}(\theta_J)\right] = k\sum_{j=1}^{k}\sigma_j^2 + k^2\mathrm{Var}(\theta_J).$$

因此

$$\sigma^2 - k\sum_{j=1}^{k}\sigma_j^2 = k^2\mathrm{Var}(\theta_J) \geqslant 0,$$

并且等号成立当且仅当$\theta_1 = \cdots = \theta_k$. □

例5.13 (例5.10, 续).

在例5.10中我们通过重要函数$f_3(x) = \mathrm{e}^{-x}/(1-\mathrm{e}^{-1}), 0 < x < 1$得到了最好的结果. 通过10000次重复试验我们得到了估计值$\hat{\theta} = 0.5257801$和估计标准误差0.0970314. 现在我们把区间$(0,1)$分成5个子区间$(j/5, (j+1)/5), j = 0, 1, \cdots, 4$.

在第j个子区间上根据密度

$$\frac{5\mathrm{e}^{-x}}{1-\mathrm{e}^{-x}}, \quad \frac{j-1}{5} < x < \frac{j}{5}$$

生成随机变量. 实现过程留作练习.

练习

5.1 计算

$$\int_0^{\pi/3} \sin t \, \mathrm{d}t$$

的蒙特卡罗估计并比较你的估计值和积分的精确值.

5.2 参考例5.3. 通过生成服从$\mathrm{Uniform}(0, x)$分布的随机变量来计算标准正态累积分布函数的蒙特卡罗估计. 将你的估计值与正态累积分布函数"pnorm"得到的值进行比较. 计算关于$\Phi(2)$的蒙特卡罗估计的估计方差以及$\Phi(2)$的95%置信区间.

5.3 从$\mathrm{Uniform}(0, 0.5)$抽样来计算

$$\theta = \int_0^{0.5} \mathrm{e}^{-x} \, \mathrm{d}x$$

的蒙特卡罗估计量$\hat{\theta}$,并估计$\hat{\theta}$的方差. 从指数分布抽样来得到一个新的蒙特卡罗估计量θ^*. $\hat{\theta}$的方差和θ^*的方差哪个更小一些,为什么?

5.4 给出一个计算$\mathrm{Beta}(3,3)$累积分布函数的蒙特卡罗估计的函数,并用这个函数在$x = 0.1, 0.2, \cdots, 0.9$处估计$F(x)$. 比较估计值与R中的函数"pbeta"返回的值.

5.5 (经验)计算估计例5.3中的定积分时样本均值蒙特卡罗方法相对于例5.4中的"hit-or-miss"方法的效率.

5.6 在例5.7中,通过控制变量法计算了

$$\theta = \int_0^1 \mathrm{e}^x \, \mathrm{d}x$$

的蒙特卡罗积分. 现在考虑对偶变量法. 计算$\mathrm{Cov}(\mathrm{e}^U, \mathrm{e}^{1-U})$和$\mathrm{Var}(\mathrm{e}^U + \mathrm{e}^{1-U})$,其中$U \sim \mathrm{Uniform}(0, 1)$. (和简单蒙特卡罗方法比较)使用对偶变量法方差缩减百分比能达到多少?

5.7 参考练习5.6. 分别使用对偶变量法和简单蒙特卡罗方法来估计θ. 计算使用对偶变量法得到的方差缩减百分比的经验估计. 将结果和练习5.6中得到的理论值进行比较.

5.8 令$U \sim \mathrm{Uniform}(0, 1)$,$X = aU$,$X' = a(1 - U)$,其中$a$是一个常数. 证明$\rho(X, X') = -1$. 如果$U$是一个对称Beta随机变量的话$\rho(X, X') = -1$还成立吗?

5.9 Rayleigh密度[156,18.76]为

$$f(x) = \frac{x}{\sigma^2} \mathrm{e}^{-x^2/(2\sigma^2)}, \qquad x \geqslant 0, \sigma > 0.$$

使用对偶变量法给出一个函数,使其可以生成服从$\mathrm{Rayleigh}(\sigma)$分布的样本. 如果$X_1$和$X_2$相互独立,那么相对于$\frac{X_1+X_2}{2}$,$\frac{X+X'}{2}$的方差缩减百分比是多少?

5.10 使用对偶变量蒙特卡罗积分法来估计

$$\int_0^1 \frac{\mathrm{e}^{-x}}{1 + x^2} \mathrm{d}x,$$

并用未缩减方差百分比的形式给出近似方差缩减.

5.11 如果$\hat{\theta}_1$和$\hat{\theta}_2$是θ的无偏估计量, 并且$\hat{\theta}_1$和$\hat{\theta}_2$是对偶的, 那么我们可以推出$c^* = 1/2$是使得$\hat{\theta}_c = c\hat{\theta}_1 + (1-c)\hat{\theta}_2$方差最小的最优常数. 对一般情况推导$c^*$. 即如果$\hat{\theta}_1$和$\hat{\theta}_2$是$\theta$的任意两个无偏估计量, 找到使得方程(5.11)中的估计量$\hat{\theta}_c = c\hat{\theta}_1 + (1-c)\hat{\theta}_2$方差最小的常数$c^*$的值 ($c^*$会是一个关于估计量方差和协方差的函数).

5.12 令$\hat{\theta}_f^{IS}$是$\theta = \int g(x)\mathrm{d}x$的重要抽样估计量, 其中重要函数$f$是一个密度. 证明如果$g(x)/f(x)$有界, 那么重要抽样估计量$\hat{\theta}_f^{IS}$的方差是有限的.

5.13 找到两个支撑在$(0, +\infty)$上且接近

$$g(x) = \frac{x^2}{\sqrt{2\pi}}\mathrm{e}^{-x^2/2}, \quad x > 1$$

的重要函数f_1和f_2. 在使用重要抽样法估计

$$\int_1^{+\infty} \frac{x^2}{\sqrt{2\pi}}\mathrm{e}^{-x^2/2}\mathrm{d}x$$

时哪一个重要函数产生的方差更小? 说明你的结论.

5.14 使用重要抽样法得到

$$\int_1^{+\infty} \frac{x^2}{\sqrt{2\pi}}\mathrm{e}^{-x^2/2}\mathrm{d}x$$

的蒙特卡罗估计.

5.15 得到例5.13中的分层重要抽样估计并和例5.10中的结果进行比较.

R代码

可以显示图5.1a、b中重要函数图的代码.

```
x <- seq(0, 1, .01)
w <- 2
f1 <- exp(-x)
f2 <- (1 / pi) / (1 + x^2)
f3 <- exp(-x) / (1 - exp(-1))
f4 <- 4 / ((1 + x^2) * pi)
g <- exp(-x) / (1 + x^2)


#for color change lty to col


#figure (a)
plot(x, g, type = "l", main = "", ylab = "",
```

```
          ylim = c(0,2), lwd = w)
lines(x, g/g, lty = 2, lwd = w)
lines(x, f1, lty = 3, lwd = w)
lines(x, f2, lty = 4, lwd = w)
lines(x, f3, lty = 5, lwd = w)
lines(x, f4, lty = 6, lwd = w)
legend("topright", legend = c("g", 0:4),
       lty = 1:6, lwd = w, inset = 0.02)

#figure (b)
plot(x, g, type = "l", main = "", ylab = "",
     ylim = c(0,3.2), lwd = w, lty = 2)
lines(x, g/f1, lty = 3, lwd = w)
lines(x, g/f2, lty = 4, lwd = w)
lines(x, g/f3, lty = 5, lwd = w)
lines(x, g/f4, lty = 6, lwd = w)
legend("topright", legend = c(0:4),
       lty = 2:6, lwd = w, inset = 0.02)
```

第6章　统计推断中的蒙特卡罗方法

6.1　引言

蒙特卡罗方法包含了现代应用统计学中的大量计算工具. 第5章介绍了蒙特卡罗积分法. 统计推断或数值分析中任何需要模拟的方法都可以称为蒙特卡罗方法. 但是在本章中我们只讨论其中的一部分方法. 本章主要介绍一些统计推断中的蒙特卡罗方法. 蒙特卡罗方法可以用于估计一个统计量的抽样分布的参数、均方误差、百分位数或其他关心的量. 通过对蒙特卡罗方法的研究, 可以估计置信区间的覆盖概率, 得到一个检验法的经验第一类错误率, 估计检验的功效以及对给定问题比较不同方法的性能.

在统计推断的估计量中存在着不确定性. 本章中介绍的方法通过对一个给定的概率模型反复抽样 (有时称为参数自助法), 来研究这种不确定性. 如果我们能模拟生成数据的随机过程, 并在相同条件下反复抽样, 那么最终我们就能如愿得到一个由样本反映出来的随机过程的相似副本. 其他的蒙特卡罗方法, 比如 (非参数) 自助法, 则是基于从观测样本中重抽样. 重抽样方法将在第7章和第8章中介绍. 蒙特卡罗积分法已在第5章介绍过了, 马尔可夫链蒙特卡罗方法将在第9章中给出. 生成服从特定概率分布的随机变量的方法已在第3章中给出. 关于蒙特卡罗方法的早期历史可以参见5.1节提到的参考文献, 至于更一般的参考文献可以参见文献[63, 84, 228].

6.2　估计中的蒙特卡罗方法

设 $X_1, \cdots, X_n$ 是服从 X 分布的随机样本. 参数 θ 的估计量 $\hat{\theta}$ 是样本的 n 元函数

$$\hat{\theta} = \hat{\theta}(X_1, \cdots, X_n).$$

因此估计量 $\hat{\theta}$ 的函数也是数据的 n 元函数. 为简单起见, 令 $\boldsymbol{x} = (x_1, \cdots, x_n)^{\mathrm{T}} \in \mathbf{R}^n$, 令 $x^{(1)}, x^{(2)}, \cdots$ 表示一列服从 X 的分布的相互独立的随机样本. 通过反复抽取独立随机样本 $x^{(j)}$ 并对每个样本计算 $\hat{\theta}^{(j)} = \hat{\theta}(x_1^{(j)}, \cdots, x_n^{(j)})$ 来生成服从 $\hat{\theta}$ 的抽样分布的随机变量.

6.2.1　蒙特卡罗估计和标准误差

例6.1 (基本蒙特卡罗估计).

设X_1, X_2相互独立且服从标准正态分布. 估计平均差$E|X_1 - X_2|$.

为了得到一个$\theta = E[g(X_1, X_2)] = E|X_1 - X_2|$的, 基于$m$次重复试验的蒙特卡罗估计, 生成大小为2、服从标准正态分布的随机样本$x^{(j)} = (x_1^{(j)}, x_2^{(j)}), j = 1, \cdots, m$. 然后计算重复试验$\hat{\theta}^{(j)} = g_j(x_1, x_2) = |x_1^{(j)} - x_2^{(j)}|, j = 1, \cdots, m$ 以及这些试验的均值

$$\hat{\theta} = \frac{1}{m} \sum_{i=1}^{m} \hat{\theta}^{(j)} = \overline{g(X_1, X_2)} = \frac{1}{m} \sum_{i=1}^{m} |x_1^{(j)} - x_2^{(j)}|.$$

这很容易实现, 方法如下:

```
m <- 1000
g <- numeric(m)
for (i in 1:m) {
    x <- rnorm(2)
    g[i] <- abs(x[1] - x[2])
}
est <- mean(g)
```

运行一次得到下面的估计值:

```
> est
[1] 1.128402
```

我们可以通过积分的方法算出$E|X_1 - X_2| = 2/\sqrt{\pi} \doteq 1.128379$以及$\text{Var}(|X_1 - X_2|) = 2 - 4/\pi$. 在本例中估计的标准误差为$\sqrt{(2 - 4/\pi)/m} \doteq 0.02695850$.   ◇

估计均值的标准误差

一个大小为n的样本的均值$\overline{X}$的标准误差为$\sqrt{\text{Var}(X)/n}$. 如果X的分布F未知, 我们可以用样本$x_1, \cdots, x_n$的经验分布F_n 来代替. X 的方差的嵌入式 (plug-in) 估计为

$$\widehat{\text{Var}}(x) = \frac{1}{n} \sum_{i=1}^{n} (x_i - \overline{x})^2.$$

注意$\widehat{\text{Var}}(x)$是具有累积分布函数F_n 的有限伪总体$\{x_1, \cdots, x_n\}$的总体方差. $\overline{x}$的标准误差的相应估计为

$$\widehat{se}(\overline{x}) = \frac{1}{\sqrt{n}} \left\{ \frac{1}{n} \sum_{i=1}^{n} (x_i - \overline{x})^2 \right\}^{1/2} = \frac{1}{n} \left\{ \sum_{i=1}^{n} (x_i - \overline{x})^2 \right\}^{1/2}.$$

使用$\text{Var}(X)$的无偏估计量我们得到

$$\widehat{se}(\overline{x}) = \frac{1}{\sqrt{n}} \left\{ \frac{1}{n-1} \sum_{i=1}^{n} (x_i - \overline{x})^2 \right\}^{1/2}.$$

在蒙特卡罗试验中, 样本容量很大, 标准误差的两个估计值近似相等.

在例6.1中, 样本容量为m ($\hat{\theta}$的重复试验次数), $\hat{\theta}$的标准误差估计为

```
>sqrt(sum((g-mean(g))^2))/m
[1] 0.02708121
```

可以将其与例6.1中的精确值$se(\hat{\theta}) = \sqrt{(2 - 4/\pi)/m} \doteq 0.02695850$做个比较.

6.2.2 均方误差估计

蒙特卡罗方法可以用来估计一个估计量的均方误差. 注意参数θ的估计量$\hat{\theta}$的均方误差定义为$MSE(\hat{\theta}) = E[(\hat{\theta} - \theta)^2]$. 如果$m$个（伪）随机样本$x^{(1)}, \cdots, x^{(m)}$服从$X$的分布，那么$\hat{\theta} = \theta(x_1, \cdots, x_n)$的均方误差的蒙特卡罗估计为

$$\widehat{MSE} = \frac{1}{m} \sum_{j=1}^{m} (\hat{\theta}^{(j)} - \theta)^2,$$

其中$\hat{\theta}^{(j)} = \hat{\theta}(x^{(j)}) = \hat{\theta}(x_1^{(j)}, \cdots, x_n^{(j)})$

例6.2 (估计切尾均值的均方误差).

有时会使用切尾均值来估计一个非正态的连续对称分布的中心. 在本例中我们计算一个切尾均值的均方误差的估计. 设$X_1, \cdots, X_n$是一个随机样本，$X_{(1)}, \cdots, X_{(n)}$是对应的有序样本. 通过去掉最大和最小样本观测值之后求平均值来计算切尾样本均值. 更一般地，第k层切尾样本均值定义为

$$\overline{X}_{[-k]} = \frac{1}{n - 2k} \sum_{i=k+1}^{n-k} X_{(i)}.$$

假设抽样分布是标准正态的，给出第一层切尾均值$MSE(\overline{X}_{[-1]})$的一个蒙特卡罗估计.

在本例中分布的中心是0，目标参数为$\theta = E[\overline{X}] = E[\overline{X}_{[-1]}] = 0$. 我们用$T$来表示第一层切尾样本均值. 可以通过下面的步骤来得到一个基于m次重复试验的$MSE(T)$的蒙特卡罗估计:

1. 重复下面步骤生成重复试验$T^{(j)}, j = 1, \cdots, m$.
   (a) 服从X的分布且相互独立的$x_1^{(j)}, \cdots, x_n^{(j)}$;
   (b) 将$x_1^{(j)}, \cdots, x_n^{(j)}$按升序排列得到$x_{(1)}^{(j)} \leqslant \cdots \leqslant x_{(n)}^{(j)}$;
   (c) 计算$T^{(j)} = \frac{1}{n-2} \sum_{i=2}^{n-1} x_{(i)}^{(j)}$;
2. 计算$\widehat{MSE}(T) = \frac{1}{m} \sum_{j=1}^{m} (T^{(j)} - \theta)^2 = \frac{1}{m} \sum_{j=1}^{m} (T^{(j)})^2$.

那么$T^{(1)}, \cdots, T^{(m)}$相互独立，且服从标准正态分布的第一层切尾均值的抽样分布. 我们计算$MSE(T)$的样本均值估计$\widehat{MSE}(T)$. 这个算法可以通过"for"循环来实现（可以使用函数"replicate"来代替循环语句，参见R笔记6.1），代码如下:

```
n <- 20
m <- 1000
tmean <- numeric(m)
for (i in 1:m) {
    x <- sort(rnorm(n))
    tmean[i] <- sum(x[2:(n-1)]) / (n-2)
    }
mse <- mean(tmean^2)
>mse
[1] 0.05176437
sqrt(sum((tmean - mean(tmean))^2)) / m       #se
[1] 0.007193428
```

这次运行得到的切尾均值的均方误差估计约等于$0.052(\widehat{se} \doteq 0.007)$. 可以计算一下样本均值$\overline{X}$的均方误差$\mathrm{Var}(X)/n$来做个比较，在本例中均方误差为$1/20 = 0.05$. 注意中位数实际上也是一个切尾均值，它是去掉绝大多数的观测值、只留下一个或两个得到的. 对中位数的模拟过程如下：

```
n <- 20
m <- 1000
tmean <- numeric(m)
for (i in 1:m) {
    x <- sort(rnorm(n))
    tmean[i] <- median(x)
    }
mse <- mean(tmean^2)
>mse
[1] 0.07483438
sqrt(sum((tmean - mean(tmean))^2)) / m       #se
[1] 0.008649554
```

样本中位数的均方误差估计约等于0.075，$(\widehat{se}(\widehat{MSE}) \doteq 0.0086)$.   ◇

例6.3 (切尾均值的均方误差，续).

比较标准正态分布和"污染"正态分布的第k层切尾均值的均方误差. 本例中的污染正态分布是一个混合分布

$$pN(0, \sigma^2 = 1) + (1 - p)N(0, \sigma^2 = 100).$$

目标参数为均值$\theta = 0$. （本例选自文献[64, 9.7].）

给出一个函数来对不同的k和p估计$MSE(\overline{X}_{[-k]})$. 为了生成污染正态样本, 首先根据概率分布$P(\sigma = 1) = p, P(\sigma = 10) = 1 - p$随机选择$\sigma$. 注意对标准差而言正态生成程序"rnorm"可以作用在参数构成的向量上. 生成n个σ的值以后, 将它们组成的向量作为"rnorm"的"sd"参数 (参见例3.12和例3.13).

```
set.seed(522)
n <- 20
K <- n/2 - 1
m <- 1000
mse <- matrix(0, n/2, 6)

trimmed.mse <- function(n, m, k, p) {
    #MC est of mse for k-level trimmed mean of
    #contaminated normal pN(0,1) + (1-p)N(0,100)
    tmean <- numeric(m)
    for (i in 1:m) {
        sigma <- sample(c(1, 10), size = n,
            replace = TRUE, prob = c(p, 1-p))
        x <- sort(rnorm(n, 0, sigma))
        tmean[i] <- sum(x[(k+1):(n-k)]) / (n-2*k)
        }
    mse.est <- mean(tmean^2)
    se.mse <- sqrt(mean((tmean-mean(tmean))^2)) / sqrt(m)
    return(c(mse.est, se.mse))
}

for (k in 0:K) {
    mse[k+1, 1:2] <- trimmed.mse(n=n, m=m, k=k, p=1.0)
    mse[k+1, 3:4] <- trimmed.mse(n=n, m=m, k=k, p=.95)
    mse[k+1, 5:6] <- trimmed.mse(n=n, m=m, k=k, p=.9)
}
```

模拟的结果显示在表6.1中. 表中的结果是n乘以估计值. 通过比较可以看出, 对污染正态样本而言均值的鲁棒性估计量可以缩减均方误差.   ◇

6.2.3 估计置信水平

在统计应用中经常提到的一类问题是需要在一个统计量的密度函数未知或难以处理时计算它的抽样分布的累积分布函数. 比如许多常用的估计方法都是基于抽样总体是

表 6.1   例6.3中第k层切尾均值的均方误差估计$(n = 20)$

| | Normal | | $p = 0.95$ | | $p = 0.90$ | |
k	$n\widehat{MSE}$	$n\widehat{se}$	$n\widehat{MSE}$	$n\widehat{se}$	$n\widehat{MSE}$	$n\widehat{se}$
0	0.976	0.140	6.229	0.353	11.485	0.479
1	1.019	0.143	1.954	0.198	4.126	0.287
2	1.009	0.142	1.304	0.161	1.956	0.198
3	1.081	0.147	1.168	0.153	1.578	0.178
4	1.048	0.145	1.280	0.160	1.453	0.170
5	1.103	0.149	1.395	0.167	1.423	0.169
6	1.316	0.162	1.349	0.164	1.574	0.177
7	1.377	0.166	1.503	0.173	1.734	0.186
8	1.382	0.166	1.525	0.175	1.694	0.184
9	1.491	0.172	1.646	0.181	1.843	0.192

正态分布这个假设而推导出来的. 但在实际中经常遇到总体是非正态的情况, 而在这种情况下估计量的真实分布就可能是未知或难以处理的. 下面的例子给出了在估计方法中估计置信水平的蒙特卡罗方法.

如果(U, V)是对未知参数θ的一个置信区间估计, 那么U和V都是统计量, 并且它们的分布和抽样总体X的分布F_X 有关. 置信水平是指参数θ的真实值落在区间(U, V) 中的概率. 因此计算置信水平就转化成了一个积分问题.

注意, 计算积分$\int g(x)\mathrm{d}x$的样本均值蒙特卡罗方法对被积函数$g(x)$没有特定要求. 只要保证能够生成服从分布$g(X)$ 的样本就可以了. 在统计应用中经常遇到的情况是函数$g(x)$并没有什么特性, 但变量$g(X)$很容易生成.

考虑方差的置信区间估计法. 众所周知, 这种方法对偏离正态的程度非常敏感. 当对非正态数据应用方差的正态理论置信区间时, 我们使用蒙特卡罗方法来估计真实的置信水平. 首先给出了基于正态性假设的经典方法.

例6.4 (方差的置信区间).

如果$X_1, \cdots, X_n$是一个服从$N(\mu, \sigma^2)$分布的随机样本, $n \geqslant 2$, S^2是样本方差, 那么

$$V = \frac{(n-1)S^2}{\sigma^2} \sim \chi^2(n-1). \tag{6.1}$$

单边$100(1 - \alpha)$%置信区间由$(0, (n-1)S^2/\chi_\alpha^2)$给出, 其中$\chi_\alpha^2$是$\chi^2(n-1)$分布的$\alpha$分位数. 如果抽样总体是正态的并具有方差$\sigma^2$, 那么置信区间包含$\sigma^2$ 的概率为$1 - \alpha$. 下面给出一个大小为$n = 20$、服从$N(0, \sigma^2 = 4)$分布的随机样本的95%置信上限(Upper Confidence Limit, UCL)的计算过程.

```
n <- 20
alpha <- .05
x <- rnorm(n, mean=0, sd=2)
UCL <- (n-1) * var(x) / qchisq(alpha, df=n-1)
```

多次运行得到置信上限UCL = 6.628、UCL = 7.348、UCL = 9.621 等. 所有的这些区间都包含$\sigma^2 = 4$. 在本例中，抽样总体是正态的并且$\sigma^2 = 4$，所以置信水平恰好是

$$P\left(\frac{19S^2}{\chi^2_{0.05}(19)} > 4\right) = P\left(\frac{(n-1)S^2}{\sigma^2} > \chi^2_{0.05}(n-1)\right) = 0.95.$$

假设抽样总体是正态的并具有方差σ^2，如果抽样和估计的过程重复多次，那么由式(6.1)得到的区间中应该大约有95%都含有σ^2. ◇

经验置信水平是通过模拟得到的置信水平的估计. 对于模拟试验来说，先将上面的步骤重复多次，再计算包含目标参数的区间所占的比例.

估计置信水平的蒙特卡罗试验

假设$X \sim F_X$是要考虑的随机变量，θ是待估计的目标参数.

1. 对第j次重复试验$(j = 1, \cdots, m)$:

(a)生成第j个随机样本$X_1^{(j)}, \cdots, X_n^{(j)}$;

(b)对第j个样本计算置信区间C_j;

(c)对第j个样本计算$y_j = I(\theta \in C_j)$.

2. 计算经验置信水平$\bar{y} = \frac{1}{m} \sum_{j=1}^{m} y_j$.

估计量$\bar{y}$是估计真实置信水平$1 - \alpha^*$ 的样本比例，所以$\text{Var}(\bar{y}) = (1 - \alpha^*)\alpha^*/m$，标准误差估计为$\widehat{se}(\bar{y}) = \sqrt{(1 - \bar{y})\bar{y}/m}$.

例6.5 (置信水平的蒙特卡罗估计).

参考例6.4. 在本例中，我们令$\mu = 0$，$\sigma = 2$，$n = 20$，$m = 1000$（重复试验次数），$\alpha = 0.05$. 包含$\sigma^2 = 4$ 的区间的样本比例就是真实置信水平的蒙特卡罗估计. 可以使用函数replicate来方便地实现这类模拟.

```
n <- 20
alpha <- .05
UCL <- replicate(1000, expr = {
    x <- rnorm(n, mean = 0, sd = 2)
    (n-1) * var(x) / qchisq(alpha, df = n-1)
    } )
#count the number of intervals that contain sigma^2=4
sum(UCL > 4)
#or compute the mean to get the confidence level
```

```
>mean(UCL > 4)
[1] 0.956
```

结果为956个区间满足(UCL> 4)，所以本次试验的经验置信水平为95.6%. 运行的结果可能会不同，但都应该接近理论值95%. 估计值的标准误差为$[0.95(1-0.95)/1000]^{1/2} \doteq 0.00689$. $\qquad\qquad\qquad\qquad\qquad\qquad\qquad\qquad\qquad\qquad\qquad\qquad\qquad\qquad\qquad\diamond$

R笔记6.1 注意在"replicate"函数中，反复执行的命令用"{ }"括起来了. 表达式参数("expr")也可以取成下面函数的形式:

```
calcCI <- function(n, alpha) {
y <- rnorm(n, mean = 0, sd = 2)
return((n-1) * var(y) / qchisq(alpha, df = n-1))
}
UCL <- replicate(1000, expr = calcCI(n = 20, alpha = .05))
```

基于式(6.1)的估计方差的区间估计法对偏离正态程度非常敏感，所以当数据是非正态时真实置信水平可能与算出的置信水平不同. 真实的置信水平依赖于统计量S^2的累积分布函数. 置信水平是区间$(0, (n-1)S^2/\chi_\alpha^2)$包含参数$\sigma^2$ 的真实值的概率，即

$$P\left(\frac{(n-1)S^2}{\chi_\alpha^2} > \sigma^2\right) = P\left(S^2 > \frac{\sigma^2\chi_\alpha^2}{n-1}\right) = 1 - G\left(\frac{\sigma^2\chi_\alpha^2}{n-1}\right)$$

其中$G(\cdot)$是S^2的累积分布函数. 如果抽样总体是非正态的，我们就面临着估计累积分布函数

$$G(t) = P(S^2 \leqslant c_\alpha) = \int_0^{c_\alpha} g(x)\mathrm{d}x$$

的问题，其中$g(x)$是S^2的（未知）密度，$c_\alpha = \sigma^2\chi_\alpha^2/(n-1)$. 可以通过蒙特卡罗积分法经验计算求得近似解来估计$G(c_\alpha)$. $G(t) = P(S^2 \leqslant t) = \int_0^t g(x)\mathrm{d}x$的估计是通过蒙特卡罗积分法计算得到的. 我们没必要知道$g(x)$的具体公式，只要能够按$g(X)$的分布抽样就可以了.

例6.6 (经验置信水平).

在例6.4中，如果抽样总体是非正态的会出现什么情况？比如假设样本总体为$\chi^2(2)$，它的方差也是4，但很明显它是非正态的. 我们重复上面的模拟过程，将$N(0,4)$样本替换为$\chi^2(2)$样本.

```
n <- 20
alpha <- .05
UCL <- replicate(1000, expr = {
    x <- rchisq(n, df = 2)
    (n-1) * var(x) / qchisq(alpha, df = n-1)
```

```
    } )
sum(UCL > 4)
mean(UCL > 4)
>sum(UCL > 4)
[1] 773
>mean(UCL > 4)
[1] 0.773
```

在这次试验中，只有773个区间或77.3%的区间包含总体方差，这和正态情况下95%的覆盖率相去甚远. ◇

注6.1 例6.1~例6.6中的问题是给定抽样总体分布情况下的参数估计. 这里的蒙特卡罗方法有时称为参数自助法. 它与第7章中讨论的普通自助法是不同的方法. 在参数自助法中，需要生成服从给定概率分布的伪随机样本. 而在"普通"自助法中，样本则是通过对观测样本重抽样生成的. 在本书中自助法指的是重抽样法.

估计中的蒙特卡罗方法，包括几种类型的自助置信区间估计，这些将会在第7章中继续介绍. 第7章还会介绍估计一个估计的偏差和标准误差的自助法和水手刀法. 本章接下来的部分主要关注假设检验，假设检验也会在第8章中继续讨论.

6.3 假设检验中的蒙特卡罗方法

我们希望检验一个待检参数为θ的假设，参数空间记为Θ. 我们感兴趣的假设为

$$H_0 : \theta \in \Theta_0; \quad H_1 : \theta \in \Theta_1.$$

其中Θ_0和Θ_1分割了参数空间Θ.

在统计假设检验中可能发生两类错误. 如果拒绝了零假设但事实上零假设成立，这样就犯了第一类错误. 如果接受了零假设但事实上零假设不成立，这样就犯了第二类错误.

一个检验的显著水平用α表示，它是第一类错误的概率上界. 拒绝零假设的概率依赖于θ的真实值. 对一个给定的检验法，令$\pi(\theta)$表示拒绝H_0的概率. 那么

$$\alpha = \sup_{\theta \in \Theta_0} \pi(\theta).$$

第一类错误的概率是给定H_0成立，但拒绝了零假设的条件概率. 因此，检验法如果在零假设的条件下重复多次的话，观测到的第一类错误率应该最多（近似）为α.

令T代表检验统计量，T^*代表检验统计量的观测值，如果基于T^*的检验决策为拒绝H_0，那么称T^*是显著的. 显著性概率或p值是使得检验统计量观测值显著的α的最小可能值.

6.3.1 经验第一类错误率

经验第一类错误率可以通过蒙特卡罗试验来计算. 将检验法在零假设的条件下重复多次. 蒙特卡罗试验的经验第一类错误率是在重复试验中显著检验统计量所占样本比例.

估计第一类错误率的蒙特卡罗试验

1. 对第j次重复试验($j = 1, \cdots, m$):

(a)生成第j个服从零假设分布的随机样本$X_1^{(j)}, \cdots, X_n^{(j)}$;

(b)对第j个样本计算检验统计量T_j;

(c)如果H_0在显著水平α下被拒绝, 那么令检验决策$I_j = 1$, 否则令$I_j = 0$;

2. 计算显著检验比例$\frac{1}{m} \sum_{j=1}^{m} I_j$. 这个比例就是观测第一类错误率.

对上面的蒙特卡罗试验, 估计的参数是一个概率, 估计值（观测第一类错误率）是一个样本比例. 如果我们用$\hat{p}$表示观测到的第一类错误率, 那么$se(\hat{p})$的一个估计为

$$\widehat{se}(\hat{p}) = \sqrt{\frac{\hat{p}(1 - \hat{p})}{m}} \leqslant \frac{0.5}{\sqrt{m}}.$$

下面通过一个简单的例子来说明这种方法.

例6.7 (经验第一类错误率).

设$X_1, \cdots, X_{20}$是服从$N(\mu, \sigma^2)$分布的随机样本. 在$\alpha = 0.05$的显著水平下检验$H_0 : \mu = 500, H_1 : \mu > 500$. 在零假设下

$$T^* = \frac{\overline{X} - 500}{S/\sqrt{20}} \sim t(19),$$

其中$t(19)$代表自由度为19的t分布. 大的T^*值支持备择假设. 用蒙特卡罗方法计算$\sigma = 100$ 时第一类错误的经验概率, 并验证它约为$\alpha = 0.05$.

下面通过$\sigma = 100$时的模拟来说明这种方法. t检验由R中的"**t.test**"实现, 我们的检验决策基于"**t.test**"所返回的p值.

```
n <- 20
alpha <- .05
mu0 <- 500
sigma <- 100

m <- 10000            #number of replicates
p <- numeric(m)       #storage for p-values
for (j in 1:m) {
```

```
    x <- rnorm(n, mu0, sigma)
    ttest <- t.test(x, alternative = "greater", mu = mu0)
    p[j] <- ttest$p.value
    }

p.hat <- mean(p < alpha)
se.hat <- sqrt(p.hat * (1 - p.hat) / m)
print(c(p.hat, se.hat))
[1] 0.050600000 0.002191795
```

在这次模拟中，观测第一类错误率为0.0506，估计的标准误差约为$\sqrt{0.05 \times 0.95/m} \doteq$ 0.0022. 第一类错误概率的估计会有所不同，但都应该接近理论概率$\alpha = 0.05$，这是由于所有的样本都是在零假设下从假定的t检验模型（正态分布）中生成的. 在本次试验中，经验第一类错误率不等于$\alpha = 0.05$，但二者的差小于一个标准误差.

理论上来说，在本例中当$\mu = 500$时拒绝零假设的概率应该恰好是$\alpha = 0.05$. 而事实上，模拟只是研究由"t.test"计算的p值（数值算法）从经验上来看是否与理论值$\alpha = 0.05$一致. ◇

偏度检验是最简单的检验一元正态性的方法. 在下面的例子中，我们将研究一个基于偏度统计量的渐进分布的检验，并观察它在正态性零假设下能否取得理论上的显著水平α.

例6.8 (正态性的偏度检验).

随机变量X的偏度$\sqrt{\beta_1}$定义为

$$\sqrt{\beta_1} = \frac{E[(X - \mu_X)]^3}{\sigma_X^3},$$

其中$\mu_X = E[X]$，$\sigma_X^2 = \text{Var}(X)$（$\sqrt{\beta_1}$是带符号的偏度系数的常用符号）. 如果$\sqrt{\beta_1} = 0$，那么分布是对称的；如果$\sqrt{\beta_1} > 0$，那么分布是正偏态的；$\sqrt{\beta_1} < 0$，那么分布是负偏态的. 样本的偏度系数用$\sqrt{b_1}$表示，其定义为

$$\sqrt{b_1} = \frac{\frac{1}{n} \sum\limits_{i=1}^{n} (x_i - \overline{X})^3}{\left[\frac{1}{n} \sum\limits_{i=1}^{n} (x_i - \overline{X})^2 \right]^{3/2}}. \tag{6.2}$$

（注意$\sqrt{b_1}$是带符号的偏度统计量的常用符号）. 如果X的分布是正态的，那么$\sqrt{b_1}$是渐进正态的，并具有均值0和方差$6/n$[59]. 正态分布是对称的，基于偏度的正态性检验对大的$|\sqrt{b_1}|$值拒绝正态性假设. 假设为

$$H_0: \sqrt{\beta_1} = 0; H_1: \sqrt{\beta_1} \neq 0,$$

其中偏度统计量的抽样分布是在正态性假设下得到的.

但是$\sqrt{b_1}$收敛到它的极限分布的速度非常缓慢，对中小样本来说渐进分布并不是一个很好的近似.

对大小为$n = 10, 20, 30, 50, 100$和500的样本，估计基于$\sqrt{b_1}$的渐进分布的偏度正态性检验在显著水平$\alpha = 0.05$下的第一类错误率.

对大小为$n = 10, 20, 30, 50, 100$和500的样本，在正态极限分布下计算临界值向量cv并将结果储存在cv中.

```
n <- c(10, 20, 30, 50, 100, 500) #sample sizes
cv <- qnorm(.975, 0, sqrt(6/n))  #crit. values for each n
asymptotic critical values:
n       10      20      30      50      100     500
cv 1.5182 1.0735 0.8765 0.6790 0.4801 0.2147
```

$\sqrt{b_1}$的渐进分布并不依赖于抽样正态分布的均值和方差，所以可以由标准正态分布生成样本. 如果样本大小为"n[i]"，那么$|\sqrt{b_1}| >$"cv[i]"时拒绝H_0.

首先，给出一个函数来计算样本偏度统计量：

```
sk <- function(x) {
    #computes the sample skewness coeff.
    xbar <- mean(x)
    m3 <- mean((x - xbar)^3)
    m2 <- mean((x - xbar)^2)
    return( m3 / m2^1.5 )
}
```

在下面的代码中，外层循环改变样本大小n，内层循环对当前的n进行模拟. 在模拟中，检验决策以1（拒绝H_0）或0（不拒绝H_0）储存在向量"sktests"中. 对$n = 10$的模拟结束时，"sktests"的均值给出了$n = 10$时显著检验的样本比例. 结果储存在"p.reject[1]"中. 对$n = 20, 30, 50, 100$和500反复模拟，并将结果储存在"p.reject[2:6]"中.

```
#n is a vector of sample sizes
#we are doing length(n) different simulations

p.reject <- numeric(length(n)) #to store sim. results
m <- 10000                     #num. repl. each sim.

for (i in 1:length(n)) {
    sktests <- numeric(m)      #test decisions
```

```
    for (j in 1:m) {
        x <- rnorm(n[i])
        #test decision is 1 (reject) or 0
        sktests[j] <- as.integer(abs(sk(x)) >= cv[i] )
        }
    p.reject[i] <- mean(sktests) #proportion rejected
}
```

```
> p.reject
[1] 0.0129 0.0272 0.0339 0.0415 0.0464 0.0539
```

模拟的结果为第一类错误率的经验估计, 总结如下:

n	10	20	30	50	100	500
estimate	0.0129	0.0272	0.0339	0.0415	0.0464	0.0539

进行$m = 10000$次重复试验的话, 估计的标准误差将约等于$\sqrt{0.05 \times 0.95/m} \doteq 0.0022$.

模拟的结果说明$\sqrt{b_1}$的分布的渐进正态近似对大小为$n \leqslant 50$的样本并不合适, 对大小为$n = 500$的样本也是有问题的. 因此, 对有限样本我们应该使用方差的精确值

$$\operatorname{Var}(\sqrt{\beta_1}) = \frac{6(n-2)}{(n+1)(n+3)},$$

参见文献[93] (也可参见文献[60]或文献[270]). 使用代码

```
cv <- qnorm(.975, 0, sqrt(6*(n-2) / ((n+1)*(n+3))))
> round(cv, 4)
[1] 1.1355 0.9268 0.7943 0.6398 0.4660 0.2134
```

重复模拟过程可以得到如下的模拟结果:

n	10	20	30	50	100	500
estimate	0.0548	0.0515	0.0543	0.0514	0.0511	0.0479

这些估计值接近于理论水平$\alpha = 0.05$. 关于正态性的偏度检验和其他典型的检验方法可以参见文献[58]或文献[270]. ◇

6.3.2 检验功效

在检验假设H_0、H_1中, 如果H_1成立但不拒绝H_0, 这样就犯了第二类错误. 一个检验的功效可以通过功效函数$\pi : \Theta \to [0, 1]$给出, 它是在给定参数的真实值为θ的情况下拒绝H_0的概率$\pi(\theta)$. 因此, 对给定的$\theta_1 \in \Theta_1$, 第二类错误的概率为$1 - \pi(\theta_1)$. 在理想的

情况下我们更倾向于一个低错误率的检验. 第一类错误率可以由显著水平α的备择假设来控制. 在备择假设下较低的第二类错误率对应着较高的功效. 因此, 在相同的显著水平下对相同假设做比较检验法时, 我们一般比较它们的检验功效. 一般情况下这种比较不是一个问题, 而是很多个问题; 一个检验在备择假设下的功效$\pi(\theta_1)$依赖于备择假设θ_1的特殊值. 对例6.7中的t检验, $\Theta_1 = (500, +\infty)$. 但是一般来讲$\Theta_1$会更加复杂.

如果一个检验的功效函数不能分析地导出, 那么对固定的备择假设$\theta_1 \in \Theta_1$我们可以通过蒙特卡罗方法估计检验的功效. 注意功效函数是对所有$\theta \in \Theta$定义的, 但是显著水平α对所有$\theta \in \Theta_0$控制$\pi(\theta) \leqslant \alpha$.

对固定备择假设估计检验功效的蒙特卡罗试验

1. 备择假设一个特定的参数值$\theta_1 \in \Theta_1$;
2. 对第j次重复试验$(j = 1, \cdots, m)$:
   (a)在备择假设$\theta = \theta_1$的条件下生成第j个随机样本$X_1^{(j)}, \cdots, X_n^{(j)}$;
   (b)对第j个样本计算检验统计量T_j;
   (c)记录检验决策: 如果H_0在显著水平α下被拒绝, 那么令$I_j = 1$, 否则令$I_j = 0$;
3. 计算显著检验比例$\hat{\pi}(\theta_1) = \frac{1}{m} \sum_{j=1}^{m} I_j$.

例6.9 (经验功效).

对例6.7中的t检验用模拟方法来估计功效并绘制经验功效曲线（至于不使用模拟的数值方法可以参见下面的注）.

为了绘制曲线, 我们需要横轴上一列备择假设θ的经验功效. 每个点对应着一次蒙特卡罗试验. 外层 "for" 循环改变点θ(程序中用 "mu" 表示), 内层 "replicate" 循环（参见R笔记6.1）估计当前θ处的功效.

```
n <- 20
m <- 1000
mu0 <- 500
sigma <- 100
mu <- c(seq(450, 650, 10))  #alternatives
M <- length(mu)
power <- numeric(M)
for (i in 1:M) {
    mu1 <- mu[i]
    pvalues <- replicate(m, expr = {
        #simulate under alternative mu1
        x <- rnorm(n, mean = mu1, sd = sigma)
        ttest <- t.test(x,
                alternative = "greater", mu = mu0)
```

```
        ttest$p.value  } )
    power[i] <- mean(pvalues <= .05)
}
```

估计功效$\hat{\pi}(\theta)$的值储存在向量"power"中. 接下来绘制经验功效曲线, 并使用"Hmisc"程序包中的函数"errbar"[132]在$\hat{\pi}(\theta) \pm \hat{se}(\hat{\pi}(\theta))$处添加垂直误差线.

```
library(Hmisc)  #for errbar
plot(mu, power)
abline(v = mu0, lty = 1)
abline(h = .05, lty = 1)

#add standard errors
se <- sqrt(power * (1-power) / m)
errbar(mu, power, yplus = power+se, yminus = power-se,
    xlab = bquote(theta))
lines(mu, power, lty=3)
detach(package:Hmisc)
```

图6.1中给出了功效曲线. 注意经验功效$\hat{\pi}(\theta)$在θ接近$\theta_0 = 500$时较小, 当θ远离θ_0时开始增大, 当$\theta \to +\infty$ 时接近于1.   ◇

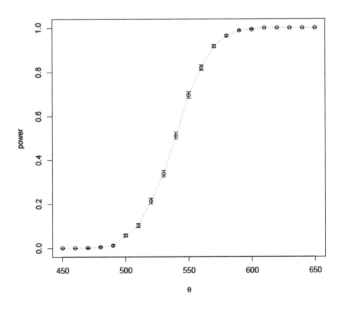

图 6.1　例6.9中t检验$H_0 : \mu = 500, H_1 : \mu > 500$的经验功效$\hat{\pi}(\theta) \pm \hat{se}(\hat{\pi}(\theta))$

注6.2 在计算t检验功效的时候用到了非中心t分布. 一般地具有参数(ν, δ)的非中心t分布定义为$T(\nu, \delta) = (Z + \delta)/\sqrt{V/\nu}$, 其中$Z \sim N(0, 1)$和$V \sim \chi^2(\nu)$相互独立.

设 $X_1, X_2, \cdots, X_n$ 是服从 $N(\mu, \sigma^2)$ 分布的随机样本, 使用 t 统计量 $T = (\overline{X} - \mu_0)/(S/\sqrt{n})$来检验$H_0 : \mu = \mu_0$. 在零假设下, T服从中心$t(n-1)$分布; 但如果$\mu \neq \mu_0$的话, T服从自由度为$n-1$的非中心t分布, 非中心参数$\delta = (\mu - \mu_0)\sqrt{n}/\sigma$. R中的函数"pt"以Lenth的算法[175]为基础, 给出了一个计算非中心 t分布的累积分布函数的数值方法. 还可以参见power.t.test. ◇

例6.10 (偏度正态性检验的功效).

例6.8中给出了偏度正态性检验. 在本例中, 针对例6.3中给出的污染正态（正态比例混合）备择假设, 我们通过模拟的方法估计偏度正态性检验的功效. 污染正态分布表示如下:

$$(1 - \varepsilon)N(\mu = 0, \sigma^2 = 1) + \varepsilon N(\mu = 0, \sigma^2 = 100), \quad 0 \leqslant \varepsilon \leqslant 1.$$

当$\varepsilon = 0$或$\varepsilon = 1$时分布是正态的, 当$0 < \varepsilon < 1$时分布是非正态的. 我们对一列以ε（程序中用"epsilon"表示）为指标的备择假设估计其偏度检验的功效, 并对这种类型的备择假设绘制偏度检验功效的功效曲线. 在这个试验中, 显著水平$\alpha = 0.1$, 样本大小为$n = 30$. 例6.8中给出了偏度统计量"sk".

```
alpha <- .1
n <- 30
m <- 2500
epsilon <- c(seq(0, .15, .01), seq(.15, 1, .05))
N <- length(epsilon)
pwr <- numeric(N)
#critical value for the skewness test
cv <- qnorm(1-alpha/2, 0, sqrt(6*(n-2) / ((n+1)*(n+3))))

for (j in 1:N) {            #for each epsilon
    e <- epsilon[j]
    sktests <- numeric(m)
    for (i in 1:m) {        #for each replicate
        sigma <- sample(c(1, 10), replace = TRUE,
            size = n, prob = c(1-e, e))
        x <- rnorm(n, 0, sigma)
        sktests[i] <- as.integer(abs(sk(x)) >= cv)
        }
    pwr[j] <- mean(sktests)
```

```
    }
#plot power vs epsilon
plot(epsilon, pwr, type = "b",
     xlab = bquote(epsilon), ylim = c(0,1))
abline(h = .1, lty = 3)
se <- sqrt(pwr * (1-pwr) / m)   #add standard errors
lines(epsilon, pwr+se, lty = 3)
lines(epsilon, pwr-se, lty = 3)
```

图6.2中给出了经验功效曲线. 注意功效曲线在两个端点$\varepsilon = 0$和$\varepsilon = 1$处与$\alpha = 0.1$对应的水平线相交，这是因为这里的备择假设是正态分布的. 对$0 < \varepsilon < 1$，经验检验功效要大于0.1，并且当ε大约取到0.15时达到最高.　　　　　　　　　　　　　　　　　◇

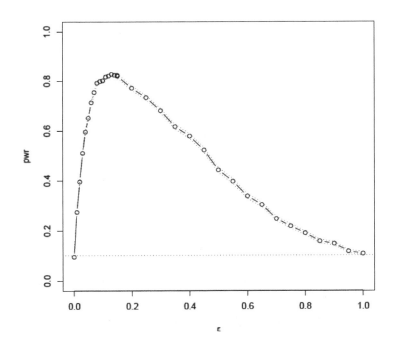

图 6.2　例6.10中，对ε污染正态比例混合备择假设的偏度正态性检验的经验功效$\hat{\pi}(\varepsilon) \pm \widehat{se}(\hat{\pi}(\varepsilon))$

6.3.3　功效比较

蒙特卡罗方法经常用来比较不同检验方法的性能. 例6.8中介绍了偏度正态性检验. 在相关文献中还有多种正态性检验（参见文献[58]或文献[270]）. 在下面的例子中对三种一元正态性检验进行了比较.

例6.11 (比较正态性检验的功效).

首先,比较偏度一元正态性检验和Shapiro-Wilk检验[248]的经验功效. 然后与能量检验[263]比较,这个检验以样本元素间的距离为基础.

令$\mathcal{N}$代表一族一元正态分布. 检验假设为

$$H_0 : F_x \in \mathcal{N};\ H_1 : F_x \notin \mathcal{N}.$$

Shapiro-Wilk检验以样本次序统计量在正态情况下期望值的回归系数为基础,所以它是一种基于回归系数和相关系数的一般检验法. 统计量的近似临界值由大小为$7 \leqslant n \leqslant 2000$ 的样本的统计量W的正态性变换[235, 236, 237]所决定. 可以通过R中的"shapiro.test" 函数来实现Shapiro-Wilk检验.

能量检验以样本分布和正态分布间的能量距离为基础,所以较大的统计量的值是显著的. 能量检验是一个多元正态性检验[263],这里考虑的检验是$d = 1$的特殊情况. 作为一个一元正态性检验,能量检验和Anderson-Darling检验[9]非常相似. 检验正态性的能量统计量为

$$Q_n = n \left[\frac{2}{n} \sum_{i=1}^{n} E\|x_i - X\| - E\|X - X'\| - \frac{1}{n^2} \sum_{i,j=1}^{n} E\|x_i - x_j\| \right], \tag{6.3}$$

其中X和X'独立同分布. 所以对于较大的Q_n值是显著的. 在一元的情形下,下面的计算公式是等价的

$$Q_n = n \left[\frac{2}{n} \sum_{i=1}^{n} (2Y_i \Phi(Y_i) + 2\phi(Y_i)) - \frac{2}{\sqrt{\pi}} - \frac{2}{n^2} \sum_{i,j=1}^{n} (2k - 1 - n) Y_{(k)} \right], \tag{6.4}$$

其中$Y_i = \frac{X_i - \mu_X}{\sigma_X}$,$Y_{(k)}$是标准化样本的第$k$个次序统计量,$\Phi$是标准正态累积分布函数,$\phi$是标准正态密度. 如果参数未知,代入样本均值和样本标准差来计算$Y_1, \cdots, Y_n$. 文献[263]中给出了多元情况下的计算公式. 一元和多元的正态性能量检验都可以由"energy" 程序包[226]中的函数 "mvnorm.etest"实现.

偏度正态性检验已经在例6.8和例6.10中介绍过了. 例6.8还给出了样本偏度函数"sk".

对这个比较,我们令显著水平$\alpha = 0.1$. 下面的例子针对例6.3中给出的污染正态备择假设比较了检验功效. 备择假设是正态混合,表示如下:

$$(1 - \varepsilon)N(\mu = 0, \sigma^2 = 1) + \varepsilon N(\mu = 0, \sigma^2 = 100), \quad 0 \leqslant \varepsilon \leqslant 1.$$

当$\varepsilon = 0$或$\varepsilon = 1$时分布是正态的,在这种情况下经验第一类错误率应该被控制在理论概率$\alpha = 0.1$附近. 当$0 < \varepsilon < 1$时分布是非正态的,此时我们针对这些备择假设来比较经验检验功效.

```
# initialize input and output
```

```
library(energy)
alpha <- .1
n <- 30
m <- 500          #try small m for a trial run
test1 <- test2 <- test3 <- numeric(m)

#critical value for the skewness test
cv <- qnorm(1-alpha/2, 0, sqrt(6*(n-2) / ((n+1)*(n+3))))
sim <- matrix(0, 11, 4)

# estimate power
for (i in 0:10) {
    epsilon <- i * .1
    for (j in 1:m) {
        e <- epsilon
        sigma <- sample(c(1, 10), replace = TRUE,
            size = n, prob = c(1-e, e))
        x <- rnorm(n, 0, sigma)
        test1[j] <- as.integer(abs(sk(x)) >= cv)
        test2[j] <- as.integer(
                    shapiro.test(x)$p.value <= alpha)
        test3[j] <- as.integer(
                    mvnorm.etest(x, R=200)$p.value <= alpha)
    }
    print(c(epsilon, mean(test1), mean(test2), mean(test3)))
    sim[i+1, ] <- c(epsilon, mean(test1), mean(test2), mean(test3))
}
detach(package:energy)
```

反复模拟对ε的多个选择, 并将结果储存在矩阵 "sim" 中. 表6.2和图6.3中总结了$n = 30$的模拟结果. 可以通过如下代码绘制图形:

```
# plot the empirical estimates of power
plot(sim[,1], sim[,2], ylim = c(0, 1), type = "l",
    xlab = bquote(epsilon), ylab = "power")
lines(sim[,1], sim[,3], lty = 2)
lines(sim[,1], sim[,4], lty = 4)
abline(h = alpha, lty = 3)
```

```
legend("topright", 1, c("skewness", "S-W", "energy"),
    lty = c(1,2,4), inset = .02)
```

表 6.2　例6.11中与污染正态选择相比，三种正态性检验的经验功效$(n = 30, \alpha = 0.1, se \leqslant 0.01)$

ε	偏度检验	Shapiro-Wilk检验	能量检验
0.00	0.0984	0.1076	0.1064
0.05	0.6484	0.6704	0.6560
0.10	0.8172	0.9008	0.8896
0.15	0.8236	0.9644	0.9624
0.20	0.7816	0.9816	0.9800
0.25	0.7444	0.9940	0.9924
0.30	0.6724	0.9960	0.9980
0.40	0.5672	0.9828	0.9964
0.50	0.4424	0.9112	0.9724
0.60	0.3368	0.7380	0.8868
0.70	0.2532	0.4900	0.6596
0.80	0.1980	0.2856	0.3932
0.90	0.1296	0.1416	0.1724
1.00	0.0992	0.0964	0.0980

估计的标准误差最多为$0.5/\sqrt{m} = 0.01$. 经验第一类错误率对应于$\varepsilon = 0$和$\varepsilon = 1$. 在一个标准误差内所有的检验都近似达到了理论显著水平$\alpha = 0.1$. 由于这些检验都是在近似相同的显著水平之下，所以对它们进行功效比较是有意义的.

模拟结果说明对这种类型的备择假设来说，当$n = 30, \varepsilon < 0.5$时Shapiro-Wilk检验(S-W)和能量检验(energy)具有相等的功效. Shapiro-Wilk检验和能量检验都比偏度检验(skewness)的功效要高，当$0.5 \leqslant \varepsilon \leqslant 0.8$ 时能量检验具有最高的功效.　　　　　　◇

6.4　应用："Count Five"等方差检验

本节中的例子展示了蒙特卡罗方法在简单的双样本等方差检验中的应用.

McGrath和Yeh[193]给出了双样本等方差的"Count Five"检验，它主要计算每一个样本相对于其他样本范围的端点数目. 假设两个样本的均值相等，大小也相等. 如果一个样本的观测值不在另一个样本范围内，那么认为它是一个端点. 如果任何一个样本有5个或更多的端点，那么拒绝等方差假设.

例6.12 (Count Five检验统计量).

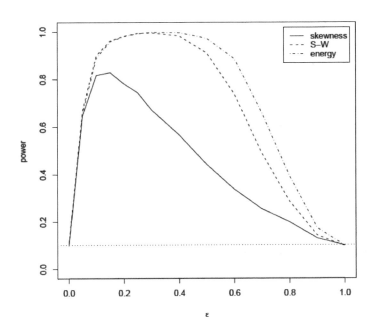

图 6.3　例6.11中与污染正态选择相比，三种正态性检验的经验功效($n = 30, \alpha = 0.1, se \leqslant 0.01$)

通过一个数值的例子说明这个检验统计量的计算过程. 比较图6.4中并排的箱形图可以发现每个样本中都有一些相对于另一个样本的端点.

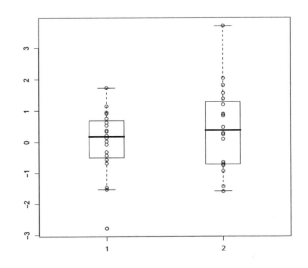

图 6.4　显示例6.12中Count Five统计量端点的箱形图

```
x1 <- rnorm(20, 0, sd = 1)
```

```
x2 <- rnorm(20, 0, sd = 1.5)
y <- c(x1, x2)
group <- rep(1:2, each = length(x1))
boxplot(y ~ group, boxwex = .3, xlim = c(.5, 2.5), main = "")
points(group, y)
# now identify the extreme points
> range(x1)
[1] -2.782576 1.728505
> range(x2)
[1] -1.598917 3.710319
> i <- which(x1 < min(x2))
> j <- which(x2 > max(x1))

> x1[i]
[1] -2.782576

> x2[j]
[1] 2.035521 1.809902 3.710319
```

Count Five统计量为最大端点个数,即$\max(1,3)$,所以Count Five检验不会拒绝等方差假设. 注意我们这里只需要端点的个数,也可以不使用箱形图而是通过下面的方法得到:

```
out1 <- sum(x1 > max(x2)) + sum(x1 < min(x2))
out2 <- sum(x2 > max(x1)) + sum(x2 < min(x1))
> max(c(out1, out2))
[1] 3
```

◇

例6.13 (Count Five检验统计量,续).

考虑两个服从相同正态分布且互相独立的随机样本. 估计最大端点个数的抽样分布,并找到抽样分布的0.80、0.90和0.95分位数.

下面的函数"maxout"计算了每一个样本相对于另一个样本范围的端点数目的最大值. 可以通过蒙特卡罗试验来估计端点计数统计量的抽样分布.

```
maxout <- function(x, y) {
    X <- x - mean(x)
    Y <- y - mean(y)
```

```
    outx <- sum(X > max(Y)) + sum(X < min(Y))
    outy <- sum(Y > max(X)) + sum(Y < min(X))
    return(max(c(outx, outy)))
}


n1 <- n2 <- 20
mu1 <- mu2 <- 0
sigma1 <- sigma2 <- 1
m <- 1000

# generate samples under H0
stat <- replicate(m, expr={
    x <- rnorm(n1, mu1, sigma1)
    y <- rnorm(n2, mu2, sigma2)
    maxout(x, y)
    })
print(cumsum(table(stat)) / m)
print(quantile(stat, c(.8, .9, .95)))
```

"Count Five" 检验标准对正态分布来说看起来是合理的. 经验累积分布函数和分位数为

1	2	3	4	5	6	7	8	9	10	11
0.149	0.512	0.748	0.871	0.945	0.974	0.986	0.990	0.996	0.999	1.000

80%	90%	95%
4	5	6

注意函数 "quantile" 在0.95分位点给出的值是6. 但是如果要求显著水平为$\alpha = 0.05$的话, 临界值5看起来是最好的选择. 有时函数 "quantile" 并不是估计临界值的最好方法. 如果使用了 "quantile", 则还要将结果与经验累积分布函数进行比较. ◇

当随机变量都是相似分布并且样本大小相等时, 可以对独立随机样本应用 "Count Five" 检验标准(如果对常数a和$b > 0$, 随机变量Y和$(X - a)/b$服从相同的分布, 那么称X和Y是相似分布的). 当数据通过它们各自的样本均值中心化时, McGrath和Yeh[193]指出关于中心化数据的Count Five检验显著水平最多为0.0625.

在实际中, 总体均值一般是未知的, 并且可以通过减去样本均值将每个样本中心化. 另外, 样本大小也可能不同.

例6.14 (Count Five检验).

当每个样本通过减去样本均值来中心化时，可以使用蒙特卡罗方法来估计该检验的显著水平. 这里我们再次考虑正态分布. 函数"count5test"返回值1（拒绝H_0）或0（接受H_0）.

```
count5test <- function(x, y) {
    X <- x - mean(x)
    Y <- y - mean(y)
    outx <- sum(X > max(Y)) + sum(X < min(Y))
    outy <- sum(Y > max(X)) + sum(Y < min(X))
    # return 1 (reject) or 0 (do not reject H0)
    return(as.integer(max(c(outx, outy)) > 5))
}


n1 <- n2 <- 20
mu1 <- mu2 <- 0
sigma1 <-  sigma2 <- 1
m <- 10000
tests <- replicate(m, expr = {
    x <- rnorm(n1, mu1, sigma1)
    y <- rnorm(n2, mu2, sigma2)
    x <- x - mean(x)  #centered by sample mean
    y <- y - mean(y)
    count5test(x, y)
    } )


alphahat <- mean(tests)
> print(alphahat)
[1] 0.0565
```

如果样本通过总体均值中心化，那么在上面估计maxout统计量的分位数的模拟中，我们可以预期经验第一类错误率大约为0.055. 在模拟中，每个样本通过减去样本均值来中心化，经验第一类错误率为0.0565($se \doteq 0.0022$).　　　　　　　　　　◇

例6.15 (Count Five检验，续).

重复前面的例子，我们在样本大小不同并使用"Count Five"检验标准的情况下估计经验第一类错误率. 每一个样本通过减去样本均值来中心化.

```
n1 <- 20
n2 <- 30
```

```
mu1 <- mu2 <- 0
sigma1 <- sigma2 <- 1
m <- 10000

alphahat <- mean(replicate(m, expr={
    x <- rnorm(n1, mu1, sigma1)
    y <- rnorm(n2, mu2, sigma2)
    x <- x - mean(x)  #centered by sample mean
    y <- y - mean(y)
    count5test(x, y)
    }))
```

```
print(alphahat)
[1] 0.1064
```

模拟结果说明，当样本大小不同时"Count Five"检验标准并不足以将第一类错误率控制在$\alpha \leqslant 0.0625$. 在$n_1 = 20$和$n_2 = 50$的情况下重复上面的模拟过程，经验第一类错误率为0.2934. 对大小不同的样本调整检验标准的方法可以参见文献[193].　　◇

例6.16 (Count Five检验，续).

使用蒙特卡罗方法估计Count Five检验的功效，其中抽样分布分别为$N(\mu_1 = 0, \sigma_1^2 = 1)$和$N(\mu_2 = 0, \sigma_2^2 = 1.5^2)$，样本大小为$n_1 = n_2 = 20$.

```
# generate samples under H1 to estimate power
sigma1 <- 1
sigma2 <- 1.5

power <- mean(replicate(m, expr={
    x <- rnorm(20, 0, sigma1)
    y <- rnorm(20, 0, sigma2)
    count5test(x, y)
    }))
```

```
> print(power)
[1] 0.3129
```

对备择假设$(\sigma_1 = 1, \sigma_2 = 1.5)$和$n_1 = n_2 = 20$，检验的经验功效为$0.3129(se \leqslant 0.005)$. 关于Count Five检验和其他等方差检验的功效对比与应用可以参见文献[193].　　◇

练习

6.1 估计大小为20、由标准柯西分布生成的随机样本的第k层切尾均值的均方误差（目标参数θ为中心或中数；期望值不存在）. 在一个表格中对$k = 1, 2, \cdots, 9$总结均方误差估计.

6.2 将例6.9中t检验的备择假设换成$H_1 : \mu \neq 500$并保持显著水平$\alpha = 0.05$不变，绘制该检验的经验功效曲线.

6.3 对大小为$n = 10, 20, 30, 40$和50的样本分别绘制例6.9中的t检验的经验功效曲线，省略标准误差线. 将所有曲线画在同一张图片上，用不同的颜色或线型区分曲线，并给出图例. 指出功效和样本大小之间的关系.

6.4 设$X_1, \cdots, X_n$是服从含有未知参数的对数正态分布的随机样本. 构造参数μ的95%置信区间. 使用蒙特卡罗方法来得到置信水平的经验估计.

6.5 假设使用95%对称t区间来估计一个均值，但样本数据是非正态的. 那么均值落入置信区间的概率不一定等于0.95. 使用蒙特卡罗试验来估计t区间对$\chi^2(2)$数据中大小为$n = 20$的随机样本的覆盖率. 将你得到的t区间的结果与例6.4中所模拟的结果进行比较（t区间和方差区间相比应该具有更稳定的正态性偏离）.

6.6 用蒙特卡罗试验来估计正态情况下的偏度$\sqrt{b_1}$的0.025、0.05、0.95和0.975分位数. 使用密度的（具有精确方差公式的）正态近似来计算式(2.14)中估计的标准误差. 将估计分位数和大样本近似$\sqrt{b_1} \approx N(0, 6/n)$的分位数进行比较.

6.7 对对称Beta(α, α)分布估计偏度正态性检验的功效，并对结果进行说明. 这个结果与厚尾对称选择（比如$t(\nu)$）不同吗？

6.8 参考例6.16. 重复模拟过程，同时在显著水平$\hat{\alpha} \doteq 0.055$下计算等方差$F$检验. 对小样本、中样本和大样本比较Count Five检验和F检验的功效（注意F检验对非正态分布不适用）.

6.9 令X是一个非负随机变量，且$\mu = E[X] < \infty$. 对服从X分布的随机样本$x_1, \cdots, x_n$，基尼系数定义为

$$G = \frac{1}{2n^2\mu} \sum_{j=1}^{n} \sum_{i=1}^{n} |x_i - x_j|.$$

在经济学中使用基尼系数来判断收入分配公平程度（参见文献[163]）. 可以使用次序统计量$x_{(i)}$将G表示为

$$G = \frac{1}{n^2\mu} \sum_{i=1}^{n} (2i - n - 1)x_{(i)}.$$

如果均值未知，令$\hat{G}$为统计量G，并用$\bar{x}$代替μ. 如果X是标准对数正态的，则可以通过模拟来估计$\hat{G}$的均值、中数和十分位数. 对均匀分布和Bernoulli(0.1)分布重复这个过程. 并对每个情况构造重复试验的密度直方图.

6.10 如果X是对数正态的并具有未知参数, 对基尼系数$\gamma = E[G]$构造近似95%置信区间. 用蒙特卡罗试验估算估计方法的覆盖率.

习题

6.A 当抽样总体非正态时, 使用蒙特卡罗模拟来研究t检验的经验第一类错误率是否约等于理论显著水平α. t检验对微小的正态性偏离是稳定的. 讨论对下列抽样总体进行模拟的结果: (i)$\chi^2(1)$; (ii)Uniform(0,2); (iii)Exponential(1). 在每种情况下检验$H_0 : \mu = \mu_0$, $H_1 : \mu \neq \mu_0$, 其中μ_0分别为$\chi^2(1)$、Uniform(0,2)和Exponential(1)的均值.

6.B 基于Pearson乘积矩相关系数ρ、Spearman秩相关系数ρ_s或Kendall系数τ的联合检验可以在"cor.test"中实现. (从经验上)指出当抽样分布是二元正态时基于ρ_s或τ的非参数检验的功效要比相关性检验的功效低. 找到一个选择的例子(一个二元分布(X, Y)使得X和Y相关), 使得对这个选择而言, 至少有一个非参数检验的经验功效要比相关性检验的功效高.

6.C 对Mardia多元偏度检验重复例6.8和例6.10. Mardia[187]提出了基于偏度和峰度的多元推广的多元正态性检验. 假设X和Y独立同分布, Mardia将多元总体偏度$\beta_{1,d}$定义为

$$\beta_{1,d} = E[(X - \mu)^{\mathrm{T}} \Sigma^{-1} (Y - \mu)]^3.$$

在正态情况下$\beta_{1,d} = 0$. 多元偏度统计量为

$$b_{1,d} = \frac{1}{n^2} \sum_{i,j=1}^{n} ((X_i - \overline{X})^{\mathrm{T}} \widehat{\Sigma}^{-1} ((X_j - \overline{X}))^3, \tag{6.5}$$

其中, $\widehat{\Sigma}$是协方差的极大似然估计量. 较大的$b_{1,d}$的值是显著的. $nb_{1,d}/6$的渐进分布是自由度为$d(d+1)(d+2)/6$的卡方分布.

6.D 对多元正态性检验重复例6.11. Mardia[187]将多元峰度定义为

$$\beta_{2,d} = E[(X - \mu)^{\mathrm{T}} \Sigma^{-1} (Y - \mu)]^2.$$

对d维多元正态分布, 峰度系数为$\beta_{2,d} = d(d+2)$. 多元峰度统计量为

$$b_{2,d} = \frac{1}{n} \sum_{i=1}^{n} ((X_i - \overline{X})^{\mathrm{T}} \widehat{\Sigma}^{-1} ((X_i - \overline{X}))^2, \tag{6.6}$$

大样本多元正态性检验的基础是当

$$\left| \frac{\beta_{2,d} - d(d+2)}{\sqrt{8d(d+2)/n}} \right| \geqslant \Phi^{-1}(1 - \alpha/2)$$

时, $\beta_{2,d}$ 在显著水平 α 下拒绝零假设. 但是 $\beta_{2,d}$ 收敛于正态极限分布的速度非常慢. 比较 Mardia 多元正态性偏度、峰度检验和多元正态性能量检验 "mvnorm.etest" ("energy") (6.3)[226, 263] 的经验功效. 考虑多元正态位置混合选择, 其中两个样本由程序包 "mlbench" [174] 中的 "mlbench.twonorm" 生成.

第7章　自助法和水手刀法

7.1　自助法

自助法是Efron[80]在1979年发明的，在1981年[81, 82]和1982年[83]得到了发展，并且包括Efron和Tibshirani的专著[84]在内的大量其他出版物也进一步发展了自助法．Chernick[45]给出了大量的参考书目．Davison和Hinkley的著作[63]是一个较为全面的参考文献，而且还给出了许多的应用．还可以参见Barbe和Bertail[19]、Shao和Tu[247]以及Mammen[186]等人的著作．

自助法是一类通过重复抽样估计总体分布的非参数蒙特卡罗方法．重抽样方法将一个观测样本作为有限总体，然后从中生成（重抽样）随机样本，以此来估计总体特征并对抽样总体进行推断．当目标总体的分布并不明确的时候一般使用自助法，此时样本是唯一可用的信息．

"自助法"既可以指非参数自助法，也可以指参数自助法．涉及从一个非常明确的概率分布抽样的蒙特卡罗方法（例如第6章中的方法）有时被称为参数自助法．非参数自助法是本章要介绍的内容．在非参数自助法中分布并不明确．

由样本代表的有限总体的分布可以看成是一个和真实总体有类似特征的伪总体．可以通过从这个伪总体中反复生成随机变量（重抽样）来估计一个统计量的抽样分布．还可以通过重抽样来估计一个估计量的性质，比如偏差和标准误差．

一个抽样分布的自助法估计和密度估计的想法是类似的．我们构造样本的直方图来得到密度函数形状的估计．直方图并不是密度，但在非参数问题中可以看成是密度的合理估计．我们有很多方法来从完全明确的密度生成随机样本，而自助法是从样本的经验分布生成随机样本．

假设$x = (x_1, \cdots, x_n)$是一个观测随机样本，且服从具有累积分布函数$F(x)$的分布．如果从x随机选择一个X^*，那么

$$P(X^* = x_i) = \frac{1}{n}, \qquad i = 1, \cdots, n.$$

重抽样通过对x有放回的抽样生成一个随机样本$X_1^*, \cdots, X_n^*$．随机变量X_i^*独立同分布，且均匀分布在集合$\{x_1, \cdots, x_n\}$上．

经验分布函数(empirical distribution function, ecdf)$F_n(x)$是$F(x)$的一个估计量．可以看出$F_n(x)$是$F(x)$的一个充分统计量，即$F(x)$包含在样本内的所有信息也包含

在$F_n(x)$中. 此外，$F_n(x)$本身也是一个随机变量的分布函数，即在集合$\{x_1, \cdots, x_n\}$上均匀分布的随机变量. 因此经验分布函数F_n是X^*的累积分布函数. 这样在自助法中就有两个近似. 经验分布函数F_n是累积分布函数F_X的一个近似，自助法重复试验的经验分布函数F_n^*是经验分布函数F_n的一个近似. 从样本x中重抽样等价于生成服从分布$F_n(x)$的随机样本. 两个近似可以用图解表示为

$$F \to X \to F_n,$$

$$F_n \to X^* \to F_n^*.$$

为了通过对x重抽样来生成自助法随机样本，首先生成n个在$\{1, \cdots, n\}$上均匀分布的随机数$\{i_1, \cdots, i_n\}$，然后选择自助法样本$x^* = (x_{i_1}, \cdots, x_{i_n})$.

假设θ是我们感兴趣的参数（θ可以是向量），$\hat{\theta}$是θ的一个估计量. 那么可以通过下面的方法得到$\hat{\theta}$的分布的自助法估计.

1. 对第b次自助法重复试验$(b = 1, \cdots, B)$

(a) 从观测样本$x_1, \cdots, x_n$中有放回地抽样生成样本$x^{*(b)} = (x_1^*, \cdots, x_n^*)$；

(b) 对第b个自助法样本计算第b次重复$\hat{\theta}^{(b)}$.

2. $F_{\hat{\theta}}(\cdot)$的自助法估计为重复试验$\hat{\theta}^{(1)}, \cdots, \hat{\theta}^{(B)}$的经验分布.

接下来我们将使用自助法来估计一个估计量的标准误差和偏差. 首先我们通过一个例子来说明经验分布函数F_n和自助法重复试验的分布之间的关系.

例7.1 (F_n和自助法样本).

假设我们的观测样本为

$$x = \{2, 2, 1, 1, 5, 4, 4, 3, 1, 2\}.$$

从x中重抽样，我们分别以概率0.3、0.3、0.1、0.2、0.1来选取1、2、3、4、5，所以随机选取重复试验的累积分布函数F_{X^*}恰好是经验分布函数$F_n(x)$：

$$F_{X^*}(x) = F_n(x) \begin{cases} 0, & 0 < x < 1; \\ 0.3, & 1 \leqslant x < 2; \\ 0.6, & 2 \leqslant x < 3; \\ 0.7, & 3 \leqslant x < 4; \\ 0.9, & 4 \leqslant x < 5; \\ 1, & x \geqslant 5. \end{cases}$$

注意如果F_n和F_X不接近的话，那么重复试验的分布也不会和F_X接近. 上面的样本x实际上是一个服从Poisson(2)分布的样本. 从x中重抽样，大量的重复试验会生成一个较好的F_n估计，但是不会生成较好的F_X估计，这是因为不管选取了多少次重复试验，自助法样本都不会包含0.   ◇

7.1.1 标准误差的自助法估计

一个估计量$\hat{\theta}$的标准误差的自助法估计是指自助法重复试验$\hat{\theta}^{(1)}, \cdots, \hat{\theta}^{(B)}$的样本标准误差

$$\widehat{se}(\hat{\theta}^*) = \sqrt{\frac{1}{B-1} \sum_{b=1}^{B} (\hat{\theta}^{(b)} - \overline{\hat{\theta}^*})^2}, \tag{7.1}$$

其中$\overline{\hat{\theta}^*} = \frac{1}{B} \sum_{b=1}^{B} \hat{\theta}^{(b)}$[84, (6.6)].

Efron和Tibshirani[84, p.52]指出，为得到较好的标准误差估计所需的重复试验次数并不多，一般$B = 50$就足够了，很少需要取$B > 200$（估计置信区间时会需要较大的B）.

例7.2 (标准误差的自助法估计).

Efron和Tibshirani[84]给出了程序包"bootstrap"中的法学院数据集"law". 数据框包含了15个法学院的LSAT成绩（法学院入学测试成绩的平均值）和GPA成绩（大学阶段平均分数的平均值）.

```
LSAT 576 635 558 578 666 580 555 661 651 605 653 575 545 572 594
GPA  339 330 281 303 344 307 300 343 336 313 312 274 276 288 296
```

这个数据集是"law82"（"bootstrap"）中82个法学院构成的总体中的一个随机样本. 估计LSAT成绩和GPA成绩的相关性，并计算样本相关性的标准误差的自助法估计.

1. 对第b次自助法重复试验($b = 1, \cdots, B$)

(a) 从观测样本$x_1, \cdots, x_n$中有放回地抽样生成样本$x^{*(b)} = (x_1^*, \cdots, x_n^*)$；

(b) 对第b个自助法样本计算第b次重复试验$\hat{\theta}^{(b)}$，其中$\hat{\theta}$是(LSAT, GPA)之间的相关性R；

2. $se(R)$的自助法估计为重复试验$\hat{\theta}^{(1)}, \cdots, \hat{\theta}^{(B)} = R^{(1)}, \cdots, R^{(B)}$的样本标准差.

```
library(bootstrap) #for the law data
print(cor(law$LSAT, law$GPA))
[1] 0.7763745
print(cor(law82$LSAT, law82$GPA))
[1] 0.7599979
```

样本的相关性为$R = 0.7763745$，82个法学院构成的总体的相关性为$R = 0.7599979$. 使用自助法估计由"law"中的成绩样本计算出的相关性统计量的标准误差.

```
#set up the bootstrap
B <- 200 #number of replicates
n <- nrow(law) #sample size
```

```
R <- numeric(B) #storage for replicates
#bootstrap estimate of standard error of R
for (b in 1:B) {
    #randomly select the indices
    i <- sample(1:n, size = n, replace = TRUE)
    LSAT <- law$LSAT[i] #i is a vector of indices
    GPA <- law$GPA[i]
    R[b] <- cor(LSAT, GPA)
}
#output
> print(se.R <- sd(R))
[1] 0.1358393
> hist(R, prob = TRUE)
```

$se(R)$的自助法估计为0.1358393. R的标准误差的一般理论估计为0.115. 估计$se(\widehat{se}(\hat{\theta}))$的基于自助法的水手刀法将在7.3节中介绍. 图7.1 中给出了R 的重复试验的直方图. ◇

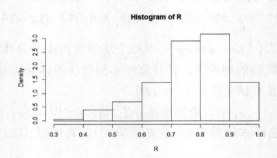

图 7.1　例7.2中法学院数据的自助法重复试验

在下面的例子中使用了推荐的程序包"boot"[34]中的函数"boot"来实现自助法. 关于如何给出函数"boot"中的参数"statistic"可以参见附录B.1.

例7.3 (标准误差的自助法估计：boot函数).

使用"boot"程序包中的"boot"函数重做例7.2. 首先给出一个返回$\hat{\theta}^{(b)}$的函数, 要求函数的第一个参数为样本数据, 第二个参数为指标向量$\{i_1, \cdots, i_n\}$. 如果数据为"x", 指标向量为"i", 我们需要令"x[i,1]"取为第一个重抽样变量, "x[i,2]"取为第二个重抽样变量. 代码和输出显示如下：

```
r <- function(x, i) {
#want correlation of columns 1 and 2
```

```
cor(x[i,1], x[i,2])
}
```

可以使用命令"boot"得到"boot"函数的输出的打印摘要，或者可以将结果储存在一个对象中以待进一步分析. 这里我们将结果储存在"obj"中并打印摘要.

```
library(boot) #for boot function
> obj <- boot(data = law, statistic = r, R = 2000)
> obj


ORDINARY NONPARAMETRIC BOOTSTRAP


Call: boot(data = law, statistic = r, R = 2000)
Bootstrap Statistics :
      original      bias    std. error
t1* 0.7763745 -0.004795305   0.1303343
```

相关性统计量的观测值$\hat{\theta}$用"t1*"表示. 估计的标准误差的自助法估计为$\widehat{se}(\hat{\theta}) \doteq 0.13$，这是基于2000次重复试验得到的. 为了与式(7.1)比较，提取"$t"中的重复试验.

```
> y <- obj$t
> sd(y)
[1] 0.1303343
```

◇

R笔记7.1 函数"boot"("boot"程序包)的语法和选项与函数"bootstrap"("bootstrap"程序包)不同. 注意程序包"bootstrap"[271]是Efron和Tibshirani的书[84]中用到的函数和数据的集合，程序包"boot"[34]是Davison和Hinkley的书[63]中用到的函数和数据的集合.

7.1.2 偏差的自助法估计

如果$\hat{\theta}$是θ的无偏估计量，$E[\hat{\theta}] = \theta$. θ的估计量$\hat{\theta}$的偏差为

$$bias(\hat{\theta}) = E[\hat{\theta} - \theta] = E[\hat{\theta}] - \theta.$$

这样每一个统计量都是它的期望值的无偏估计量，并且特别地，随机样本的样本均值是分布均值的无偏估计量. 有偏估计量的一个例子是方差的极大似然估计量，$\hat{\sigma}^2 = \frac{1}{n}\sum_{i=1}^{n}(X_i - \overline{X})^2$，它的期望值为$(1 - 1/n)\sigma^2$. 这样$\hat{\sigma}^2$低估了$\sigma^2$，偏差为$-\sigma^2/n$.

偏差的自助法估计使用$\hat{\theta}$的自助法重复试验来估计$\hat{\theta}$的抽样分布. 对有限总体$x = (x_1, \cdots, x_n)$，参数为$\hat{\theta}(x)$，并且有B个独立同分布的估计量$\hat{\theta}^{(b)}$. 重复试验$\{\hat{\theta}^{(b)}\}$的样本

均值对它的期望值$E[\hat{\theta}^*]$来说是无偏的，所以偏差的自助法估计为

$$bias(\hat{\theta}) = \overline{\hat{\theta}^*} - \hat{\theta}, \tag{7.2}$$

其中$\overline{\hat{\theta}^*} = \frac{1}{B}\sum_{b=1}^{B}\hat{\theta}^{(b)}$，$\hat{\theta} = \hat{\theta}(x)$是对原始观测样本计算得到的估计（在自助法中抽样得到F_n来代替F_X，所以我们用$\hat{\theta}$代替θ来估计偏差）. 正偏差显示$\hat{\theta}$通常倾向于高估θ.

例7.4（偏差的自助法估计）.

在例7.2的"law"数据中，计算样本相关性的偏差的自助法估计.

```
#sample estimate for n=15
theta.hat <- cor(law$LSAT, law$GPA)
#bootstrap estimate of bias
B <- 2000 #larger for estimating bias
n <- nrow(law)
theta.b <- numeric(B)
for (b in 1:B) {
i <- sample(1:n, size = n, replace = TRUE)
LSAT <- law$LSAT[i]
GPA <- law$GPA[i]
theta.b[b] <- cor(LSAT, GPA)
}
bias <- mean(theta.b - theta.hat)
> bias
[1] -0.005797944
```

偏差估计值为-0.005797944. 注意，这和例7.3中boot函数返回的偏差估计很接近. 7.3中将介绍如何利用基于自助法的水手刀法来估计偏差自助法造成的标准误差.　　　　◇

例7.5（比估计的偏差的自助法估计）.

Efron和Tibshirani[84, 10.3]给出的"patch"（"bootstrap"）数据包含了使用一种医用贴片之后8个病人血液中某种激素的测量结果. 我们感兴趣的参数为

$$\theta = \frac{E(新贴片) - E(旧贴片)}{E(旧贴片) - E(安慰剂)}.$$

如果$|\theta| \leqslant 0.20$，则新旧贴片是生物等效的. 统计量为$\overline{Y}/\overline{Z}$. 计算生物等效性比率统计量的偏差的自助法估计.

```
data(patch, package = "bootstrap")
> patch
```

	subject	placebo	oldpatch	newpatch	z	y
1	1	9243	17649	16449	8406	-1200
2	2	9671	12013	14614	2342	2601
3	3	11792	19979	17274	8187	-2705
4	4	13357	21816	23798	8459	1982
5	5	9055	13850	12560	4795	-1290
6	6	6290	9806	10157	3516	351
7	7	12412	17208	16570	4796	-638
8	8	18806	29044	26325	10238	-2719

```
n <- nrow(patch) #in bootstrap package
B <- 2000
theta.b <- numeric(B)
theta.hat <- mean(patch$y) / mean(patch$z)

#bootstrap
for (b in 1:B) {
    i <- sample(1:n, size = n, replace = TRUE)
    y <- patch$y[i]
    z <- patch$z[i]
    theta.b[b] <- mean(y) / mean(z)
    }
bias <- mean(theta.b) - theta.hat
se <- sd(theta.b)
print(list(est=theta.hat, bias = bias,
          se = se, cv = bias/se))


$est [1] -0.0713061
$bias [1] 0.007901101
$se [1] 0.1046453
$cv [1] 0.07550363
```

如果$|bias|/se \leqslant 0.25$, 那么通常也就没有必要调整偏差[84, 10.3]. 偏差相对于标准误差来说很小($cv < 0.08$), 所以在这个试验中没有必要调整偏差.　　　　　　　　　◇

7.2　水手刀法

水手刀法是另一种重抽样的方法, Quenouille[215, 216]在估计偏差、Tukey[274]在估计标准误差的时候提出了这种方法，该方法比自助法早出现数十年. Efron[83]对水手刀法做了很好地介绍.

水手刀法类似缺一法(leave-one-out)交叉验证. 令$x = (x_1, \cdots, x_n)$是一个观测随机样本. 定义第i个水手刀法样本$x_{(i)}$为x去掉第i个观测值x_i得到的子集，即

$$x_i = (x_1, \cdots, x_{i-1}, x_{i+1}, \cdots, x_n).$$

如果$\hat{\theta} = T_n(x)$，定义第i次水手刀法重复试验$\hat{\theta}_{(i)} = T_{n-1}(x_{(i)}), i = 1, \cdots, n$.

设参数$\theta = t(F)$是分布F的函数. 令F_n为一个服从分布F的随机样本的经验分布函数. θ的嵌入式估计为$\hat{\theta} = t(F_n)$. 在数据的微小改变对应$\hat{\theta}$的微小改变的意义下，嵌入式$\hat{\theta}$是光滑的. 比如样本均值是总体均值的嵌入式估计，但样本中位数却不是总体中位数的嵌入式估计.

偏差的水手刀法估计

如果$\hat{\theta}$是一个光滑（嵌入式）统计量，那么$\hat{\theta}_{(i)} = tF_{n-1}(x_{(i)})$，偏差的水手刀法估计为

$$\widehat{bias}_{jack} = (n-1)(\widehat{\hat{\theta}_{(\cdot)}} - \hat{\theta}), \tag{7.3}$$

其中$\overline{\hat{\theta}_{(\cdot)}} = \frac{1}{n}\sum_{i=1}^{n}\hat{\theta}_{(i)}$是缺一法样本估计的均值，$\hat{\theta} = \hat{\theta}(x)$是对原始观测样本计算得到的估计.

为了说明水手刀法估计量，即式(7.3)含有因子$n-1$的原因，考虑θ为总体方差的情况. 如果$x_1, \cdots, x_n$是一个服从X的分布的随机样本，则X的方差的嵌入式估计为

$$\hat{\theta} = \frac{1}{n}\sum_{i=1}^{n}(x_i - \overline{x})^2.$$

估计量$\hat{\theta}$对σ_X^2是有偏的，偏差为

$$bias(\hat{\theta}) = E[\hat{\theta} - \sigma_X^2] = \frac{n-1}{n}\sigma_X^2 - \sigma_X^2 = -\frac{\sigma_X^2}{n}.$$

每次水手刀法重复试验对大小为$n-1$的样本计算估计$\hat{\theta}_{(i)}$，所以水手刀法重复试验中的偏差为$-\sigma_X^2/(n-1)$. 这样，对$i = 1, \cdots, n$我们有

$$\begin{aligned}E[\hat{\theta}_{(i)} - \hat{\theta})] &= E[\hat{\theta}_{(i)} - \theta)] - E[\hat{\theta} - \theta] \\ &= bias(\hat{\theta}_{(i)}) - bias(\hat{\theta}) \\ &= -\frac{\sigma_X^2}{n-1} - \left(-\frac{\sigma_X^2}{n}\right) = -\frac{\sigma_X^2}{n(n-1)} = \frac{bias(\hat{\theta})}{n-1}.\end{aligned}$$

因此，带有因子$n-1$的水手刀法估计量，即式(7.3)给出了方差嵌入式估计量的偏差的正确估计，它也是方差的极大似然估计量.

R笔记7.2 （缺一法）"[ ]"算子给出了一个非常简单的去掉向量第i个元素的方法.

```
x <- 1:5
for (i in 1:5)
print(x[-i])
[1] 2 3 4 5
[1] 1 3 4 5
[1] 1 2 4 5
[1] 1 2 3 5
[1] 1 2 3 4
```

注意水手刀法只需要 n 次重复来估计偏差, 而偏差的自助估计则通常需要几百次的重复.

例7.6 (偏差的水手刀法估计).

对例7.5中的"patch"数据计算偏差的水手刀法估计.

```
data(patch, package = "bootstrap")
n <- nrow(patch)
y <- patch$y
z <- patch$z
theta.hat <- mean(y) / mean(z)
print (theta.hat)


#compute the jackknife replicates, leave-one-out estimates
theta.jack <- numeric(n)
for (i in 1:n)
    theta.jack[i] <- mean(y[-i]) / mean(z[-i])
bias <- (n - 1) * (mean(theta.jack) - theta.hat)
> print(bias) #jackknife estimate of bias
[1] 0.008002488
```

◇

标准误差的水手刀法估计

对光滑统计量 $\hat{\theta}$ 标准误差的水手刀法估计[274], [84, (11.5)] 为

$$\widehat{se}_{jack} = \sqrt{\frac{(n-1)}{n} \sum_{i=1}^{n} (\hat{\theta}_{(i)} - \widehat{\hat{\theta}_{(\cdot)}})^2}. \tag{7.4}$$

为了说明标准误差的水手刀法估计量, 即式(7.4)含有因子 $(n-1)/n$ 的原因, 考虑 θ 为总体均值且 $\hat{\theta} = \overline{X}$ 的情况. X 的均值的标准误差为 $\sqrt{\mathrm{Var}(X)/n}$. 径向的因子 $(n-1)/n$ 使得 $\widehat{se}_{jack}$ 成为均值的标准误差的无偏估计量.

我们还可以考虑均值的标准误差的嵌入式估计. 在随机变量X连续的情况下, 随机样本的方差的嵌入式估计为Y的方差, 其中Y在样本$x_1, \cdots, x_n$上均匀分布. 即

$$
\begin{aligned}
\widehat{\mathrm{Var}}(Y) &= \frac{1}{n}E[Y - E[Y]]^2 = \frac{1}{n}E[Y - \overline{X}]^2 \\
&= \frac{1}{n}\sum_{i=1}^{n}(X_i - \overline{X})^2 \cdot \frac{1}{n} \\
&= \frac{n-1}{n^2}S_X^2 = \frac{n-1}{n}[\widehat{se}((\overline{X}))]^2.
\end{aligned}
$$

因此, 对于标准误差的水手刀法估计量, 因子$((n-1)/n)^2$给出了方差的嵌入式估计. 当n比较小时, 因子$((n-1)/n)^2$ 和$((n-1)/n)$近似相等. Efron和Tibshirani[84]指出选择因子$((n-1)/n)$而不是$((n-1)/n)^2$, 在一定程度上任意.

例7.7 (标准误差的水手刀法估计).

使用例7.6中的水手刀法重复试验来计算例7.5中 "`patch`" 数据的标准误差的水手刀法估计.

```
se <- sqrt((n-1) *
    mean((theta.jack - mean(theta.jack))^2))
> print(se)
[1] 0.1055278
```

标准误差的水手刀法估计为0.1055278. 通过前面偏差的结果我们可以得到估计方差系数.

```
> .008002488/.1055278
[1] 0.07583298
```

◇

水手刀法失效的情况

如果统计量$\hat{\theta}$并不 "光滑" 的话水手刀法可能会失效. 统计量是关于数据的函数. 光滑性意味着数据的微小改变对应$\hat{\theta}$的微小改变. 中数就是一个不光滑统计量的例子.

例7.8 (水手刀法失效的情况).

在本例中, 对$1, 2, \cdots, 100$中的10个整数构成的随机样本计算中位数的标准误差的水手刀法估计.

```
n <- 10
x <- sample(1:100, size = n)

#jackknife estimate of se
```

```
M <- numeric(n)
for (i in 1:n) {          #leave one out
    y <- x[-i]
    M[i] <- median(y)
}
Mbar <- mean(M)
print(sqrt((n-1)/n * sum((M - Mbar)^2)))

#bootstrap estimate of se
Mb <- replicate(1000, expr = {
        y <- sample(x, size = n, replace = TRUE)
        median(y) })
print(sd(Mb))
# details and results:
# the sample, x: 29 79 41 86 91 5 50 83 51 42
# jackknife medians: 51 50 51 50 50 51 51 50 50 51
# jackknife est. of se: 1.5
# bootstrap medians: 46 50 46 79 79 51 81 65 ...
# bootstrap est. of se: 13.69387
```

很明显这里出了问题, 因为自助法估计和水手刀法估计差距很大. 这里水手刀法失效了, 因为中数是不光滑的.　　　　　　　　　　　　　　　　　　　　　　　　　◇

在统计量不光滑的情况下可以使用弃d-水手刀法（每次重复试验去掉d个观测值）（参见Efron和Tibshirani[84, 11.7]）. 如果$\sqrt{n}/d \to 0$, $n - d \to \infty$, 那么弃d-水手刀法对中位数是一致的. 当n和d很大时需要大量的水手刀法重复试验, 这会导致计算时间有所增加.

7.3　基于自助法的水手刀法

在本章中已经介绍过了标准误差和偏差的自助法估计. 这些估计都是随机变量. 如果我们想考虑这些估计的方差, 可以尝试水手刀法.

注意$\widehat{se}(\hat\theta)$是$\hat\theta$的B次自助法重复试验的样本标准误差. 现在我们去掉第i个观测值, 估计标准误差的算法是对每个i从剩余的$n - 1$个观测值中重抽样生成B次重复试验. 换句话说, 我们将多次重复使用自助法. 幸运的是有一种方法可以避免自助法的重复使用.

基于自助法的水手刀法可以用来计算每个缺一法样本的估计. 令$J(i)$表示不含x_i的自助法样本的指标, $B(i)$表示不含x_i的自助法样本的个数. 这样我们可以对去掉了$B - B(i)$个含有x_i的样本的水手刀法重复试验进行计算[84, p277]. 通过式(7.4)计算标准

误差的水手刀法估计. 计算

$$\widehat{se}(\hat{\theta}) = \widehat{se}_{jack}(\widehat{se}_{B(1)}, \cdots, \widehat{se}_{B(n)}),$$

其中

$$\widehat{se}_{B(i)} = \sqrt{\frac{1}{B(i)} \sum_{j \in J(i)}^{n} (\hat{\theta}_{(j)} - \overline{\hat{\theta}_{(J(i))}})^2}, \qquad (7.5)$$

且

$$\overline{\hat{\theta}_{(J(i))}} = \frac{1}{B(i)} \sum_{j \in J(i)} (\hat{\theta}_{(j)})$$

是去 x_i 水手刀法样本的估计的样本均值.

例7.9 (基于自助法的水手刀法).

对例7.7中 "patch" 数据使用基于自助法的水手刀法估计 $\widehat{se}(\hat{\theta})$ 的标准误差.

```
# initialize
data(patch, package = "bootstrap")
n <- nrow(patch)
y <- patch$y
z <- patch$z
B <- 2000
theta.b <- numeric(B)
# set up storage for the sampled indices
indices <- matrix(0, nrow = B, ncol = n)

# jackknife-after-bootstrap step 1: run the bootstrap
for (b in 1:B) {
    i <- sample(1:n, size = n, replace = TRUE)
    y <- patch$y[i]
    z <- patch$z[i]
    theta.b[b] <- mean(y) / mean(z)
    #save the indices for the jackknife
    indices[b, ] <- i
}

#jackknife-after-bootstrap to est.se(se)
se.jack <- numeric(n)
for (i in 1:n) {
```

```
#in i-th replicate omit all samples with x[i]
keep <- (1:B)[apply(indices, MARGIN = 1,
            FUN = function(k) {!any(k == i)})]
se.jack[i] <- sd(theta.b[keep])
}
```

```
> print(sd(theta.b))
[1] 0.1027102
> print(sqrt((n-1) * mean((se.jack - mean(se.jack))^2)))
[1] 0.03050501
```

标准误差的自助法估计为0.1027102,而标准误差的基于自助法的水手刀法估计为0.03050501. ◇

基于自助法的水手刀法:经验影响值

基于自助法的水手刀法中的经验影响值是指度量水手刀法重复试验和观测统计量之间差异的经验数量. 有很多种方法可以估计影响值. 一种方法是使用通常的水手刀法差异$\hat{\theta}_{(i)} - \hat{\theta}, i = 1, \cdots, n$. "boot"程序包中的"empinf"函数使用4种方法来计算经验影响值. "boot"程序包中的"jack.after.boot"函数[34],并且可以生成一个由经验影响值构成的图. 这个图可以用来查看个别观测值的作用或影响. 关于如何解释这个图可以参见文献[63,第3章]中的一些例子和讨论.

7.4 自助法置信区间

在本节中我们将讨论获取自助法中目标参数的近似置信区间的几种方法. 这些方法包括标准正态自助法置信区间、基本自助法置信区间、百分位数自助法置信区间、自助法t置信区间. 关于自助法置信区间估计方法的理论性质和探讨,读者可以参阅文献[63]和文献[84].

7.4.1 标准正态自助法置信区间

标准正态自助法置信区间是最简单的方法,但却不是最好的方法. 假设$\hat{\theta}$是参数θ的估计量,其标准误差为$se(\hat{\theta})$. 如果$\hat{\theta}$是一个样本均值且样本容量较大,那么由中心极限定理可知

$$Z = \frac{\hat{\theta} - E[\hat{\theta}]}{se(\hat{\theta})} \tag{7.6}$$

是近似标准正态的. 因此,如果$\hat{\theta}$对θ是无偏的,那么对θ的近似$100(1 - \alpha)\%$置信区间为Z区间

$$\hat{\theta} \pm z_{\alpha/2} se(\hat{\theta}),$$

其中$z_{\alpha/2} = \Phi^{-1}(1 - \alpha/2)$. 这个区间非常容易计算, 但是我们做了很多前提假设. 为了使用正态分布, 我们假设$\hat{\theta}$的分布是正态的或者$\hat{\theta}$是一个大样本的样本均值. 为了简单起见我们还假设了$\hat{\theta}$对θ是无偏的.

偏差可以用来估计并将Z统计量中心化, 但估计量是一个随机变量, 变换后的变量不一定是正态的. 这里我们将$se(\hat{\theta})$看成是一个已知参数, 但在自助法中$se(\hat{\theta})$是通过估计得到的 (重复试验的样本标准误差).

7.4.2　基本自助法置信区间

基本自助法置信区间通过减去观测统计量来改变重复试验的分布. 通过改变后的样本的分位数来判断置信限.

对基本自助法置信区间而言, $100(1 - \alpha)\%$置信限为

$$(2\hat{\theta} - \hat{\theta}_{1-\alpha/2}, 2\hat{\theta} - \theta_{\alpha/2}). \tag{7.7}$$

为了说明式(7.7)中的置信限是如何得到的, 我们首先考虑参数的情形. 设T是θ的估计量, a_α是$T - \theta$的α分位数. 那么

$$P(T - \theta > a_\alpha) = 1 - \alpha \to P(T - a_\alpha > \theta) = 1 - \alpha.$$

这样$(t - a_{1-\alpha}, t - a_\alpha)$给出了一个具有等上下尾误差$\alpha$的$100(1 - 2\alpha)\%$置信区间.

在自助法中T的分布一般未知, 但是可以应用近似方法估计分位数.

从重复试验$\hat{\theta}^*$的经验分布函数中计算样本的α分位数$\hat{\theta}_\alpha$. 用b_α表示$\hat{\theta}^* - \hat{\theta}$的$\alpha$分位数. 那么$\hat{b}_\alpha = \hat{\theta}_\alpha - \hat{\theta}$ 是b_α的一个估计量. θ的$100(1 - \alpha)\%$置信区间的近似置信上限为

$$\hat{\theta} - \hat{b}_{a_\alpha} = \hat{\theta} - (\hat{\theta}_{\alpha/2} - \hat{\theta}) = 2\hat{\theta} - \hat{\theta}_{\alpha/2}.$$

类似地, 近似置信下限为$2\hat{\theta} - \hat{\theta}_{1-\alpha/2}$. 这样式(7.7)就给出了一个$\theta$的$100(1 - \alpha)\%$基本自助法置信区间. 至于更多的细节可以参见Davison 和Hinkley的著作[63, 5.2].

7.4.3　百分位数自助法置信区间

自助法百分位数区间使用自助法重复试验的经验分布作为参考分布. 经验分布的百分位数是$\hat{\theta}$的抽样分布的百分位数的估计量, 所以当$\hat{\theta}$非正态时, 这些 (随机) 百分位数与真实分布的吻合度可能更高. 假设$\hat{\theta}^{(1)}, \cdots, \hat{\theta}^{(B)}$ 是统计量$\hat{\theta}$的自助法重复试验. 从这些重复试验的经验分布中计算$\alpha/2$分位数$\hat{\theta}_{\alpha/2}$和$1 - \alpha/2$分位数$\hat{\theta}_{1-\alpha/2}$.

Efron和Tibshirani[84, 13.3]指出分位数区间和标准正态区间相比具有一些理论优势和一定程度上更好的覆盖表现.

此外还有其他改进的百分位数方法. 比如偏差修正和加速(Bias-corrected and Accelerated, BCa)百分位数区间 (参见7.5节) 就是一个百分位数区间的改进版本, 它具有更好的理论性质和更好的实际表现.

函数"boot.ci"("boot")[34]计算了五类自助法置信区间：基本、正态、百分位数、学生化和BCa. 使用这个函数时，首先对自助法调用"boot"，然后将返回的"boot"对象（和其他参数一起）传递给"boot.ci". 更多的细节参见Davison和Hinkley的著作[63, 第五章]和帮助中的"boot.ci"选项.

例7.10 (patch比率统计量的自助法置信区间).

本例展示了如何使用程序包"boot"中的函数"boot"和"boot.ci"来分别获取正态、基本和百分位数自助法置信区间. 下面的代码对例7.5中的比率统计量生成了95%置信区间.

```
library(boot)          #for boot and boot.ci
data(patch, package = "bootstrap")

theta.boot <- function(dat, ind) {
    #function to compute the statistic
    y <- dat[ind, 1]
    z <- dat[ind, 2]
    mean(y) / mean(z)
}
```

运行自助法并对生物等效性比计算置信区间估计.

```
y <- patch$y
z <- patch$z
dat <- cbind(y, z)
boot.obj <- boot(dat, statistic = theta.boot, R = 2000)
```

自助法的输出和自助法置信区间如下：

```
print(boot.obj)
ORDINARY NONPARAMETRIC BOOTSTRAP
Call: boot(data = dat, statistic = theta.boot, R = 2000)
Bootstrap Statistics :
    original     bias    std. error
t1* -0.0713061 0.01047726 0.1010179

print(boot.ci(boot.obj,
            type = c("basic", "norm", "perc")))

BOOTSTRAP CONFIDENCE INTERVAL CALCULATIONS
```

```
Based on 2000 bootstrap replicates
CALL : boot.ci(boot.out = boot.obj, type = c("basic",
    "norm", "perc"))
Intervals :
Level    Normal              Basic               Percentile
95% (-0.2798, 0.1162 ) (-0.3045, 0.0857 ) (-0.2283, 0.1619 )
Calculations and Intervals on Original Scale
```

注意如果 $|\theta| \leqslant 0.20$，则新、旧贴片是生物等效的. 因此区间估计并不支持新、旧贴片的生物等效性. 接下来我们将根据定义来计算这几类自助法置信区间. 将下面的结果与 "boot.ci" 的输出进行比较.

```
#calculations for bootstrap confidence intervals
alpha <- c(.025, .975)

#normal
print(boot.obj$t0 + qnorm(alpha) * sd(boot.obj$t))
-0.2692975 0.1266853

#basic
print(2*boot.obj$t0 -
    quantile(boot.obj$t, rev(alpha), type=1))
    97.5%     2.5%
-0.3018698 0.0857679

#percentile
print(quantile(boot.obj$t, alpha, type=6))
    2.5%      97.5%
-0.2283370 0.1618647
```

◇

R笔记7.3 "boot.ci" 计算得到的正态区间修正了偏差. 注意 "boot.ci" 正态区间和我们由 "boot" 的输出中显示的偏差估计得到的结果不同. 通过阅读函数的源代码可以确认这一点. 在加载了 "boot" 程序包的情况下，可以输入命令 "getAnywhere(norm.ci)" 来查看这个计算过程的源代码. 至于百分位数计算过程的细节可以参见 "norm. inter" 和参考文献[63].

例7.11 (patch比率统计量的自助法置信区间).

对例7.2中 "law" 数据的相关性统计量计算95%自助法置信区间估计.

```
library(boot)
data(law, package = "bootstrap")
boot.obj <- boot(law, R = 2000,
          statistic = function(x, i){cor(x[i,1], x[i,2])})
print(boot.ci(boot.obj, type=c("basic","norm","perc")))
   ...

Intervals :
Level   Normal          Basic          Percentile
95%   (0.5182, 1.0448) (0.5916, 1.0994) (0.4534, 0.9611)
Calculations and Intervals on Original Scale
```

三个区间都包含了"law82"中全部法学院构成的总体的相关系数$\rho = 0.76$. 百分位数和正态置信区间之所以不同，一个可能的原因是相关性统计量的抽样分布并不近似正态（参见图7.1 中的直方图）. 当统计量的抽样分布近似正态时，百分位数区间将和正态区间一致. $\diamond$

7.4.4　自助法t区间

尽管$\hat{\theta}$的分布是正态的并且$\hat{\theta}$对θ是无偏的，可式(7.6)中的Z统计量还不是严格正态分布的，这是因为我们估计的是$se(\hat{\theta})$. 我们也不能认为它是一个学生t统计量，因为自助法估计量$\widehat{se}(\hat{\theta})$的分布未知. 自助法$t$区间并不使用学生$t$分布作为参考分布，而是通过重抽样生成一个"$t$ 型"统计量（学生化的统计量）的抽样分布. 假设$x = (x_1, \cdots, x_n)$是一个观测样本. $100(1-\alpha)\%$自助法t置信区间为

$$(\hat{\theta} - t^*_{1-\alpha/2}\widehat{se}(\hat{\theta}), \hat{\theta} - t^*_{\alpha/2}\widehat{se}(\hat{\theta})),$$

其中$\widehat{se}(\hat{\theta})$、$t^*_{\alpha/2}$ 和$t^*_{1-\alpha/2}$按下面给出的方法计算.

自助法t区间(学生化自助法区间)

1. 计算观测统计量$\hat{\theta}$;

2. 对第b次重复试验($b = 1, \cdots, B$)

(a) 从x中有放回地抽样生成第b个样本$x^{(b)} = (x_1^{(b)}, \cdots, x_n^{(b)})$;

(b) 对第b个样本$x^{(b)}$计算$\hat{\theta}^{(b)}$;

(c) 计算或估计标准误差$\widehat{se}(\hat{\theta}^{(b)})$（每个自助法样本估计不同，自助法估计是对目前的自助法样本$x^{(b)}$重抽样，而不是x）;

(d) 计算"t"统计量的第b次重复试验$t^{(b)} = \frac{\hat{\theta}^{(b)} - \hat{\theta}}{\widehat{se}(\hat{\theta}^{(b)})}$;

3. 重复试验$t^{(1)}, \cdots, t^{(B)}$构成的样本是自助法t的参考分布. 从重复试验$t^{(b)}$构成的有序样本中找出样本分位数$t^*_{\alpha/2}$和$t^*_{1-\alpha/2}$;

4. 计算重复试验$\hat{\theta}^{(b)}$的样本标准差$\widehat{se}(\hat{\theta})$;

5. 计算置信限

$$(\hat{\theta} - t^*_{1-\alpha/2}\widehat{se}(\hat{\theta}), \hat{\theta} - t^*_{\alpha/2}\widehat{se}(\hat{\theta})).$$

自助法t区间的一个不足之处是通常标准误差估计$\widehat{se}(\hat{\theta}^{(b)})$必须通过自助法得到. 这是一个自助法嵌套. 例如，如果$B = 1000$，那么自助法t置信区间方法要比其他方法多花将近1000倍的时间.

例7.12 (自助法t置信区间).

本例给出了一个对一元或多元样本计算自助法t置信区间的函数. 函数要求的参数为样本数据"x"和计算统计量的函数"statistic". 默认置信水平是95%，自助法重复实验次数默认是500，估计标准误差的重复试验次数默认是100.

```
boot.t.ci <-
function(x, B = 500, R = 100, level = .95, statistic){
    #compute the bootstrap t CI
    x <- as.matrix(x);  n <- nrow(x)
    stat <- numeric(B); se <- numeric(B)

    boot.se <- function(x, R, f) {
        #local function to compute the bootstrap
        #estimate of standard error for statistic f(x)
        x <- as.matrix(x); m <- nrow(x)
        th <- replicate(R, expr = {
            i <- sample(1:m, size = m, replace = TRUE)
            f(x[i, ])
            })
        return(sd(th))
    }

    for (b in 1:B) {
        j <- sample(1:n, size = n, replace = TRUE)
        y <- x[j, ]
        stat[b] <- statistic(y)
        se[b] <- boot.se(y, R = R, f = statistic)
    }
    stat0 <- statistic(x)
    t.stats <- (stat - stat0) / se
    se0 <- sd(stat)
```

```
alpha <- 1 - level
Qt <- quantile(t.stats, c(alpha/2, 1-alpha/2), type = 1)
names(Qt) <- rev(names(Qt))
CI <- rev(stat0 - Qt * se0)
}
```

注意函数"boot.se"是一个局部函数, 只有在函数"boot.t.ci"中才会见到. 下面给出应用函数"boot.t.ci"的例子. ◇

例7.13 ("patch"比率统计量的自助法t置信区间).

对例7.5和例7.10中的比率统计量计算95%自助法t 置信区间.

```
dat <- cbind(patch$y, patch$z)
stat <- function(dat) {
    mean(dat[, 1]) / mean(dat[, 2]) }
ci <- boot.t.ci(dat, statistic = stat, B=2000, R=200)
print(ci)
      2.5%      97.5%
-0.2547932 0.4055129
```

自助法t置信区间的置信上限比例7.10中的三个区间的置信上限要大得多, 在这个例子中自助法t区间是最宽的区间. ◇

7.5 更好的自助法置信区间

更好的自助法置信区间 (参见文献[84, 14.3节]) 是百分位数区间的改进版本, 它具有更好的理论性质和更好的实际表现. 对$100(1-\alpha)\%$置信区间, 通过两个因子来调整$\alpha/2$ 和$1-\alpha/2$分位数: 偏差修正和偏度修正. 偏差修正用z_0 表示, 偏度或"加速"调整用a 表示. 这个更好的自助法信区间称为BCa, 意思是"bias corrected" (偏差修正) 和"adjusted for acceleration" ("加速"调整).

对$100(1-\alpha)\%$BCa自助法置信区间计算

$$\alpha_1 = \Phi\left(\hat{z}_0 + \frac{\hat{z}_0 + z_{\alpha/2}}{1 - \hat{a}(\hat{z}_0 + z_{\alpha/2})}\right), \tag{7.8}$$

$$\alpha_2 = \Phi\left(\hat{z}_0 + \frac{\hat{z}_0 + z_{1-\alpha/2}}{1 - \hat{a}(\hat{z}_0 + z_{1-\alpha/2})}\right), \tag{7.9}$$

其中$z_\alpha = \Phi^{-1}(\alpha)$, $\hat{z}_0$和$\hat{a}$由下面的式(7.10)和式(7.11)给出. BCa区间为

$$(\hat{\theta}^*_{\alpha_1}, \hat{\theta}^*_{\alpha_2}).$$

BCa置信区间的置信下限和置信上限分别为自助法重复试验的经验α_1和α_2分位数.

偏差修正因子实际上是度量$\hat{\theta}$的重复试验$\hat{\theta}^*$的偏差中位数. 这个偏差的估计为

$$\hat{z}_0 = \Phi^{-1}\left(\frac{1}{B}\sum_{b=1}^{B}I(\hat{\theta}^{(b)} < \hat{\theta})\right), \tag{7.10}$$

其中$I(\cdot)$是示性函数. 注意如果$\hat{\theta}$是自助法重复试验的中位数，那么$\hat{z}_0 = 0$.

从水手刀法重复试验中估计加速因子

$$\hat{a} = \frac{\sum_{i=1}^{n}(\hat{\theta}_{(i)} - \widehat{\hat{\theta}_{(.)}})^3}{6(\sum_{i=1}^{n}(\hat{\theta}_{(i)} - \widehat{\hat{\theta}_{(.)}})^2)^{3/2}}, \tag{7.11}$$

它度量了偏度.

此外还有其他估计加速的方法（参见Shao和Tu[247]）. 式(7.11)是由Efron和Tibshirani[84, p186]给出的. 之所以命名为加速因子$\hat{a}$是因为它估计了$\hat{\theta}$的标准误差相对于目标参数θ的改变率（标准化尺度下）. 当我们使用标准正态自助法置信区间时，我们假设$\hat{\theta}$是近似正态的，并具有均值θ和不依赖于参数θ的常数方差$\sigma^2(\hat{\theta})$. 但一般来说估计量的方差，对于目标参数是常数的情况并不成立. 比如考虑将样本比例$\hat{p} = X/n$作为二项试验中成功概率p的估计量，它的方差为$p(1-p)/n$. 加速因子的目的在于调整置信限来说明估计量的方差可能依赖于目标参数的真实值的概率.

BCa区间的性质

BCa自助法置信区间有两个重要的理论优点，即BCa置信区间是保持变换的并且具有二阶精度.

保持变换意味着如果$(\hat{\theta}^*_{\alpha_1}, \hat{\theta}^*_{\alpha_2})$是$\theta$的一个置信区间，$t(\theta)$是$\theta$的一个变换，那么$t(\theta)$的对应区间为$(t(\hat{\theta}^*_{\alpha_1}), t(\hat{\theta}^*_{\alpha_2}))$. 如果对大小为$n$的样本误差趋向于0的速度为$1/\sqrt{n}$，那么称置信区间为一阶精确，如果误差趋向于0的速度为$1/n$，那么称置信区间为二阶精确.

BCa自助法置信区间是二阶精确的，但不是保持变换的. 自助法百分位数区间虽然是保持变换的，但只是一阶精确的. 标准正态置信区间既不是保持变换的也不是二阶精确的. 关于自助法置信区间理论性质的讨论和比较可以参阅文献[63].

例7.14 (BCa自助法置信区间).

本例给出了一个计算BCa置信区间的函数. BCa区间为$(\hat{\theta}^*_{\alpha_1}, \hat{\theta}^*_{\alpha_2})$，其中$\hat{\theta}^*_{\alpha_1}$和$\hat{\theta}^*_{\alpha_2}$由式(7.8) $\sim$ (7.11)给出.   ◇

```
boot.BCa <-
function(x, th0, th, stat, conf = .95) {
    # bootstrap with BCa bootstrap confidence interval
    # th0 is the observed statistic
    # th is the vector of bootstrap replicates
```

```
    # stat is the function to compute the statistic

    x <- as.matrix(x)
    n <- nrow(x) #observations in rows
    N <- 1:n
    alpha <- (1 + c(-conf, conf))/2
    zalpha <- qnorm(alpha)

    # the bias correction factor
    z0 <- qnorm(sum(th < th0) / length(th))

    # the acceleration factor (jackknife est.)
    th.jack <- numeric(n)
    for (i in 1:n) {
        J <- N[1:(n-1)]
        th.jack[i] <- stat(x[-i, ], J)
    }
    L <- mean(th.jack) - th.jack
    a <- sum(L^3)/(6 * sum(L^2)^1.5)

    # BCa conf. limits
    adj.alpha <- pnorm(z0 + (z0+zalpha)/(1-a*(z0+zalpha)))
    limits <- quantile(th, adj.alpha, type=6)
    return(list("est"=th0, "BCa"=limits))
}
```

例7.15 (BCa自助法置信区间).

使用例7.14给出的函数"boot.BCa"计算例7.10中生物等效性比率统计量的BCa置信区间.

```
#boot package and patch data were loaded in Example 7.10
#library(boot)        #for boot and boot.ci
#data(patch, package = "bootstrap")
n <- nrow(patch)
B <- 2000
y <- patch$y
z <- patch$z
```

```
x <- cbind(y, z)
theta.b <- numeric(B)
theta.hat <- mean(y) / mean(z)

#bootstrap
for (b in 1:B) {
    i <- sample(1:n, size = n, replace = TRUE)
    y <- patch$y[i]
    z <- patch$z[i]
    theta.b[b] <- mean(y) / mean(z)
    }
#compute the BCa interval
stat <- function(dat, index) {
    mean(dat[index, 1]) / mean(dat[index, 2])  }

boot.BCa(x, th0 = theta.hat, th = theta.b, stat = stat)
```

在下面显示的结果中注意概率$\alpha/2 = 0.025$和$1-\alpha/2 = 0.975$已经被调整为0.0339和0.9824.

```
$est
[1] -0.0713061
$BCa
3.391094% 98.24405%
-0.2252715  0.1916788
```

这样θ的BCa置信区间估计不支持生物等效性($|\theta| \leqslant 0.20$).   ◇

R笔记7.4（经验影响值） 函数"boot.ci"中的"type="bca""选项默认通过回归方法计算经验影响值. 例7.14的方法和计算经验水手刀值的一般水手刀法是一样的. 关于"empinf"和"usual.jack"可以参见文献[63, 第5章]及其代码.

例7.16（使用"boot.ci"的BCa自助法置信区间）.

使用程序包"boot"[34]提供的函数"boot.ci"计算例7.5和例7.10中生物等效性比率统计量的BCa置信区间.

```
boot.obj <- boot(x, statistic = stat, R=2000)
boot.ci(boot.obj, type=c("perc", "bca"))
```

同时给出百分位数置信区间以作比较.

```
BOOTSTRAP CONFIDENCE INTERVAL CALCULATIONS
Based on 2000 bootstrap replicates

CALL : boot.ci(boot.out = boot.obj, type = c("perc", "bca"))

Intervals :
Level      Percentile         BCa
95%    (-0.2368, 0.1824 ) (-0.2221, 0.2175 )
Calculations and Intervals on Original Scale
```

◇

7.6 应用：交叉验证

交叉验证是一个数据划分方法，它可以用来评估参数估计的稳定性、分类算法的精度和拟合模型的恰当性，还可以用在很多其他应用中. 水手刀法可以看成是交叉验证的一种特殊情况，因为它主要用来对一个估计量的偏差和标准误差进行估计.

在构建分类器时，研究人员可以把数据分为训练集和检验集. 只使用训练集中的数据估计模型，然后在检验集上运行分类器来估计误分类率. 也可以类似地评估模型的拟合，即在模型估计时保留一个检验集，然后使用检验集来观察模型对新检验数据的适应情况.

"n折" 交叉验证是另一种交叉验证，它将数据分成 n 个检验集（现在称为检验点）. 这种 "缺一法" 和水手刀法类似. 数据可以被分为任意的 K 部分，所以有 K 个检验集. 模型拟合时依次去掉一个检验集，所以模型拟合需要进行 K 次.

例7.17 (模型选择).

"ironslag" ("DAAG")数据[185]有53个含铁量的测量结果，这些结果是由两种方法得到的，分别是化学法("chemical")和磁性法("magnetic")（参见文献[126]中的 "iron.dat"）. 图7.2中的数据散点图显示化学变量和磁性变量是正相关的，但可能不是线性关系. 从图中可以看出二次多项式模型、指数模型或对数模型可能都比线性模型拟合得要好.

在模型选择中有多个步骤，我们主要集中在预测误差上. 可以使用交叉验证来估计预测误差，这时不用对误差变量做出很强的分布假设.

我们所推荐的从化学度量(X) 预测磁性度量(Y)的模型为

1. 线性：$Y = \beta_0 + \beta_1 X + \varepsilon$；
2. 二次：$Y = \beta_0 + \beta_1 X + \beta_2 X^2 + \varepsilon$；
3. 指数：$\log(Y) = \log(\beta_0) + \beta_1 X + \varepsilon$；
4. 双对数：$\log(Y) = \beta_0 + \beta_1 \log(X) + \varepsilon$.

下面给出估计这4个模型的参数的代码. 对每个模型绘制带有数据的预测响应图, 并在图7.2中给出. 使用"par(mfrow=c(2,2))"来显示这4幅图.

```
library(DAAG); attach(ironslag)
a <- seq(10, 40, .1)      #sequence for plotting fits


L1 <- lm(magnetic ~ chemical)
plot(chemical, magnetic, main="Linear", pch=16)
yhat1 <- L1$coef[1] + L1$coef[2] * a
lines(a, yhat1, lwd=2)


L2 <- lm(magnetic ~ chemical + I(chemical^2))
plot(chemical, magnetic, main="Quadratic", pch=16)
yhat2 <- L2$coef[1] + L2$coef[2] * a + L2$coef[3] * a^2
lines(a, yhat2, lwd=2)


L3 <- lm(log(magnetic) ~ chemical)
plot(chemical, magnetic, main="Exponential", pch=16)
logyhat3 <- L3$coef[1] + L3$coef[2] * a
yhat3 <- exp(logyhat3)
lines(a, yhat3, lwd=2)


L4 <- lm(log(magnetic) ~ log(chemical))
plot(log(chemical), log(magnetic), main="Log-Log", pch=16)
logyhat4 <- L4$coef[1] + L4$coef[2] * log(a)
lines(log(a), logyhat4, lwd=2)
```

模型建立之后, 我们希望评估一下拟合度. 可以使用交叉验证来估计预测误差.

用n折（缺一法）交叉验证估计预测误差的方法

1. 对$k = 1, \cdots, n$, 令观测值(x_k, y_k)为检验点并使用剩余观测值来拟合模型:

(a)只使用训练集中的$n - 1$个观测值$(x_i, y_i), i \neq k$来拟合模型;

(b)对检验点计算预测响应$\hat{y}_k = \hat{\beta}_0 + \hat{\beta}_1 x_k$;

(c)计算预测误差$e_k = y_k - \hat{y}_k$;

2. 估计预测误差二次方的均值$\hat{\sigma}_\varepsilon^2 = \frac{1}{n} \sum_{k=1}^{n} e_k^2$.

例7.18 (模型选择: 交叉验证).

通过交叉验证来选择例7.17中的模型.

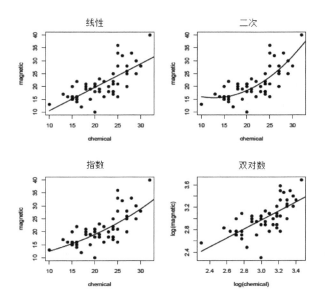

图 7.2 例7.17基于ironslag数据提出的4个模型

```
n <- length(magnetic)    #in DAAG ironslag
e1 <- e2 <- e3 <- e4 <- numeric(n)

# for n-fold cross validation
# fit models on leave-one-out samples
for (k in 1:n) {
    y <- magnetic[-k]
    x <- chemical[-k]

    J1 <- lm(y ~ x)
    yhat1 <- J1$coef[1] + J1$coef[2] * chemical[k]
    e1[k] <- magnetic[k] - yhat1

    J2 <- lm(y ~ x + I(x^2))
    yhat2 <- J2$coef[1] + J2$coef[2] * chemical[k] +
            J2$coef[3] * chemical[k]^2
    e2[k] <- magnetic[k] - yhat2

    J3 <- lm(log(y) ~ x)
    logyhat3 <- J3$coef[1] + J3$coef[2] * chemical[k]
    yhat3 <- exp(logyhat3)
```

```
      e3[k] <- magnetic[k] - yhat3

      J4 <- lm(log(y) ~ log(x))
      logyhat4 <- J4$coef[1] + J4$coef[2] * log(chemical[k])
      yhat4 <- exp(logyhat4)
      e4[k] <- magnetic[k] - yhat4
   }
```

下面的预测误差估计是通过n折交叉验证得到的.

```
> c(mean(e1^2), mean(e2^2), mean(e3^2), mean(e4^2))
[1] 19.55644 17.85248 18.44188 20.45424
```

根据预测误差标准, 模型2(二次模型)可能最适合该数据.

```
> L2
Call:
lm(formula = magnetic ~ chemical + I(chemical^2))
Coefficients:
(Intercept)    chemical  I(chemical^2)
   24.49262    -1.39334        0.05452
```

模型2的拟合回归方程为

$$\hat{Y} = 24.49262 - 1.39334X + 0.05452X^2.$$

图7.3给出了模型2的残差图. 通过"plot(L2)"可以很容易地得到残差图. 类似的图可以按照下面方法给出.

```
par(mfrow = c(1, 2))     #layout for graphs
plot(L2$fit, L2$res)     #residuals vs fitted values
abline(0, 0)             #reference line
qqnorm(L2$res)           #normal probability plot
qqline(L2$res)           #reference line
par(mfrow = c(1, 1))     #restore display
```

拟合的二次模型的部分概要如下.

```
Residuals:
    Min      1Q  Median      3Q     Max
-8.4335 -2.7006 -0.2754  2.5446 12.2665
Residual standard error: 4.098 on 50 degrees of freedom
Multiple R-Squared: 0.5931, Adjusted R-squared: 0.5768
```

在二次模型中预测项 X 和 X^2 高度相关. 另一种使用正交多项式的方法可以参见 "poly". ◇

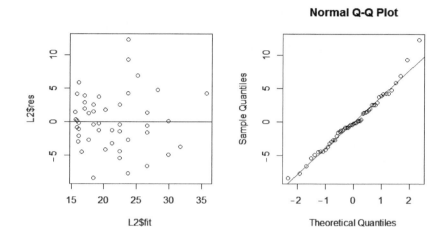

图 7.3 例7.17中ironslag 数据二次模型的残差图

练习

7.1 计算例7.2中相关性统计量的偏差和标准误差的水手刀法估计.

7.2 参考 "law" 数据("bootstrap"). 使用基于自助法的水手刀法估计$se(R)$的自助法估计的标准误差.

7.3 对例7.2中的相关性统计量("bootstrap" 中的 "law" 数据)给出一个自助法t置信区间估计.

7.4 参考 "boot" 程序包中提供的空调数据集 "aircondit". 以下12个观测值是空调设备两次故障之间的小时数[63,例1.1]：

$$3, 5, 7, 18, 43, 85, 91, 98, 100, 130, 230, 487.$$

假设故障之间的时间服从指数模型Exp(λ). 给出故障率λ的极大似然估计，并使用自助法对该估计的偏差和标准误差进行估计.

7.5 参考练习7.4. 分别使用标准正态、基本、百分位数和BCa方法计算故障间隔平均时间$1/\lambda$的95%自助法置信区间. 比较这些区间并解释它们为什么不同.

7.6 Efron 和 Tibshirani 讨论了88个参加了五门考试的学生的考试成绩数据 "scor" ("bootstrap")（参见文献[84，表格7.1]和文献[188，表格1.2.1]）. 前两个考试（力学、向量）是闭卷的，后三个考试（代数、分析、统计）是开卷的. 数据框的第i行是第i个学生的成绩集$(x_{i1}, \cdots, x_{i5})$. 使用面板显示每一组考试成绩的散点图. 将得到的图与样本相关矩阵进行比较. 给出下面估计的标准误差的自助法估计：$\hat{\rho}_{12} = \hat{\rho}(\text{mec, vec})$、$\hat{\rho}_{34} = \hat{\rho}(\text{alg, ana})$、$\hat{\rho}_{35} = \hat{\rho}(\text{alg, sta})$和$\hat{\rho}_{45} = \hat{\rho}(\text{ana, sta})$.

7.7 参考练习7.6. Efron和Tibshirani讨论了下面这样一个例子[84, 第7章]. 五维成绩数据的5×5协方差矩阵$\boldsymbol{\Sigma}$具有正的特征值$\lambda_1 > \cdots > \lambda_5$. 在主成分分析中

$$\theta = \frac{\lambda_1}{\displaystyle\sum_{j=1}^{5} \lambda_j}$$

给出了第一主成分解释的方差所占的比例. 令$\hat{\lambda}_1 > \cdots > \hat{\lambda}_5$是$\boldsymbol{\Sigma}$的特征值，其中$\hat{\boldsymbol{\Sigma}}$是$\boldsymbol{\Sigma}$的极大似然估计. 计算$\theta$的样本估计

$$\hat{\theta} = \frac{\hat{\lambda}_1}{\displaystyle\sum_{j=1}^{5} \hat{\lambda}_j},$$

并使用自助法估计$\hat{\theta}$的偏差和标准误差.

7.8 参考练习7.7. 给出$\hat{\theta}$的偏差和标准误差的水手刀法估计.

7.9 参考练习7.7. 计算$\hat{\theta}$的95%百分位数置信区间和BCa置信区间.

7.10 在例7.18中，使用了"缺一法"（n折）交叉验证来选择最佳拟合模型. 将双对数模型换为三次多项式模型并重复分析过程. 使用交叉验证法会选出哪一个模型？根据R^2的最大调整又会选出哪一个模型？

7.11 在例7.18中，使用了"缺一法"（n折）交叉验证来选择最佳拟合模型. 试使用"缺二法"交叉验证来比较模型.

习题

7.A 设计一个蒙特卡罗学习来估计标准正态自助法置信区间、基本自助法置信区间和百分位数自助法置信区间的覆盖率. 从正态总体中抽样并检验对样本均值的覆盖率. 分别给出置信区间在左侧遗漏的次数比例和在右侧遗漏的次数比例.

7.B 对样本偏度统计量重做习题7.A. 比较正态总体（偏度为0）和$\chi^2(5)$分布（具有正偏度）的覆盖率.

第8章 置 换 检 验

8.1 引言

置换检验是以重抽样为基础的，但和一般的自助法不同，它是无放回的重抽样. 置换检验经常被作为一般假设

$$H_0 : F = G, \ H_1 : F \neq G \tag{8.1}$$

的非参数检验，其中F和G是两个未指明的分布. 在零假设下，服从F和G的样本以及混合样本都是服从相同分布F的随机样本. 从混合样本中不放回地重抽样来生成比较分布的双样本检验统计量的重复试验. 独立性、关联性、位置和公共尺度等非参数检验都可以通过置换检验来实现. 比如在一个多元独立性检验

$$H_0 : F_{X,Y} = F_X F_Y, \ H_1 : F_{X,Y} \neq F_X F_Y \tag{8.2}$$

中，在零假设下样本中的数据并不需要匹配，并且对任何一个样本的行标签（观测值）进行置换得到的成对样本是等可能性的. 任何度量相依性的统计量都可以用在置换检验中.

使用类似方法也可将置换检验用于多样本问题. 比如为了检验

$$H_0 : F_1 = \cdots = F_k, \ H_1 : F_1 \neq F_j \ 对于某些i, j \tag{8.3}$$

可以从k重混合样本中不放回地抽样. 这样任意多样本问题的统计量都可以用在置换检验中.

本章将介绍一般假设，即式(8.1)和式(8.2)的置换检验的几种应用. 关于置换检验的背景、例子和进一步讨论可以参见Efron和Tibshirani的著作[84, 第15章]或Davison 和Hinkley的著作.

置换分布

假设两个随机样本$X_1, \cdots, X_n$和$Y_1, \cdots, Y_m$分别服从分布F_X和F_Y. 令Z为有序集合$\{X_1, \cdots, X_n, Y_1, \cdots, Y_m\}$，指标集为

$$\nu = \{1, \cdots, n, n+1, \cdots, n+m\} = \{1, \cdots, N\},$$

那么，当$1 \leqslant i \leqslant n$时，$Z_i = X_i$；当$n+1 \leqslant i \leqslant n+m$时，$Z_i = Y_{i-n}$. 令$Z^* = (X^*, Y^*)$表示混合样本$Z = X \cup Y$的一个划分，其中$X^*$含有$n$个元素，$Y^*$含有$N - n = m$个元素. 那么$Z^*$对应着整数集$\nu$的一个置换$\pi$，其中$Z_i^* = Z_{\pi(i)}$. 而$\pi(\nu)$的前$n$个指标共有$\binom{N}{n}$种选择，因此总共有$\binom{N}{n}$种方式将混合样本$Z$划分为两个大小分别为$n$和$m$的子集.

置换引理[84, p207]指出在零假设$H_0 : F_X = F_Y$下，一个随机选择的Z^*等于它的任何可能值的概率均为

$$\frac{1}{\binom{N}{n}} = \frac{n! m!}{N!},$$

即如果$F_X = F_Y$，那么所有的置换都是等可能的.

如果$\hat{\theta}(X, Y) = \hat{\theta}(Z, \nu)$是一个统计量，那么$\hat{\theta}^*$的置换分布为重复试验

$$
\begin{aligned}
\hat{\theta}^* &= \left\{ \hat{\theta}(Z, \pi_j(\nu)), j = 1, \cdots, \binom{N}{n} \right\} \\
&= \left\{ \hat{\theta}^{(j)} \big| \pi_j(\nu) \text{是}\nu\text{的一个置换} \right\}
\end{aligned}
$$

的分布. $\hat{\theta}^*$的累积分布函数通过

$$F_{\theta*}(t) = P(\hat{\theta}^* \leqslant t) = \binom{N}{n}^{-1} \sum_{j=1}^{N} I(\hat{\theta}^{(j)} \leqslant t) \tag{8.4}$$

给出.

这样，如果使用$\hat{\theta}$来检验一个假设并且$\hat{\theta}$的较大值都是显著的，那么当$\hat{\theta}$相对于置换重复试验的分布较大时置换检验将拒绝零假设. 观测统计量的基于样本的显著性水平(Achieved Significance Level, ASL)为概率

$$P(\hat{\theta}^* \geqslant \hat{\theta}) = \binom{N}{n}^{-1} I(\hat{\theta}^{(j)} \geqslant \hat{\theta}),$$

其中$\hat{\theta} = \hat{\theta}(Z, \nu)$是在观测样本上计算的统计量. 基于$\hat{\theta}$的低尾或双尾检验的基于样本的显著性水平(ASL)可以类似计算.

在实际中，除非样本容量非常小，否则对所有$\binom{N}{n}$个置换计算检验统计量的话计算开销会非常大. 我们可以通过不放回地抽取大量样本来实现一个近似置换检验.

近似置换检验法

1. 计算观测统计量$\hat{\theta}(X, Y) = \hat{\theta}(Z, \nu)$.

2. 对第b次重复试验$(b = 1, \cdots, B)$.

(a)生成一个随机置换$\pi_b = \pi(\nu)$；

(b)计算统计量$\hat{\theta}^{(b)} = \hat{\theta}^*(Z, \pi_b)$.

3. 如果$\hat{\theta}$的较大值支持备择假设，则通过

$$\hat{p} = \frac{1 + \#\{\hat{\theta}^{(b)} \geqslant \hat{\theta}\}}{B + 1} = \frac{\left\{ 1 + \sum\limits_{b=1}^{B} I(\hat{\theta}^{(b)} \geqslant \hat{\theta}) \right\}^{\ominus}}{B + 1}$$

$\ominus$式中的"#"表示个数.—— 译者注

来计算基于样本的显著性水平（经验p值). 对低尾或双尾检验可以类似计算$\hat{p}$.

4. 在显著性水平α下，如果$\hat{p} \leqslant \alpha$，那么拒绝H_0.

$\hat{p}$的公式由Davison和Hinkley[63, p159]给出，他们认为最少99个、最多999个随机置换就够了.

下面通过一个具体的例子来给出实现近似置换检验的方法. 尽管"boot"函数[34]可以用来生成重复试验，但这里没有必要使用它. 在8.3节的例子中就将对一个多元置换检验使用"boot"函数.

例8.1 (统计量的置换分布).

本例对R中"chickwts"数据的一个小样本给出了一个统计量的置换分布. 对6群食用了不同饲料添加剂的刚孵化的小鸡记录它们的质量（用g表示). 总共有6种类型的饲料添加剂. 通过"boxplot(formula(chickwts))"可以快速显示数据的图形化摘要. 从这个图（未显示）中可以看出，食用了大豆(soybean)和亚麻籽(linseed)的鸡群质量是相似的. 下面比较一下这两个鸡群的质量分布.

```
attach(chickwts)
x <- sort(as.vector(weight[feed == "soybean"]))
y <- sort(as.vector(weight[feed == "linseed"]))
detach(chickwts)
```

对两个样本的小鸡质量进行排序，结果如下

```
X: 158 171 193 199 230 243 248 248 250 267 271 316 327 329
Y: 141 148 169 181 203 213 229 244 257 260 271 309
```

可以通过多种方式对两个鸡群进行比较. 比如比较样本均值、样本中数或其他切尾均值. 更一般地，我们可以考虑两个变量的分布是否不同，可以用任何一个能够度量两个样本差距的统计量来比较两个鸡群.

考虑样本均值. 如果两个样本是从等方差的正态总体中抽取的，那么我们可以使用双样本t检验. 样本均值为$\overline{X} = 246.4286$和$\overline{Y} = 218.7500$. 双样本t统计量为$T = 1.3246$. 但是在这个问题中质量的分布未知. 我们可以通过不需要任何分布假设的置换检验来计算T的基于样本的显著性水平. 样本大小为$n = 14$和$m = 12$，所以总共有

$$\binom{n + m}{n} = \binom{26}{14} = \frac{26!}{14!12!} = 9\ 657\ 700$$

种方法将混合样本划分成两个大小分别为14和12 的子集. 可以看出即使对小样本而言，枚举混合样本的所有可能划分也是不切实际的. 一个代替的方法是生成大量的置换样本，从而得到重复试验的近似置换分布. 不放回地从$1 : N$中随机选取n个指标，这n个指标决定了一个随机选择划分(X^*, Y^*). 通过这种方法我们可以生成大量的置换样本. 接下来比较观测统计量T和重复试验T^*.

下面给出双样本t统计量的近似置换检验法.

```
R <- 999                    #number of replicates
z <- c(x, y)                #pooled sample
K <- 1:26
reps <- numeric(R)          #storage for replicates
t0 <- t.test(x, y)$statistic

for (i in 1:R) {
    #generate indices k for the first sample
    k <- sample(K, size = 14, replace = FALSE)
    x1 <- z[k]
    y1 <- z[-k]             #complement of x1
    reps[i] <- t.test(x1, y1)$statistic
    }
p <- mean(c(t0, reps) >= t0)

> p
[1] 0.101
```

$\hat{p}$值是大于等于观测检验统计量的重复试验T^*的比例（近似p值）. 对双尾检验，$\hat{p} \leqslant 0.5$时基于样本的显著性水平为$2\hat{p}$，$\hat{p} > 0.5$时达到显著性水平为$2(1 - \hat{p})$. 基于样本的显著性水平为0.202，所以不拒绝零假设. 作为对比，双样本t检验给出的p值为0.198. T的重复试验的直方图可以通过下面的代码显示

```
hist(reps, main = "", freq = FALSE, xlab = "T (p = 0.202)",
    breaks = "scott")
points(t0, 0, cex = 1, pch = 16)            #observed T
```

该程序的结果在图8.1中给出.   ◇

8.2 同分布检验

假设$X = (X_1, \cdots, X_n)$和$Y = (Y_1, \cdots, Y_m)$是互相独立的随机样本且分别服从分布F和G. 我们希望检验假设$H_0 : F = G$, $H_1 : F \neq G$. 在零假设下，样本X、Y和混合样本$Z = X \cup Y$都是服从相同分布F的随机样本. 而且在零假设下，混合样本中任意大小为n的子集X^*和它的补集Y^*也表示服从分布F且相互独立的随机样本.

假设$\hat{\theta}$是一个双样本统计量，它可以在某种意义下度量F和G的差距. 不失一般性，我们假设$\hat{\theta}$的较大值支持备择假设$F \neq G$. 由置换引理可知，在零假设下，$\hat{\theta}^* = \hat{\theta}(X^*, Y^*)$的所有值都是等可能的. $\hat{\theta}^*$的置换分布由式(8.4)给出，并可以使用前面给出的精确置换检验或近似置换检验.

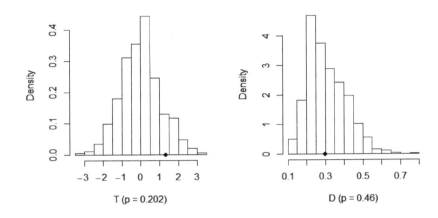

图 8.1　例8.1（左）和例8.2（右）中重复试验的置换分布

一元数据的双样本检验

应用等分布置换检验时需要选择一个能够度量两个分布之间差异的检验统计量. 比如在一元的情况下可以使用双样本Kolmogorov-Smirnov(K-S) 统计量或双样本Cramér-von Mises统计量. 在相关文献中还有许多其他统计量, 但是对一元分布来说K-S统计量是使用最多的. 下面的例子就使用了K-S 统计量.

例8.2 (K-S统计量的置换分布).

在例8.1中比较了大豆群和亚麻籽群的均值. 现在假定我们考虑两个鸡群之间的任何类型差异的检验. 考虑的假设为$H_0 : F = G$, $H_1 : F \neq G$, 其中F是食用了大豆添加剂的鸡的质量的分布, G是食用了亚麻籽添加剂的鸡的质量的分布. K-S统计量D是两个样本经验分布函数的绝对距离的最大值, 其定义形式为

$$D = \sup_{1 \leqslant i \leqslant N} |F_n(z_i) - G_m(z_i)|,$$

其中F_n为第一个样本$x_1, \cdots, x_n$的经验分布函数, G_m为第二个样本$y_1, \cdots, y_m$的经验分布函数. 注意$0 \leqslant D \leqslant 1$, D的较大值支持备择假设$F \neq G$. 可以使用 "ks.test" 来计算$D = D(X, Y) = 0.297\,619\,0$的观测值. 我们将$D$和重复试验$D^* = D(X^*, Y^*)$进行比较, 以此检验$D$的这个观测值是否有力支持备择假设.

```
# continues Example 8.1
R <- 999            #number of replicates
z <- c(x, y)        #pooled sample
K <- 1:26
D <- numeric(R)     #storage for replicates
```

```
options(warn = -1)
D0 <- ks.test(x, y, exact = FALSE)$statistic
for (i in 1:R) {
    #generate indices k for the first sample
    k <- sample(K, size = 14, replace = FALSE)
    x1 <- z[k]
    y1 <- z[-k]        #complement of x1
    D[i] <- ks.test(x1, y1, exact = FALSE)$statistic
    }
p <- mean(c(D0, D) >= D0)
options(warn = 0)
>p
[1] 0.46
```

近似基于样本的显著性水平(ASL)0.46并不支持分布不同的备择假设. D的重复试验的直方图可以通过下面代码显示

```
hist(D, main = "", freq = FALSE, xlab = "D (p = 0.46)",
    breaks = "scott")
points(D0, 0, cex = 1, pch = 16)        #observed D
```

结果在图8.1中给出.   ◇

R笔记8.1   在例8.2中，Kolmogorov-Smirnov 检验("ks.test")在每次试图计算 p值时都生成了一个警告，这是因为数据之间是有关联的. 由于我们并不使用 p值，所以可以忽略这些警告. 使用 "options(warn=-1)" 可以使控制台不显示警告和相关信息. 默认值为 "warn=0".

例8.3 (双样本K-S检验).

检验食用了葵花籽和亚麻籽的鸡群质量的分布是否不同. 和例8.2一样，我们使用K-S检验.

```
attach(chickwts)
x <- sort(as.vector(weight[feed == "sunflower"]))
y <- sort(as.vector(weight[feed == "linseed"]))
detach(chickwts)
```

样本大小为 $n = m = 12$，观测K-S检验统计量为 $D = 0.8333$. 下面的概要统计量显示两种鸡群的质量分布可能不同.

```
> summary(cbind(x, y))
```

```
        x              y
Min.   :226.0   Min.    :141.0
1st Qu.:312.8   1st Qu.:178.0
Median :328.0   Median :221.0
Mean   :328.9   Mean    :218.8
3rd Qu.:340.2   3rd Qu.:257.8
Max.   :423.0   Max.    :309.0
```

用葵花籽样本代替大豆样本重复例8.2中的模拟, 所得结果如下:

```
p <- mean(c(D0, D) >= D0)
> p
[1] 0.001
```

因此没有一个重复试验和观测统计量一样大. 这里的样本也印证了分布是不同的备择假设.   ◇

双样本问题的另一种一元检验是Cramér-von Mises检验[56, 281]. Cramér-von Mises统计量用于估计分布间的积分二次方距离, 其定义为

$$W_2 = \frac{mn}{(m+n)^2} \left[\sum_{i=1}^{n} (F_n(x_i) - G_m(x_i))^2 + \sum_{j=1}^{m} (F_n(y_j) - G_m(y_j))^2 \right],$$

其中F_n是样本$x_1, \cdots, x_n$的经验分布函数, G_m是样本$y_1, \cdots, y_m$的经验分布函数. W_2的较大值是显著的. Cramér-von Mises检验的实现过程留作练习.

下一节中讨论的多元检验也可以用来检验一元情况下的$H_0 : F = G$.

8.3 多元同分布检验

一元情况下双样本问题的典型方法都是以经验分布函数的比较为基础的, 比如Kolmogorov-Smirnov检验和Cramér-von Mises检验, 但这些方法在多元情况下并没有一个自然的自由分布延拓. 基于极大似然法的多元检验依赖于潜在总体的分布假设. 因此虽然可以对某些特殊情况使用似然估计, 但是它并不能用于一般的双样本或k样本问题, 而且它对这些假设的偏差并不稳定.

很多可以用于多元双样本问题的方法都需要通过一个计算方法来实现. Bickel[27]通过对混合样本添加限制条件构造了一个一元Smirnov检验的一致无分布多元延拓. Friedman和Rafsky[101]基于混合样本的最小生成树, 对双样本问题给出了Wald-Wolfowitz游程检验和Smirnov检验的无分布的多元延拓. 对多元问题还有一类一致的渐进无分布的检验, 这类检验是以最近邻为基础的[28, 139, 240]. 当所有的分布都连续时可以使用最近邻检验来检验k样本假设. Baringhaus和Franz[20]与Székely和Rizzo[261,262]各

自独立地给出了一个多元非参数的同分布检验，它是作为一个近似置换检验来实现的. 我们将讨论后面两种检验：最近邻检验和能量检验[226, 261].

在本节中我们用黑体来表示多元样本. 假设

$$\boldsymbol{X} = \{X_1, \cdots, X_{n_1}\} \in \mathbf{R}^d, \quad \boldsymbol{Y} = \{Y_1, \cdots, Y_{n_2}\} \in \mathbf{R}^d$$

是相互独立的随机样本$(d \geqslant 1)$. 混合数据矩阵为$\boldsymbol{Z}$，它是一个$n \times d$矩阵，每一行代表一个观测值：

$$\boldsymbol{Z}_{n \times d} = \begin{pmatrix} x_{1,1} & x_{1,2} & \cdots & x_{1,d} \\ x_{2,1} & x_{2,2} & \cdots & x_{2,d} \\ \vdots & \vdots & & \vdots \\ x_{n_1,1} & x_{n_1,2} & \cdots & x_{n_1,d} \\ y_{1,1} & y_{1,2} & \cdots & y_{1,d} \\ y_{2,1} & y_{2,2} & \cdots & y_{2,d} \\ \vdots & \vdots & & \vdots \\ y_{n_2,1} & y_{n_2,2} & \cdots & y_{n_2,d} \end{pmatrix} \tag{8.5}$$

其中$n = n_1 + n_2$.

最近邻检验

最近邻可以用于多元同分布检验. 有序样本元素间的距离是最近邻(Nearest Neighbor, NN)检验的基础，它可以用于分布函数连续的情况.

一般情况下距离为欧氏范数$\|z_i - z_j\|$. 最近邻(NN)检验以第1最近邻到第r最近邻偶合为基础. 考虑最简单的$r = 1$的情况. 举个例子，假如观测样本为例8.3中的质量

	[,1]	[,2]	[,3]	[,4]	[,5]	[,6]	[,7]	[,8]	[,9]	[,10]	[,11]	[,12]
x	423	340	392	339	341	226	320	295	334	322	297	318
y	309	229	181	141	260	203	148	169	213	257	244	271

那么$x_1 = 423$的第1最近邻为$x_3 = 392$，二者在相同样本中. $x_6 = 226$的第1最近邻为$y_2 = 229$，二者在不同样本中. 一般来讲，如果抽样分布是相等的，那么与在备择假设下相比混合样本通常有更少的最近邻偶合. 在本例中大多数最近邻都在相同的样本中.

令$\boldsymbol{Z} = \{X_1, \cdots, X_{n_1}, Y_1, \cdots, Y_{n_1}\}$为式(8.5)中的矩阵. 用$NN_1(Z_i)$表示$Z_i$的第1最近邻. 通过示性函数$I_i(1)$计算第1最近邻偶合的个数，该函数的定义如下：

$$I_i(1) = 1, \text{如果} Z_i \text{和} NN_1(Z_i) \text{属于相同的样本；}$$

$$I_i(1) = 0, \text{如果} Z_i \text{和} NN_1(Z_i) \text{属于不同的样本.}$$

第1最近邻统计量为第1最近邻偶合的比例

$$T_{n,1} = \frac{1}{n} \sum_{i=1}^{n} I_i(1),$$

其中$n = n_1 + n_2$. $T_{n,1}$的较大值支持了分布不同的备择假设.

类似地,用$NN_2(Z_i)$表示样本元素Z_i的第2最近邻并定义示性函数$I_i(2)$,当Z_i和$NN_2(Z_i)$在相同样本中时$I_i(2) = 1$,否则$I_i(2) = 0$. 第2最近邻统计量基于第1最近邻和第2最近邻偶合,其定义为

$$T_{n,2} = \frac{1}{2n} \sum_{i=1}^{n} (I_i(1) + I_i(2)).$$

通常Z_i的第r最近邻定义为满足下面条件的样本元素Z_j:$\|Z_i - Z_l\| \leqslant \|Z_i - Z_j\|$对恰好$r - 1$个下标成立($1 \leqslant l \leqslant n$且$l \neq i$). 用$NN_r(Z_i)$表示样本元素$Z_i$的第$r$最近邻. 对$i = 1, \cdots, n$定义示性函数$I_i(r)$:当$Z_i$和$NN_r(Z_i)$在相同样本中时$I_i(r) = 1$,否则$I_i(r) = 0$. 第$J$最近邻统计量用来度量第1最近邻到第$J$最近邻偶合的比例:

$$T_{n,J} = \frac{1}{nJ} \sum_{i=1}^{n} \sum_{r=1}^{J} I_i(r). \tag{8.6}$$

与在备择假设下相比,混合样本在同分布假设下通常具有更少的最近邻偶合,因此检验对$T_{n,J}$的较大值拒绝零假设. Henze[139]证明了对任何$\mathbf{R}^d$上的范数生成的距离一类最近邻统计量的极限分布都是正态的. 在欧氏范数的情况下,Schilling[240]对选定的n_1/n和d推导出了$T_{n,2}$的分布的均值和方差. 通常来讲,正态分布的参数很难解析地得到. 如果我们对混合样本附加条件来实现一个精确的置换检验,那么这个方法是无分布的. 可以按照前面给出的方法,将这个检验作为近似置换检验来实现.

注8.1 最近邻统计量是有序样本元素间距离的函数. 由于假设抽样分布是连续的,所以没有并列值. 因此正确的重抽样方法为不放回重抽样,相比于通常的自助法更应该使用置换检验. 在通常的自助法中,自助法样本中会出现很多的并列值.

寻找最近邻并不是一个平凡的计算问题,但却也已经有了一些快速算法[12, 13, 25]. 在程序包"knnFinder"$^{\ominus}$中就有一个快速最近邻方法"nn". 这个算法使用了kd 树. 该程序包的作者Kemp[160] 指出"kd 树的优势在于其时间复杂度为$O(M \log M)\cdots\cdots$,其中M 为所使用kd树的数据点的个数".

例8.4 (寻找最近邻).

下面的数值例子展示了使用"nn"函数("knnFinder")[160]寻找第1最近邻到第r最近邻的下标的过程. 混合数据矩阵$\mathbf{Z}$如式(8.5)所示.

```
library(knnFinder)  #for nn function

#generate a small multivariate data set
x <- matrix(rnorm(12), 3, 4)
```

$^{\ominus}$虽然现在CRAN中已经取消了"knnFinder"包,但可以使用"yaImpute"包中的"ann"函数来代替它. ——译者注

```
y <- matrix(rnorm(12), 3, 4)

z <- rbind(x, y)
o <- rep(0, nrow(z))

DATA <- data.frame(cbind(z, o))
NN <- nn(DATA, p = nrow(z)-1)
```

比如在下面的距离矩阵中，Z_1的第1最近邻到第5最近邻分别为Z_4、Z_2、Z_3、Z_5和Z_6.

```
> D <- dist(z)
> round(as.matrix(D), 2)
     1    2    3    4    5    6
1 0.00 2.82 2.91 1.19 2.55 2.24
2 2.82 0.00 2.90 2.08 3.57 3.27
3 2.91 2.90 0.00 2.89 4.43 3.95
4 1.19 2.08 2.89 0.00 1.86 1.52
5 2.55 3.57 4.43 1.86 0.00 0.58
6 2.24 3.27 3.95 1.52 0.58 0.00
```

函数nn返回的指标矩阵通过下面的方法给出最近邻. "$nn.idx"的第$i$行包含了$Z_i$的最近邻$NN_1(Z_i)$, $NN_2(Z_i)$, $\cdots$的下标（指标）. 由指标矩阵"$nn.idx"的第一行可以看出$Z_1$的第1最近邻到第5最近邻的指标分别为4, 2, 3, 5, 6.

```
> NN$nn.idx
  X1 X2 X3 X4 X5
1  4  2  3  5  6
2  1  5  3  4  6
3  5  4  2  1  6
4  1  3  5  2  6
5  3  2  4  1  6
6  5  3  4  2  1

> round(NN$nn.dist, 2)
    X1   X2   X3   X4   X5
1 1.88 2.29 2.69 2.87 3.94
2 2.29 2.45 2.60 3.27 3.69
3 0.43 2.14 2.60 2.69 3.52
4 1.88 2.14 2.52 3.27 3.66
```

```
5 0.43 2.45 2.52 2.87 3.48
6 3.48 3.52 3.66 3.69 3.94
```

在这个小数据集中很容易计算最近邻统计量. 比如$T_{n,1} = 2/6 \doteq 0.333$,

$$T_{n,2} = \frac{1}{2n}\sum_{i=1}^{n}(I_i(1) + I_i(2)) = \frac{1}{12}(2 + 1) = 0.25.$$

◇

例8.5 (最近邻统计量).

本例给出了一个由 "nn" ("knnFinder")的结果计算最近邻统计量的方法. 对例8.3中的 "chickwts" 数据计算$T_{n,3}$.

```
library(knnFinder)
with(chickwts, {
x <- as.vector(weight[feed == "sunflower"])
y <- as.vector(weight[feed == "linseed"])})
z <- c(x, y)
o <- rep(0, length(z))
z <- as.data.frame(cbind(z, o))
NN <- nn(z, p=3)
```

下面给出数据和指标矩阵 "NN\$nn.idx".

```
pooled sample    $nn.idx
      [,1]        X1  X2  X3
 [1,] 423         1   3   5   2
 [2,] 340         2   4   5   9
 [3,] 392         3   1   5   2
 [4,] 339         4   2   5   9
 [5,] 341         5   2   4   9
 [6,] 226         6  14  21  23
 [7,] 320         7  12  10  13
 [8,] 295         8  11  13  12
 [9,] 334         9   4   2   5
[10,] 322        10   7  12   9
[11,] 297        11   8  13  12
[12,] 318        12   7  10  13 I=1 if index <= 12
```

```
[13,] 309      13 12   7  11 I=1 if index > 12
[14,] 229      14  6  23  21
[15,] 181      15 20  18  21
[16,] 141      16 19  20  15
[17,] 260      17 22  24  23
[18,] 203      18 21  15   6
[19,] 148      19 16  20  15
[20,] 169      20 15  19  16
[21,] 213      21 18   6  14
[22,] 257      22 17  23  24
[23,] 244      23 22  14  17
[24,] 271      24 17  22   8
```

每个样本元素Z_i的前三个最近邻在第i行中. 在第一块中计算位于1和$n_1 = 12$中间的元的个数,在第二块中计算位于$n_1 + 1 = 13$和$n_1 + n_2 = 24$中间的元的个数.

```
block1 <- NN$nn.idx[1:12, ]
block2 <- NN$nn.idx[13:24, ]
i1 <- sum(block1 < 12.5)
i2 <- sum(block2 > 12.5)

> c(i1, i2)
[1] 29 29
```

则有

$$T_{n,3} = \frac{1}{3n} \sum_{i=1}^{n} \sum_{j=1}^{3} I_i(j) = \frac{1}{3(24)}(29 + 29) = 58/72 = 0.8055556.$$

◇

例8.6 (最近邻检验).

通过"boot"程序包中的"boot"函数可以对例8.5中的$T_{n,3}$进行置换检验.

```
library(boot)
#continues the previous example
#uses package knnFinder loaded in prev. example

Tn3 <- function(z, ix, sizes) {
    n1 <- sizes[1]
    n2 <- sizes[2]
```

```
    n <- n1 + n2
    z <- z[ix, ]
    o <- rep(0, NROW(z))
    z <- as.data.frame(cbind(z, o))
    NN <- nn(z, p=3)
    block1 <- NN$nn.idx[1:n1, ]
    block2 <- NN$nn.idx[(n1+1):n, ]
    i1 <- sum(block1 < n1 + .5)
    i2 <- sum(block2 > n1 + .5)
    return((i1 + i2) / (3 * n))
}
N <- c(12, 12)

boot.obj <- boot(data = z, statistic = Tn3,
    sim = "permutation", R = 999, sizes = N)
```

注意置换样本也可以使用"sample"函数生成. 模拟结果为

```
> boot.obj
DATA PERMUTATION
Call: boot(data = z, statistic = Tn3, R = 999,
      sim = "permutation", sizes = N)


Bootstrap Statistics :
     original    bias    std. error
t1* 0.8055556 -0.3260066 0.07275428

> tb <- c(boot.obj$t, boot.obj$t0)
> mean(tb >= boot.obj$t0)
  [1] 0.001

> boot.obj
DATA PERMUTATION
Call: boot(data = z, statistic = Tn3, R = 999,
      sim = "permutation", sizes = N)


Bootstrap Statistics :
     original    bias    std. error
t1* 0.8055556 -0.3260066 0.07275428
```

当然"boot"的输出不含p值，这是因为"boot"并不知道检验了什么假设. 控制台打印出了一个"boot"对象的摘要. "boot"对象本身就是一个包含了检验统计量的置换重复试验等其他内容的列表. 可以从"$t0"中的观测统计量和"$t"中的重复试验得到检验决策.

```
> tb <- c(boot.obj$t, boot.obj$t0)
> mean(tb >= boot.obj$t0)
  [1] 0.001
```

基于样本的显著性水平为$\hat{p} = 0.001$，因此拒绝同分布的假设. 图8.2中给出了$T_{n,3}$的重复试验的直方图.

```
hist(tb, freq=FALSE, main="",
          xlab="replicates of T(n,3) statistic")
points(boot.obj$t0, 0, cex=1, pch=16)
```

◇

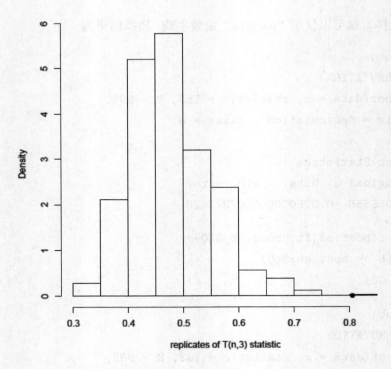

图 8.2   例8.6中$T_{n,3}$的置换分布

多元第r最近邻检验可以通过一个近似置换检验来实现. 首先，给出一个对任意给定的(n_1, n_2, r)和混合样本行指标的置换计算统计量$T_{n,r}$的函数. 然后类似例8.6中置换检验的实现过程，使用"boot"函数或使用"sample"生成置换.

能量同分布检验

能量距离或e距离统计量$\mathcal{E}_n$定义为

$$\mathcal{E}_n = e(\boldsymbol{X}, \boldsymbol{Y}) = \frac{n_1 n_2}{n_1 + n_2}\Big(\frac{2}{n_1 n_2}\sum_{i=1}^{n_1}\sum_{j=1}^{n_2}||X_i - Y_j|| -$$

$$\frac{1}{n_1^2}\sum_{i=1}^{n_1}\sum_{j=1}^{n_1}||X_i - X_j|| - \frac{1}{n_2^2}\sum_{i=1}^{n_2}\sum_{j=1}^{n_2}||Y_i - Y_j||\Big). \qquad (8.7)$$

命名为"能量"的原因以及一般情况下能量统计量的概念可以参见文献[258, 259]. 由下面的不等式可以推出$e(\boldsymbol{X}, \boldsymbol{Y})$的非负性. 如果$\boldsymbol{X}, \boldsymbol{X}', \boldsymbol{Y}, \boldsymbol{Y}'$是$\mathbb{R}^d$中具有有限期望且互相独立的随机向量, $\boldsymbol{X} \stackrel{D}{=} \boldsymbol{X}', \boldsymbol{Y} \stackrel{D}{=} \boldsymbol{Y}'$, 那么

$$2E||\boldsymbol{X} - \boldsymbol{Y}|| - E||\boldsymbol{X} - \boldsymbol{X}'|| - E||\boldsymbol{Y} - \boldsymbol{Y}'|| \geqslant 0, \qquad (8.8)$$

等式成立, 当且仅当$\boldsymbol{X}$和$\boldsymbol{Y}$是同分布的[262, 263]. $\boldsymbol{X}$和$\boldsymbol{Y}$的分布之间的$\mathcal{E}$距离为

$$\mathcal{E}(\boldsymbol{X}, \boldsymbol{Y}) = 2E||\boldsymbol{X} - \boldsymbol{Y}|| - E||\boldsymbol{X} - \boldsymbol{X}'|| - E||\boldsymbol{Y} - \boldsymbol{Y}'||,$$

且经验距离$\mathcal{E}_n = e(\boldsymbol{X}, \boldsymbol{Y})$为一个常数乘以$\mathcal{E}(\boldsymbol{X}, \boldsymbol{Y})$的嵌入式估计量.

很明显, 较大的e距离对应着不同的分布. 和一元经验分布函数(edf)统计量类似, e距离可以用来度量分布间的距离. 但是和经验分布函数(edf)统计量比较起来, e距离并不依赖于分类表的概念, 并且由定义可知e距离是对多元的分布间距离的度量.

如果$\boldsymbol{X}$和$\boldsymbol{Y}$不是同分布的, 且$n = n_1 + n_2$, 那么$E[\mathcal{E}_n]$逼近于一个常数乘以n. 由于样本大小n趋于无穷, 在零假设下$E[\mathcal{E}_n]$趋于一个常数, 在备择假设下$E[\mathcal{E}_n]$趋于无穷. $\mathcal{E}_n$的期望值以及$\mathcal{E}_n$本身, 在零假设下（依分布）收敛, 在备择假设下（随机地）趋于无穷. 基于$\mathcal{E}_n$的同分布检验对所有具有有限一阶矩的备择假设来说都是一致的[261, 262]. $\mathcal{E}_n$的渐进分布是中心化的高斯随机变量的二次型, 其系数依赖于$\boldsymbol{X}$和$\boldsymbol{Y}$的分布.

为了实现这个检验, 假设$\boldsymbol{Z}$和式(8.5)中一样, 是混合样本的$n \times d$数据矩阵. 对$\boldsymbol{Z}$的行指标进行置换运算. 检验统计量的计算的时间复杂度为$O(n^2)$, 其中$n = n_1 + n_2$为混合样本的大小（在一元情况下, 该统计量可以写成次序统计量的线性组合, 其时间复杂度为$O(n \log n)$）.

例8.7 (双样本能量统计量).

"energy"程序包[226]中的"eqdist.etest"可以实现近似置换能量检验. 但是为了说明一个多元置换检验实现过程的具体细节, 下面我们给出一个R版本. 注意"energy"程序包的实现过程要比下面的例子快得多, 因为在"eqdist.etest"中检验统计量的计算都是在外部的C库中实现的.

$\mathcal{E}_n$统计量是样本元素间两两距离的函数. 距离在任何指标置换下保持不变, 所以没有必要再对每个置换样本重新计算距离. 但是有必要给出一种给定指标置换时在原距离矩阵中寻找正确距离的方法.

```
edist.2 <- function(x, ix, sizes) {
# computes the e-statistic between 2 samples
# x:          Euclidean distances of pooled sample
# sizes:      vector of sample sizes
# ix:         a permutation of row indices of x

dst <- x
n1 <- sizes[1]
n2 <- sizes[2]
ii <- ix[1:n1]
jj <- ix[(n1+1):(n1+n2)]
w <- n1 * n2 / (n1 + n2)

# permutation applied to rows & cols of dist. matrix
m11 <- sum(dst[ii, ii]) / (n1 * n1)
m22 <- sum(dst[jj, jj]) / (n2 * n2)
m12 <- sum(dst[ii, jj]) / (n1 * n2)
e <- w * ((m12 + m12) - (m11 + m22))
return (e)
}
```

下面生成 $\mathbf{R}^d$ 中的模拟样本, 这些样本所服从的分布位置不同. 第一个分布集中在 $\boldsymbol{\mu}_1 = (0, \cdots, 0)^{\mathrm{T}}$, 第二个分布则集中在 $\boldsymbol{\mu}_2 = (a, \cdots, a)^{\mathrm{T}}$.

```
d <- 3
a <- 2 / sqrt(d)
x <- matrix(rnorm(20 * d), nrow = 20, ncol = d)
y <- matrix(rnorm(10 * d, a, 1), nrow = 10, ncol = d)
z <- rbind(x, y)
dst <- as.matrix(dist(z))

> edist.2(dst, 1:30, sizes = c(20, 10))
[1] 9.61246
```

检验统计量的观测值为 $\mathcal{E}_n = 9.61246$.　　　　　　　　　　　　　　　　　　◇

函数 "edist.2" 被设计用于和 "boot" ("boot")函数[34]一起实现置换检验. 或者使用 "sample" 函数生成置换向量 "ix". 下面的例子使用了 "boot" 函数.

例8.8 (双样本能量检验).

本例展示了如何使用"boot"函数来实现一个近似置换检验（使用多元检验统计量函数）. 对例8.7中的数据矩阵"z"应用置换检验.

```
library(boot)  #for boot function
dst <- as.matrix(dist(z))
N <- c(20, 10)

boot.obj <- boot(data = dst, statistic = edist.2,
    sim = "permutation", R = 999, sizes = N)


> boot.obj

DATA PERMUTATION

Call: boot(data = dst, statistic = edist.2, R = 999,
    sim = "permutation", sizes = N)

Bootstrap Statistics :
     original     bias   std. error
t1* 9.61246   -7.286621   1.025068
```

"boot"生成的置换向量和参数"data"具有相同的长度. 如果"data"是一个向量, 那么"boot"生成的置换向量的长度也将等于向量"data"的长度. 如果"data"是一个矩阵, 那么置换向量的长度等于矩阵的行数. 因此必须将"dist"对象转化为 $n \times n$ 的距离矩阵.

对自助法对象中的重复试验进行计算得到基于样本的显著性水平.

```
e <- boot.obj$t0
tb <- c(e, boot.obj$t)
mean(tb >= e)
[1] 0.001

hist(tb, main = "", breaks="scott", freq=FALSE,
    xlab="Replicates of e")
points(e, 0, cex=1, pch=16)
```

没有一次重复试验超过检验统计量的观测值9.61246. 且近似基于样本的显著性水平为0.001, 因此我们拒绝同分布假设. 图8.3a给出了 $\mathcal{E}_n$ 的重复试验.

"boot"函数给出的较大的偏差估计说明了检验统计量很大，这是因为$\mathcal{E}(\boldsymbol{X}, \boldsymbol{Y}) \geqslant 0$，当且仅当抽样分布相等时$\mathcal{E}(\boldsymbol{X}, \boldsymbol{Y}) = 0$.

最后我们验证抽样分布相同时的检验结果.

```
#energy test applied under F=G
d <- 3
a <- 0
x <- matrix(rnorm(20 * d), nrow = 20, ncol = d)
y <- matrix(rnorm(10 * d, a, 1), nrow = 10, ncol = d)
z <- rbind(x, y)
dst <- as.matrix(dist(z))

N <- c(20, 10)
dst <- as.matrix(dist(z))
boot.obj <- boot(data = dst, statistic = edist.2,
    sim="permutation", R=999, sizes=N)
boot.obj

#calculate the ASL
e <- boot.obj$t0
E <- c(boot.obj$t, e)
mean(E >= e)
[1] 0.742
hist(E, main = "", breaks="scott",
    xlab="Replicates of e", freq=FALSE)
points(e, 0, cex=1, pch=16)
```

在第二个例子中近似基于样本的显著性水平为0.742，因此接受同分布假设. 注意这里的偏差估计很小. 图8.3b给出了重复试验的直方图.   ◇

$\mathcal{E}$距离和双样本e统计量$\mathcal{E}_n$可以很容易推广到k样本问题中去. 比如参考函数"edist"（"energy"），它返回一个和"dist"对象不同的对象.

例8.9 (k样本能量距离).

例8.7中的函数"edist.2"是程序包"energy"[226]中的函数"edist"的双样本版本，"edist"可以计算$k \geqslant 2$个样本间的经验$\mathcal{E}$距离，其语法为

```
edist(x, sizes, distance=FALSE, ix=1:sum(sizes), alpha=1)
```

参数"alpha"是欧氏距离中的指数α，满足$0 < \alpha \leqslant 2$.

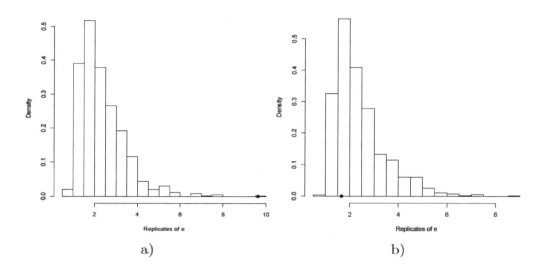

图 8.3 例8.8中双样本e统计量重复试验的置换分布

对所有的$0 < \alpha < 2$，对应的$e^{(\alpha)}$距离给出了一个统计学上对所有具有有限一阶矩的随机向量一致的同分布检验[262].

考虑四维鸢尾花("iris")数据. 对三个种类的鸢尾花计算e距离矩阵.

```
library(energy)  #for edist
z <- iris[ , 1:4]
dst <- dist(z)

> edist(dst, sizes = c(50, 50, 50), distance = TRUE)
        1          2
2 123.55381
3 195.30396  38.85415
```

以具有合适权重函数的k样本e距离为基础我们可以得到一个k样本同分布假设的检验. ◇

最近邻检验和能量检验的比较

例8.10 (功效比较).

在模拟试验中我们将比较基于$T_{n,3}$，即式(8.6)的第3最近邻检验和基于$\mathcal{E}_n$，即式(8.7)的能量检验的经验功效. 比较的分布在位置上不同. 从10 000对样本的置换检验的模拟中分别对$\delta = 0, 0.5, 0.75, 1$估计经验功效. 每个置换检验决策基于499次置换重复试验（表格中的每一项都需要5×10^6次检验统计量的计算）. 下面对选定的备择假设、样本大小和维数在显著性水平$\alpha = 0.1$的条件下给出经验结果. 在我们的模拟中，

$T_{n,3}$和$\mathcal{E}_n$都达到了近似正确的经验显著性（参见表8.1中$\delta = 0$的情况），但是当n较小时$T_{n,3}$的第一类错误率可能有些高.

表 8.1   二元正态位置选择$F_1 = N_2((0,0)^{\mathrm{T}}, \boldsymbol{I}_2)$和$F_2 = N_2((0,\delta)^{\mathrm{T}}, \boldsymbol{I}_2)$的显著性检验（在$\alpha = 0.1, se \leqslant 0.5\%$下的最接近整体百分比）

		$\delta = 0$		$\delta = 0.5$		$\delta = 0.75$		$\delta = 1$	
n_1	n_2	ε_n	$T_{n,3}$	ε_n	$T_{n,3}$	ε_n	$T_{n,3}$	ε_n	$T_{n,3}$
10	10	10	12	23	19	40	29	58	42
15	15	9	11	30	21	53	34	75	52
20	20	10	12	37	23	64	38	86	58
25	25	10	11	43	25	73	42	93	65
30	30	10	11	48	25	81	47	96	70
40	40	11	10	59	28	90	52	99	78
50	50	10	11	69	29	95	58	100	82
75	75	10	11	85	37	99	69	100	93
100	100	10	10	92	40	100	79	100	100

这些选择只在位置上不同，图8.1中总结的经验证据说明对于这类选择，$\mathcal{E}_n$的功效要比$T_{n,3}$高.   ◇

8.4   应用：距离相关性

随机向量$\boldsymbol{X} \in \mathbf{R}^p$和$\boldsymbol{Y} \in \mathbf{R}^q$的独立性检验

$$H_0 : F_{\boldsymbol{XY}} = F_{\boldsymbol{X}} F_{\boldsymbol{Y}}, \ H_1 \neq F_{\boldsymbol{X}} F_{\boldsymbol{Y}}$$

可以作为一个置换检验来实现. 置换检验并不需要任何分布假设，或者对相依性结构的任何类型的模型设定. 对上面的一般假设而言，只有为数不多的普遍相容的非参数检验. 本节我们将讨论一个新的基于距离相关性的多元非参数独立性检验，它对所有具有有限一阶矩的相关选择都是相容的. 这个检验将作为一个置换检验来实现.

距离相关性

Székely、Rizzo和Bakirov[265]提出的距离相关性是一个新的随机向量间相依性的度量. 对所有具有有限一阶矩的分布来说，距离相关性$\mathcal{R}$在两个基本方面推广了相关性的想法：

1. 对任意维数的$\boldsymbol{X}$和$\boldsymbol{Y}$定义了$\mathcal{R}(\boldsymbol{X}, \boldsymbol{Y})$；

2. $\mathcal{R}(\boldsymbol{X}, \boldsymbol{Y}) = 0$刻画了$\boldsymbol{X}$和$\boldsymbol{Y}$的独立性.

距离相关性满足$0 \leqslant \mathcal{R} \leqslant 1$，且$\mathcal{R} = 0$仅当$\boldsymbol{X}$和$\boldsymbol{Y}$互相独立时成立. 距离协方差$\mathcal{V}$提供了一个检验随机向量的联合独立性的新方法. 文献[265]中给出了总体系数$\mathcal{V}$和$\mathcal{R}$的正式定义. 经验系数的定义如下.

定义8.1. 经验距离协方差$\mathcal{V}_n(\boldsymbol{X}, \boldsymbol{Y})$被定义为

$$\mathcal{V}_n^2(\boldsymbol{X}, \boldsymbol{Y}) = \frac{1}{n^2} \sum_{k,l=1}^{n} A_{kl} B_{kl}, \tag{8.9}$$

它是非负数，其中A_{kl}和B_{kl}的定义在下面的式(8.11)~式(8.12)中给出. 类似地，$\mathcal{V}_n(\boldsymbol{X})$也被定义为

$$\mathcal{V}_n^2(\boldsymbol{X}) = \mathcal{V}_n^2(\boldsymbol{X}, \boldsymbol{X}) = \frac{1}{n^2} \sum_{k,l=1}^{n} A_{kl}^2, \tag{8.10}$$

它也是非负数.

式(8.9)~式(8.10)中的A_{kl}和B_{kl}的公式由

$$A_{kl} = a_{kl} - \bar{a}_{k\cdot} - \bar{a}_{\cdot l} + \bar{a}_{\cdot\cdot}, \tag{8.11}$$

$$B_{kl} = b_{kl} - \bar{b}_{k\cdot} - \bar{b}_{\cdot l} + \bar{b}_{\cdot\cdot} \tag{8.12}$$

给出，其中

$$a_{kl} = \|X_k - X_l\|_p, \quad b_{kl} = \|Y_k - Y_l\|_q, \quad k, l = 1, \cdots n,$$

下标"·"表示对它取代的指标计算均值. 注意这些公式和方差分析中的计算公式很类似，所以距离协方差统计量非常容易计算. 可能$\mathcal{V}_n^2(\boldsymbol{X}, \boldsymbol{Y}) \geqslant 0$并不是那么明显，文献[265]中解释了这个事实以及这样定义$\mathcal{V}_n$的原因.

定义8.2. 经验距离相关性$\mathcal{R}_n(\boldsymbol{X}, \boldsymbol{Y})$是

$$R_n^2(\boldsymbol{X}, \boldsymbol{Y}) = \begin{cases} \frac{V_n^2(\boldsymbol{X}, \boldsymbol{Y})}{\sqrt{V_n^2(\boldsymbol{X}) V_n^2(\boldsymbol{Y})}}, & V_n^2(\boldsymbol{X}) V_n^2(\boldsymbol{Y}) > 0, \\ 0, & V_n^2(\boldsymbol{X}) V_n^2(\boldsymbol{Y}) = 0 \end{cases} \tag{8.13}$$

的二次方根.

$n\mathcal{V}_n^2$的渐进分布是一个中心化的高斯随机变量的二次型，其系数依赖于$\boldsymbol{X}$和$\boldsymbol{Y}$的分布. 对一般的独立性检验问题，当$\boldsymbol{X}$和$\boldsymbol{Y}$的分布未知时，基于$n\mathcal{V}_n^2$的检验可以作为一个置换检验来实现.

在给出置换检验的具体细节之前，我们先完成距离协方差统计量(dCov) 的计算.

例8.11 (距离协方差统计量).

在距离协方差函数"dCov"中，通过对距离矩阵的行和列进行运算生成了元为A_{kl}的矩阵. 注意每一项

$$A_{kl} = a_{kl} - \bar{a}_{k\cdot} - \bar{a}_{\cdot l} + \bar{a}_{\cdot\cdot}, \quad a_{kl} = \|X_k - X_l\|_p$$

都是样本$\boldsymbol{X}$的距离矩阵的函数. 在函数"Akl"中使用了两次"sweep"算子. "sweep"第一次从距离a_{kl}中减去了行均值$\bar{a}_{\cdot l}$，第二次又从第一次的结果中减去了列均值$\bar{a}_{k\cdot}$. （由于距离矩阵是对称的，所以行均值和列均值相等）. 如果样本为"x"和"y"，那么"Akl(x)"返回矩阵$\boldsymbol{A} = (A_{kl})$，"Akl(y)"返回矩阵$\boldsymbol{B} = (B_{kl})$. 剩余的计算过程则是关于这两个矩阵的简单函数.

```
dCov <- function(x, y) {
    x <- as.matrix(x)
    y <- as.matrix(y)
    n <- nrow(x)
    m <- nrow(y)
    if (n != m || n < 2) stop("Sample sizes must agree")
    if (! (all(is.finite(c(x, y)))))
        stop("Data contains missing or infinite values")

    Akl <- function(x) {
        d <- as.matrix(dist(x))
        m <- rowMeans(d)
        M <- mean(d)
        a <- sweep(d, 1, m)
        b <- sweep(a, 2, m)
        return(b + M)
    }
    A <- Akl(x)
    B <- Akl(y)
    dCov <- sqrt(mean(A * B))
    dCov
}
```

下面给出一个试验函数"dCov"的简单例子. 对setosa鸢尾花的二元分布（花瓣长，花瓣宽）和（花萼长、花萼宽）计算$\mathcal{V}_n$.

```
z <- as.matrix(iris[1:50, 1:4])
```

```
x <- z[ , 1:2]
y <- z[ , 3:4]
# compute the observed statistic
> dCov(x, y)
[1] 0.06436159
```

返回的值为 $\mathcal{V}_n = 0.06436159$. 这里 $n = 50$，所以独立性检验的检验统计量为 $n\mathcal{V}_n^2 \doteq$ 0.207.　　　　　　　　　　　　　　　　　　　　　　　　　　　　　　　　　　◇

例8.12 (距离相关性统计量).

要想得到距离相关性统计量必须先计算距离协方差. 调用协方差函数三次意味着反复计算矩阵 A 和 B 的距离，相比较而言将所有运算整合到一个函数中会更有效率.

```
DCOR <- function(x, y) {
    x <- as.matrix(x)
    y <- as.matrix(y)
    n <- nrow(x)
    m <- nrow(y)
    if (n != m || n < 2) stop("Sample sizes must agree")
    if (! (all(is.finite(c(x, y)))))
        stop("Data contains missing or infinite values")
    Akl <- function(x) {
        d <- as.matrix(dist(x))
        m <- rowMeans(d)
        M <- mean(d)
        a <- sweep(d, 1, m)
        b <- sweep(a, 2, m)
        return(b + M)
    }
    A <- Akl(x)
    B <- Akl(y)
    dCov <- sqrt(mean(A * B))
    dVarX <- sqrt(mean(A * A))
    dVarY <- sqrt(mean(B * B))
    dCor <- sqrt(dCov / sqrt(dVarX * dVarY))
    list(dCov=dCov, dCor=dCor, dVarX=dVarX, dVarY=dVarY)
}
```

对鸢尾花数据应用函数 "DCOR"，我们只通过一个步骤就得到了所有的距离相关性统计量.

```
z <- as.matrix(iris[1:50, 1:4])
x <- z[ , 1:2]
y <- z[ , 3:4]

> unlist(DCOR(x, y))
      dCov         dCor         dVarX         dVarY
0.06436159   0.61507138   0.28303069   0.10226284
```

◇

独立性置换检验

独立性置换检验的实现过程如下. 假设 $X \in \mathbf{R}^p$，$Y \in \mathbf{R}^q$，$Z = (X, Y)$. 那么 Z 为 $\mathbf{R}^{p+q}$ 中的随机向量. 接下来我们假设随机样本位于 $n \times (p+q)$ 数据矩阵 Z 中，每一行是一个观测值.

$$Z_{n \times d} = \begin{pmatrix} x_{1,1} & x_{1,2} & \cdots & x_{1,p} & y_{1,1} & y_{1,2} & \cdots & y_{1,q} \\ x_{2,1} & x_{2,2} & \cdots & x_{2,p} & y_{2,1} & y_{2,2} & \cdots & y_{2,q} \\ \vdots & \vdots & & \vdots & \vdots & \vdots & & \vdots \\ x_{n_1,1} & x_{n_1,2} & \cdots & x_{n_1,p} & y_{n_2,1} & y_{n_2,2} & \cdots & y_{n_2,q} \end{pmatrix}.$$

令 ν_1 为样本 X 的行标签，ν_2 为样本 Y 的行标签. 那么 (Z, ν_1, ν_2) 为服从 X 和 Y 的联合分布的样本. 如果 X 和 Y 不互相独立，那么样本一定是成对的，并且标签 ν_2 的排序不能独立于 ν_1 而改变. 在独立性下，样本 X 和 Y 不需要匹配. 样本 X 或 Y 的行标签的任何置换都可以生成一个置换重复试验. 独立性的置换检验法将置换一个样本的行指标（没有必要将 ν_1 和 ν_2 都进行置换）.

独立性的近似置换检验法

令 $\hat{\theta}$ 为多元独立性检验的双样本统计量.

1. 计算观测检验统计量 $\hat{\theta}(X, Y) = \hat{\theta}(Z, \nu_1, \nu_2)$；

2. 对第 b 次重复试验 $(b = 1, \cdots, B)$

(a) 生成一个随机置换 $\pi_b = \pi(\nu_2)$；

(b) 计算统计量 $\hat{\theta}^{(b)} = \hat{\theta}^*(Z, \pi_b) = \hat{\theta}(Z, Y^*, \pi(\nu_2))$；

3. 如果 $\hat{\theta}$ 的较大值支持备择假设，通过

$$\hat{p} = \frac{1 + \#\{\hat{\theta}^{(b)} \geqslant \hat{\theta}\}}{B + 1} = \frac{\left\{1 + \sum_{b=1}^{B} I(\hat{\theta}^{(b)} \geqslant \hat{\theta})\right\}}{B + 1}$$

计算基于样本的显著性水平. 基于 $\hat{\theta}$ 的低尾或双尾检验的基于样本的显著性水平可以用类似的方法计算；

4. 在显著性水平α下，如果$\hat{p} \leqslant \alpha$，那么拒绝H_0.

例8.13 (距离协方差检验).

本例检验setosa鸢尾花的二元分布（花瓣长，花瓣宽）和（花萼长、花萼宽）是否相互独立. 为了实现置换检验，需要给出一个计算检验统计量$n\mathcal{V}_n^2$的重复试验的函数，它将数据矩阵作为第一个参数，将置换向量作为第二个参数.

```
ndCov2 <- function(z, ix, dims) {
    p <- dims[1]
    q1 <- dims[2] + 1
    d <- p + dims[2]
    x <- z[ , 1:p]      #leave x as is
    y <- z[ix, q1:d]    #permute rows of y
    return(nrow(z) * dCov(x, y)^2)
}


library(boot)
z <- as.matrix(iris[1:50, 1:4])
boot.obj <- boot(data = z, statistic = ndCov2, R = 999,
    sim = "permutation", dims = c(2, 2))


tb <- c(boot.obj$t0, boot.obj$t)
hist(tb, nclass="scott", xlab="", main="",
        freq=FALSE)
points(boot.obj$t0, 0, cex=1, pch=16)


> mean(tb >= boot.obj$t0)
[1] 0.066
> boot.obj


DATA PERMUTATION
Call:boot(data = z, statistic = ndCov2, R = 999,
    sim = "permutation",  dims = c(2, 2))
Bootstrap Statistics :
    original      bias     std. error
t1* 0.2071207 -0.05991699  0.0353751
```

基于样本的显著性水平为0.066，所以在$\alpha = 0.1$下拒绝独立性的零假设. 图8.4中给出了dCov统计量重复试验的直方图. ◇

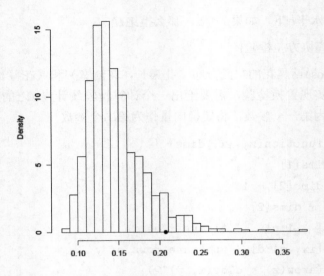

图 8.4　例8.13中dCov的置换重复试验

dCov检验的一个优点在于它对数据中任何类型的相依性结构都很敏感. 对于非单调类型的相依性, 基于经典协方差定义的方法或基于秩的关联性方法它们的效率都要差一些. 下面的例子检验了一个替代非单调相依性的选择.

例8.14 (dCov的功效).

考虑下面非线性模型生成的数据. 假设

$$Y_{ij} = X_{ij}\varepsilon_{ij}, \quad i = 1, \cdots, n; j = 1, \cdots, 5,$$

其中$X \sim N_5(0, I_5)$和$\varepsilon \sim N_5(0, \sigma^2 I_5)$相互独立. 那么$X$和$Y$是相依的, 但如果参数$\sigma$很大的话相依性就很难被检测出来. 我们比较dCov的置换检验实现和对临界值使用Bartlett近似的参数Wilks Lambda(W检验)似然率检验（参见文献[188, 5.3.2b节]）. 注意Wilks Lambda检验协方差矩阵$\Sigma_{12} = \text{Cov}(X, Y)$是否为零矩阵.

功效比较对每一个样本大小都有10 000个检验决策, 我们从中得到了表8.2和图8.5中的结果. 图8.5给出了一幅功效对样本大小的图. 表8.2对图中的一部分情况给出了经验功效.

在这个经验比较中, 很明显dCov检验的功效更高. 这个例子说明了对非单调类型的相依性, 基于乘积矩相关性的参数Wilks Lambda检验并不总是高功效的. 从统计上来讲, $n \to \infty$时dCov检验的功效（理论上和经验上）一致地趋于1.　　　　◇

关于距离协方差和距离相关性的性质, 收敛和一致性的证明以及更多的经验结果可以参见文献[265]. "energy"程序包[226]给出了距离相关性和协方差统计量以及对应的置换检验.

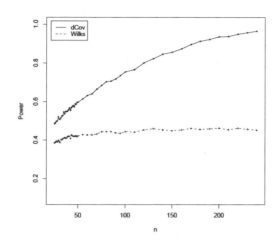

图 8.5 例8.14中dCov和Wilks Lambda W距离协方差检验的经验功效比较

表 8.2 例8.14中在$\alpha = 0.1(se \leqslant 0.5\%)$下$Y = X\varepsilon$的独立性显著检验的百分比

n	dCov检验	W检验	n	dCov检验	W检验	n	dCov检验	W检验
25	48.56	38.43	55	61.39	42.74	100	75.40	44.36
30	50.89	39.16	60	63.09	42.60	120	79.97	45.20
35	54.56	40.86	65	63.96	42.64	140	84.51	45.21
40	55.79	41.88	70	66.43	43.08	160	87.31	45.17
45	57.93	41.91	75	68.32	44.28	180	91.13	45.46
50	59.63	42.05	80	70.27	44.34	200	93.43	46.12

练习

8.1 将双样本Cramér-von Mises同分布检验作为置换检验来实现. 对例8.1和例8.2中的数据应用这个检验.

8.2 将二元Spearman秩相关性独立性检验作为置换检验来实现. Spearman秩相关性检验统计量可以通过函数 "cor" 的参数 "method="spearman"" 得到. 比较置换检验的基于样本的显著性水平和对相同的样本使用 "cor.test" 函数得到的p值.

8.3 第6章的6.4节中的Count five同分布检验基于端点个数最大值. 例6.15显示Count five标准对大小不等的样本并不适用. 以端点个数最大值为基础来实现一个等方差置换检验，使得这个检验在样本大小不等时也可使用.

8.4 完成第r最近邻同分布检验的实现过程. 给出一个函数计算检验统计量，使得函数的第一个参数为数据矩阵，第二个参数为指标向量. 最近邻层数r应该和指标参数一致.

习题

8.A 将置换检验的数量从10 000减少到2000，将重复试验的次数从499减少到199，以此重复例8.10中的功效比较. 使用能量检验的"eqdist.etest"（"energy"）形式.

8.B "aml"（"boot"）[34]数据包含了两组患有急性髓细胞白血病(Acute Myeloge-nous Leukaemia, AML)的病人缓解时间的估计. 一组病人接受了维持化疗，另一组没有接受. 参见"aml"数据帮助中的具体说明. 使用Davison和Hinkley[63, 例4.12]的方法，计算对数秩统计量并使用置换检验法来检验两组病人的存活分布是否相等.

第9章 马尔可夫链蒙特卡罗方法

9.1 引言

马尔可夫链蒙特卡罗(MCMC)方法主要是基于Metropolis等人[197]和Hastings[138]提出的蒙特卡罗积分法的一般框架. 回想一下（5.2节），蒙特卡罗积分法使用样本均值估计积分

$$\int_A g(t)\mathrm{d}t,$$

方法是将积分问题转化为关于某密度函数$f(\cdot)$的期望. 那么积分问题就简化为找到一种生成服从目标密度$f(\cdot)$的样本的方法.

根据$f(\cdot)$抽样的MCMC方法为构造一个具有平稳分布$f(\cdot)$的马尔可夫链，然后运行充分长的时间直到该链（近似）收敛于它的平稳分布.

本章将简要地介绍MCMC方法，主要目的是使读者理解其主要想法并掌握如何在R中实现其中的一些方法. 在接下来的几节中我们将通过例子给出一些构造马尔可夫链的方法，比如Metropolis算法、Metropolis-Hastings算法和Gibbs样本生成器，以及这些方法的应用. 此外还简短讨论了检验收敛性的方法. 除了5.1节中的参考文献，读者还可以参考Casella和George[40]，Chen、Shao和Ibrahim[44]，Chib和Greenberg[47]，Gamerman[103]，Gelman等[108]或者Tierney[272]. 关于MCMC方法及其应用的深入且易懂的论述可以参见Gilks、Richardson和Spiegelhalter的著作[120]. 此外关于蒙特卡罗方法还可以参考Robert和Casella的著作[228]，里面包含了大量关于MCMC方法的论述.

9.1.1 贝叶斯推断中的积分问题

马尔可夫链蒙特卡罗方法的许多应用都是贝叶斯推断中产生的问题. 从贝叶斯推断的角度来看，在一个统计模型中观测量和参数都是随机的. 给定观测数据$x = \{x_1, \cdots, x_n\}$和参数θ，则x依赖于先验分布$f_\theta(\theta)$. 这个相依性可以用似然函数$f(x_1, \cdots, x_n|\theta)$来表示. 因此$(x, \theta)$的联合分布为

$$f_{x,\theta}(x, \theta) = f_{x|\theta}(x_1, \cdots, x_n|\theta)f_\theta(\theta).$$

那么我们可以将θ的分布修改为样本$x = \{x_1, \cdots, x_n\}$中信息下的条件分布，所以

由贝叶斯定理可知θ的后验分布为

$$f_{\theta|x}(\theta|x) = \frac{f_{x|\theta}(x_1, \cdots, x_n|\theta)f_\theta(\theta)}{\int f_{x|\theta}(x_1, \cdots, x_n|\theta)f_\theta(\theta)\mathrm{d}\theta} \cdot = \frac{f_{x|\theta}(x)f_\theta(\theta)}{\int f_{x|\theta}(x)f_\theta(\theta)\mathrm{d}\theta}.$$

那么函数$g(x)$关于后验密度的条件期望为

$$E[g(\theta|x)] = \int g(\theta)f_{\theta|x}(\theta)\mathrm{d}\theta = \frac{\int g(\theta)f_{x|\theta}(x)f_\theta(\theta)\mathrm{d}\theta}{\int f_{x|\theta}(x)f_\theta(\theta)\mathrm{d}\theta}. \tag{9.1}$$

还可以用更一般的形式来表述这个问题,

$$E[g(Y)] = \frac{\int g(t)\pi(t)\mathrm{d}t}{\int \pi(t)\mathrm{d}t}, \tag{9.2}$$

其中$\pi(\cdot)$是（正比于）密度函数或似然函数. 如果$\pi(\cdot)$是一个密度函数, 那么式(9.2)就是通常的定义$E[g(Y)] = \int g(t)f_Y(t)\mathrm{d}t$. 如果$\pi(\cdot)$是一个似然函数, 那么分母中需要添加一个归一化常数. 在贝叶斯分析中$\pi(\cdot)$是一个后验密度. 即使$\pi(\cdot)$是已知的, 忽略其常数项, 我们可以计算期望, 即式(9.2). 由于在实际中一个后验密度$f_{\theta|x}(\theta)$的归一化常数通常是很难计算的, 所以这种方法使问题得到了简化.

但实际问题是式(9.2)中的积分在数学上来讲是很难处理的, 用数值方法去计算也是很困难的, 这一点在高维的情况下尤为明显. 马尔可夫链蒙特卡罗方法给出了一种解决这类积分问题的方法.

9.1.2　马尔可夫链蒙特卡罗积分法

$E[g(\theta)] = \int g(\theta)f_{\theta|x}(\theta)\mathrm{d}\theta$的蒙特卡罗估计为样本均值

$$\bar{g} = \frac{1}{m}\sum_{i=1}^{m}g(x_i),$$

其中样本$x_1, \cdots, x_n$服从密度为$f_{\theta|x}$的分布. 如果$x_1, \cdots, x_n$是互相独立的（它是一个随机样本）, 那么由大数定律可知当样本大小n趋于无穷时样本均值$\bar{g}$依概率收敛于$E[g(\theta)]$. 在这种情况下, 原则上我们可以抽取任意大的蒙特卡罗样本使得估计$\bar{g}$能达到要求的精度. 这里马尔可夫链蒙特卡罗方法(MCMC) 中的马尔可夫链（第一个MC）就不需要了, 只使用蒙特卡罗方法就可以了.

但是在类似式(9.1)的问题中, 实现一个从密度$f_{\theta|x}$生成独立观测值的方法可能会非常的困难. 不过即使样本观测值不互相独立, 如果可以生成观测值使得它们的联合密度和随机样本的联合密度大概相同, 那么也可以应用蒙特卡罗积分法. 这里就需要用到马尔可夫链（第一个MC）. 马尔可夫链蒙特卡罗方法通过蒙特卡罗方法估计式(9.1)或式(9.2)中的积分, 其中马尔可夫链提供了生成服从样本分布的随机观测值的样本生成器.

由推广的强大数定律可知，如果$\{X_0, X_1, X_2, \cdots\}$是一个不可约的、遍历的、具有平稳分布$\pi$的马尔可夫链的实现，那么

$$\overline{g(X)}_m = \frac{1}{m}\sum_{t=0}^{m}g(X_t)$$

当$m \to \infty$时依概率1收敛于$E[g(X)]$，其中X具有平稳分布π并关于π 取期望（假设期望存在）.

关于离散时间、离散状态空间马尔可夫链的简短回顾可以参见2.8节. 关于马尔可夫链和随机过程的介绍可以参见Ross[234].

9.2 Metropolis-Hastings算法

Metropolis-Hastings算法是一类马尔可夫链蒙特卡罗方法，它包括了Metropolis样本生成器、Gibbs样本生成器、独立性样本生成器和随机游动的特殊情况. 主要想法是生成一个平稳分布是目标分布的马尔可夫链$\{X_t | t = 0, 1, 2 \cdots\}$. 从一个给定的状态$X_t$生成下一个状态$X_{t+1}$的算法必须详细说明. 在所有的Metropolis-Hastings(M-H)抽样算法中都存在着一个从建议分布$g(\cdot|X_t)$生成的候选点Y. 如果这个候选点被接受了，那么链条在时间$t + 1$移动到状态Y且$X_{t+1} = Y$；否则链条停留在状态X_t且$X_{t+1} = X_t$. 注意建议分布依赖于前一个状态X_t. 举个例子，如果建议分布是正态的，那么对某个固定的σ^2，$g(\cdot|X_t)$的一个选择可能为$N(\mu_t = X_t, \sigma^2)$.

建议分布的选择是非常灵活的，但是由这个选择生成的链条却必须满足某些正则性条件. 选择的建议分布必须使得生成的链条收敛到平稳分布，即目标分布f. 生成的链条还需要具有不可约性、正常返性和非周期性（参见文献[229]）. 如果一个建议分布和目标分布具有相同的支撑集，那么它一般都会满足这些正则性条件. 关于建议分布选择的更多细节可以参阅文献[121, 7~8章]、文献[228，第7章]或文献[229].

9.2.1 Metropolis-Hastings 样本生成器

Metropolis-Hastings样本生成器生成马尔可夫链$\{X_0, X_1, \cdots\}$的步骤如下：

1. 选择一个建议分布$g(\cdot|X_t)$（满足上面给出的正则性条件）；

2. 从分布g生成X_0；

3. 重复下列过程（直到链条按照某种标准收敛到一个平稳分布）：

(a) 从$g(\cdot|X_t)$生成Y；

(b) 从$U(0, 1)$生成U；

(c) 如果

$$U \leqslant \frac{f(Y)g(X_t|Y)}{f(X_t)g(Y|X_t)},$$

则接受Y并令$X_{t+1} = Y$；否则令$X_{t+1} = X_t$.

(d) 增加t;

注意在步骤3(c)中候选点Y被接受的概率为

$$\alpha(X_t, Y) = \min\left\{1, \frac{f(Y)g(X_t|Y)}{f(X_t)g(Y|X_t)}\right\}, \tag{9.3}$$

所以只需要知道忽略（标准化）常数的目标分布f的密度函数.

假设建议分布满足正则性条件，Metropolis-Hastings链条将会收敛到唯一的平稳分布π. 需要设计算法使得Metropolis-Hastings链条的平稳分布确实是目标分布f.

假设(r, s)是链条的状态空间中的两个元素，不失一般性假设$f(s)g(r|s) \geqslant f(r)g(s|r)$. 这样$\alpha(r, s) = 1$，$(X_t, X_{t+1})$在$(r, s)$的联合密度为$f(r)g(s|r)$. (X_t, X_{t+1})在(s, r)的联合密度为

$$f(s)g(r|s)\alpha(r, s) = f(s)g(r|s)\frac{f(r)g(s|r)}{f(s)g(r|s)} = f(r)g(s|r).$$

转移核为

$$K(r, s) = \alpha(r, s)g(s|r) + I(s = r)\left[1 - \int_\alpha (r, s)g(s|r)\mathrm{d}s\right].$$

（当候选点被拒绝、$X_{t+1} = X_t$时$K(r, s)$的第二项将会起作用）. 这样对Metropolis-Hastings 链条我们得到了方程组

$$\alpha(r, s)f(r)g(s|r) = \alpha(s, r)f(s)g(r|s),$$

$$I(s = r)\left[1 - \int \alpha(r, s)g(s|r)\mathrm{d}sf(r)\right] = I(r = s)\left[1 - \int \alpha(s, r)g(r|s)\mathrm{d}sf(s)\right],$$

f满足细致平衡条件$K(s, r)f(s) = K(r, s)f(r)$. 因此$f$是链条的平稳分布. 参见文献[228]中的定理6.46和定理7.2.

例9.1 (Metropolis-Hastings 样本生成器).

使用 Metropolis-Hastings 样本生成器来生成一个服从 Rayleigh 分布的样本. Rayleigh密度[156, (18.76)]为

$$f(x) = \frac{x}{\sigma^2}\mathrm{e}^{-x^2/(2\sigma^2)}, \qquad x \geqslant 0, \sigma > 0.$$

Rayleigh分布可以用来模拟快速老化的使用期，这是因为危险率是线性增长的. 分布的众数在σ，$E[X] = \sigma\sqrt{\pi/2}$，$\mathrm{Var}(X) = \sigma^2(4 - \pi)/2$.

对于建议分布，尝试使用自由度为X_t的卡方分布. 对这个例子Metropolis-Hastings样本生成器的实现过程如下所述. 注意R中的数组下标是从1开始的，所以我们在x[1]中初始化链条得到X_0.

1. 令$g(\cdot|X)$为$\chi^2(X)$的密度；
2. 从分布$\chi^2(1)$生成X_0并储存在x[1]中；
3. 对$i = 2, \cdots, N$重复下面过程：

(a) 从$\chi^2(\mathrm{df} = X_t) = \chi^2(\mathrm{df=x[i-1]})$生成$Y$；

(b) 从$U(0, 1)$生成U；

(c) 使用$X_t =$x[i-1]计算

$$r(X_t, Y) = \frac{f(Y)g(X_t|Y)}{f(X_t)g(Y|X_t)},$$

其中f是参数为σ的Rayleigh密度，$g(Y|X_t)$是在Y计算的$\chi^2(\mathrm{df} = X_t)$密度，$g(X_t|Y)$是在$X_t$计算的$\chi^2(\mathrm{df} = Y)$密度.

如果$U \leqslant r(X_t, Y)$，那么接受Y并令$X_{t+1} = Y$；否则令$X_{t+1} = X_t$. 将X_{t+1} 储存在x[i]中.

(d) 增加t.

约去密度中的常数有

$$f(x_t, y) = \frac{f(y)g(x_t|y)}{f(x_t)g(y|x_t)} = \frac{y\mathrm{e}^{-y^2/(2\sigma^2)}}{x_t\mathrm{e}^{-x_t^2/(2\sigma^2)}} \cdot \frac{\Gamma(\frac{x_t}{2})2^{x_t/2}x_t^{y/2-1}\mathrm{e}^{-x_t/2}}{\Gamma(\frac{y}{2})2^{y/2}y^{x_t/2-1}\mathrm{e}^{-y/2}}.$$

这个比值可以进一步化简，但是在接下来的模拟过程中为了明确起见我们分别计算Rayleigh密度和卡方密度. 下面的函数用来计算Rayleigh(σ)的密度.

```
f <- function(x, sigma) {
    if (any(x < 0)) return (0)
    stopifnot(sigma > 0)
    return((x / sigma^2) * exp(-x^2 / (2*sigma^2)))
}
```

在下面的模拟过程中使用卡方建议分布生成了一个Rayleigh$(\sigma = 4)$样本. 在每一次转移中从$\chi^2(\nu = X_{i-1})$ 生成候选点Y，

```
xt <- x[i-1]
y <- rchisq(1, df = xt)
```

并且对每一个y在num和den中分别计算$r(X_{i-1}, Y)$的分子和分母. 计数器k记录了拒绝候选点的次数.

```
m <- 10000
sigma <- 4
x <- numeric(m)
x[1] <- rchisq(1, df=1)
k <- 0
u <- runif(m)
```

```
for (i in 2:m) {
    xt <- x[i-1]
    y <- rchisq(1, df = xt)
    num <- f(y, sigma) * dchisq(xt, df = y)
    den <- f(xt, sigma) * dchisq(y, df = xt)
    if (u[i] <= num/den) x[i] <- y else {
        x[i] <- xt
        k <- k+1       #y is rejected
        }
    }
```

```
>print(k)
[1] 4009
```

在本例中将近40%的候选点被拒绝了，所以这个链条在某种程度上效率很低.

为了将生成的随机样本看成是一个随机过程的实现，我们将样本对时间指标作图.
下面的代码会显示一个从时间指标5000开始的部分图.

```
index <- 5000:5500
y1 <- x[index]
plot(index, y1, type="l", main="", ylab="x")
```

图9.1给出了这个图. 注意有时候选点被拒绝了，在这些时间点链条并不移动，这对应
了图中的短横线.   ◇

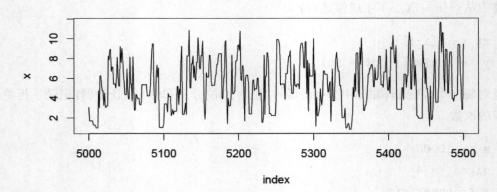

图 9.1　例9.1中Rayleigh 分布的Metropolis-Hastings 样本生成器生成的链条的一部分

例9.1是个简单的例子，主要是为了说明如何实现一个Metropolis-Hastings样本生
成器. 当然还有更好的方法来生成服从Rayleigh分布的样本. 事实上Rayleigh分布的分

位数的具体公式为

$$x_q = F^{-1}(q) = \sigma\{-2\log(1-q)\}^{1/2}, \quad 0 < q < 1. \tag{9.4}$$

使用3.2.1节的逆变换方法和5.4节的对偶抽样，通过F^{-1}我们可以给出一个简单的Rayleigh生成程序.

例9.2 (例9.1，续).

下面的代码在一个分位数图（QQ 图）中比较了目标Rayleigh($\sigma = 4$)分布的分位数和生成的链条的分位数.

```
b <- 2001       #discard the burnin sample
y <- x[b:m]
a <- ppoints(100)
QR <- sigma * sqrt(-2 * log(1 - a))  #quantiles of Rayleigh
Q <- quantile(x, a)

qqplot(QR, Q, main="",
    xlab="Rayleigh Quantiles", ylab="Sample Quantiles")

hist(y, breaks="scott", main="", xlab="", freq=FALSE)
lines(QR, f(QR, 4))
```

图9.2a给出了生成的样本的直方图并叠加了Rayleigh($\sigma = 4$)密度曲线，图9.2b给出了QQ 图. QQ图是一个评估生成样本和目标分布的拟合优度的非正式方法. 从图中可以看出样本分位数和理论分位数近似吻合.   ◇

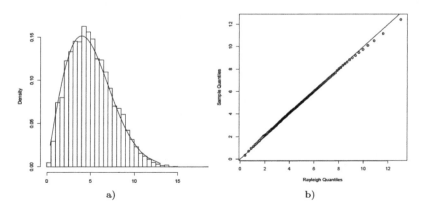

a)   b)

图 9.2　例9.1中叠加了目标Rayleigh密度的直方图和Metropolis-Hastings链条的QQ图

9.2.2　Metropolis样本生成器

Metropolis-Hastings样本生成器[138, 197]是Metropolis样本生成器[197]的一个推广. 在Metropolis算法中建议分布是对称的. 即建议分布$g(\cdot|X_t)$满足

$$g(X|Y) = g(Y|X).$$

所以在式(9.3)中可以从

$$r(X_t, Y) = \frac{f(Y)g(X_t|Y)}{f(X_t)g(Y|X_t)}$$

中约去建议分布g, 并且候选点Y被接受的概率为

$$\alpha(X_t, Y) = \min\left\{1, \frac{f(Y)}{f(X_t)}\right\}.$$

9.2.3　随机游动Metropolis法

随机游动Metropolis样本生成器是一个Metropolis样本生成器的例子. 假设候选点Y是根据对称建议分布$g(Y|X_t) = g(|X_t - Y|)$生成的. 那么在每次迭代中, 从$g(\cdot)$生成了一个随机增量Z, Y定义为$Y = X_t + Z$. 比如, 随机增量可能是正态的并且具有均值0, 所以对某固定的$\sigma^2 > 0$候选点为$Y|X_t \sim N(X_t, \sigma^2)$.

随机游动Metropolis法的收敛性对尺度参数的选择非常敏感. 当增量的方差非常大的时候, 大多数的候选点都被拒绝了, 算法的效率非常低. 如果增量的方差非常小, 候选点几乎全部被接受了, 所以随机游动Metropolis法生成了一个几乎类似真正随机游动的链条, 这也是非常低效率的. 选择尺度参数的一个方法是监测接受率, 它应该在[0.15, 0.5]范围内[230].

例9.3 (随机游动Metropolis法).

使用建议分布$N(X_t, \sigma^2)$实现随机游动形式的Metropolis样本生成器, 以此生成目标分布: 自由度为ν的学生t分布. 为了观察建议分布不同方差选择的效果, 尝试用σ的不同选择重复模拟过程.

$t(\nu)$密度正比于$(1 + x^2/\nu)^{-(\nu+1)/2}$, 所以

$$r(x_t, y) = \frac{f(Y)}{f(X_t)} = \frac{\left(1 + \frac{y^2}{\nu}\right)^{-(\nu+1)/2}}{\left(1 + \frac{x_t^2}{\nu}\right)^{-(\nu+1)/2}}.$$

在下面的模拟过程中使用函数 "dt" 计算$r(x_{i-1}, y)$中的t密度. 使用代码

```
if (u[i] <= dt(y, n) / dt(x[i-1], n))
    x[i] <- y
else
    x[i] <- x[i-1]
```

接受或拒绝"y"并生成X_i. 给定参数n和σ、初始值X_0和链长N, 将这些步骤组合成一个函数来生成链条.

```
rw.Metropolis <- function(n, sigma, x0, N) {
    x <- numeric(N)
    x[1] <- x0
    u <- runif(N)
    k <- 0
    for (i in 2:N) {
        y <- rnorm(1, x[i-1], sigma)
            if (u[i] <= (dt(y, n) / dt(x[i-1], n)))
            x[i] <- y  else {
                x[i] <- x[i-1]
                k <- k + 1
            }
        }
    return(list(x=x, k=k))
    }
```

对建议分布的不同方差σ^2生成了4个链条.

```
n <- 4  #degrees of freedom for target Student t dist.
N <- 2000
sigma <- c(.05, .5, 2,  16)

x0 <- 25
rw1 <- rw.Metropolis(n, sigma[1], x0, N)
rw2 <- rw.Metropolis(n, sigma[2], x0, N)
rw3 <- rw.Metropolis(n, sigma[3], x0, N)
rw4 <- rw.Metropolis(n, sigma[4], x0, N)

#number of candidate points rejected
>print(c(rw1$k, rw2$k, rw3$k, rw4$k))
[1] 14 136 891 1798
```

只有第三个链条的拒绝率在$[0.15, 0.5]$范围内. 图9.3显示随机游动Metropolis样本生成器对建议分布的方差非常敏感. 注意$t(\nu)$分布的方差为$\nu/(\nu-2), \nu > 2$. 这里$\nu = 4$, 目标分布的标准差为$\sqrt{2}$.

在图9.3的第一幅图中($\sigma = 0.05$), 比例$r(X_t, Y)$越来越大, 并且几乎每一个候选点都被接受了. 增量非常小, 链条几乎类似真正的随机游动. 在2000次迭代内链条1并没有收敛到目标分布. 第二幅图中的链条是用$\sigma = 0.5$生成的, 它收敛的速度很慢并且需要一个很长的训练期. 在第三幅图中, 链条$(\sigma = 2)$混合得非常好, 并且在一个很短的训练期（大约500次迭代）之后就收敛到了目标分布. 最后在第四幅图中$(\sigma = 16)$, 比例$r(X_t, Y)$非常小, 大多数的候选点都被拒绝了. 第四个链条也是收敛的, 但效率很低.

$\diamond$

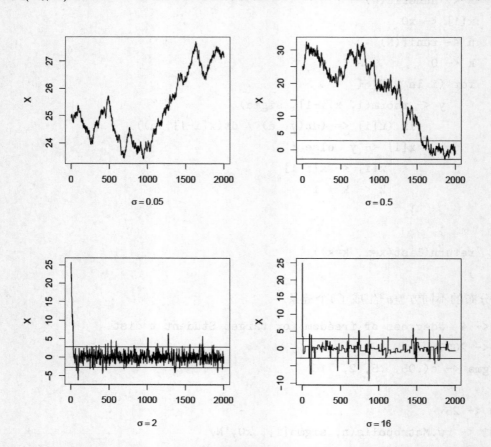

图 9.3   例9.3中不同方差的建议分布生成的随机游动Metropolis链条

例9.4 (例9.3, 续).

在MCMC问题中我们一般得不到目标分布的理论分位数来进行比较, 但是在这种情况下例9.3中的随机游动Metropolis链条的输出可以和目标分布的理论分位数做个比较. 去掉每个链条前500行中的训练值. 使用"apply"函数计算分位数（对矩阵的列使用"quantile"）. 表9.1中给出了目标分布的分位数和4个链条的样本分位数"rw1"、"rw2"、"rw3" 和 "rw4".

```
a <- c(.05, seq(.1, .9, .1), .95)
Q <- qt(a, n)
rw <- cbind(rw1$x, rw2$x, rw3$x, rw4$x)
```

```
mc <- rw[501:N, ]
Qrw <- apply(mc, 2, function(x) quantile(x, a))
print(round(cbind(Q, Qrw), 3))
xtable::xtable(round(cbind(Q, Qrw), 3)) #latex format
```

◇

表 9.1　例9.4中目标分布和生成链条的分位数

	Q	rw1	rw2	rw3	rw4
5%	−2.13	23.66	−1.16	−1.92	−2.40
10%	−1.53	23.77	−0.39	−1.47	−1.35
20%	−0.94	23.99	0.67	−1.01	−0.90
30%	−0.57	24.29	4.15	−0.63	−0.64
40%	−0.27	24.68	9.81	−0.25	−0.47
50%	0.00	25.29	17.12	0.01	−0.15
60%	0.27	26.14	18.75	0.27	0.06
70%	0.57	26.52	21.79	0.59	0.25
80%	0.94	26.93	25.42	0.92	0.52
90%	1.53	27.27	28.51	1.55	1.18
95%	2.13	27.39	29.78	2.37	1.90

R笔记9.1　表9.1通过"**xtable**"程序包[61]中的"**xtable**"函数输出为LaTeX形式.

例9.5 (贝叶斯推断：简单投资模型).

一般来讲，不同投资的回报并不是相互独立的. 为了减少风险，有时需要选择一个证券投资组合使得证券的回报是负相关的. 我们将平时表现而不是回报的相关性做个排序. 假设我们在250个交易日（1年）内追踪5支股票，每天基于相对市场的最大回报选出一个"胜者". 令X_i表示证券i是胜者的天数. 那么频数$(x_1, \cdots, x_5)$的观测向量是一个服从$(X_1, \cdots, X_5)$的联合分布的观测值. 基于历史数据，假设在任意给定的一天各支股票成为胜者的事前胜率为$[1 : (1 - \beta) : (1 - 2\beta) : 2\beta : \beta]$，其中$\beta \in (0, 0.5)$是一个未知参数. 对本年度的胜者更新$\beta$的估计.

根据这个模型，$X_1, \cdots, X_5$的多项联合分布的概率向量为

$$p = \left(\frac{1}{3}, \frac{1 - \beta}{3}, \frac{1 - 2\beta}{3}, \frac{2\beta}{3}, \frac{\beta}{3} \right).$$

因此$(x_1, \cdots, x_5)$给出的β的后验分布为

$$Pr[\beta | (x_1, \cdots, x_5)] = \frac{250!}{x_1! x_2! x_3! x_4! x_5!} p_1^{x_1} p_2^{x_2} p_3^{x_3} p_4^{x_4} p_5^{x_5}.$$

在本例中我们不能直接从后验分布模拟随机变量. 一种估计 β 的方法是生成一个收敛于后验分布的链条, 然后根据生成的链条来估计 β. 使用具有均匀建议分布的随机游动Metropolis样本生成器生成 β 的后验分布. 候选点 Y 被接受的概率为

$$\alpha(X_t, Y) = \min\left\{1, \frac{f(Y)}{f(X_t)}\right\}.$$

$\alpha(X, Y)$ 中的比值可以约去多项式系数, 所以

$$\frac{f(Y)}{f(X)} = \frac{(1/3)^{x_1}[(1-Y)/3]^{x_2}[(1-2Y)/3]^{x_3}[(2Y)/3]^{x_4}(Y/3)^{x_5}}{(1/3)^{x_1}[(1-X)/3]^{x_2}[(1-2X)/3]^{x_3}[(2X)/3]^{x_4}(X/3)^{x_5}}.$$

上面的比值可以进一步化简, 但是在下面的实现过程中分别计算了分子和分母. 为了对结果进行检验, 从确定的 β 所对应的分布生成观测频数, 以此作为开始.

```
b <- .2          #actual value of beta
w <- .25         #width of the uniform support set
m <- 5000        #length of the chain
burn <- 1000     #burn-in time
days <- 250
x <- numeric(m)  #the chain


# generate the observed frequencies of winners
i <- sample(1:5, size=days, replace=TRUE,
        prob=c(1, 1-b, 1-2*b, 2*b, b))
win <- tabulate(i)
>print(win)
[1] 82 72 45 34 17
```

"win" 中的表格式的频数为模拟的一支股票为胜者的交易天数. 基于今年的胜者观测分布, 我们来估计参数 β.

下面的函数 "prob" 用于计算目标密度 (但不考虑密度函数的常数项).

```
prob <- function(y, win) {
    # computes (without the constant) the target density
    if (y < 0 || y >= 0.5)
        return (0)
    return((1/3)^win[1] *
        ((1-y)/3)^win[2] * ((1-2*y)/3)^win[3] *
        ((2*y)/3)^win[4] * (y/3)^win[5])
}
```

最后生成随机游动Metropolis链条. 需要两个均匀随机变量组成的集合, 一个用来生成建议分布, 另一个用来决定接受还是拒绝候选点.

```
u <- runif(m)          #for accept/reject step
v <- runif(m, -w, w)   #proposal distribution
x[1] <- .25
for (i in 2:m) {
    y <- x[i-1] + v[i]
    if (u[i] <= prob(y, win) / prob(x[i-1], win))
        x[i] <- y  else
            x[i] <- x[i-1]
}
```

图9.4a给出了链条的图形, 可以看出链条近似收敛于目标分布. 现在生成的链条在去掉了一个训练样本之后给出了一个β的估计. 从图9.4b中的样本直方图可以看出β的似真值接近于0.2.

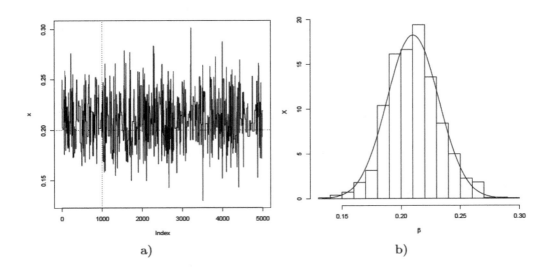

a)   b)

图 9.4   例9.5中β的随机游动Metropolis链条

下面给出相关频数的原始样本表和多项概率的马尔可夫链蒙特卡罗(MCMC)估计.

```
> print(win)
[1] 82 72 45 34 17
> print(round(win/days, 3))
[1] 0.328 0.288 0.180 0.136 0.068
> print(round(c(1, 1-b, 1-2*b, 2*b, b)/3, 3))
```

```
[1] 0.333 0.267 0.200 0.133 0.067
> xb <- x[(burn+1):m]
> print(mean(xb))
[1] 0.2101277
```

生成链条的样本均值为0.2101277（模拟的胜者年表是用$\beta = 0.2$生成的）.　　　　　◇

9.2.4　独立性样本生成器

独立性样本生成器[272]是Metropolis-Hastings样本生成器的另一种特殊情况. 独立性抽样算法中的建议分布并不依赖于链条先前的值. 这样$g(Y|X_t) = g(Y)$，接受概率，即式(9.3)为

$$\alpha(X_t, Y) = \min\left\{1, \frac{f(Y)g(X_t)}{f(X_t)g(Y)}\right\}.$$

独立性样本生成器很容易实现，并且在建议分布和目标分布相近时效果很好，但是二者不相近时则效果较差. Roberts[229]讨论了独立性样本生成器的收敛性并评价"独立性样本生成器很少作为独立算法使用". 尽管如此我们还是在接下来的例子中展示了这种方法，因为独立性样本生成器在混合马尔可夫链蒙特卡罗(MCMC)方法中是非常有用的（参见文献[119]）.

例9.6（独立性样本生成器）.

假设随机样本$(z_1, \cdots, z_n)$服从二分量正态混合分布. 混合分布可以表示为

$$pN(\mu_1, \sigma_1^2) + (1-p)N(\mu_2, \sigma_2^2),$$

而混合分布的密度（参见第3章）为

$$f^*(z) = pf_1(z) + (1-p)f_2(z),$$

其中f_1和f_2分别是两个正态分布的密度. 如果密度f_1和f_2是完全确定的，那么问题为给定观测样本估计混合参数p. 使用将p的后验分布作为目标分布的独立性样本生成器生成一个链条.

建议分布应该支撑在有效概率p所构成的集合上，即区间$(0, 1)$上. 最明显的选择就是Beta分布. 由于没有p的先验信息，我们可以考虑建议分布为$\text{Beta}(1, 1)$（$\text{Beta}(1, 1)$就是$\text{Uniform}(0, 1)$）. 候选点Y被接受的概率为

$$\alpha(X_t, Y) = \min\left\{1, \frac{f(Y)g(X_t)}{f(X_t)g(Y)}\right\},$$

其中$g(\cdot)$为Beta建议密度. 这样如果建议分布为$\text{Beta}(a, b)$，那么$g(y) \propto y^{a-1}(1-y)^{b-1}$，

且Y被接受的概率为$\min\{1, f(y)g(x_t)/[f(x_t)g(y)]\}$，其中

$$\frac{f(y)g(x_t)}{f(y_t)g(Y)} = \frac{x_t^{a-1}(1-x_t)^{b-1}\prod\limits_{j=1}^{n}[yf_1(z_j) + (1-y)f_2(z_j)]}{y^{a-1}(1-y)^{b-1}\prod\limits_{j=1}^{n}[x_t f_1(z_j) + (1-x_t)f_2(z_j)]}.$$

在接下来的模拟中建议分布为$U(0,1)$. 模拟的数据是从正态混合

$$0.2N(0,1) + 0.8N(5,1)$$

生成的.

第一步为初始化常数并生成观测样本. 为了生成链条可以事先生成全部的随机数，因为候选点Y并不依赖于X_t.

```
m <- 5000 #length of chain
xt <- numeric(m)
a <- 1               #parameter of Beta(a,b) proposal dist.
b <- 1               #parameter of Beta(a,b) proposal dist.
p <- .2              #mixing parameter
n <- 30              #sample size
mu <- c(0, 5)        #parameters of the normal densities
sigma <- c(1, 1)

# generate the observed sample
i <- sample(1:2, size=n, replace=TRUE, prob=c(p, 1-p))
x <- rnorm(n, mu[i], sigma[i])

# generate the independence sampler chain
u <- runif(m)
y <- rbeta(m, a, b)      #proposal distribution
xt[1] <- .5

for (i in 2:m) {
    fy <- y[i] * dnorm(x, mu[1], sigma[1]) +
            (1-y[i]) * dnorm(x, mu[2], sigma[2])
    fx <- xt[i-1] * dnorm(x, mu[1], sigma[1]) +
            (1-xt[i-1]) * dnorm(x, mu[2], sigma[2])

    r <- prod(fy / fx) *
```

```
          (xt[i-1]^(a-1) * (1-xt[i-1])^(b-1)) /
              (y[i]^(a-1) * (1-y[i])^(b-1))

    if (u[i] <= r) xt[i] <- y[i] else
        xt[i] <- xt[i-1]
    }
```

```
plot(xt, type="l", ylab="p")
hist(xt[101:m], main="", xlab="p", prob=TRUE)
print(mean(xt[101:m]))
```

图9.5中给出了去掉前100个点之后生成样本的直方图. 剩余样本的均值为0.2516. 图9.6a给出了生成链条的时间图，可以看出链条混合得很好并且很快收敛于平稳分布.

我们用Beta(5, 2)建议分布重复模拟过程以进行比较. 在这次模拟过程中，链条去掉训练样本之后的样本均值为0.2593，但是这样生成链条（在图9.6b中给出）并不是很有效率.   ◇

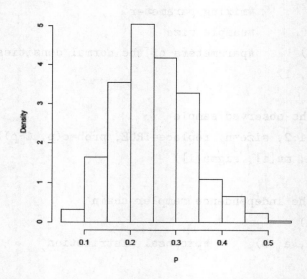

图 9.5　例9.6中p的建议分布为Beta(1, 1)的独立性样本生成器链条的分布（去掉了长度为100的训练样本）

9.3　Gibbs样本生成器

Gibbs样本生成器是由S.Geman和D.Geman[111]命名的，这是由于它可以用来分析Gibbs点阵分布. 但实际上它是一个一般的方法，可以应用于一大类的分布[111, 106, 105].

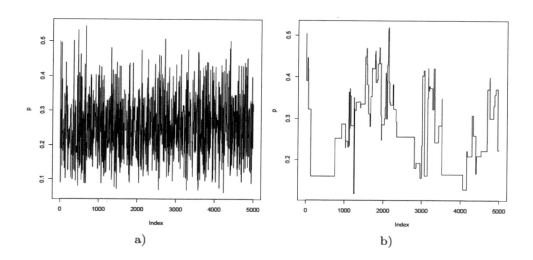

图 9.6 例9.6中p的建议分布分别为Beta$(1,1)$（左）和Beta$(5,2)$（右）时独立性样本生成器生成的链条

它也是Metropolis-Hastings样本生成器的一种特殊情况. 关于Gibbs抽样的介绍可以参见Casella和George的著作[40].

当目标为多元分布时经常使用Gibbs样本生成器. 假设所有的一元条件密度是完全指定的，并且从中抽样相当简单. 链条是从目标分布的边缘分布抽样生成的，且因此每一个候选点都被接受了.

令$\boldsymbol{X} = (X_1, \cdots, X_d)$是$\mathbf{R}^d$中的随机向量. 定义$d-1$维向量

$$\boldsymbol{X}_{(-j)} = (X_1, \cdots, X_{j-1}, X_{j+1}, \cdots, X_d),$$

用$f(\boldsymbol{X}_j | \boldsymbol{X}_{(-j)})$表示给定$\boldsymbol{X}_{(-j)}$时$\boldsymbol{X}_j$对应的一元条件分布. Gibbs样本生成器通过从每一个d条件密度$f(\boldsymbol{X}_j | \boldsymbol{X}_{(-j)})$抽样生成链条.

在下面的Gibbs样本生成器算法中我们用$X(t)$表示X_t.

1. 在时间$t = 0$初始化$X(0)$；

2. 每次迭代（标记为$t = 1, 2, \cdots$）重复下面过程:

(a) 令$x_1 = X_1(t-1)$；

(b) 对系数$j = 1, \cdots, d$

i) 从$f(X_j | x_{(-j)})$生成$X_j^*(t)$；

ii) 更新$x_j = X_j^*(t)$；

(c) 令$X(t) = (X_1^*(t), \cdots, X_d^*(t))$（每个候选点都被接受了）；

(d) 增加t.

例9.7 (Gibbs样本生成器：二元分布).

使用Gibbs抽样生成均值向量为(μ_1, μ_2)、方差为σ_1^2和σ_2^2、相关系数为ρ的二元正态分布.

在二元情况下，$\boldsymbol{X} = (X_1, X_2)$，$X_{(-1)} = X_2$，$X_{(-2)} = X_1$. 二元正态分布的条件密度是一元正态的，并具有参数

$$E[X_2|x_1] = \mu_2 + \rho\frac{\sigma_2}{\sigma_1}(x_1 - \mu_1),$$

$$\mathrm{Var}(X_2|x_1) = (1 - \rho^2)\sigma_2^2,$$

从

$$f(x_1|x_2) \sim N\left(\mu_1 + \rho\frac{\sigma_1}{\sigma_2}(x_2 - \mu_2), (1 - \rho^2)\sigma_1^2\right),$$

$$f(x_2|x_1) \sim N\left(\mu_2 + \rho\frac{\sigma_2}{\sigma_1}(x_1 - \mu_1), (1 - \rho^2)\sigma_2^2\right)$$

中抽样可以生成链条.

对二元分布$\boldsymbol{X} = (X_1, X_2)$，在每次迭代中Gibbs样本生成器

1. 令$(x_1, x_2) = X(t - 1)$；
2. 由$f(X_1|x_2)$生成$X_1^*(t)$；
3. 更新$x_1 = X_1^*(t)$；
4. 由$f(X_2|x_1)$生成$X_2^*(t)$；
5. 令$X(t) = (X_1^*(t), X_2^*(t))$.

```
#initialize constants and parameters
N <- 5000              #length of chain
burn <- 1000           #burn-in length
X <- matrix(0, N, 2)   #the chain, a bivariate sample

rho <- -.75            #correlation
mu1 <- 0
mu2 <- 2
sigma1 <- 1
sigma2 <- .5
s1 <- sqrt(1-rho^2)*sigma1
s2 <- sqrt(1-rho^2)*sigma2

###### generate the chain #####

X[1, ] <- c(mu1, mu2)                  #initialize
```

```
for (i in 2:N) {
    x2 <- X[i-1, 2]
    m1 <- mu1 + rho * (x2 - mu2) * sigma1/sigma2
    X[i, 1] <- rnorm(1, m1, s1)
    x1 <- X[i, 1]
    m2 <- mu2 + rho * (x1 - mu1) * sigma2/sigma1
    X[i, 2] <- rnorm(1, m2, s2)
}


b <- burn + 1
x <- X[b:N, ]
```

在矩阵"X"中去掉链的前1000个观测值，剩余的观测值储存在"x"中. 下面给出列均值、样本协方差和相关矩阵的概要统计量.

```
# compare sample statistics to parameters
> colMeans(x)
[1] -0.03030001 2.01176134
> cov(x)
          [,1]        [,2]
[1,]  1.0022207 -0.3757518
[2,] -0.3757518  0.2482327
> cor(x)
          [,1]        [,2]
[1,]  1.0000000 -0.7533379
[2,] -0.7533379  1.0000000
plot(x, main="", cex=.5, xlab=bquote(X[1]),
     ylab=bquote(X[2]), ylim=range(x[,2]))
```

样本均值、方差和相关性接近于真正的参数，图9.7展示了二元正态分布的负相关椭圆对称性（显示的图形是由去掉训练样本后随机选择的1000个生成的变量构成的）.◇

9.4 收敛性监测

在使用各种Metropolis-Hastings算法的例子中我们都发现有一些生成的链条并不收敛到目标分布. 通常对任意的Metropolis-Hastings样本生成器，我们并不知道到底需要多少次迭代才能近似收敛到目标分布，或者说我们并不知道训练样本的长度应该是多少.

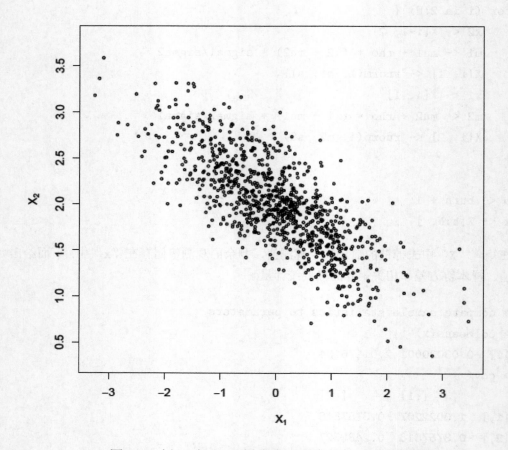

图 9.7　例9.7中Gibbs样本生成器生成的二元正态链条

而且Gelman和Rubin[110]通过一些例子指出有时候收敛非常缓慢，只观察单链条根本探测不到收敛性. 由于生成值在目标分布支撑集的局部之中的方差较小，所以单链看起来应该是收敛的，但实际上链条并不能覆盖整个支撑集. 通过观察几个平行的链条可以更加明显地看出收敛速度的缓慢，在链条的初始值相对于目标分布过度分散的情况下尤其明显. 在相关文献中已经提出了很多监测MCMC链条收敛性的方法（参见文献[33, 54, 116, 138, 227, 219]）. 在本节中我们讨论并举例说明Gelman和Rubin[107, 109]给出的监测Metropolis-Hastings链条收敛性的方法.

9.4.1　Gelman-Rubin方法

监测Metropolis-Hastings链条收敛性的Gelman-Rubin方法[107,109]主要基于比较几个生成链条关于一个或多个尺度概要统计量的表现. 统计量的方差估计和以单向方差分析(ANOVA)中的样本间和样本内均方误差为基础的估计是类似的.

令 ψ 是一个估计目标分布某个参数的尺度概要统计量. 生成 k 个长度为 n 的链

条$\{X_{ij}: 1 \leqslant i \leqslant k, 1 \leqslant j \leqslant n\}$（这里链条的初始时间为$t = 1$）. 对每个链条在时间$n$计算$\{\psi_{in} = \psi(X_{i1}, \cdots, X_{in})\}$. 我们希望如果$n \to \infty$时链条收敛到目标分布, 那么统计量$\{\psi_{in}\}$收敛到一个共同的分布.

Gelman-Rubin方法使用ψ的序列间方差和序列内方差来估计ψ的方差的上界和下界, 它们在链条收敛到目标分布时分别从上面和下面收敛到ψ的方差.

考虑用直到时间n的链条表示k个分别包含n个观测值的群的均衡单项方差分析数据. 和方差分析一样, 计算样本间方差与样本内方差的估计（类似于处理的二次方和与误差的二次方和）, 以及对应的均方误差.

序列间方差为

$$B = \frac{1}{k-1} \sum_{i=1}^{k} \sum_{j=1}^{n} (\overline{\psi_{i.}} - \overline{\psi_{..}})^2 = \frac{n}{k-1} \sum_{j=1}^{n} (\overline{\psi_{i.}} - \overline{\psi_{..}})^2,$$

其中

$$\overline{\psi_{i.}} = (1/n) \sum_{j=1}^{n} \psi_{ij}, \quad \overline{\psi_{..}} = [1/(nk)] \sum_{i=1}^{k} \sum_{j=1}^{n} \psi_{ij}.$$

在第i个序列中, 样本方差为

$$s_i^2 = \frac{1}{n} \sum_{i=1}^{n} (\psi_{ij} - \overline{\psi_{i.}})^2,$$

样本内方差的混合估计为

$$W = \frac{1}{nk-k} \sum_{i=1}^{k} (n-1) s_i^2 = \frac{1}{k} \sum_{i=1}^{k} s_i^2.$$

组合使用方差的序列间估计和序列内估计来估计$\mathrm{Var}(\psi)$的上界

$$\widehat{\mathrm{Var}}(\psi) = \frac{n-1}{n} W + \frac{1}{n} B. \tag{9.5}$$

如果链条是服从目标分布的随机样本, 那么式(9.5)就是$\mathrm{Var}(\psi)$的一个无偏估计量. 在这个应用中如果链条的初始值过于分散, 那么式(9.5)对ψ的方差是正偏的, 但是当$n \to \infty$时收敛于$\mathrm{Var}(\psi)$. 另一方面, 如果截至时间n链条还不收敛, 那么链条在目标分布的整个支撑集上还没有混合好, 所以样本内方差W低估了ψ的方差. 当$n \to \infty$时式(9.5)的期望值从上面收敛于$\mathrm{Var}(\psi)$, W从下面收敛于$\mathrm{Var}(\psi)$. 如果$\widehat{\mathrm{Var}}(\psi)$相对$W$很大, 这说明截至时间$n$链条还没有收敛到目标分布.

Gelman-Rubin统计量为估计潜在尺度缩减

$$\sqrt{\hat{R}} = \sqrt{\frac{\widehat{\mathrm{Var}}(\psi)}{W}}, \tag{9.6}$$

这可以解读为度量一个因子, 通过乘以这个因子并延伸链条可以缩减ψ的标准差. 当链条长度趋于无穷时因子$\sqrt{\hat{R}}$单调递减趋于1, 所以链条近似收敛到目标分布时$\sqrt{\hat{R}}$应该接近于1. Gelman[107]建议$\sqrt{\hat{R}}$应该小于1.1或1.2.

例9.8 (监测收敛性的Gelman-Rubin方法).

本例说明了监测一个Metropolis链条收敛性的Gelman-Rubin方法. 目标分布为$N(0,1)$，建议分布为$N(X_t, \sigma^2)$. 尺度概要统计量ψ_{ij}为第i个链条截至时间j的均值. 生成所有的链条后，在下面的"Gelman.Rubin"函数中计算诊断统计量.

```
Gelman.Rubin <- function(psi) {
    # psi[i,j] is the statistic psi(X[i,1:j])
    # for chain in i-th row of X
    psi <- as.matrix(psi)
    n <- ncol(psi)
    k <- nrow(psi)

    psi.means <- rowMeans(psi)        #row means
    B <- n * var(psi.means)           #between variance est.
    psi.w <- apply(psi, 1, "var")     #within variances
    W <- mean(psi.w)                  #within est.
    v.hat <- W*(n-1)/n + (B/n)        #upper variance est.
    r.hat <- v.hat / W                #G-R statistic
    return(r.hat)
    }
```

由于要生成一些链条，因此将M-H样本生成器写成下面的函数"normal.chain"的形式.

```
normal.chain <- function(sigma, N, X1) {
    #generates a Metropolis chain for Normal(0,1)
    #with Normal(X[t], sigma) proposal distribution
    #and starting value X1
    x <- rep(0, N)
    x[1] <- X1
    u <- runif(N)

    for (i in 2:N) {
        xt <- x[i-1]
        y <- rnorm(1, xt, sigma)       #candidate point
        r1 <- dnorm(y, 0, 1) * dnorm(xt, y, sigma)
        r2 <- dnorm(xt, 0, 1) * dnorm(y, xt, sigma)
        r <- r1 / r2
```

```
            if (u[i] <= r) x[i] <- y else
                    x[i] <- xt
            }
        return(x)
        }
```

在接下来的模拟中，建议分布的方差很小($\sigma^2 = 0.04$). 当方差相对于目标分布较小时，链条一般收敛得很慢.

```
sigma <- .2       #parameter of proposal distribution
k <- 4            #number of chains to generate
n <- 15000        #length of chains
b <- 1000         #burn-in length

#choose overdispersed initial values
x0 <- c(-10, -5, 5, 10)

#generate the chains
X <- matrix(0, nrow=k, ncol=n)
for (i in 1:k)
    X[i, ] <- normal.chain(sigma, n, x0[i])

#compute diagnostic statistics
psi <- t(apply(X, 1, cumsum))
for (i in 1:nrow(psi))
    psi[i,] <- psi[i,] / (1:ncol(psi))
print(Gelman.Rubin(psi))

#plot psi for the four chains
par(mfrow=c(2,2))
for (i in 1:k)
    plot(psi[i, (b+1):n], type="l",
        xlab=i, ylab=bquote(psi))
par(mfrow=c(1,1)) #restore default

#plot the sequence of R-hat statistics
rhat <- rep(0, n)
for (j in (b+1):n)
```

```
      rhat[j] <- Gelman.Rubin(psi[,1:j])
plot(rhat[(b+1):n], type="l", xlab="", ylab="R")
abline(h=1.1, lty=2)
```

图9.8给出了4个概要统计量（均值）ψ序列从时间1001到15000的图形. 与其解读这些点，我们更倾向于直接使用因子$\hat{R}$的值来监测收敛性. 时间$n = 5000$处的值$\hat{R} = 1.447811$说明链条需要延伸. $\hat{R}$从时间1001到15000的图形（图9.9a）说明大约10000次迭代之后($\hat{R} = 1.1166$)链条已经近似收敛到目标分布. 图中的虚线是$\hat{R} = 1.1$. 在时间6000、7000、8000和9000处的中间值分别为1.2252、1.1836、1.1561和1.1337. 在时间11200之后$\hat{R}$的值都小于1.1. 用方差为$\sigma^2 = 4$的建议分布重复模拟过程以进行比较.

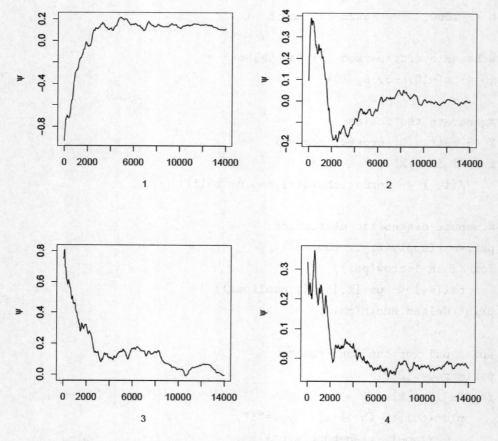

图 9.8   例9.8中4个Metropolis-Hastings链条的移动均值ψ的序列

图9.9b给出了$\hat{R}$从时间1001到15000的图形. 从该图可以很明显看出链条收敛的速度比建议分布的方差很小时的情况要快. $\hat{R}$的值在2000次迭代以后就小于1.2，在4000次迭代以后就小于1.1.   ◇

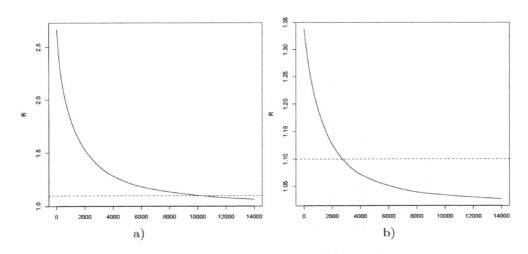

图 9.9 例9.8中4个Metropolis-Hastings链条的Gelman-Rubin-$\hat{R}$序列：a) $\sigma = 0.2$；b) $\sigma = 2$

9.5 应用：变点分析

泊松过程经常被用于构造罕见事件频率的模型. 我们在3.7节讨论了泊松过程. 一个具有恒定比λ 的齐次泊松过程$\{X(t), t \geqslant 0\}$是一个具有独立且平稳增量的计数过程，满足$X(0) = 0$，且在时间区间$[0,t]$内事件$X(t)$的次数服从Poisson(λt)分布.

假设参数λ用来表示单位时间内事件发生次数的期望，它在时间k的某个点发生了改变. 即对$0 < t \leqslant k$，$X(t) \sim$ Poisson(μt)；对$k < t$，$X(t) \sim$ Poisson(λt). 从这个过程中选定一个含有n个观测值的样本，我们考虑的问题是估计μ、λ和k.

考虑下面的著名例子作为一个特殊应用. "boot"程序包[34]中的"coal"（煤矿）数据给出了从1851年3月15日到1962年3月22日191起死亡人数大于等于10人的煤矿爆炸事故发生的日期. 该数据来自文献[153]，在文献[126]中也给出了该数据. 这个问题已经被很多作者讨论过了，比如文献[36, 37, 63, 121, 171, 192]. 可以应用贝叶斯模型和Gibbs抽样来估计煤矿开采灾难年次数的变点.

例9.9 (矿难).

在"coal"数据中给出了灾难的日期. 日期的整数部分表示年份. 简单起见，略去年份的小数部分. 首先将每年发生灾难的次数列表并建立一张时间图（见图9.10）.

```
library(boot)       #for coal data
data(coal)
year <- floor(coal)
y <- table(year)
plot(y)  #a time plot
```

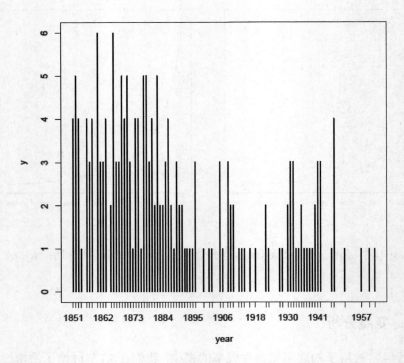

图 9.10　　例9.9中矿难的年次数

从图9.10中可以看出灾难的年平均次数在世纪之交发生了改变. 注意"table"返回的频数向量省略了没有发生灾难的年份, 所以可以应用"tabulate"来进行变点分析.

```
y <- floor(coal[[1]])
y <- tabulate(y)
y <- y[1851:length(y)]
```

```
Sequence of annual number of coal mining disasters:


4 5 4 1 0 4 3 4 0 6 3 3 4 0 2 6 3 3 5 4 5 3 1 4 4
1 5 5 3 4 2 5 2 2 3 4 2 1 3 2 2 1 1 1 1 3 0 0 1 0
1 1 0 0 3 1 0 3 2 2 0 1 1 1 0 1 0 1 0 0 0 2 1 0 0
0 1 1 0 2 3 3 1 1 2 1 1 1 1 2 3 3 0 0 0 1 4 0 0 0
1 0 0 0 0 0 1 0 0 1 0 1
```

令Y_i为第i年的灾难次数（1851年为第1年）. 假设变点发生在第k年, 第i年的灾难

次数是一个泊松随机变量，其中

$$Y_i \sim \text{Poisson}(\mu), \quad i = 1, \cdots, k,$$
$$Y_i \sim \text{Poisson}(\lambda), \quad i = k+1, \cdots, n.$$

截至1962年共有$n = 112$个观测值.

假设具有独立先验

$$k \sim \text{Uniform}\{1, 2, \cdots, n\},$$
$$\mu \sim \text{Gamma}(0.5, b_1),$$
$$\lambda \sim \text{Gamma}(0.5, b_2)$$

的贝叶斯模型给出了额外参数b_1和b_2，它们作为一个卡方随机变量的正数倍独立分布. 即

$$b_1 | Y, \mu, \lambda, b_2, k \sim \text{Gamma}(0.5, \mu+1),$$
$$b_2 | Y, \mu, \lambda, b_1, k \sim \text{Gamma}(0.5, \lambda+1).$$

令$S_k = \sum_{i=1}^{k} Y_i$，$S'_k = S_n - S_k$. 为了应用Gibbs样本生成器需要给出完全给定的条件分布. μ、λ、b_1和b_2的条件分布由下列式子给出

$$\mu | y, \lambda, b_1, b_2, k \sim \text{Gamma}(0.5 + S_k, k + b_1);$$
$$\lambda | y, \mu, b_1, b_2, k \sim \text{Gamma}(0.5 + S'_k, n - k + b_2);$$
$$b_1 | y, \mu, \lambda, b_2, k \sim \text{Gamma}(0.5, \mu+1);$$
$$b_2 | y, \mu, \lambda, b_1, k \sim \text{Gamma}(0.5, \lambda+1).$$

变点k的后验密度为

$$f(k | Y, \mu, \lambda, b_1, b_2) = \frac{L(Y; k, \mu, \lambda)}{\sum_{j=1}^{n} L(Y; j, \mu, \lambda)}, \tag{9.7}$$

其中

$$L(Y; k, \mu, \lambda) = \text{e}^{k(\lambda-\mu)} \left(\frac{\mu}{\lambda}\right)^{S_k}$$

为似然函数.

对于具有上面特定模型的变点分析，Gibbs样本生成器的算法如下（$G(a, b)$表示形状参数为a、尺度参数为b的Gamma分布）：

1. 从$1 : n$中随机抽取一个数来初始化k；将λ、μ、b_1、b_2初始化为1.

2. 对第t次迭代($t = 1, 2, \cdots$)重复下面过程：

(a) 根据$G(0.5 + S_{k(t-1)}, k(t-1) + b_1(t-1))$生成$\mu(t)$；

(b) 根据$G(0.5 + S'_{k(t-1)}, n - k(t-1) + b_2(t-1))$ 生成$\lambda(t)$；

(c) 根据 $G(0.5, \mu(t) + 1)$ 生成 $b_1(t)$;

(d) 根据 $G(0.5, \lambda(t) + 1)$ 生成 $b_2(t)$;

(e) 使用更新的 λ、μ、b_1、b_2 的值从式(9.7)定义的多项分布生成 $k(t)$;

(f) $X(t) = (\mu(t), \lambda(t), b_1(t), b_2(t), k(t))$ (每个候选点都被接受了);

(g) 增加 t.

下面给出对这个问题Gibbs样本生成器的实现过程.

从下面Gibbs样本生成器的输出中去掉大小为200的训练样本，得到下面的样本均值. 估计的变点为 $k \doteq 40$. 从第 $k = 1$ 年（1851年）到第 $k = 40$ 年（1890年）估计泊松均值为 $\hat{\mu} \doteq 3.1$，从第 $k = 41$ 年（1891年）以后估计泊松均值为 $\hat{\mu} \doteq 0.93$.

```
b <- 201
j <- k[b:m]
> print(mean(k[b:m]))
[1] 39.935
> print(mean(lambda[b:m]))
[1] 0.9341033
> print(mean(mu[b:m]))
[1] 3.108575
```

图9.11和图9.12中给出了直方图和链条的图形. 生成图形的代码将在本章最后给出.

◇

```
# Gibbs sampler for the coal mining change point

# initialization
n <- length(y)      #length of the data
m <- 1000           #length of the chain
mu <- lambda <- k <- numeric(m)
L <- numeric(n)
k[1] <- sample(1:n, 1)
mu[1] <- 1
lambda[1] <- 1
b1 <- 1
b2 <- 1

# run the Gibbs sampler
for (i in 2:m) {
    kt <- k[i-1]
```

```
#generate mu
r <- .5 + sum(y[1:kt])
mu[i] <- rgamma(1, shape = r, rate = kt + b1)

#generate lambda
if (kt + 1 > n) r <- .5 + sum(y) else
    r <- .5 + sum(y[(kt+1):n])
lambda[i] <- rgamma(1, shape = r, rate = n - kt + b2)

#generate b1 and b2
b1 <- rgamma(1, shape = .5, rate = mu[i]+1)
b2 <- rgamma(1, shape = .5, rate = lambda[i]+1)

for (j in 1:n) {
    L[j] <- exp((lambda[i] - mu[i]) * j) *
                (mu[i] / lambda[i])^sum(y[1:j])
    }
L <- L / sum(L)

#generate k from discrete distribution L on 1:n
k[i] <- sample(1:n, prob=L, size=1)
}
```

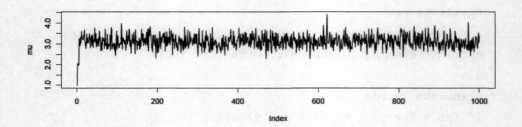

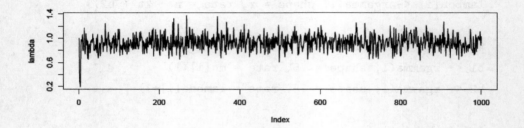

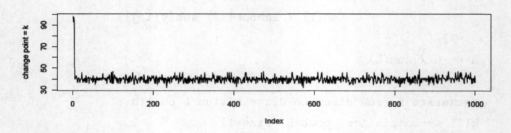

图 9.11 例9.9中Gibbs样本生成器的输出

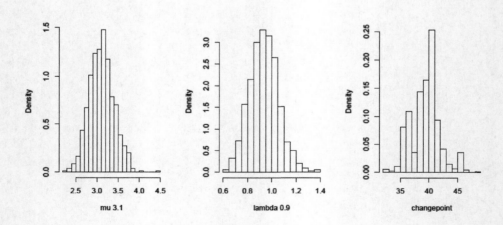

图 9.12 例9.9中矿难变点分析的 μ、λ 和 k 的分布

R的一些颇有贡献的软件包为本章中的方法提供了实现过程. 比如参见程序包"mcmc"和"MCMCpack"[117, 191]. "coda"（Convergence Diagnosis and Output Analysis，收敛性诊断及输出分析）程序包[212]提供了一些实用程序，这些程序可以对"MCMCpack"程序包中函数创建的"mcmc"对象进行概括、绘图和诊断收敛性. 还可以参见"mcgibbsit"[291]. 一般情况下，实现贝叶斯模型的过程可以参见CRAN "Bayesian Inference"中的任务视图中关于一些程序包的说明.

练习

9.1 对目标分布Rayleigh($\sigma = 2$)重复例9.1. 对例9.1和本题比较Metropolis-Hastings样本生成器的表现. 特别地从与图9.1 相对应的图中可以看出哪些明显的差异？

9.2 使用建议分布$Y \sim$ Gamma($X_t, 1$)重复例9.1（形状参数为X_t，率参数为1）.

9.3 使用Metropolis-Hastings样本生成器生成服从标准柯西(Cauchy)分布的随机变量. 去掉链条的前1000项，比较生成观测值的十分位数和标准柯西(Cauchy) 分布的十分位数（参见df=1的"qcauchy"或"qt"）. 注意Cauchy(θ, η)分布有密度函数

$$f(x) = \frac{1}{\theta\pi\{1 + [(x - \eta)/\theta]^2\}}, \qquad -\infty < x < +\infty, \theta > 0.$$

标准柯西分布有Cauchy($\theta = 1, \eta = 0$)密度（注意标准柯西密度等于自由度为1的学生t密度）.

9.4 实现一个随机游动Metropolis样本生成器来生成标准拉普拉斯(Laplace)分布（参见练习3.2）. 通过一个正态分布来模拟增量. 对由方差不同的建议分布所生成的链条进行比较. 此外，计算每个链条的接受率.

9.5 例9.5中宽度w对链条的混合有哪些影响（如果有的话）？保持随机数种子不变，尝试基于服从$U(-w, w)$分布的随机增量的建议分布，改变w并重复模拟过程.

9.6 Rao[220, 5g节]给出了一个关于四个纲197种动物的基因连锁的例子（在文献[67, 106, 171, 266]中也有所讨论）. 群体大小为(125, 18, 20, 34). 假设相应的多项分布的概率为

$$\left(\frac{1}{2} + \frac{\theta}{4}, \frac{1 - \theta}{4}, \frac{1 - \theta}{4}, \frac{\theta}{4}\right)$$

给定观测样本，使用本章中的一种方法估计θ的后验分布.

9.7 实现用Gibbs样本生成器来生成一个具有零均值、单位标准差和相关系数0.9的二元正态链条(X_t, Y_t). 去掉一个合适的训练样本后绘制生成样本的图形. 对样本拟合出一个简单的线性回归模型$Y = \beta_0 + \beta_1 X$，并通过正态性和常值方差来检验模型的残差.

9.8 这个例子出现在文献[40]中. 考虑二元密度

$$f(x, y) \propto \binom{n}{x} y^{x+\alpha-1}(1 - y)^{n-x+b-1}, \quad x = 0, 1, \cdots, n, 0 \leqslant y \leqslant 1.$$

可以看出（参见文献[23]）对固定的a, b, n，条件分布为Binomial(n, y)和Beta$(x + a, n - x + b)$. 使用Gibbs样本生成器生成一个目标联合密度为$f(x, y)$的链条.

9.9 修改例9.8中给出的Gelman-Rubin收敛性监测使其只计算$\hat{R}$的最终值，重复这个例子时不必画图.

9.10 参考例9.1. 使用Gelman-Rubin方法监测链条的收敛性，依据$\hat{R} < 1.2$运行链条直到其近似收敛到目标分布（参见例9.9）. 使用"coda"[212]程序包通过Gelman-Rubin方法来检验链条的收敛性. 提示：关于程序包"coda"中的函数"gelman.diag"、"gelman.plot"、"as.mcmc"和"mcmc.list"可以参阅帮助主题.

9.11 参考例9.5. 使用Gelman-Rubin方法监测链条的收敛性，依据$\hat{R} < 1.2$运行链条直到其近似收敛到目标分布. 使用"coda"[212]程序包通过Gelman-Rubin方法来检验链条的收敛性（参见练习9.9和练习9.10）.

9.12 参考例9.6. 使用Gelman-Rubin方法监测链条的收敛性，依据$\hat{R} < 1.2$运行链条直到其近似收敛到目标分布. 使用"coda"[212]程序包通过Gelman-Rubin方法来检验链条的收敛性（参见练习9.9和练习9.10）.

R代码

图9.3的代码

在$t_{0.025}(\nu)$和$t_{0.975}(\nu)$处添加参考线

```
par(mfrow=c(2,2))  #display 4 graphs together
refline <- qt(c(.025, .975), df=n)
rw <- cbind(rw1$x, rw2$x, rw3$x,  rw4$x)
for (j in 1:4) {
    plot(rw[,j], type="l",
        xlab=bquote(sigma == .(round(sigma[j],3))),
        ylab="X", ylim=range(rw[,j]))
    abline(h=refline)
}
par(mfrow=c(1,1)) #reset to default
```

图9.4a和图9.4b的代码

```
plot(x, type="l")
abline(h=b, v=501, lty=3)
xb <- x[- (1:501)]
hist(xb, prob=TRUE, xlab=bquote(beta), ylab="X", main="")
```

```
z <- seq(min(xb), max(xb), length=100)
lines(z, dnorm(z, mean(xb), sd(xb)))
```

图9.11的代码

```
# plots of the chains for Gibbs sampler output

par(mfcol=c(3,1), ask=TRUE)
plot(mu, type="l", ylab="mu")
plot(lambda, type="l", ylab="lambda")
plot(k, type="l", ylab="change point = k")
```

图9.12的代码

```
# histograms from the Gibbs sampler output

par(mfrow=c(2,3))
labelk <- "changepoint"
label1 <- paste("mu", round(mean(mu[b:m]), 1))
label2 <- paste("lambda", round(mean(lambda[b:m]), 1))

hist(mu[b:m], main="", xlab=label1,
    breaks = "scott", prob=TRUE) #mu posterior
hist(lambda[b:m], main="", xlab=label2,
    breaks = "scott", prob=TRUE) #lambda posterior
hist(j, breaks=min(j):max(j), prob=TRUE, main="",
   xlab = labelk)
par(mfcol=c(1,1), ask=FALSE)  #restore display
```

第10章 概率密度估计

密度估计作为数据观测样本的函数，是一类构造概率密度估计的方法. 在前面的章节中，我们已经非正式地使用了密度估计来描述数据的分布. 直方图是一种类型的密度估计量. R 中给出了另一种密度估计量——"density" 函数. "density" 函数用于计算核密度估计，这一点我们将在下面的章节中解释.

相关文献中讨论了一些密度估计的方法. 在本章我们把注意力集中在非参数密度估计上. 如果除了观测数据之外我们没有目标分布的相关信息，那么估计密度就需要使用非参数的方法. 在其他一些情况下我们可能只知道分布的不完全信息，这时也不能直接应用传统的估计方法. 举个例子，假设数据从一个位置尺度族生成，但是这个族并没有指定. 然而非参数密度估计并不总是最好的办法. 假设数据是一个由正态混合模型生成的样本——这是一个分类问题，我们可以使用EM或其他参数估计法. 对需要使用非参数法的问题来说，密度估计为数据的可视化、探索和分析等提供了灵活且有利的工具.

关于包含核方法在内的一元和多元密度估计方法的综述，读者可以参考Scott[244]、Silverman[252]或Devroye[70]. 多元密度估计可以参见Scott[244].

10.1 一元密度估计

本节将给出一元密度估计的方法，包括直方图、频数多边形、平均移位直方图以及核密度估计法.

10.1.1 直方图

本小节将给出几种计算直方图密度估计的方法，并通过一些例子来详细说明这些方法. 这些方法包括决定组界的正态参考准则、Sturges准则[257]、Scott准则[241]和Freedman-Diaconis准则[99].

概率直方图在初等统计课程中就已经介绍过了，所有流行的统计程序包中都含有概率直方图，它是在描述统计量时使用最广泛的密度估计法. 但是即使是在初等的数据分析任务中，我们也要面临一些复杂的问题，比如如何决定最佳组数、组区间的边界和宽度或者如何处理不等的组区间宽度. 在很多软件包中这些决定是自动做出的，但有时得到的不是我们想要的结果. 在R 软件中，使用者可以控制下面所述的几个选项.

直方图是密度函数的分段常数近似. 一般情况下由于数据含有噪声, 给出更多细节 (和数据更接近的拟合) 的估计法并不一定是更好的. 一个直方图组宽的选择实际上是对光滑参数的选择. 较窄的组宽会给出太多细节, 使得数据不够光滑; 而较宽的组宽会模糊重要的特征, 使得数据过于光滑. 我们经常按照一些准则来选择最佳的组宽. 这些准则将在下面讨论. 光滑参数和组中心的选择是一个非常有挑战性的问题, 在研究中还将继续引起关注.

假设有一个观测随机样本 $X_1, \cdots, X_n$. 为了构建样本的频数或概率直方图, 必须把数据分组, 且分组操作是由组区间的边界决定的. 尽管原则上可以使用任何组界, 但是在总体密度的信息数量方面总有些选择会更合理一些.

本书中我们只考虑均匀组宽. 经常使用的决定一个直方图组区间边界的准则有Sturges准则[257]、Scott正态参考准则[241]、Freedman-Diaconis(FD)准则[99] 以及这些准则的一些改进形式.

给定具有等宽度 h 的组区间, 基于样本大小 n 的直方图密度估计为

$$\hat{f}(x) = \frac{\nu_k}{nh}, \quad t_k \leqslant x < t_{k+1}. \tag{10.1}$$

其中 ν_k 是组区间 $[t_k, t_{k+1})$ 中的样本点个数. 如果组宽恰好是1, 那么密度估计就是包含点 x 的组所对应的频数.

直方图密度估计量, 即式(10.1)的偏差正比于组宽 h. 直方图密度估计中的偏差是由密度的一阶导数 f' 决定的. 对其他的密度估计量, 比如频数多边形、ASH和核密度估计量而言, 偏差是由密度的二阶导数 f'' 决定的. 更高阶的估计量并不经常使用, 因为密度估计很可能是无效的.

Sturges准则

Sturges准则有将数据过度光滑的倾向, 一般情况下Scott准则或FD准则更加合适. 尽管如此, 在很多统计程序包中默认使用的都是Sturges准则. 这里我们给出这个准则的思路, 并用它来说明直方图绘制函数 "hist" 的表现以及如何更改默认表现. Sturges准则基于抽样总体服从正态分布的暗含假设. 在这种情况下很自然地选择一族离散分布, 使其满足组数 (样本大小 n) 趋于无穷时依分布收敛到正态分布. 最直接的选择就是成功概率为1/2的二项分布. 比如, 如果样本大小为 $n = 64$, 那么我们就可以选择7 个组区间使得对应于Binomial(6, 1/2) 样本的频数直方图具有期望组频数

$$\binom{6}{0}, \binom{6}{1}, \binom{6}{2}, \cdots, \binom{6}{6} = 1, 6, 15, 20, 15, 6, 1,$$

它们加起来等于 $n = 64$. 现在考虑样本大小 $n = 2^k, k = 1, 2, \cdots$. 对较大的 k (较大的 n), Binomial$(k, 1/2)$ 的分布近似于 $N(\mu = n/2, \sigma^2 = n/4)$. 这里 $k = \log_2 n$, 我们有 $k + 1$个组, 每个组的期望组频数为

$$\binom{\log_2 n}{j}, \quad j = 0, 1, \cdots, k.$$

Sturges指出组区间的最佳宽度[257]可以由

$$\frac{R}{1 + \log_2 n}$$

给出，其中R是样本极差. 组数只依赖于样本大小n，不依赖于分布. 这种组区间的选择适用于从对称和单峰的总体中抽样的数据，但是对于偏态分布或多峰分布来说并不适合. 对于较大的样本，Sturges准则有将数据过度光滑的倾向（参见表10.1）.

例10.1（使用Sturges准则的直方图密度估计）.

尽管"breaks="Sturges""是R中函数"hist"的默认参数，但是除非给定了一个组界向量，否则这个默认值也只是个建议选择. 比如，比较下面函数"hist"关于分组数的默认表现和使用Sturges准则的表现.

```
set.seed(12345)
n <- 25
x <- rnorm(n)
# calc breaks according to Sturges' Rule
nclass <- ceiling(1 + log2(n))
cwidth <- diff(range(x) / nclass)
breaks <- min(x) + cwidth * 0:nclass
h.default <- hist(x, freq = FALSE, xlab = "default",
    main = "hist: default")
z <- qnorm(ppoints(1000))
lines(z, dnorm(z))
h.sturges <- hist(x, breaks = breaks, freq = FALSE,
    main = "hist: Sturges")
lines(z, dnorm(z))
```

下面给出相应的分点和计数的数值，图10.1a给出了两种生成直方图的方法. 默认方法是Sturges准则的一个改进形式，它选择的分点更为"精密".

```
> print(h.default$breaks)
[1] -2.0 -1.5 -1.0 -0.5 0.0 0.5 1.0 1.5 2.0
> print(h.default$counts)
[1] 3 0 4 6 2 7 2 1
> print(round(h.sturges$breaks, 1))
[1] -1.8 -1.2 -0.6 0.0 0.6 1.2 1.8
> print(h.sturges$counts)
[1] 3 4 6 4 6 2
```

```
> print(cwidth)
[1] 0.605878
```

按照Sturges准则得到的组宽为0.605878，而函数"hist"默认使用的组宽为0.5. 注意函数

```
> nclass.Sturges
function (x) ceiling(log2(length(x)) + 1)
```

根据Sturges准则计算分组数.

区间i中的点x处的密度估计通过直方图在第i块的高度给出. 在本例中我们对点$x = 0.1$处的密度估计如下：

```
> print(h.default$density[5])
[1] 0.16
> print(h.sturges$density[4])
[1] 0.2640796
```

对第二个估计，使用了$\nu_k = 4$和$h = 0.605878$时的式(10.1)（$x = 0.1$处的标准正态密度为0.397）.

对较大的正态数据样本，在默认情况下，函数"hist"给出的密度估计和使用Sturges准则时近似一致，参见图10.1b中样本大小$n = 1000$时的情况. ◇

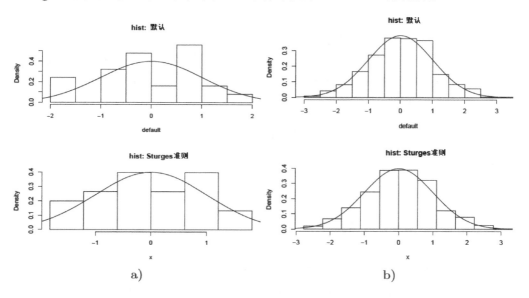

a) b)

图 10.1 例10.1中：a)大小为25；b)大小为1000的样本的直方图正态密度估计（附加了标准正态密度曲线）

例10.2 (由直方图估计密度).

一般来讲，为了从直方图中重新得到密度估计，首先必需找到包含点x的组，然后对这个组计算对应的频率，即式(10.1). 在前面$n = 1000$的例子中（对应图10.1b），我们有下面的估计.

```
x0 <- .1
b <- which.min(h.default$breaks <= x0) - 1
print(c(b, h.default$density[b]))
b <- which.min(h.sturges$breaks <= x0) - 1
print(c(b, h.sturges$density[b]))
[1] 7.00 0.38
[1] 6.0000000 0.3889306
```

在默认直方图$\hat{f}_1$中，点$x_0 = 0.1$在第7组，$\hat{f}_1(0.1) = 0.38$. 在指定分点的直方图$\hat{f}_2$中，x_0在第6组，$\hat{f}_2(0.1) = 0.3889306$. 换句话说，密度估计是组宽加权的相对频率.

```
h.default$counts[7] / (n * 0.5)
h.sturges$counts[6] / (n * cwidth)
```

```
[1] 0.38
[1] 0.3889306
```

两个估计值都非常接近于标准正态密度的值$\phi(0.1) = 0.3969525$. ◇

Sturges准则主要针对正态分布，这种分布具有对称性. 为了对偏态分布得到更好的密度估计，Doane[73]提出了一个基于样本偏度系数$\sqrt{b_1}$，即式(6.2)的改进.

提出的修改为增加

$$K_e = \log_2 \left(1 + \frac{|\sqrt{b_1}|}{\sigma(\sqrt{b_1})} \right) \tag{10.2}$$

个分组，其中

$$\sigma(\sqrt{b_1}) = \sqrt{\frac{6(n-2)}{(n+1)(n+3)}}$$

是正态数据的样本偏度系数的标准差.

Scott正态参考准则

为了对密度估计选择一个最佳的（或较好的）光滑参数，我们需要建立一个比较光滑参数的标准. 一种方法是使得估计的平方误差最小. 按照Scott的方法[244]，我们简单概括一下L_2标准的一些主要想法.

一个密度估计量$\hat{f}(x)$在x的均方误差(MSE) 为

$$MSE(\hat{f}(x)) = E(\hat{f}(x) - f(x))^2 = \text{Var}(\hat{f}(x)) + bias^2(\hat{f}(x)).$$

MSE逐点度量误差. 考虑积分平方误差(Integrated Squared Error, ISE)，即L_2范数

$$ISE(\hat{f}(x)) = \int (\hat{f}(x) - f(x))^2 \mathrm{d}x.$$

考虑统计量平均积分平方误差(Mean Integrated Squared Error, MISE)会更加简单，

$$
\begin{aligned}
MISE = E[ISE] &= E\left[\int (\hat{f}(x) - f(x))^2 \mathrm{d}x\right] = \int E[(\hat{f}(x) - f(x))^2] \mathrm{d}x \\
&= \int MSE(\hat{f}(x)) = IMSE
\end{aligned}
$$

（积分均方误差，Integrated Mean Squared Error），由Fubini定理可知上式成立. 在f的某些正则性条件下，Scott[241]指出

$$MISE = \frac{1}{nh} + \frac{h^2}{12}\int f'(x)^2 \mathrm{d}x + O\left(\frac{1}{n} + h^3\right),$$

组宽的最佳选择为

$$h_n^* = \left[\frac{6n}{\int f'(x)^2 \mathrm{d}x}\right]^{1/3}, \tag{10.3}$$

它具有渐进的(Asymptotic)MISE，即

$$AMISE^* = \left[\frac{9}{16}\int f'(x)^2 \mathrm{d}x\right]^{1/3} n^{-2/3}. \tag{10.4}$$

而在密度估计中f是未知的，所以并不能精确计算出最佳选择h，但渐进最佳选择h只依赖于未知密度的一阶导数.

Scott正态参考准则[241]（被校准为一个具有方差σ^2的正态分布）指定了组宽

$$\hat{h} \doteq 3.49\hat{\sigma}n^{-1/3},$$

其中$\hat{\sigma}$是总体标准差σ的一个估计. 对于具有方差σ^2的正态分布而言，最佳组宽为$h_n^* = 2(3^{1/3})\pi^{1/6}\sigma n^{-1/3}$. 将标准差的样本估计代入，可得最佳组宽的正态参考准则

$$\hat{h} = 3.490830212\hat{\sigma}n^{-1/3} \doteq 3.49\hat{\sigma}n^{-1/3}, \tag{10.5}$$

其中$\hat{\sigma}^2$是样本方差S^2. 此外还有区间边界的位置选择（组起点和中点）. 关于这个问题可以参考Scott[241]以及下面10.1.3节中的ASH密度估计.

R笔记10.1 "truehist"（"MASS"）函数[278]默认使用Scott准则. 在"hist"和"truehist"中Scott准则的分组数是通过函数"nclass.scott"计算得到的. 该函数如下

```
h <- 3.5 * sqrt(stats::var(x)) * length(x)^(-1/3)
ceiling(diff(range(x))/h)
```

（如果分点向量"breaks"未被指定，那么"pretty"函数会调整分组数以得到"较好的"分点）.

例10.3 (Old Faithful（老忠实泉）的密度估计).

本例通过确定Old Faithful（老忠实泉）喷发数据直方图的组宽来说明Scott正态参考准则. 在R基本配置中的"faithful"就是该数据的一个版本. Venables和Ripley[278]分析了另一个版本"geyser"（"MASS"）[15]. 我们这里分析"geyser"数据集. 关于两个变量——持续（"duration"）时间和等待（"waiting"）时间，共有299个观测值. 下面使用Scott准则计算喷发间隔时间（"waiting"）的密度估计. 作为比较，分别在"hist"函数和"truehist"函数（"MASS"）中使用"breaks="scott""进行估计.

按照Scott准则，组宽为$\hat{h} = 3.5 \times (13.89032 \times 0.1495465) = 7.27037$，共有$[(108 - 43)/7.27037] = 9$个分组.

```
library(MASS)  #for geyser and truehist
waiting <- geyser$waiting
n <- length(waiting)
# rounding the constant in Scott's rule
# and using sample standard deviation to estimate sigma
h <- 3.5 * sd(waiting) * n^(-1/3)

# number of classes is determined by the range and h
m <- min(waiting)
M <- max(waiting)
nclass <- ceiling((M - m) / h)
breaks <- m + h * 0:nclass

par(ask = TRUE)  #prompt to see next graph
h.scott <- hist(waiting, breaks = breaks, freq = FALSE,
    main = "")
truehist(waiting, nbins = "Scott", x0 = 0, prob=TRUE,
    col = 0)
hist(waiting, breaks = "scott", prob=TRUE, density=5,
    add=TRUE)
```

图10.2a和图10.2b给出了"h.scott1"和"h.scott2"生成的直方图. 这两个直方图显示数据并不是正态分布的，大约在55和75处可能有两个众数. ◇

Freedman-Diaconis准则

上面的Scott正态参考准则属于一类按照公式$\hat{h} = Tn^{-1/3}$选择最佳组宽的准则，其中T是一个统计量. 这些$n^{-1/3}$准则与组宽在L_p范数下的最佳衰减速度为$n^{-1/3}$（参见

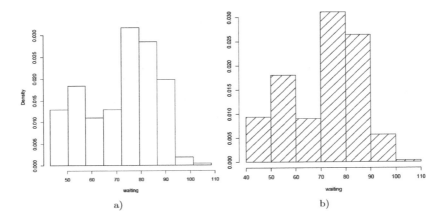

图 10.2 例10.3中Old Faithful（老忠实泉）等待时间密度的直方图估计：a) Scott准则给出了9个分组；b) 对分点使用"pretty"函数之后，具有参数"breaks="scott""的"hist"函数只使用了7个分组

文献[288]）这样一个事实有关. Freedman-Diaconis准则[99]也是这类准则. 对Freedman-Diaconis（记为FD准则）准则而言，统计量T是四分位数的间距的两倍. 即

$$\hat{h} = 2(IQR)n^{-1/3},$$

其中IQR表示样本四分位数的间距. 这里估计量$\hat{\sigma}$正比于IQR. IQR对样本中异常值的敏感度比样本标准差要低. 分组数为样本极差除以组宽.

表10.1概括了对Sturges准则、Scott正态参考准则和Freedman-Diaconis准则进行比较的结果. 表中的每一列代表了一个单一的标准正态或标准指数样本. 这些分布方差相等，但是各个准则生成的最佳分组数不同，这在样本容量较大的情况下尤为明显. 可以看出即使对正态数据而言，Sturges准则也使得数据过于光滑.

10.1.2 频率多边形密度估计

所有的直方图密度估计都是分段连续的，而不是在整个数据范围内连续的. 对相同的频率分布，既可以生成直方图，也可以生成频率多边形，后者给出了一个连续的密度估计. 构建频率多边形的方法为计算每一个组区间中点处的密度估计，然后在相邻的中点间使用线性内插值进行估计.

Scott[243]通过渐进最小化积分均方误差(IMSE)推导出了构造最佳频率多边形的组宽. 最佳频率多边形组宽为

$$h_n^{fp} = 2\left[\frac{49}{15}\int f''(x)^2 \mathrm{d}x\right]^{-1/5} n^{-1/5} \tag{10.6}$$

且

$$IMSE^{fp} = \frac{5}{12}\left[\frac{49}{15}\int f''(x)^2 \mathrm{d}x\right]^{-1/5} n^{-4/5} + O(n^{-1}).$$

表 10.1　按照直方图的三种准则对模拟数据进行估计而得到的最佳组区间数

(a)标准正态				(b)标准指数			
n	Sturges	Scott	FD	n	Sturges	Scott	FD
10	5	2	3	10	5	2	2
20	6	3	5	20	6	3	3
30	6	4	4	30	6	4	4
50	7	5	7	50	7	6	9
100	8	7	9	100	8	6	7
200	9	9	11	200	9	9	14
500	10	14	20	500	10	16	25
1000	11	19	25	1000	11	23	39
5000	14	40	52	5000	14	37	58
10000	15	46	60	10000	15	54	82

注意一般来说没有潜在分布的相关知识并不能计算式(10.6). 在实际中, 可以通过估计得到f''（经常使用其他方法）. 对正态密度而言, $\int f''(x)^2 \mathrm{d}x = 3/(8\sqrt{\pi}\sigma^5)$, 且最佳频率多边形组宽为

$$h_n^{fp} = 2.15\sigma n^{-1/5}. \tag{10.7}$$

如果分布不是对称的, 那么将正态分布作为参考分布并不是最佳的选择. 对于明显偏态的数据, 可以选择一个更加合适的参考分布, 比如对数正态分布.

使用对数正态分布作为参考分布可以推导出一个偏态调整(Scott[244]), 即因子

$$\frac{12^{1/5}\sigma}{\mathrm{e}^{7\sigma^2}(\mathrm{e}^{\sigma^2} - 1)^{1/2}(9\sigma^4 + 20\sigma^2 + 12)^{1/5}} \tag{10.8}$$

应该用组宽多次乘以这个因子以得到适当且更小的组宽. 类似地, 如果分布的尾部比正态分布的尾部要重, 则由参考t分布可以推导出一个峰态调整.

例10.4 (频率多边形密度估计).

构造"geyser"（"MASS"）数据的频率多边形密度估计. 通过正态参考准则决定频率多边形的组宽, 用样本标准差S代替σ可得$\hat{h}_n^{fp} = 2.15Sn^{-1/5}$. 使用"hist"函数返回的值可以直接得到计算结果. 多边形的顶点为返回的"hist"对象的点（"$mids", "$density"）组成的序列. 那么通过添加连接这些点的直线就能很容易得到一个带有频率多边形密度估计的直方图. 为了在密度估计为0的端点处封闭多边形还需要一些步骤. 绘制多边形时有一些相关选项, 比如"segments"和"polygon".

```
waiting <- geyser$waiting    #in MASS
```

```
n <- length(waiting)
# freq poly bin width using normal ref rule
h <- 2.15 * sqrt(var(waiting)) * n^(-1/5)

# calculate the sequence of breaks and histogram
br <- pretty(waiting, diff(range(waiting)) / h)
brplus <- c(min(br)-h, max(br+h))
histg <- hist(waiting, breaks = br, freq = FALSE,
    main = "", xlim = brplus)

vx <- histg$mids      #density est at vertices of polygon
vy <- histg$density
delta <- diff(vx)[1] # h after pretty is applied
k <- length(vx)
vx <- vx + delta     # the bins on the ends
vx <- c(vx[1] - 2 * delta, vx[1] - delta, vx)
vy <- c(0, vy, 0)

# add the polygon to the histogram
polygon(vx, vy)
```

组宽为$h = 9.55029$. 图10.3中给出了频率多边形. 如果需要对任意的点给出密度估计, 可以对线性插值使用 "approxfun" 函数. 作为估计的检验, 验证$\int_{-\infty}^{+\infty} \hat{f}(x)\mathrm{d}x = 1$.

```
# check estimates by numerical integration
fpoly <- approxfun(vx, vy)
print(integrate(fpoly, lower=min(vx), upper=max(vx)))
1 with absolute error < 1.1e-14
```

◇

10.1.3 平均移位直方图

在之前的小节中我们讨论了一些决定最佳分组数或最佳组区间宽度的准则. 但是最佳组宽决定不了分组的中心或端点的位置. 比如使用 "truehist" ("MASS")时, 我们很容易通过参数 "x0" 将分组从左向右移位并保持组宽不变. 将组界移位会改变密度估计, 所以使用相同的组宽时会得到一些不同的密度估计. 图10.4给出了一个标准正态样本的4直方图密度估计, 它们使用相同的分组数但分组起点彼此相差0.25.

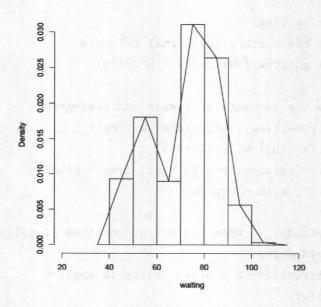

图 10.3 例10.4中Old Faithful（老忠实泉）等待时间密度的频率多边形估计

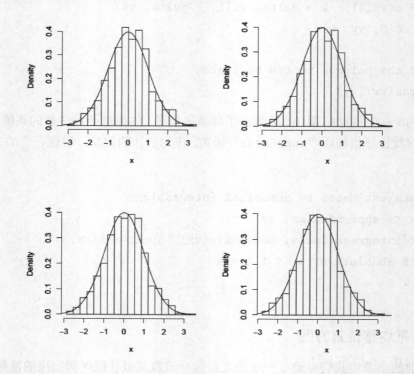

图 10.4 一个正态样本在相同组宽、不同分组起点下的直方图估计以及标准正态密度曲线

Scott[242]曾提出用平均移位直方图(ASH)来平均密度估计. 即平均移位直方图(ASH)的密度估计为

$$\hat{f}_{ASH}(x) = \frac{1}{m} \sum_{j=1}^{m} \hat{f}_j(x),$$

其中估计$\hat{f}_{j+1}(x)$的组界是由$\hat{f}_j(x)$的组界移位h/m得到的. 这里我们将估计看成是m个组宽为h的直方图. 或者我们也可以将ASH估计看成是一个组宽为h/m的直方图. $N(\mu, \sigma^2)$密度的朴素ASH估计的最佳组宽（参见文献[244, 5.2节]）为

$$h^* = 2.576\sigma n^{-1/5}. \tag{10.9}$$

例10.5 (ASH估计的计算过程).

这个数值例子展示了计算ASH估计的方法. 对大小为$n = 100$的样本计算4个直方图估计，每个直方图的组宽都是1. 各个密度估计的组起点分别为0、0.25、0.5 和0.75. 下面给出分组计数和分点.

```
breaks -4 -3 -2 -1 0 1 2 3 4
counts 0 2 11 27 38 16 6 0

breaks -3.75 -2.75 -1.75 -0.75 0.25 1.25 2.25 3.25 4.25
counts 0 4 17 23 38 16 2 0

breaks -3.5 -2.5 -1.5 -0.5 0.5 1.5 2.5 3.5 4.5
counts 0 7 21 23 34 15 0 0

breaks -3.25 -2.25 -1.25 -0.25 0.75 1.75 2.75 3.75 4.75
counts 2 9 26 30 21 12 0 0
```

为了在点$x = 0.2$处计算ASH密度估计，找到包含$x = 0.2$ 的区间并求这些密度估计的平均值. 估计为

$$\hat{f}_{ASH}(0.2) = \frac{1}{4} \sum_{k=1}^{4} \hat{f}_k(0.2) = \frac{1}{4} \times \frac{38 + 23 + 23 + 30}{100(1)} = \frac{114}{400} = 0.285.$$

或者我们也可以通过考虑这些宽度为$\delta = h/m = 0.25$的子区间构成的网来计算这个估计. 现在共有36个分点$-4 + 0.25i, i = 0, 1, \cdots, 35$,和35个分组计数$\nu_1, \cdots, \nu_{35}$. 点$x = 0.2$在区间$(-0.75, 0.25]$、$(-0.5, 0.5]$、$(-0.25, 0.75]$和$(0, 1]$中，对应着第14个到第20个子区间. 分组计数为

```
[1:12]   0 0 0 0 0 0  2  0 2 3 4 2
[13:24]  8 7 9 3 4 7 16 11 4 3 3 6
[25:35]  4 2 0 0 0 0  0  0 0 0 0
```

可以将这些项重排为

$$
\begin{array}{ccccccccccc}
7 & + & 9 & + & 3 & + & 4 & & & & = 23 \\
& & 9 & + & 3 & + & 4 & + & 7 & & = 23 \\
& & & & 3 & + & 4 & + & 7 & + & 16 & = 30 \\
& & & & & & 4 & + & 7 & + & 16 & + & 11 & = 38
\end{array}
$$

$$= 7 + 2(9) + 3(3) + 4(4) + 3(7) + 2(16) + 11 = 114$$

或者使用

$$\hat{f}_{ASH}(0.2) = \frac{\nu_{14} + 2\nu_{15} + 3\nu_{16} + 4\nu_{17} + 3\nu_{18} + 2\nu_{19} + \nu_{20}}{mnh}$$

来计算估计.   ◇

一般来讲，如果 $t_k = \max\{t_j : t_j < x \leqslant t_{j+1}\}$，那么我们有

$$
\begin{aligned}
\hat{f}_{ASH}(x) &= \frac{\nu_{k+1-m} + 2\nu_{k+2-m} + \cdots + m\nu_k + \cdots + 2\nu_{k+m-2} + \nu_{k+m-1}}{mnh} \\
&= \frac{1}{nh} \sum_{j=1-m}^{m-1} \left(1 - \frac{|j|}{m}\right) \nu_{k+j}
\end{aligned}
\tag{10.10}
$$

这个计算公式要求在左、右两边有 $m-1$ 个空的分组. 式(10.10)给出了一个计算ASH密度估计的公式，并且指出这个估计是分组计数在更精细的网上的加权平均. 权重 $(1 - |j|/m)$ 对应于区间 $[-1, 1]$ 上的离散三角分布，当 $m \to \infty$ 时接近于区间 $[-1, 1]$ 上的三角密度.

将式(10.10)中的权重 $(1 - |j|/m)$ 替换为对应一个支撑在区间 $[-1, 1]$ 上的对称密度的权重函数 $w(j) = w(j, m)$，这样可以把ASH估计推广. 式(10.10)中使用的是三角核，即

$$K(t) = 1 - |t|, \quad |t| < 1,$$

否则 $K(t) = 0$. 关于其他的核可以参见文献[244, 252]、"density"的例子或者10.2节的内容.

例10.6 (ASH密度估计).

通过20个直方图构建 "geyser$waiting" （"MASS"）中的Old Faithful（老忠实泉）等待时间数据的ASH密度估计. 为了和例10.3中这个数据的朴素直方图密度估计进行比较，组宽设定为 $h = 7.27037$ （式(10.9)中ASH估计的正态参考准则给出的是 $h = 11.44258$）.

```
library(MASS)
waiting <- geyser$waiting
n <- length(waiting)
m <- 20
```

```
a <- min(waiting) - .5
b <- max(waiting) + .5
h <- 7.27037
delta <- h / m

#get the bin counts on the delta-width mesh.
br <- seq(a - delta*m, b + 2*delta*m, delta)
histg <- hist(waiting, breaks = br, plot = FALSE)
nk <- histg$counts
K <- abs((1-m):(m-1))

fhat <- function(x) {
    # locate the leftmost interval containing x
    i <- max(which(x > br))
    k <- (i - m + 1):(i + m - 1)
    # get the 2m-1 bin counts centered at x
    vk <- nk[k]
    sum((1 - K / m) * vk) / (n * h)    #f.hat
    }

# density can be computed at any points in range of data
z <- as.matrix(seq(a, b + h, .1))
f.ash <- apply(z, 1, fhat)    #density estimates at midpts

# plot ASH density estimate over histogram
br2 <- seq(a, b + h, h)
hist(waiting, breaks = br2, freq = FALSE, main = "",
    ylim = c(0, max(f.ash)))
lines(z, f.ash, xlab = "waiting")
```

比较图10.5中的ASH估计、图10.2b中的直方图估计和图10.3中的频率多边形密度估计. ◇

关于Scott的一元和二元ASH程序的实现过程可以参见"ash"程序包[245].

10.2 核密度估计

核密度估计推广了直方图密度估计的想法. 如果组宽为h的直方图是由样本$X_1, \cdots, X_n$

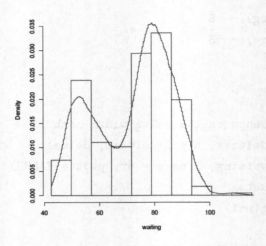

图 10.5　例10.6中Old Faithful（老忠实泉）等待时间的ASH密度估计

构建的，那么数据范围内的一点x处的密度估计为

$$\hat{f}(x) = \frac{1}{2hn} \times k,$$

其中k是区间$(x - h, x + h)$内的样本点个数. 这个估计量可以写为

$$\hat{f}(x) = \frac{1}{n} \sum_{i=1}^{n} \frac{1}{h} w\left(\frac{x - X_i}{h}\right), \tag{10.11}$$

其中$w(t) = \frac{1}{2}I(|t| < 1)$是一个权重函数. 式(10.11)中带有$w(t) = \frac{1}{2}I(|t| < 1)$的密度估计量$\hat{f}(x)$ 称为朴素密度估计量. 这个权重函数满足$\int_{-1}^{1} w(t)\mathrm{d}t = 1$以及$w(t) \geqslant 0$，所以$w(t)$是一个支撑在区间$[-1, 1]$上的概率密度.

　　核密度估计将朴素估计量中的权重函数$w(t)$替换为一个函数$K(\cdot)$，它满足

$$\int_{-\infty}^{+\infty} K(t)\mathrm{d}t = 1,$$

称为核函数. 在概率密度估计中，$K(\cdot)$一般是一个对称概率密度函数. 权重函数$w(t) = \frac{1}{2}I(|t| < 1)$称为矩形核. 矩形核是一个中心在原点的对称概率密度，且

$$\frac{1}{nh} w\left(\frac{x - X_i}{h}\right)$$

对应着一个中心在X_i、面积为$1/n$的矩形. x处的密度估计为到x的距离在h单位以内的矩形的和.

　　在本书中，我们将注意力放在对称正核密度估计量上. 假设$K(\cdot)$是另一个中心在原点的对称概率密度，定义

$$\hat{f}_K(x) = \frac{1}{n} \sum_{i=1}^{n} \frac{1}{h} K\left(\frac{x - X_i}{h}\right), \tag{10.12}$$

那么$\hat{f}$是一个概率密度函数. 比如, $K(x)$可能是区间$[-1,1]$上的三角密度（三角核）或标准正态密度（高斯核）. 在10.1.3节中我们可以看到当$n \to \infty$时ASH密度估计收敛到三角核密度估计（关于核参见式(10.10)）. 三角核估计量对应着三角形面积的和, 而不是矩形面积的和. 高斯核估计量如图10.6所示, 在每一个数据点处都有一个集中在该点的正态密度.

从式(10.12)中核密度估计量的定义可以看出$\hat{f}_K(x)$保持了$K(x)$的某些连续性和可微性. 如果$K(x)$是一个概率密度, 那么由$K(x)$在点x处连续则可推出$\hat{f}_K(x)$在点x处连续, 由$K(x)$在点x处r阶可导则可推出$\hat{f}_K(x)$在点x处r阶可导. 尤其如果$K(x)$是高斯核, 那么$\hat{f}$连续且具有任意阶导数.

直方图密度估计量对应着矩形核密度估计量. 组宽h是一个光滑参数, 其较小的值显示了密度的局部特征, 较大的值生成了一个过于光滑的密度估计. 在核密度估计中h称为带宽、光滑参数或者窗宽.

图10.6展示了不同带宽的效果. 图10.6中$n = 10$个样本点

$$-0.77 \quad -0.60 \quad -0.25 \quad 0.14 \quad 0.45 \quad 0.64 \quad 0.65 \quad 1.19 \quad 1.71 \quad 1.74$$

是从标准正态分布生成的. 随着窗宽h的减小密度估计变得越来越粗糙, 较大的h对应着更加光滑的密度估计（我们只是通过这个简单的例子形象地展示了核方法, 对这样小的样本而言密度估计并没有太大用处）.

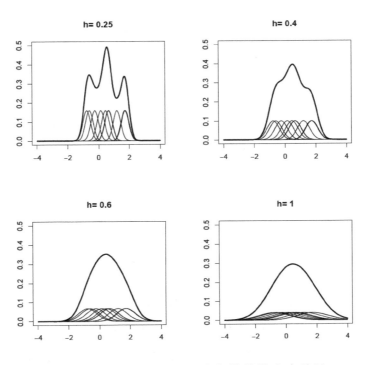

图 10.6 使用带宽为h的高斯核的核密度估计

　　表10.2给出了密度估计中经常使用到的一些核函数，图10.7中也给出了这些函数的图形. 第一个用于核密度估计的是Epanechnikov核，它是由Epanechnikov[85]提出的. Silverman[252, p.42]定义了核的效率. 重标Epanechnikov核具有效率1，它是平均积分平方误差(MISE)意义下的最佳核（Scott[244, p.138~140]）. 表10.2给出了渐进相对效率，实际上从这些效率可以看出如果使用平均积分平方误差标准，那么这些核之间并没有太大差异（参见文献[252, p.43]）. 关于计算效率的方法可以参见"density"的例子（实际上是表10.2中效率的倒数）.

表 10.2　密度估计的核函数

核	$K(t)$	支撑域	σ_K^2	效率
Gaussian	$\frac{1}{\sqrt{2\pi}}\exp(-\frac{1}{2}t^2)$	$\mathbf{R}$	1	1.0513
Epanechnikov	$\frac{3}{4}(1-t^2)$	$|t|<1$	1/5	1
Rectangular	$\frac{1}{2}$	$|t|<1$	1/3	1.0758
Triangular	$1-|t|$	$|t|<1$	1/6	1.0143
Biweight	$\frac{15}{16}(1-t^2)^2$	$|t|<1$	1/7	1.0061
Cosine	$\frac{\pi}{4}\cos\frac{\pi}{2}t$	$\mathbf{R}$	$1-8/\pi^2$	1.0005

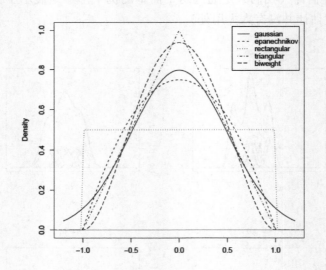

图 10.7　密度估计的核函数

　　对高斯核而言，使积分均方误差(IMSE)最小的带宽h为

$$h = (4/3)^{1/5}\sigma n^{-1/5} = 1.06\sigma n^{-1/5}. \tag{10.13}$$

当分布是正态的时候这个带宽的选择是一个最优(IMSE)选择. 但是如果真实的密度不是单峰的，那么式(10.13)有过于光滑的倾向. 或者，我们可以在式(10.13)中使用一个更

具鲁棒性的离差估计，令

$$\sigma = \min\{S, IQR/1.34\},$$

其中 S 是样本的标准差. Silverman[252, p.48] 指出对高斯核而言一个更好的选择是缩减带宽

$$h = 0.9\hat{\sigma}n^{-1/5} = 0.9\min\{S, IQR/1.34\}n^{-1/5}, \tag{10.14}$$

它是一个很好的起始点，对很多分布都是适用的，而且这些分布不必是正态的、单峰的或对称的.

R参考手册[217]中的带宽主题（"?bw.nrd"）将式(10.14)中的法则称为Silverman经验法则，除了四分位数一致的情况它都可以使用. 下面的例10.7和例10.8中展示了带宽的多种选择.

为了得到等效的核重标，可以通过

$$h_2 \approx \frac{\sigma_{K_1}}{\sigma_{K_2}} h_1$$

来重标带宽 h_1. Scott[244, p.142] 给出了等效光滑因子. 核也可以调整为"规范"形式使得带宽等于高斯核的带宽.

R中的"density"函数可以对7种核计算核密度估计. 光滑参数为"bw"（带宽），调整这些核使得"bw"是核的标准差. 对"density"使用选项"give.Rkern=TRUE"可以得到"规范带宽". 可选择的核有"gaussian""epanechnikov""rectangular""triangular""biweight""cosine"和"optcosine".运行"example(density)"来看一下这些密度估计的图形.

表10.2中给出的余弦(Cosine)核对应着选择"optcosine". "density"中等效核的带宽调整约等于1，所以这些核是近似等效的.

例10.7 (Old Faithful（老忠实泉）等待时间的核密度估计).

在本例中我们观察一下"density"的默认参数得到的结果. 默认方法使用高斯核. 默认带宽选择的细节可以参阅帮助主题中的"bandwidth"或"bw.nrd0".

```
library(MASS)
waiting <- geyser$waiting
n <- length(waiting)

h1 <- 1.06 * sd(waiting) * n^(-1/5)
h2 <- .9 * min(c(IQR(waiting)/1.34, sd(waiting))) * n^(-1/5)
plot(density(waiting))

> print(density(waiting))
```

```
Call:
density.default(x = waiting)
Data: waiting (299 obs.); Bandwidth 'bw' = 3.998
      x              y
 Min.   : 31.01   Min.   :3.762e-06
 1st Qu.: 53.25   1st Qu.:4.399e-04
 Median : 75.50   Median :1.121e-02
 Mean   : 75.50   Mean   :1.123e-02
 3rd Qu.: 97.75   3rd Qu.:1.816e-02
 Max.   :119.99   Max.   :3.342e-02
sdK <- density(kernel = "gaussian", give.Rkern = TRUE)
> print(c(sdK, sdK * sd(waiting)))
[1] 0.2820948 3.9183881
> print(c(sd(waiting), IQR(waiting)))
[1] 13.89032 24.00000
> print(c(h1, h2))
[1] 4.708515 3.997796
```

默认密度估计使用了高斯核，其带宽 $h = 3.998$ 与式(10.14)相一致. 图10.8给出了带宽为3.998的默认密度图. 同时也给出了带宽的其他选择以作比较. ◇

例10.8 (降水数据的核密度估计).

R中的"precip"数据集是美国70个城市以及波多黎各的平均降水量（来源参见文献[217]）. 我们对"density"函数使用默认的以及其他的带宽选择来构建核密度估计.

```
n <- length(precip)
h1 <- 1.06 * sd(precip) * n^(-1/5)
h2 <- .9 * min(c(IQR(precip)/1.34, sd(precip))) * n^(-1/5)
h0 <- bw.nrd0(precip)

par(mfrow = c(2, 2))
plot(density(precip))                #default Gaussian (h0)
plot(density(precip, bw = h1))       #Gaussian, bandwidth h1
plot(density(precip, bw = h2))       #Gaussian, bandwidth h2
plot(density(precip, kernel = "cosine"))
par(mfrow = c(1,1))
```

计算得到的三个带宽值为

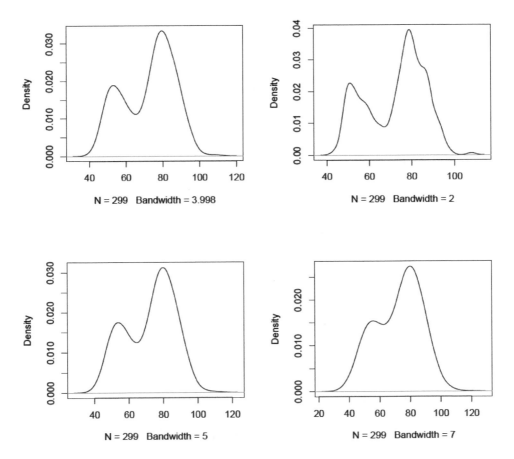

图 10.8 例10.7中density在不同带宽下得到的Old Faithful（老忠实泉）等待时间的高斯核密度估计

```
> print(c(h0, h1, h2))
[1] 3.847892 6.211802 3.847892
```

图10.9给出了相应的图形. 默认密度图使用了高斯核, 其带宽$h = 3.848$与式(10.14)及 "bw.nrd0" 的结果相一致. ◇

例10.9 (对任意的x计算$\hat{f}(x)$).

使用 "approx" 在新的点估计密度.

```
d <- density(precip)
xnew <- seq(0, 70, 10)
approx(d$x, d$y, xout = xnew)
```

上面的代码生成了估计值:

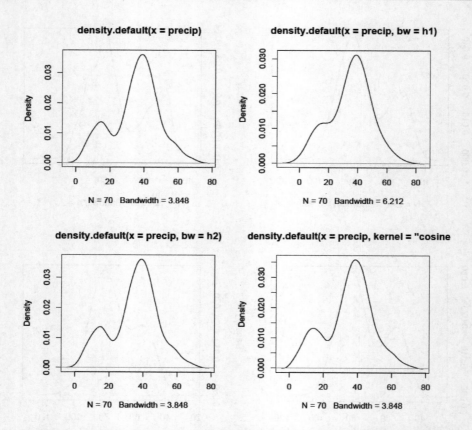

图 10.9　例10.8中density在不同带宽下得到的降水数据的核密度估计

```
$x
[1]  0 10 20 30 40 50 60 70
$y
[1] 0.000952360 0.010971583 0.010036739
[4] 0.021100536 0.035776120 0.014421428
[7] 0.005478733 0.001172337
```

对某些应用而言，编写一个函数来返回估计值是非常有帮助的，这可以通过"approxfun"简单完成. 下面的"fhat"就是一个"approxfun"返回的函数.

```
> fhat <- approxfun(d$x, d$y)
> fhat(xnew)
[1] 0.000952360 0.010971583 0.010036739
[4] 0.021100536 0.035776120 0.014421428
[7] 0.005478733 0.001172337
```

边界核

在密度支撑集的边界附近或者不连续点附近，密度估计有着较大的误差. 在不连续点或边界点处，核密度更倾向于平滑概率质量. 比如参看图10.9中降水数据的核密度估计. 注意密度估计显示有可能出现负的降水量.

在下面的例子中，我们说明一个指数密度的边界问题并比较核估计与真实密度.

例10.10 (指数密度).

图10.10给出了Exponential(1)密度的高斯核密度估计. 真实的指数密度用虚线表示.

```
x <- rexp(1000, 1)
plot(density(x), xlim = c(-1, 6), ylim = c(0, 1), main="")
abline(v = 0)

# add the true density to compare
y <- seq(.001, 6, .01)
lines(y, dexp(y, 1), lty = 2)
```

注意核估计的光滑性与密度在$x = 0$处的不连续性并不符合.　　　　　　　　　　◇

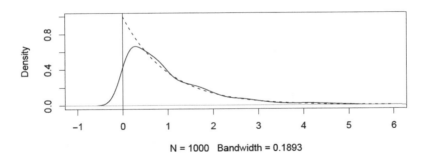

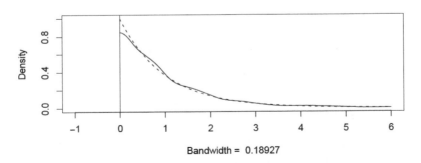

图 10.10　例10.10中一个指数密度的高斯核密度估计（实线）以及真实密度（虚线）. 在第二幅图中，对相同的数据使用了反射边界方法

Scott[244]讨论了边界核，即用来在边界区域获得密度估计的有限支撑核. 如果不连续点出现在原点，那么一个简单的办法是使用反射边界方法. 首先添加整个样本的反射，即将$-x_1, \cdots, -x_n$添加到数据中. 然后使用$2n$个点来估计密度g，但使用n个点来决定光滑参数. 这样$\hat{f}(x) = 2\hat{g}(x)$. 下面来应用一下这个方法.

例10.11 (反射边界方法).

当密度在原点不连续时可以使用反射边界方法，比如例10.10.

```
xx <- c(x, -x)
g <- density(xx, bw = bw.nrd0(x))
a <- seq(0, 6, .01)

ghat <- approx(g$x, g$y, xout = a)
fhat <- 2 * ghat$y          # density estimate along a

bw <- paste("Bandwidth = ", round(g$bw, 5))
plot(a, fhat, type="l", xlim=c(-1, 6), ylim=c(0, 1),
    main = "", xlab = bw, ylab = "Density")
abline(v = 0)

# add the true density to compare
y <- seq(.001, 6, .01)
lines(y, dexp(y, 1), lty = 2)
```

图10.10中给出了具有反射边界的密度估计的图形.   ◇

关于边界附近核密度估计方法的进一步讨论可以参见Scott[244]或Wand和Jones[289]的著作.

10.3　二元和多元密度估计

本节通过一些例子来说明二元和多元密度估计的几种基本方法. Scott[244]是一个关于多元密度估计的综合参考. 还可以参见Silverman[252, 第4章].

10.3.1　二元频率多边形

为了构建一个二元密度直方图（多边形）需要定义二维分组并在每个分组中计算观测值的个数. 下面例子中的"bin2d"函数计算了二元频率表.

例10.12 (二元频率表:"bin2d").

函数"bin2d"以R中的一元直方图"hist"为基础将二元数据矩阵分组. 关于如何决定分点可以参考"hist"的使用说明.

频率是通过构造一个以边缘断点为割点的二维列联表而计算得到的. "bin2d"的返回值是一个包含分组频率表格、断点向量和中点向量的表单.

```
bin2d <-
  function(x, breaks1 = "Sturges", breaks2 = "Sturges"){
  # Data matrix x is n by 2
  # breaks1, breaks2: any valid breaks for hist function
  # using same defaults as hist
  histg1 <- hist(x[,1], breaks = breaks1, plot = FALSE)
  histg2 <- hist(x[,2], breaks = breaks2, plot = FALSE)
  brx <- histg1$breaks
  bry <- histg2$breaks

  # bin frequencies
  freq <- table(cut(x[,1], brx),  cut(x[,2], bry))

  return(list(call = match.call(), freq = freq,
          breaks1 = brx, breaks2 = bry,
          mids1 = histg1$mids, mids2 = histg2$mids))
  }
```

为了显示"bin2d"函数的细节,用其将鸢尾花("iris setosa")数据的二元花萼长和花萼宽分布进行分组. 在例10.13中使用"bin2d"将数据分组来构建一个二元频率多边形.

```
> bin2d(iris[1:50,1:2])
$call
bin2d(x = iris[1:50, 1:2])

$freq
```

	(2,2.5]	(2.5,3]	(3,3.5]	(3.5,4]	(4,4.5]
(4.2,4.4]	0	3	1	0	0
(4.4,4.6]	1	0	3	1	0

(4.6,4.8]	0	2	5	0	0
(4.8,5]	0	2	8	2	0
(5,5.2]	0	0	6	4	1
(5.2,5.4]	0	0	2	4	0
(5.4,5.6]	0	0	1	0	1
(5.6,5.8]	0	0	0	2	1

```
$breaks1
[1] 4.2 4.4 4.6 4.8 5.0 5.2 5.4 5.6 5.8

$breaks2
[1] 2.0 2.5 3.0 3.5 4.0 4.5

$mids1
[1] 4.3 4.5 4.7 4.9 5.1 5.3 5.5 5.7

$mids2
[1] 2.25 2.75 3.25 3.75 4.25
```

◇

例10.13 (二元密度多边形).

使用例10.12中的"bin2d"函数计算二元频率表, 在三维密度多边形中显示二元数据. 将二元数据分组之后, 使用"persp"函数绘制密度多边形.

```
#generate standard bivariate normal random sample
n <- 2000;   d <- 2
x <- matrix(rnorm(n*d), n, d)

# compute the frequency table and density estimates
# using bin2d function from the previous example
b <- bin2d(x)
h1 <- diff(b$breaks1)
h2 <- diff(b$breaks2)

# matrix h contains the areas of the bins in b
h <- outer(h1, h2, "*")
```

```
Z <- b$freq / (n * h)  # the density estimate
```

```
persp(x=b$mids1, y=b$mids2, z=Z, shade=TRUE,
      xlab="X", ylab="Y", main="",
      theta=45, phi=30, ltheta=60)
```

图10.11给出了三维密度多边形的透视图. 另外, 在第4章的图4.7中还有二元正态数据的另一种视图——平面六边形直方图.   ◇

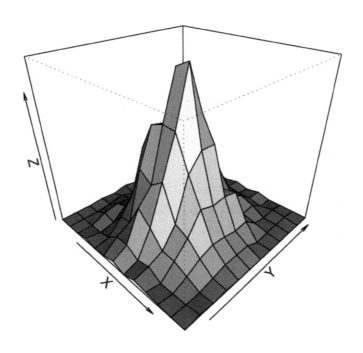

图 10.11　例10.13中二元正态数据的密度多边形, 使用了正态参考准则 (Sturges准则) 来决定组宽

浏览 "persp" 的例子了解更多的选项, 比如颜色选项. "lattice"[239]程序包中的 "wireframe" 函数也可以使用. 能够将二元数据分组的函数还有 "bin2" ("ash" 程序包)[245]和 "hist2d" ("gplots" 程序包)[290].

三维直方图

可以使用交互式三维图形的程序包 "rgl"[2]中的函数来显示三维直方图. 使用

```
library(rgl)
demo(hist3d)
```

来观看演示. 运行演示之后, 演示中使用的两个函数 "hist3d" 和 "binplot.3d"

的源代码将会出现在控制台窗口中（向上滚动进行查看）. 为了对本例使用"rgl"
演示直方图, 将函数"hist3d"和"binplot.3d"复制到一个源文件中. 这两个函数
在library/rgl/demo目录下的hist3d.r文件中.

```
library(rgl)
#run demo(hist3d) or
#source binplot.3d and hist3d functions
n <- 1000
d <- 2
x <- matrix(rnorm(n*d), n, d)
rgl.clear()
hist3d(x[,1], x[,2])
```

就像Silverman[252, p.78]指出的, 三维直方图有着严重的表现困难. 相较而言二元密度的
曲面图或线框图会好一些, 尤其是在这些密度由连续密度估计量生成的时候.

10.3.2　二元ASH

密度的平均移位直方图(ASH)估计量可以延拓到多元密度估计中. 假设二元数
据$\{(x,y)\}$已经被分为一个$nbin_1 \times nbin_2$的分组数组, 频率$\nu = (\nu_{ij})$, 组宽$h = (h_1, h_2)$
（参见例10.12中的"bin2d"函数）. 参数$m = (m_1, m_2)$是每个坐标轴方向上移位直方
图的个数. 直方图在两个方向移位, 所以需要对$m_1 m_2$个直方图密度估计进行平均.

联合密度$f(x,y)$的二元ASH估计为

$$\hat{f}_{ASH}(x,y) = \frac{1}{m_1 m_2} \sum_{i=1}^{m_1} \sum_{j=1}^{m_2} \hat{f}_{ij}(x,y).$$

组权重通过

$$w_{ij} = \left(1 - \frac{|i|}{m_1}\right)\left(1 - \frac{|j|}{m_2}\right), \quad i = 1 - m_1, \cdots, m_1 - 1; j = 1 - m_2, \cdots, m_2 - 1 \quad (10.15)$$

给出. 我们可以使用和一元ASH类似的算法来计算每一个估计量$\hat{f}_{ij}(x,y)$. 关于二
元ASH算法可以参见Scott[244, 5.2节]. 将式(10.15)中的权重$(1 - |i|/m_1)$和$(1 - |j|/m_2)$替
换为其他的核, 这样可以推广ASH估计. 式(10.15)中使用的是三角核. 注意二元ASH方
法也可以推广到维数$d \geqslant 2$的情况.

例10.14 (二元ASH密度估计).

本例使用"ash"程序包[245]中的Scott程序计算一个二元正态样本的二元ASH估计.
"ash"程序包中的函数"ash2"可以返回一个列表, 其中包含了分组中心和密度估计
的系数（记为x、y、z）以及其他一些内容. 例3.16中给出了生成程序"rmvn.eigen".
或者也可以使用"mvrnorm"（"MASS"）来生成样本.

```
library(ash)  # for bivariate ASH density est.
# generate N_2(0,Sigma) data
n <- 2000
d <- 2
nbin <- c(30, 30)            # number of bins
m <- c(5, 5)                 # smoothing parameters

# First example with positive correlation
Sigma <- matrix(c(1, .9, .9, 1), 2, 2)
set.seed(345)

#rmvn.eigen from Chapter 3 used to generate data
#alternately mvrnorm (MASS) can be used here

x <- rmvn.eigen(n, c(0, 0), Sigma=Sigma)
b <- bin2(x, nbin = nbin)
# kopt is the kernel type, here triangular
est <- ash2(b, m = m, kopt = c(1,0))

persp(x = est$x, y = est$y, z = est$z, shade=TRUE,
      xlab = "X", ylab = "Y", zlab = "", main="",
      theta = 30, phi = 75, ltheta = 30, box = FALSE)
contour(x = est$x, y = est$y, z = est$z, main="")
```

图10.12a和图10.12c给出了ASH估计的透视图和等高线图. 第一个例子中的变量具有正相关系数$\rho = 0.9$. 第二个例子中的变量具有负相关系数$\rho = -0.9$.

```
# Second example with negative correlation
Sigma <- matrix(c(1, -.9, -.9, 1), 2, 2)
set.seed(345)
x <- rmvn.eigen(n, c(0, 0), Sigma=Sigma)
b <- bin2(x, nbin = nbin)
est <- ash2(b, m = m, kopt = c(1,0))

persp(x = est$x, y = est$y, z = est$z, shade=TRUE,
      xlab = "X", ylab = "Y", zlab = "", main="",
      theta = 30, phi = 75, ltheta = 30, box = FALSE)
```

```
contour(x = est$x, y = est$y, z = est$z, main="")
par(ask = FALSE)
detach(package:ash)
```

图10.12b和图10.12d给出了第二种情况下密度的ASH估计的透视图和等高线图.　　　　　◇

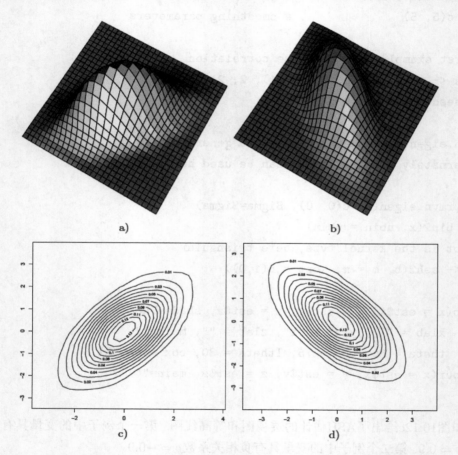

图 10.12　例10.14中二元正态数据的二元ASH密度估计

10.3.3 多维核方法

假设$\boldsymbol{X} = (X_1, \cdots, X_d)$是$\mathbf{R}^d$中的随机向量, $K(\boldsymbol{X}) : \mathbf{R}^d \to \mathbf{R}$是一个核函数, 使得$K(\boldsymbol{X})$是$\mathbf{R}^d$上的一个密度函数. 令$n \times d$矩阵$(x_{ij})$是服从$\boldsymbol{X}$的分布的随机样本. 光滑参数是一个$d$维向量$\boldsymbol{h}$. 如果在所有维数上组宽相等, 那么$f(\boldsymbol{X})$的具有光滑参数$h_1$的多元核密度估计量为

$$\hat{f}_K(\boldsymbol{X}) = \frac{1}{nh_1^d} \sum_{i=1}^n K\left(\frac{\boldsymbol{X} - x_{i\cdot}}{h_1}\right), \tag{10.16}$$

其中$x_{i\cdot}$是(x_{ij})的第i行. 一般$K(\boldsymbol{X})$是$\mathbf{R}^d$上的一个对称单峰密度, 比如一个标准多元正态密度. 高斯核具有无界支撑. 一个有界支撑核的例子是Epanechnikov核的多元版本, 其定义为

$$K(\boldsymbol{X}) = \frac{1}{2c_d}(d+2)(1 - \boldsymbol{X}^{\mathrm{T}}\boldsymbol{X})I(\boldsymbol{X}^{\mathrm{T}}\boldsymbol{X} < 1),$$

其中$c_d = 2\pi^{d/2}/(d\Gamma(d/2))$是$d$维单位球的体积. 当$d = 1$时, 常数为$c_1 = 2$, $K(x) = (3/4)(1 - x^2)I(|x| < 1)$, 即表10.2中给出的一元Epanechnikov核.

在二元情况下, 选择相等的带宽$h_1 = h_2$以及标准高斯核相当于将相同的权重函数中心化, 在每个样本点处抹平突起并将这些曲面的高度相加以得到给定点处的密度估计. 对二元高斯核而言, 在与图10.6相对应的图形表示中较小的突起将会是曲面(二元正态密度)而不是曲线.

$f(\boldsymbol{X})$的具有光滑参数$\boldsymbol{h} = (h_1, \cdots, h_d)$的乘积核密度估计为

$$\hat{f}(\boldsymbol{X}) = \frac{1}{nh_1 \cdots h_d}\sum_{i=1}^{n}\prod_{j=1}^{d}K\left(\frac{X_i - x_{ij}}{h_j}\right). \tag{10.17}$$

对于这个估计量和多元频率多边形, 最佳光滑参数满足

$$h_j^* = O(n^{-1/(4+d)}), \quad AMISE^* = O(n^{-4/(4+d)}),$$

对于不相关多元正态数据最佳带宽为

$$h_j^* = \left(\frac{4}{d+2}\right)^{1/(d+4)} \cdot \sigma_i n^{-1/(4+d)}.$$

常数$(4/(d+2))^{1/(d+4)}$接近于1且当$n \to \infty$时收敛于1, 这样d维数据的Scott多元正态参考准则[244]为

$$\hat{h}_i = \hat{\sigma}_i n^{-1/(4+d)}.$$

例10.15 (二元正态混合的乘积核估计).

本例使用"kde2d"("MASS")对一个二元正态位置混合绘制密度估计图形. 该混合有三个分量, 它们具有不同的均值向量和相等的方差$\varSigma = I_2$○. 均值向量为

$$\boldsymbol{\mu}_1 = \begin{pmatrix} 0 \\ 0 \end{pmatrix}, \quad \boldsymbol{\mu}_2 = \begin{pmatrix} 1 \\ 3 \end{pmatrix}, \quad \boldsymbol{\mu}_3 = \begin{pmatrix} 4 \\ -1 \end{pmatrix},$$

混合概率为$p = (0.2, 0.3, 0.5)$. 生成混合数据并给出图10.13中图形的代码如下.

```
library(MASS)  #for mvrnorm and kde2d
#generate the normal mixture data
n <- 2000
```

○一元分布的方差一般用σ表示, 二元分布的方差则用$\varSigma$表示. ——译者注

```
p <- c(.2, .3, .5)
mu <- matrix(c(0, 1, 1, 3, 4, -1), 3, 2)
Sigma <- diag(2)
i <- sample(1:3, replace = TRUE, prob = p, size = n)
k <- table(i)

x1 <- mvrnorm(k[1], mu = mu[1,], Sigma)
x2 <- mvrnorm(k[2], mu = mu[2,], Sigma)
x3 <- mvrnorm(k[3], mu = mu[3,], Sigma)
X <-  rbind(x1, x2, x3)    #the mixture data
x <- X[,1]
y <- X[,2]

print(c(bandwidth.nrd(x), bandwidth.nrd(y)))

# accepting the default normal reference bandwidth
fhat <- kde2d(x, y)
contour(fhat)
persp(fhat, phi = 30, theta = 20, d = 5, xlab = "x")

# select bandwidth by unbiased cross-validation
h = c(ucv(x), ucv(y))
fhat <- kde2d(x, y, h = h)
contour(fhat)
persp(fhat, phi = 30, theta = 20, d = 5, xlab = "x")
```

正态参考下的带宽为$h \doteq (1.877, 1.840)$，在交叉验证下为$h \doteq (0.556, 1.132)$. 第一个选择得到的估计更为光滑. 尽管从图10.13中可以明显看出两个估计都有三个众数，但在本例中对应无偏交叉验证的密度估计显得过于粗糙.　　　　　　　　　　　　◇

关于多元数据的核密度估计可以参见"kde"（"ks"）[76]和"KernSnooth"[286]. 关于二元"geyser"（"MASS"）数据具有默认正态参考带宽的高斯核密度估计读者可以参考"kde2d"（"MASS"）的例子（或文献[278, 5.6]）.

10.4　密度估计的其他方法

正交系提供了另一种密度估计方法[244, 252, 285]. 假设随机变量X支撑在区间$[0, 1]$上. 估计X的密度f的一种方法是对f进行傅里叶展开并通过观测样本$X_1, \cdots, X_n$来估计傅里叶系数. 这样做直观上看起来很不错，但是得到的估计量并没有太大用处，因为它将

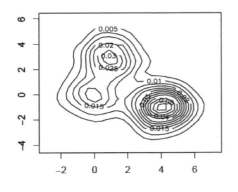
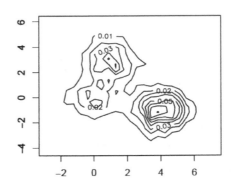

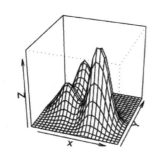
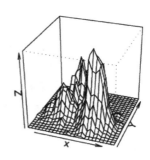

图 10.13 例10.15中二元正态混合数据的乘积核估计（左边是正态参考准则）

是在单个观测值处代替概率质量的狄拉克函数的和. 可以通过平滑化得到一个更有用的密度估计量来解决这个问题, 还可以将这种方法推广到支撑无界的密度上去, 具体说明参见文献[244]、文献[252]或文献[285]. Scott[244, p.129]指出作为结果的估计量是一个固定的核估计量的形式. Walter和Shen[285, 13.3节]指出基于Haar小波的估计量就是传统的直方图密度估计量.

Scott[244]和Silverman[252]还讨论了密度估计的一些其他方法, 包括自适应核方法、交叉验证、近邻估计以及惩罚似然方法. Devroye和Györfi[71]给出了密度估计的L_1方法. 此外还有很多其他的标准, 比如Kullback-Liebler距离、Hellinger距离以及AIC等. 还有一些方法关注于回归和光滑[79, 128, 129, 130, 203]、样条函数[86, 284]或者广义可加模型[135, 137]. 相关的R程序包为"ash"[245]、"gam"[134]、"gss"[123]、"ks"[76]、"locfit"[180]、"MASS"[278]、"sm"[29]、"KernSmooth"[286]和"splines".

练习

10.1 对标准对数正态数据的一个随机样本使用Sturges准则构建一个直方图密度估计，样本大小为$n = 100$. 对相同的样本使用式(10.2)中Doane[73]提出的偏度修正再次进行估计. 比较两种方法的分组数和断点. 在正态对数分布的十分位点处比较密度估计与对数正态密度的值. 在本例中建议的修正给出了更好的密度估计吗？

10.2 对大小为$n = 500$的标准正态数据样本分别使用Sturges准则、Scott正态参考准则和FD准则得到直方图密度估计，并估计它们的积分均方误差(IMSE).

10.3 对R中的"precip"数据集构建一个频率多边形密度估计. 用密度估计的数值积分验证估计满足

$$\int_{-\infty}^{+\infty} \hat{f}(x)\mathrm{d}x \quad \doteq 1.$$

10.4 用

$$\hat{\sigma} = IQR/1.348$$

替换一般频率多边形正态参考准则中的标准差，使用得到的组宽对"precip"数据集构建一个频率多边形密度估计.

10.5 对"precip"数据集构建一个频率多边形密度估计，组宽由调整了偏度的频率多边形正态参考准则决定. 偏度调整因子在式(10.8)中给出.

10.6 对R中的"faithful$eruptions"数据集构建一个ASH密度估计，宽度h由正态参考准则决定. 使用对应着双权核的权重函数

$$K(t) = \frac{15}{16}(1 - t^2)^2 \ \text{if} \ |t| < 1, \quad K(t) = 0 \ \text{其他情况.}$$

10.7 对R中的"precip"数据集构建一个ASH密度估计. 对h的一系列可能值计算估计并比较密度的图形，以此经验地选择宽度h^*的最佳值. 最佳值h_n^{fp}与比较密度图形得到的最佳值h^*一致吗？

10.8 "gss"[123]程序包中的"Buffalo"数据集包含了纽约州布法罗市(Buffalo)从1910年到1973年每年的降雪量. 64个观测值为

```
126.4 82.4 78.1 51.1 90.9 76.2 104.5  87.4 110.5  25.0  69.3  53.5  39.8
 63.6 46.7 72.9 79.6 83.6 80.0  60.3  79.0  74.4  49.6  54.7  71.8  49.1
103.9 51.6 82.4 83.6 77.8 79.3  89.6  85.5  58.0 120.7 110.5  65.4  39.9
 40.1 88.7 71.4 83.0 55.9 89.9  84.8 105.2 113.7 124.5 114.5 115.6 102.4
101.4 89.8 71.5 70.9 98.3 55.5  66.1  78.4 120.5  97.0 110.0
```

Scott[242]分析了这组数据. 使用高斯核和双权核构建数据的核密度估计. 对不同的带宽选择比较估计. 是核的类型还是带宽对估计的影响更大？

10.9 从正态位置混合$\frac{1}{2}N(0, 1) + \frac{1}{2}N(3, 1)$模拟数据并构建一个核密度估计. 比较包括式(10.13)和式(10.14)在内的几种带宽选择. 在密度估计上绘制真实的混合密度以进行比较. 光滑参数的哪一个选择看起来最好？

10.10 对例10.8中的降水量数据使用反射边界方法得到一个更好的核密度估计. 在同一幅图中比较例10.8 中的估计和改进后的估计. 在函数"density"中试着设定"from=0"或"cut=0".

10.11 基于例10.12和例10.13给出一个二元密度多边形绘图函数. 用例10.13来检验结果, 然后使用你的函数来显示二元"faithful"数据(老忠实泉).

10.12 绘制"geyser"("MASS")数据的二元ASH密度估计.

10.13 推广二元ASH算法使得能够对d维多元密度$(d \geqslant 2)$计算ASH密度估计.

10.14 按照例10.12中"bin2d"函数的方法, 给出一个将三维数据分组为三向列联表的函数. 对模拟的$N_3(0, I)$数据检验结果. 比较你的函数所返回的边缘频率和标准一元正态分布的期望频率.

R代码

生成表10.1所示数据的代码.

```
N <- c(10, 20, 30, 50, 100, 200, 500, 1000, 5000, 10000)
m <- length(N)
out <- matrix(0, nrow = m, ncol = 8)
out[ ,1] <- N
out[ ,5] <- N
for (i in 1:m) {
    x <- rnorm(N[i])
    out[i, 2:4] <- c(nclass.Sturges(x),
        nclass.scott(x), nclass.FD(x))
    x <- rexp(N[i])
    out[i, 6:8] <- c(nclass.Sturges(x),
        nclass.scott(x), nclass.FD(x))
}
print(out)
```

绘制图10.4中的直方图的代码.

```
library(MASS)  #for truehist
par(mfrow = c(2, 2))
x <- sort(rnorm(1000))
y <- dnorm(x)
o <- (1:4) / 4
```

```
h <- .35
for (i in 1:4) {
    truehist(x, prob = TRUE, h = .35, x0 = o[i],
        xlim = c(-3.5, 3.5), ylim = c(0, 0.45),
        ylab = "Density", main = "")
    lines(x, y)
}
par(mfrow = c(1, 1))
```

绘制图10.6的代码.

为了显示图10.6这种类型的图, 首先打开一个新的图来设定绘图窗口, 在"plot"命令中使用"type="n""使得在图形窗口中什么都不画. 然后在循环中使用"lines"命令对每个点添加密度曲线. 最后再次使用"lines"命令添加密度估计.

```
for (h in c(.25, .4, .6, 1)) {
    x <- seq(-4, 4, .01)
    fhat <- rep(0, length(x))
    # set up the plot window first
    plot(x, fhat, type="n", xlab="", ylab="",
        main=paste("h=",h), xlim=c(-4,4), ylim=c(0, .5))
    for (i in 1:n) {
        # plot a normal density at each sample pt
        z <- (x - y[i]) / h
        f <- dnorm(z)
        lines(x, f / (n * h))
        # sum the densities to get the estimates
        fhat <- fhat + f / (n * h)
    }
    lines(x, fhat, lwd=2) # add density estimate to plot
}
```

使用"par(mfrow=c(2, 2))"在一个屏幕中显示4幅图.

绘制图10.7中的核代码.

```
#see examples for density, kernels in S parametrization
(kernels <- eval(formals(density.default)$kernel))

plot(density(0, from=-1.2, to=1.2, width=2,
```

```
    kern="gaussian"), type="l", ylim=c(0, 1),
    xlab="", main="")
for(i in 2:5)
    lines(density(0, width=2, kern=kernels[i]), lty=i)
legend("topright", legend=kernels[1:5],
    lty=1:5, inset=.02)
```

第11章　R中的数值方法

11.1　引言

本章开始先来回顾一些概念，通过统计软件包（比如R）实现过数值方法的统计学家都应该了解这些概念. 在引言之后，挑选了一些例子来展示数值方法在R中的应用. 读者可以参阅一个或多个相关的参考文献以便对基本原理有一个深入的、精确的了解.

关于数值方法有很多出色的参考文献. Monahan[202]和Lange[168]是最近的两本专门解决统计计算问题的专著. 一些统计学家对数值方法了解有限，对于这些人来说Monahan 的著作是个非常好的资料. Nocedal和Wright[206]是研究生阶段的最佳选择. Lange[169]也是研究生阶段的最佳选择，其特色在于统计应用. Thisted[269] 则介绍了统计量的数值计算，包括数值分析、数值积分以及光滑化.

实数的计算机表示

一个正的十进制小数(decimal number)x通过级数

$$d_n10^n + d_{n-1}10^{n-1} + \cdots + d_110^1 + d_0 + d_{-1}10^{-1} + d_{-2}10^{-2} + \cdots$$

中的有序系数$\{d_j\}$及分隔d_0和d_{-1}的小数点(decimal point)表示，其中$d_j \in \{0,1,\cdots,9\}$.

在二进制中相同的数也可以用二进制数字$\{0,1\}$表示为$a_ka_{k-1}\cdots a_1a_0.a_{-1}a_{-2}\cdots$，其中

$$x = a_k2^k + a_{k-1}2^{k-1} + \cdots + a_12 + a_0 + a_{-1}2^{-1} + a_{-2}2^{-2} + \cdots,$$

$a_{-1} \in \{0,1\}$. 分隔a_0和a_{-1}的点称为小数点(radix point). 类似地，通过展开为b的幂次和可以在任何整数$b > 1$的进制中表示x.

R笔记11.1　程序包"sfsmisc"[183]中的函数"digitsBase"用于返回数字向量，这个向量给出了一个给定的整数在另一个进制中的表示.

在数学计算中使用计算机时，很容易出现二进制和十进制间的转换，这是因为机器和人在表示数的时候使用的是不同的进制. 两种转化都会产生误差，而在某些情况下这种误差会非常显著.

在最底层计算机只能识别两种状态，例如一个开关是开的还是关的，或者一个回路是断开的还是闭合的. 因此在某些层次下计算机算法使用的是二进制表示. 其他2的幂次进制，比如八进制或十六进制，在较低层次的计算程序中也比十进制要自然一些.

正整数总是可以表示为一个有限的数字序列,结尾隐含着一个小数点. 因此整数称为定点数. 要求在数字序列中有一个明确的小数点的数可能是定点或浮点(在计算中一般看成是浮点). 浮点数通过一个符号、一个有限的数字序列和一个指数来表示,类似于实数在科学计数法中的表示. 一般来说,实数的这种表示只是一个近似值而不是精确值.

在十进制下使用者与软件的交互是非常方便的,即便数的内部表示对他们来说通常也是显而易见的,但在统计计算中理解数学计算和计算机计算的本质区别还是非常重要的. 数学思想,比如极限、上确界、下确界等,并不能在计算机中严格实现. 没有一台计算机能够拥有无穷的存储能力,所以在计算机中只能表现有限多的数;存在着一个最小和最大的正数. 关于定点和浮点算法以及简单如样本方差计算等算法中可能出现的误差可以参见Monahan[202, 第2章].

R笔记11.2　R变量".Machine"保存着专有的机器常数以及最大整数、最小数等相关信息. 比如在Windows系统下的R-2.5.0中,最大整数(".Machine$integer.max")为$2^{31}-1=2147483647$. 在命令提示符处输入".Machine"查看完整的列表. 为了使代码具有可移植性和可重用性,容差或收敛标准应该以机器常数的形式给出. 比如,求一元函数的根的"uniroot"函数具有默认容差".Machine$double.eps^0.25".

使用者偶尔会惊讶地发现一些数学恒等式在软件中看起来是矛盾的. 一个典型的例子是

```
> (.3 - .1)
[1] 0.2
> (.3 - .1) == .2
[1] FALSE
> .2 - (.3 - .1)
[1] 2.775558e-17
```

0.2的二进制表示为无穷级数0.00110011⋯,它在计算机中不可能精确地表示出来. 注意尽管上面的结果并不严格等于0.2,但是误差是可以忽略的. 好的编程实践应该避免检验两个浮点数是否相等.

例11.1 (相同和近似相等).

R提供了函数"all.equal"来检查两个R对象的近似相等性. 在一个逻辑表达式中使用"isTRUE"函数来得到一个逻辑值.

```
> isTRUE(all.equal(.2, .3 - .1))
[1] TRUE
> all.equal(.2, .3) #not a logical value
[1] "Mean relative difference: 0.5"
> isTRUE(all.equal(.2, .3)) #always a logical value
```

```
[1] FALSE
```

例11.9中也使用了"isTRUE"函数. "identical"函数可以用来检验两个函数是否相同. "identical"的帮助主题为程序员给出了清晰和明确的建议:"调用"identical"是在"if"和"while"语句中检验精确的相等性的方法, 这和在逻辑表达式中使用"&&"和"||"是一样的. 在所有这些应用中你必须确保得到单一的逻辑值". 还可以参看下面的例子.

```
> x <- 1:4
> y <- 2
> y == 2
[1] TRUE
> x == y #not necessarily a single logical value
[1] FALSE TRUE FALSE FALSE
> identical(x, y) #always a single logical value
[1] FALSE
> identical(y, 2)
[1] TRUE
```

◇

当算术运算的结果超过了可以表示的最大浮点数时就会发生上溢. 当结果比最小浮点数还小时就会发生下溢. 在下溢的情况中, 结果可能意外地返回为0. 这可能产生意外的、很可能不准确的结果, 导致除法的分母为0或者其他问题, 而且是在没有任何警告的情况下发生的. 上溢通常更加明显, 但也应该避免. 好的算法应该将下溢设置为0, 并在产生意外结果时给出警告. 程序员在编写算术表达式代码时小心谨慎并牢记机器的局限性, 就可以避免许多类似的问题.

利用计算机对表达式求值并非不可能, 但是我们需要对运算的顺序多加注意. 当我们求两个非常大或非常小的数的比值时就会出现一个最常见且很容易避免的问题. 比如, $n!/(n-2)! = n(n-1)$, 但是当n非常大的时候我们去计算分子和分母就会很容易碰到麻烦. 这类问题的一个较好的解决方法就是对商取对数然后对结果取幂. 下面给出一个统计应用中的典型例子.

例11.2 (两个大数的比值).

计算

$$\frac{\Gamma((n-1)/2)}{\Gamma(1/2)\Gamma((n-2)/2)}.$$

可以使用R中的"gamma"函数来编码计算, 但是$\Gamma(n) = (n-1)!$, 所以当n很大时"gamma"函数将返回"Inf", 算术运算将返回"NaN". 另一方面, 尽管分子和分母都很大, 但其比值却非常小. 使用"gamma"函数的对数"lgamma"计算比

值 $\Gamma((n-1)/2)/\Gamma((n-2)/2)$. 即 $\Gamma(n)/\Gamma(m) =$ "exp(lgamma(n)-lgamma(m))". 另外注意 $\Gamma(1/2) = \sqrt{\pi}$.

```
> n <- 400
> (gamma((n-1)/2) / (sqrt(pi) * gamma((n-2)/2)))
[1] NaN
> exp(lgamma((n-1)/2) - lgamma((n-2)/2)) / sqrt(pi)
[1] 7.953876
```

$\Diamond$

关于计算机算法的深入讨论已经超出了本书的范围. 在参考文献里, 关于统计计算中的这个主题Monahan[202]或Thisted[269]是较好的起点; 关于计算机运算和算法可以参阅Higham[142]或Knuth[164].

函数求值

一个函数的幂级数展开是经常会用到的. 如果 $f(x)$ 是解析的, 那么 $f(x)$ 在点 x_0 的一个邻域内可以通过幂级数

$$f(x) = \sum_{k=0}^{\infty} a_k(x - x_0)^k$$

求值. 在 x_0 的一个邻域内 $f(x)$ 的泰勒级数可以表示为

$$f(x) = \sum_{k=0}^{\infty} \frac{f^{(k)}(x_0)}{k!}(x - x_0)^k,$$

当 $x_0 = 0$ 时也称为麦克劳林级数. 为了得到一个数值近似必须截取无穷级数. 因此幂级数近似是一个 (高次) 多项式近似. 如果 f 在0的一个邻域内有直到 $(n+1)$ 阶的连续导数, 那么 $f(x)$ 在 $x_0 = 0$ 的有限泰勒展开为

$$\lim_{x \to 0} f(x) = \sum_{k=0}^{n} \frac{f^{(k)}(0)}{k!}(x)^k + R_n(x),$$

其中 $R_n(x) = O(x^{n+1})$.

注意 "O" (大写) 和 "o" (小写) 描述了函数收敛的阶. 令 f 和 g 定义在一个普通的区间 (a, b) 上, $a \leqslant x_0 \leqslant b$. 假设在 x_0 的一个邻域内对所有的 $x \neq x_0$ 都有 $g(x) \neq 0$. 如果存在一个常数 M, 使得 $x \to x_0$ 时有 $|f(x)| \leqslant M|g(x)|$, 那么记 $f(x) = O(g(x))$. 如果 $\lim_{x \to x_0} f(x)/g(x) = 0$, 那么记 $f(x) = o(g(x))$.

如果在类似C语言或FORTRAN语言中计算有限泰勒展开, 则需要使用一种方法来避免重复的乘法运算. 即, 如果 $y_k = x^k/k!$, 那么

$$\frac{f^{(k)}(0)}{k!}(x)^k = y_k f^{(k)}(0) = y_{k-1}(x/k)f^{(k)}(0),$$

这样就省去了很多乘法运算. 但是在R中计算时利用向量化的运算会更加迅速, 只要知道需要多少项就可以了.

例11.3 (泰勒展开).

考虑正弦函数的有限泰勒展开

$$\sin x = \sum_{k=0}^{n} \frac{(-1)^k}{(2k+1)!} x^{2k+1}.$$

例如由泰勒多项式计算$\sin(\pi/6)$.

余项$R_n(x) = O(x^{n+1})$可以用来决定有限展开中项数的近似值. 假设在$x = \pi/6$处用24次多项式就充分精确了. 下面比较两种计算泰勒多项式的方法.

下面的计算方法在C语言或FORTRAN语言代码中是很有效率的, 在R中则不然. 计时器记下了1000次泰勒多项式计算的时间.

```
system.time({
    for (i in 1:1000) {
        a <- rep(0, 24)
        a0 <- pi / 6
        a2 <- a0 * a0
        a[1] <- -a0^3 / 6
        for (i in 2:24)
            a[i] <- - a2 * a[i-1] / ((2*i+1)*(2*i))
        a0 + sum(a)}
})
[1] 0.36 0.01 0.49 NA NA
```

比较上面的方法和下面的向量化方法. 向量化方法看起来比上面的方法快了5倍. 在R代码中, 类似下面代码的向量化运算通常比循环更有效率.

```
system.time({
    for (i in 1:1000) {
        K <- 2 * (0:24) + 1
        i <- rep(c(1, -1), length=25)
        sum(i * (pi/6)^K / factorial(K))}
})
[1] 0.07 0.01 0.08 NA NA
```

◇

幂级数展开对导数的数值计算也是非常有用的. 在幂级数和它的导数共同的收敛半径内, 我们可以对有限展开逐项求导. 下面的例子对zeta函数的导数展示了这种方法, 过程中使用了一个非常有用的函数.

例11.4 (zeta函数的导数).

黎曼zeta函数定义为

$$\zeta(a) = \sum_{i=1}^{\infty} \frac{1}{i^a},$$

对所有的$a > 1$均收敛. 给出一个函数来计算zeta函数的一阶导数.

zeta函数可以表示成

$$\zeta(a) = \frac{1}{z-1} + \sum_{n=0}^{\infty} \frac{(-1)^n}{n!} \gamma_n (z-1)^n,$$

其中

$$\gamma_n = \zeta^{(n)}(z) - \frac{(-1)^n n!}{(z-1)^{n+1}}\Big|_{z=1} = \lim_{m \to \infty}\left[\sum_{i=1}^{m} \frac{(\log k)^n}{k} - \frac{(\log m)^{n+1}}{n+1} \right]$$

是Stieltjes常数. 对$\zeta(a)$求导可得

$$\zeta'(a) = -\frac{1}{(z-1)^2} - \gamma_1 + \gamma_2(z-1) - \frac{1}{2}\gamma_3(z-1)^2 + \cdots, \quad a > 1.$$

Stieltjes常数可以通过数值计算得到，也可以通过Stieltjes常数表[1]查到. 如果要求更高的精确度增加项数就可以了，但是为了节省空间在下面的代码中只是用了5个常数. 这个zeta导数的简单版本在区间$(1,2)$上给出了非常好的结果（对比接下来的例子）.

```r
zeta.deriv <- function(a) {
    z <- a - 1
    # Stieltjes constants gamma_k for k=1:5
    g <- c(
        -.7281584548367672e-1,
        -.9690363192872318e-2,
        .2053834420303346e-2,
        .2325370065467300e-2,
        .7933238173010627e-3)
    i <- c(-1, 1, -1, 1, -1)
    n <- 0:4
    -1/z^2 + sum(i * g * z^n / factorial(n))
}
```

◇

另一种数值计算函数导数的方法是对较小的h使用下面的中心差分公式

$$f'(x) \approx \frac{f(x+h) + f(x-h)}{2h},$$

由文献[213]可知，应该选择h使得x与$x+h$相差一个可表示的数.

例11.5 (zeta函数的导数，续).

将例11.4中数值导数的有限级数近似和中心差分公式进行比较. 即对较小的h比较

$$\frac{\zeta(a+h) - \zeta(a-h)}{2h}$$

和例11.4中 "zeta.deriv(a)" 返回的值. GNU科学计算库(GNU scientific library)中实现了$\zeta(\cdot)$函数, "gsl" 程序包[127]中包含这个函数.

```
library(gsl)    #for zeta function
z <- c(1.001, 1.01, 1.5, 2, 3, 5)
h <- .Machine$double.eps^0.5
dz <- dq <- rep(0, length(z))
for (i in 1:length(z)) {
    v <- z[i] + h
    h <- v - z[i]
    a0 <- z[i] - h
    if (a0 < 1) a0 <- (1 + z[i])/2
    a1 <- z[i] + h
    dq[i] <- (zeta(a1) - zeta(a0)) / (a1 - a0)
    dz[i] <- zeta.deriv(z[i])
}

h
[1] 1.490116e-08
cbind(z, dz, dq)
         z            dz             dq
[1,] 1.001 -9.999999e+05 -9.999999e+05
[2,] 1.010 -9.999927e+03 -9.999927e+03
[3,] 1.500 -3.932240e+00 -3.932240e+00
[4,] 2.000 -9.375469e-01 -9.375482e-01
[5,] 3.000 -1.981009e-01 -1.981262e-01
[6,] 5.000 -2.853446e-02 -2.857378e-02
```

z的值在第一列给出, 有限级数近似计算得到的$\zeta'(z)$的值在列 "dz" 中给出, 而由中心差分公式计算得到的$\zeta'(z)$的值在列 "dq" 中给出. 尽管两个估计非常接近, 但是两个估计的差异在随着z的增大而增大. 因此有限级数近似可以通过增加项数得到改进. ◇

11.2 一维中的求根法

本节将简单总结一下Brent最小化算法[32]的主要思路, R中的求根函数 "uniroot"

就是以它为基础的, 并通过几个例子来展示这个算法的应用. 更多的细节可以参见文献[32, 169, 206, 213]. GNU的科学计算库(GSL)中的FORTRAN实现的"zeroin.f"源代码可以在网页http://www.gnu.org/software/gsl/中找到.

令$f(x)$是一个连续函数$f : \mathbf{R}^1 \to \mathbf{R}^1$. 方程$f(x) = c$的根是使得$g(x) = f(x) - c = 0$的数$x$. 因此我们可以集中精力解决$f(x) = 0$.

我们可以选择要求计算$f(x)$的一阶导数的数值方法, 也可以选择不要求一阶导数的算法. 牛顿法或牛顿-拉弗孙(Newton-Raphson)法是第一类的方法, 而Brent算法属于第二类算法. 不管是哪种算法, 都必须在两个使$f(\cdot)$异号的端点之间寻找根.

二分法

如果$f(x)$在$[a, b]$上连续, $f(a)$与$f(b)$异号, 由介值定理可知存在$a < c < b$使得$f(c) = 0$. 二分法在每次迭代中检验$f(x)$ 在区间中点$x = (a + b)/2$ 处的符号. 如果$f(a)$与$f(x)$异号那么将区间替换为$[a, x]$, 否则的话将区间替换为$[x, b]$. 在每次迭代中, 包含根的区间长度缩减为原来的一半. 这种方法不会失效, 而且为了达到给定容差所需要的迭代次数是事先就能知道的. 如果初始区间$[a, b]$含有的根多于一个, 则二分法只能找到其中的一个. 因此二分算法的收敛速度是线性的.

例11.6 (求解$f(x) = 0$).

解方程
$$a^2 + y^2 + \frac{2ay}{n-1} = n - 2,$$

其中a是给定常数, $n > 2$是整数. 当然, 这个方程可以通过初等代数的方法直接求解, 精确解为
$$y = -\frac{a}{n-1} \pm \sqrt{n - 2 + a^2 + \left(\frac{a}{n-1}\right)^2}.$$

我们来比较一下精确解和数值解. 使用二分法来找到一个正根. 我们将问题重新表述为求
$$f(y) = a^2 + y^2 + \frac{2ay}{n-1} - (n-2) = 0$$

的解, 第一步是编写函数f的代码. 下一步是找到一个区间使得$f(y)$在区间端点异号. 比如, 如果$a = 1/2$, $n = 20$, 那么将有一个正根和一个负根. 接下来将从区间$(0, 5n)$开始找到一个正根.

```
f <- function(y, a, n) {
    a^2 + y^2 + 2*a*y/(n-1) - (n-2)
}


a <- 0.5
n <- 20
b0 <- 0
```

```
b1 <- 5*n

#solve using bisection
it <- 0
eps <- .Machine$double.eps^0.25
r <- seq(b0, b1, length=3)
y <- c(f(r[1], a, n), f(r[2], a, n), f(r[3], a, n))
if (y[1] * y[3] > 0)
    stop("f does not have opposite sign at endpoints")

while(it < 1000 && abs(y[2]) > eps) {
    it <- it + 1
    if (y[1]*y[2] < 0) {
        r[3] <- r[2]
        y[3] <- y[2]
    } else {
        r[1] <- r[2]
        y[1] <- y[2]
    }
    r[2] <- (r[1] + r[3]) / 2
    y[2] <- f(r[2], a=a, n=n)
    print(c(r[1], y[1], y[3]-y[2]))
}
```

当停止条件满足时"r[2]"中的值就是根的估计,"y[2]"中的值是函数在"r[2]"的取值.

```
> r[2]
[1] 4.186845
> y[2]
[1] 2.984885e-05
> it
[1] 21
```

我们的精确公式给出的根为$y = 4.186841, -4.239473$(大多数问题, 当然也包括这个问题, 使用"uniroot"函数来解决会更有效率, 这个函数将在下面的例11.7中给出). ◇

其他方法, 例如割线法, 与二分法相比可能(形式上)收敛速度更快, 但是根可能不再是包含在区间中间的. 这些超线性方法对某些问题可能更快, 但也有可能并不收敛到根. 割线法假设$f(x)$在包含根的区间上是近似线性的. 逆二次插值法则通过在三个先验点拟合二次函数来近似$f(x)$.

Brent法

Brent法结合了区间求根法、二分法和逆二次插值法. 它将x拟合为y的二次函数. 如果三个点为$(a, f(a))$、$(b, \ f(b))$、$(c, f(c))$, b是当前的最佳估计, 通过插值找到根的下一个估计, 在拉格朗日插值多项式中令$y = 0$,

$$x \ = \ \frac{[y - f(a)][y - f(b)]c}{[f(c) - f(a)][f(c) - f(b)]} +$$
$$\frac{[y - f(b)][y - f(c)]a}{[f(a) - f(b)][f(a) - f(c)]} + \frac{[y - f(c)][y - f(a)]b}{[f(b) - f(c)][f(b) - f(a)]}.$$

如果这个估计在已知包含根的区间的外面, 则在这一步使用二分法. (更多细节见文献[32]、文献[213]或者"zeroin.f"的FORTRAN代码.) 一般来说Brent法要比二分法快, 并且和二分法一样肯定是收敛的.

R函数"uniroot"实现了Brent法, 它在使函数值异号的两个点之间搜索一元函数的零点.

例11.7 (使用Brent法求解$f(x) = 0$: "uniroot"函数).

解方程

$$a^2 + y^2 + \frac{2ay}{n-1} = n - 2,$$

和例11.6一样令$a = 0.5$, $n = 20$. 第一步是编写函数f的代码. 这个函数并不复杂, 所以我们将这个函数的代码嵌入到"uniroot"语句中去. 下一步是找到一个区间使得$f(y)$在区间端点异号. 下面给出调用"uniroot"的过程和结果.

```
a <- 0.5
n <- 20
out <- uniroot(function(y) {
        a^2 + y^2 + 2*a*y/(n-1) - (n-2) },
        lower = 0, upper = n*5)

> unlist(out)
    root          f.root        iter      estim.prec
4.186870e+00 2.381408e-04 1.400000e+01 6.103516e-05
```

在调用"uniroot"的过程中, 我们可以随意指定最大迭代次数(默认为1000)或者容差(默认为".Machine\$double.eps^0.25"). $f(y) = 0$的正根(近似)为$y = 4.186870$. 为了找到负根我们可以再次使用"uniroot". 区间可以像上面一样指定, 也可以用下面的方式指定.

```
uniroot(function(y) {a^2 + y^2 + 2*a*y/(n-1) - (n-2)},
        interval = c(-n*5, 0))$root
[1] -4.239501
```

我们的精确公式（参见例11.6）给出的是$y = 4.186841, -4.239473$.   ◇

R笔记11.3 对实系数或复系数多项式也可以通过"`polyroot`"函数来求根. 关于R中支持复数运算的函数的说明可以参见帮助主题"`Complex`".

11.3 数值积分

接下来的例子中展示了基本的使用"`integrate`"函数的数值积分, 在这些例子中对样本相关性统计量的密度和累积分布函数给出了很多有用的函数.

数值积分法可以是自适应的, 也可以是非自适应的. 非自适应法在整个积分范围内使用相同的准则. 在有限点集上计算被积函数并使用这些函数值的加权和来得到估计. $\int_a^b f(x)\mathrm{d}x$的数值估计形式为$\sum_{i=0}^{n} f(x_i)w_i$, 其中$\{x_i\}$是包含$[a,b]$的区间中的点, $\{w_i\}$是合适的权重.

比如, 梯形法则将区间$[a,b]$分为n个长度为$h = (b-a)/n$的等长子区间, 端点为$x_0, x_1, \cdots, x_n$, 并用梯形的面积来估计每一个子区间上的积分. (x_i, x_{i+1})上的估计为$[f(x_i) + f(x_{i+1})](h/2)$. 则$\int_a^b f(x)\mathrm{d}x$的数值估计为

$$\frac{h}{2}f(a) + h\sum_{i=1}^{n-1} f(x_i) + \frac{h}{2}f(b).$$

如果$f(x)$是二阶连续可微的, 那么误差为$O\big(f''(x^*)/n^2\big)$, 其中$x^* \in (a,b)$. 这是闭的牛顿-柯特斯(Newton-Cotes)积分公式的一个例子. 更多例子参见文献[269, 第5章].

求积法在有限点集（结点）上计算被积函数, 但是这些结点并不需要是均匀分布的. 假设w是一个非负函数, 对所有的$k \geqslant 0$满足$\int_a^b x^k w(x)\mathrm{d}x < \infty$. 那么被积函数$f(x)$可以表示为$g(x)w(x)$.

注意我们已经假设$w(x)/\int_a^b w(x)\mathrm{d}x$是一个具有有限正矩的密度函数. 比如我们可以取$w(x) = \exp(-x^2/2)$, 称其为Gauss-Hermite求积. 在这种情况下, 对所有的$k \geqslant 0$满足$\int_a^b x^k w(x)\mathrm{d}x < \infty$, 这可以应用到实轴上的任何区间$(a,b)$上去. 在高斯求积中, 选择的结点$\{x_i\}$是一组和$w$正交的多项式的根. 规范化的正交多项式也决定了权重$\{w_i\}$.

从高斯求积定理可知如果$g(x)$是$2n$次连续可导的, 那么数值估计$\sum_{i=0}^{n} w_i g(x_i)$中的误差为

$$\int_a^b g(x)w(x)\mathrm{d}x - \sum_{i=1}^{n} w_i g(x_i) = \frac{g^{(2n)}(x^*)}{(2n)!k_n^2},$$

其中k_n是n次多项式的首项系数, $x^* \in (a,b)$. 关于求积法和其他数值积分的方法在文献[121, 168, 269]中有更加详细的讨论.

当被积函数在积分范围的一部分表现很好但在另外一部分表现得不太好时，将各个部分单独处理效果会好一些. 自适应方法正是基于被积函数的局部表现来选择子区间.

R中的"integrate"函数使用自适应求积法来给出一个一元函数积分的近似值. 积分的极限有可能是无限的. 子区间的最大数目、相对误差和绝对误差都可以指定，但是对很多问题而言都存在一个合理默认值.

例11.8 (使用"integrate"的数值积分).

计算

$$\int_0^{+\infty} \frac{\mathrm{d}y}{(\cosh y - \rho r)^{n-1}}, \tag{11.1}$$

其中$-1 < \rho < 1$和$-1 < r < 1$是常数，$n \geqslant 2$是一个整数. 被积函数的图形在图11.1a中给出. 我们使用R中的函数"integrate"来实现自适应积分法.

首先，给出一个函数来返回被积函数的值. 这个函数应该将包含结点的向量作为它的第一个参数，并返回一个相同长度的向量. 此外还可以添加其他的参数. 这个函数或这个函数名是"integrate"的第一个参数.

对固定的参数，比如$(n = 10, r = 0.5, \rho = 0.2)$，一个简单的计算积分的方法是

```
> integrate(function(y){(cosh(y) - 0.1)^(-9)}, 0, Inf)
1.053305 with absolute error < 2.3e-05
```

由于我们需要对任意的(n, r, ρ)计算积分，所以需要给出一个带有这些参数的更加一般的被积函数，并在调用"integrate"时给出这些额外的参数.

```
f <- function(y, N, r, rho) {
    (cosh(y) - rho * r)^(1 - N)
}
integrate(f, lower=0, upper=Inf,
          rel.tol=.Machine$double.eps^0.25,
          N=10, r=0.5, rho=0.2)
```

这个版本得到的估计和上面的是完全一样的.

为了观察结果依赖于ρ的程度，固定$n = 10$和$r = 0.5$，将积分值看成ρ的函数来绘图. 图11.1b中给出了绘制的图形，生成代码如下.

```
ro <- seq(-.99, .99, .01)
v <- rep(0, length(ro))
for (i in 1:length(ro)) {
    v[i] <- integrate(f, lower=0, upper=Inf,
                rel.tol=.Machine$double.eps^0.25,
                N=10, r=0.5, rho=ro[i])$value
```

```
    }
plot(ro, v, type="l", xlab=expression(rho),
    ylab="Integral Value (n=10, r=0.5)")
```

◇

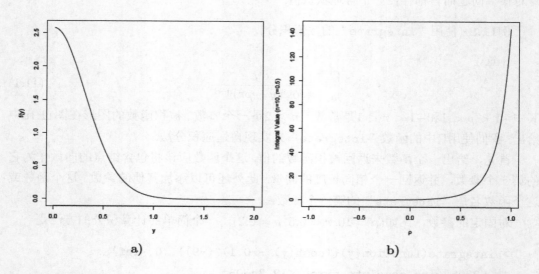

a)   b)

图 11.1   例11.8($n = 10, r = 0.5, \rho = 0.2$)：a)被积函数的图形；b)将积分值看成$\rho$的函数

R笔记11.4   有时在指定的参数和可选择的、用户提供的参数之间存在着冲突. 为了避免这种冲突，或者为可选参数起另一个名字，或者将两个参数都给出来. 比如，下面的代码就会产生一个错误，因为在参数"**rel.tol**"和"**r**"中有明显的模糊性.

```
> integrate(f, lower=0, upper=Inf, n=10, r=0.5, rho=0.2)
Error in f(x, ...) : argument "r" is missing, with no default
```

式(11.1)出现在下面例子的密度函数中.

例11.9 (样本相关系数的密度).

样本积矩相关系数刻画了两个样本间的线性关联. (X, Y)的总体相关系数为

$$\rho = \frac{E[(X - E(X))(Y - E(Y))]}{\sqrt{\mathrm{Var}(X)\mathrm{Var}(Y)}}.$$

如果$\{(X_j, Y_j), j = 1, \cdots, n\}$是成对的样本观测值，则样本相关系数为

$$R = \frac{\sum\limits_{j=1}^{n}(X_j - \overline{X})(Y_j - \overline{Y})}{\left[\sum\limits_{j=1}^{n}(X_j - \overline{X})^2 \sum\limits_{j=1}^{n}(Y_j - \overline{Y})^2\right]^{1/2}}.$$

假设 $\{(X_j, Y_j), j = 1, \cdots, n\}$ 独立同分布，且服从二元正态分布 $BVN(\mu_1, \mu_2, \sigma_1, \sigma_2, \rho)$. 如果 $\rho = 0$，那么 R 的密度函数（见文献[157，第32章]）由

$$f(r) = \frac{\Gamma((n-1)/2)}{\Gamma(1/2)\Gamma((n-2)/2)}(1-r^2)^{(n-4)/2}, \quad -1 < r < 1 \tag{11.2}$$

给出. 对于 $0 < |\rho| < 1$，密度函数会更加复杂. 文献[157, p.549]中给出了一些密度函数的形式，包括

$$f(r) = \frac{(n-2)(1-\rho^2)^{(n-1)/2}(1-r^2)^{(n-4)/2}}{\pi}\int_0^{+\infty}\frac{\mathrm{d}w}{(\cosh w - \rho r)^{n-1}}, \quad -1 < r < 1. \tag{11.3}$$

为了计算密度函数，即式(11.3)必须计算积分. 这一问题在例11.8中已经解决了. $\rho = 0$ 的情况可以使用较简单的式(11.2)单独处理. 在例11.2中讨论了计算常数 $\Gamma((n-1)/2)/\Gamma((n-2)/2)$ 的方法. 接下来的函数会将这些结果结合在一起来计算相关性统计量的密度.

```
.dcorr <- function(r, N, rho=0) {
    # compute the density function of sample correlation
    if (abs(r) > 1 || abs(rho) > 1) return (0)
    if (N < 4) return (NA)

    if (isTRUE(all.equal(rho, 0.0))) {
        a <- exp(lgamma((N - 1)/2) - lgamma((N - 2)/2)) /
                sqrt(pi)
        return (a * (1 - r^2)^((N - 4)/2))
    }

    # if rho not 0, need to integrate
    f <- function(w, R, N, rho)
        (cosh(w) - rho * R)^(1 - N)

    #need to insert some error checking here
    i <- integrate(f, lower=0, upper=Inf,
            R=r, N=N, rho=rho)$value
    c1 <- (N - 2) * (1 - rho^2)^((N - 1)/2)
    c2 <- (1 - r^2)^((N - 4) / 2) / pi
    return(c1 * c2 * i)
}
```

应该对这个函数添加某种错误校验以防数值积分失效.

绘制密度曲线，以此作为密度计算结果的非正式检验. 对 $\rho = 0$ 而言，其密度曲线应该关于0对称，且形状应该类似于对称beta密度. 图11.2给出了具体的图形.

```
r <- as.matrix(seq(-1, 1, .01))
d1 <- apply(r, 1, .dcorr, N=10, rho=.0)
d2 <- apply(r, 1, .dcorr, N=10, rho=.5)
d3 <- apply(r, 1, .dcorr, N=10, rho=-.5)
plot(r, d2, type="l", lty=2, lwd=2, ylab="density")
lines(r, d1, lwd=2)
lines(r, d3, lty=4, lwd=2)
legend("top", inset=.02,
       c("rho = 0", "rho = 0.5", "rho = -0.5"), lty=c(1,2,4), lwd=2)
```

◇

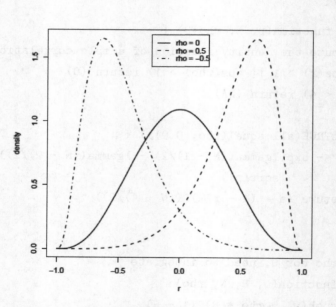

图 11.2　样本大小为10时的相关性统计量密度

R笔记11.5　R中的密度函数是向量化的，但例11.3中的函数"`.dcorr`"的参数却是一个单独的数 r，而不是一个向量. 稍后这个函数将被推广为更一般的函数"`dcorr`"，这个函数和R中的密度函数"`dnorm`"、"`dgamma`"等一样都是以向量为参数的.

11.4　极大似然问题

极大似然是估计一个分布的参数的方法. 缩写MLE(Maximum Likelihood Estimation)可以指极大似然估计（方法）、估计值或者估计量. 这种方法是找到一个参数的值使得似然函数取最大值. 因此统计学中一类很重要的最优化问题就是极大似然问题.

假设 $X_1, \cdots, X_n$ 是随机变量, 参数 $\theta \in \Theta$（θ 也可能是个向量）. 将随机变量 $X_1, \cdots, X_n$ 的似然函数 $L(\theta)$ 在 $x_1, \cdots, x_n$ 的值定义为联合密度

$$L(\theta) = f(x_1, \cdots, x_n; \theta).$$

如果 $X_1, \cdots, X_n$ 是一个随机样本（所以 $X_1, \cdots, X_n$ 独立同分布）, 密度为 $f(x;\theta)$, 那么

$$L(\theta) = \prod_{i=1}^{n} f(x_i; \theta).$$

θ 的极大似然估计是使 $L(\theta)$ 取得最大值的 $\hat{\theta}$. 即 $\hat{\theta}$ 是

$$L(\hat{\theta}) = f(x_1, \cdots, x_n; \hat{\theta}) = \max_{\theta \in \Theta} f(x_1, \cdots, x_n; \theta) \tag{11.4}$$

的一个解（不一定是唯一的）. 如果 $\hat{\theta}$ 是唯一的, 那么 $\hat{\theta}$ 是 θ 的极大似然估计量(MLE).

如果 θ 是一个数, 那么参数空间 Θ 是一个开区间, $L(\theta)$ 是可导的且假设在 Θ 中存在最大值, 那么 $\hat{\theta}$ 是

$$\frac{\mathrm{d}}{\mathrm{d}\theta} L(\theta) = 0 \tag{11.5}$$

的一个解. 式(11.5)的解也是

$$\frac{\mathrm{d}}{\mathrm{d}\theta} l(\theta) = 0 \tag{11.6}$$

的解, 其中 $l(\theta) = \log L(\theta)$ 是对数似然函数. 在 $X_1, \cdots, X_n$ 是一个随机样本的情况下我们有

$$l(\theta) = \log \prod_{i=1}^{n} f(x_i; \theta) = \sum_{i=1}^{n} \log f(x_i; \theta),$$

所以与式(11.5)相比, 式(11.6)更容易求解.

例11.10 (用"mle"函数求极大似然估计).

假设 Y_1, Y_2 独立同分布, 且有密度 $f(y) = \theta e^{-\theta y}, y > 0$. 求 θ 的极大似然估计.
由独立性可知

$$L(\theta) = (\theta e^{-\theta y_1})(\theta e^{-\theta y_2}) = \theta^2 e^{-\theta(y_1 + y_2)}.$$

因此 $\ell(\theta) = 2\log\theta - \theta(y_1 + y_2)$, 待求解的对数似然方程为

$$\frac{\mathrm{d}}{\mathrm{d}\theta} l(\theta) = \frac{2}{\theta} - (y_1 + y_2) = 0, \quad \theta > 0.$$

唯一的解是 $\hat{\theta} = 2/(y_1 + y_2)$, 它使 $L(\theta)$ 取得最大值. 因此在本例中极大似然估计就是样本均值的倒数.

尽管已经有了解析解, 我们还是来看一下如何用"mle"（"stats4"）函数得到这个问题的数值解. "mle"函数将计算 $-\ell(\theta) = -\log(L(\theta))$ 的函数作为它的第一个参数. 通过调用最优化程序"optim"将负对数似然函数最小化.

```
#the observed sample
y <- c(0.04304550, 0.50263474)

mlogL <- function(theta=1) {
    #minus log-likelihood of exp. density, rate 1/theta
    return( - (length(y) * log(theta) - theta * sum(y)))
}

library(stats4)
fit <- mle(mlogL)
summary(fit)

Maximum likelihood estimation

Call: mle(minuslogl = mlogL)

Coefficients:
      Estimate Std. Error
theta 3.66515  2.591652

-2 log L: -1.195477
```

或者也可以在调用"mle"函数时给出优化程序的初始值, 两个例子如下

```
mle(mlogL, start=list(theta=1))
mle(mlogL, start=list(theta=mean(y)))
```

在本例中极大似然估计值为$\hat{\theta} = 1/\bar{Y} = 3.66515$. 极大对数似然为$\ell(\hat{\theta}) = 2\log(1/\bar{y}) - (1/\bar{y})(y_1 + y_2) = 0.5977386$, 或者$-2\log(L) = -1.195477$. 用"mle"函数也能得到相同的结果. ◇

假设$\hat{\theta}$满足式(11.6). 那么$\hat{\theta}$可能是一个极大值点、极小值点或者$\ell(\theta)$的一个驻点. 如果$\ell''(\hat{\theta}) < 0$, 那么$\hat{\theta}$就是$\log L(\theta)$的极大值点.

对数似然函数的二阶导数也包含了$\hat{\theta}$的方差的信息. X在θ的Fisher信息定义为

$$\mathcal{I}(\theta) = \left[-E_\theta l''(\theta)\right]\big|_\theta.$$

Fisher信息给出了θ的无偏估计量的方差范围. 信息$\mathcal{I}(\theta)$越大, 样本包含的关于θ的值的信息也就越多, 最佳无偏估计量的方差也就越小.

如果$\boldsymbol{\theta}$是$\mathbf{R}^d$中的向量, Θ是$\mathbf{R}^d$的一个开集, 并且$L(\boldsymbol{\theta})$关于$\boldsymbol{\theta}$的所有系数的一阶偏导

数都存在，那么$\hat{\boldsymbol{\theta}}$一定同时满足$d$个方程

$$\frac{\partial}{\partial \theta_j} L(\hat{\boldsymbol{\theta}}) = \mathbf{0}, \quad j = 1, \cdots, d, \tag{11.7}$$

或者d个对应的对数似然方程.

如果对数似然函数不是二次的，那么似然方程，即11.5节中即将介绍的式(11.11)的解是一个d个变量d个方程的非线性系统. 因此，极大似然估计和极大似然推断经常需要非线性数值方法.

注意在求解的时候有一些潜在的问题：似然函数的导数可能不存在，或者在Θ的某些点不存在；最佳的θ可能不是Θ的内点；或者似然方程，即式(11.5)和式(11.7)很难求解. 在这种情况下可以使用数值最优化方法来求出满足式(11.4)的最优解$\hat{\theta}$.

11.5 一维最优化

在R中有多种方法可以实现一维最优化. 许多类型的问题经过重新表述后便能用函数"uniroot"来求根.函数"nlm"使用牛顿型算法实现了非线性最小化. "optimize"是用C语言翻译[32]的FORTRAN代码（其原型为ALGOL60中的"localmin"程序）.

例11.11 (用函数"optimize"实现一维最优化).

求函数

$$f(x) = \frac{\log(x + \log(x))}{\log(1 + x)}$$

关于x的最大值. 图11.3中的$f(x)$的图形显示最大值点在4和8之间.

```
x <- seq(2, 15, .001)
y <- log(x + log(x))/(log(1+x))
plot(x, y, type = "l")
```

在区间$(4, 8)$上使用"optimize"函数. 默认操作是使函数取得最小值. 为了使$f(x)$取得最大值设置"maximum=TRUE". 默认容差为".Machine$double.eps^0.25".

```
f <- function(x)
    log(x + log(x))/log(1+x)

>optimize(f, lower = 4, upper = 8, maximum = TRUE)
$maximum
[1] 5.792299
$objective
[1] 1.055122
```

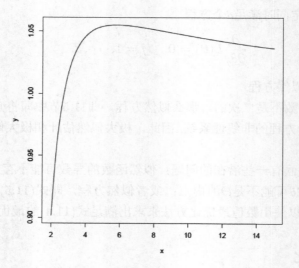

图 11.3 例11.11中的函数$f(x)$

◇

例11.12 (伽马分布的MLE问题).

令$x_1, \cdots, x_n$是一个随机样本，服从伽马分布Gamma(r, λ)，其中r为形状参数，λ为率参数. 在本例中$\boldsymbol{\theta} = (r, \lambda) \in \mathbf{R}^2$, $\Theta = \mathbf{R}_+ \times \mathbf{R}_+$. 给出$\boldsymbol{\theta} = (r, \lambda)$的极大似然估计量.

似然函数为

$$L(r, \lambda) = \frac{\lambda^{nr}}{\Gamma(r)^n} \prod_{i=1}^n x_i^{r-1} \exp(-\lambda \sum_{i=1}^n x_i), x_i \geqslant 0,$$

对数似然函数为

$$l(r, \lambda) = nr \log \lambda - n \log \Gamma(r) + (r-1) \sum_{i=1}^n \log x_i - \lambda \sum_{i=1}^n x_i. \tag{11.8}$$

现在的问题是使式(11.8)关于r和λ取最大值. 在这种表述下它实际上是一个二维最优化问题. 这个问题可以简化为一维求根问题. 联立方程组

$$\frac{\partial}{\partial \lambda} l(r, \lambda) = \frac{nr}{\lambda} - \sum_{i=1}^n x_i = 0; \tag{11.9}$$

$$\frac{\partial}{\partial r} l(r, \lambda) = n \log \lambda - n \frac{\Gamma'(r)}{\Gamma(r)} + \sum_{i=1}^n \log x_i = 0. \tag{11.10}$$

求解(r, λ). 由式(11.9)推出$\hat{\lambda} = \hat{r}/\bar{x}$. 用$\hat{\lambda}$替换式(11.10)中的$\lambda$, 将问题简化为对方程

$$n \log \frac{\hat{r}}{\bar{x}} + \sum_{i=1}^n \log x_i - n \frac{\Gamma'(\hat{r})}{\Gamma(\hat{r})} + = 0 \tag{11.11}$$

求解$\hat{r}$. 因此$MLE(\hat{r}, \hat{\lambda})$ 是

$$\log \lambda + \frac{1}{n} \sum_{i=1}^{n} \log x_i = \psi(\lambda \overline{x}); \quad \overline{x} = \frac{r}{\lambda}$$

的联立解(r, λ)，其中$\psi(t) = \frac{\mathrm{d}}{\mathrm{d}t} \log \Gamma(t) = \Gamma'(t)/\Gamma(t)$ （R中的"digamma"函数）. 使用"uniroot"函数很容易得到一个数值解.

在下面的模拟试验中，从Gamma$(r = 5, \lambda = 2)$分布生成大小为$n = 200$的随机样本，并使用"uniroot"函数最优化似然方程来估计参数. 抽样和估计重复20000次. 下面是对由这种方法得到的估计的一个总结.

```
m <- 20000
est <- matrix(0, m, 2)
n <- 200
r <- 5
lambda <- 2

obj <- function(lambda, xbar, logx.bar) {
    digamma(lambda * xbar) - logx.bar - log(lambda)
    }

for (i in 1:m) {
    x <- rgamma(n, shape=r, rate=lambda)
    xbar <- mean(x)
    u <- uniroot(obj, lower = .001, upper = 10e5,
            xbar = xbar, logx.bar = mean(log(x)))
    lambda.hat <- u$root
    r.hat <- xbar * lambda.hat
    est[i, ] <- c(r.hat, lambda.hat)
}

ML <- colMeans(est)
[1] 5.068116 2.029766
```

形状参数r的平均估计值为5.068116，λ的平均估计值为2.029766. 估计值是正偏的，但是接近于目标参数$(r = 5, \lambda = 2)$.

注意极大似然估计量是渐进正态的. 对很大的n有$\hat{\lambda} \sim N(\lambda, \sigma_1^2)$，$\hat{r} \sim N(r, \sigma_2^2)$，其中$\sigma_1^2$和$\sigma_2^2$分别是$\lambda$和$r$的Cramér-Rao下界. 图11.4a给出了重复试验$\hat{\lambda}$的直方图，图11.4b给出了重复试验$\hat{r}$的直方图. 这里的$n = 200$都不是非常大，在两种情况下重复试验的直方图都是略微偏态的，但都接近正态.

```
hist(est[, 1], breaks="scott", freq=FALSE,
    xlab="r", main="")
points(ML[1], 0, cex=1.5, pch=20)
hist(est[, 2], breaks="scott", freq=FALSE,
     xlab=bquote(lambda), main="")
points(ML[2], 0, cex=1.5, pch=20)
```

◇

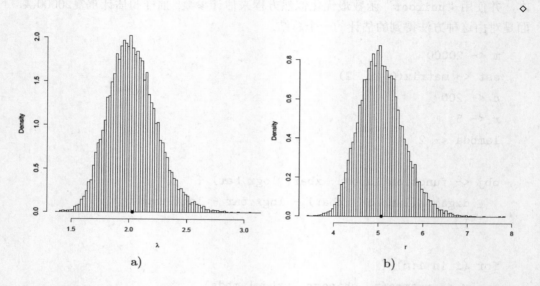

a)　　　　　　　　　　　　b)

图 11.4　　例11.12中Gamma$(r = 5, \lambda = 2)$随机变量的似然函数通过数值最优化得到的极大似然估计重复试验

11.6　二维最优化

在伽马分布的MLE问题中我们对一个双参数似然函数求最大值. 尽管可以将问题简化并像例11.12一样求解, 我们还是将它作为一个简单的例子来说明R中的通用最优化函数 "optim". 它可以实现Nelder-Mead算法[205]、拟牛顿算法、共轭梯度算法[96]、界约束最优化和模拟退火法. 关于这些方法及实现过程可以参考Nocedal和Wright[206]以及R手册[217]. "optim" 的语句为

```
optim(par, fn, gr = NULL, method =
    c("Nelder-Mead", "BFGS", "CG", "L-BFGS-B", "SANN"),
    lower = -Inf, upper = Inf,
    control = list(), hessian = FALSE, ...)
```

默认方法是Nelder-Mead算法. 第一个参数 "par" 是目标参数的初始值向量, 第二个参数"fn"是目标函数."fn"的第一个参数是目标参数向量,它的返回值应该是一个数.

例11.13 (用函数"optim"实现二维最优化).

求最大值的目标函数是对数似然函数

$$\log L(\theta|x) = nr\log\lambda + (r-1)\sum_{i=1}^{n}\log x_i - \lambda\sum_{i=1}^{n}x_i - n\log\Gamma(r),$$

参数为$\theta = (r, \lambda)$. 对数似然函数通过以下代码实现.

```
LL <- function(theta, sx, slogx, n) {
    r <- theta[1]
    lambda <- theta[2]
    loglik <- n * r * log(lambda) + (r - 1) * slogx -
        lambda * sx - n * log(gamma(r))
    - loglik
    }
```

这样避免了和式"sx"$=\sum_{i=1}^{n}x_i$以及"slogx"$=\sum_{i=1}^{n}\log x_i$的某些重复计算. 由于"optim"默认计算最小值,所以返回值为$-\log L(\theta)$. 估计的初始值必须小心地选择. 对于这个问题,可以通过矩估计法给出初始值,但为了简单起见这里使用$r=1$和$\lambda=1$作为初始值. 如果"x"是大小为"n"的随机样本,那么函数"optim"的具体调用为

```
optim(c(1,1), LL, sx=sum(x), slogx=sum(log(x)), n=n)
```

返回对象中包含了一个错误编码"$convergence",如果调用成功了该编码为0,否则系统会指出问题所在. 下面对一个样本计算最大似然估计(MLE).

```
n <- 200
r <- 5;    lambda <- 2
x <- rgamma(n, shape=r, rate=lambda)

optim(c(1,1), LL, sx=sum(x), slogx=sum(log(x)), n=n)

# results from optim
par1                   5.278565
par2                   2.142059
value                284.550086
counts.function       73.000000
counts.gradient              NA
convergence            0.000000
```

这个结果表明Nelder-Mead方法（默认的）成功地收敛到$\hat{r} = 5.278565$和$\hat{\lambda} = 2.142059$. 可以通过"reltol"调整精确度. 如果算法无法再将值按"reltol"系数缩小，那么将停止计算，在这次计算中"reltol"默认为"sqrt(.Machine\$double.eps)"$= 1.490116 \times 10^{-8}$.

下面的模拟试验将重复估计过程来和例11.12的结果进行比较.

```
mlests <- replicate(20000, expr = {
  x <- rgamma(200, shape = 5, rate = 2)
  optim(c(1,1), LL, sx=sum(x), slogx=sum(log(x)), n=n)$par
  })
colMeans(t(mlests))
[1] 5.068109 2.029763
```

利用式(11.8)进行二维最优化得到的估计和例11.12中利用一维求根法得到的估计具有近似相同的平均值.　　　　　　　　　　　　　　　　　　　　　　　　　　　　　　　　　◇

R笔记11.6 重复生成向量的时候，注意"replicate"按列顺序填充矩阵. 在上面的例子中，每次重复试验的向量长度为2，所以矩阵有2行20000列. 这个结果的转置就是重复试验的二维样本.

例11.14（二次型的最大似然估计）.

考虑由

$$Y = \lambda_1 X_1^2 + \lambda_2 X_2^2 + \cdots + \lambda_k X_k^k$$

给出的中心化的高斯随机变量的二次型的参数估计问题，其中X_j是独立同分布的标准正态随机变量，$j = 1, \cdots, k$，$\lambda_1 > \cdots > \lambda_k > 0$. 通过初等变换，每个$Y_j = \lambda_j X_j^2$服从形状参数为1/2、率参数为$1/(2\lambda_j)$的Gamma分布，$j = 1, \cdots, k$. 因此$Y$可以表示为$k$个互相独立的Gamma变量的混合，

$$Y \overset{D}{=} \frac{1}{k} G\left(\frac{1}{2}, \frac{1}{2\lambda_1}\right) + \cdots + \frac{1}{k} G\left(\frac{1}{2}, \frac{1}{2\lambda_k}\right).$$

上面的符号意味着Y可以从一个两阶段的试验生成. 首先，生成一个随机整数J，其中J在整数1到k中均匀分布. 然后生成服从$Y_J \sim \text{Gamma}(\frac{1}{2}, \frac{1}{2\lambda_J})$分布的随机变量$Y$.

令$\sum_{j=1}^{k} \lambda_j = 1$. 假设随机样本$y_1, \cdots, y_m$服从$Y$的分布，且$k = 3$. 给出参数$\lambda_j$的极大似然估计，$j = 1, 2, 3$.

这个问题可以通过带有两个未知参数λ_1和λ_2的对数似然函数的数值最优化来处理. 混合的密度为

$$f(y|\lambda) = \sum_{j=1}^{3} f_j(y|\lambda),$$

其中$f_j(y|\lambda)$是形状参数为1/2、率参数为$1/(2\lambda_j)$的Gamma密度. 对数似然函数可以写成带有两个未知参数λ_1和λ_2的形式，其中$\lambda_3 = 1 - \lambda_1 - \lambda_2$.

```
LL <- function(lambda, y) {
    lambda3 <- 1 - sum(lambda)
    f1 <- dgamma(y, shape=1/2, rate=1/(2*lambda[1]))
    f2 <- dgamma(y, shape=1/2, rate=1/(2*lambda[2]))
    f3 <- dgamma(y, shape=1/2, rate=1/(2*lambda3))
    f <- f1/3 + f2/3 + f3/3    #density of mixture
    #returning -loglikelihood
    return( -sum(log(f)))
    }
```

本例中的样本数据由$\lambda = (0.60, 0.25, 0.15)$的二次型生成. 然后使用函数"optim"来找到"LL"的最小值, 初始估计为$\lambda = (0.5, 0.3, 0.2)$.

```
set.seed(543)
m <- 2000
lambda <- c(.6, .25, .15)   #rate is 1/(2lambda)
lam <- sample(lambda, size = 2000, replace = TRUE)
y <- rgamma(m, shape = .5, rate = 1/(2*lam))

opt <- optim(c(.5,.3), LL, y=y)
theta <- c(opt$par, 1 - sum(opt$par))
```

结果在下面显示. 代码"opt$convergence"的返回值为0, 这说明收敛成功. 对数似然函数在点$(\lambda_1, \lambda_2) = (0.5922404, 0.2414725)$处得到最大值736.325.

```
> as.data.frame(unlist(opt))
                   unlist(opt)
par1                 0.5922404
par2                 0.2414725
value             -736.3250225
counts.function     43.0000000
counts.gradient             NA
convergence          0.0000000

> theta
[1] 0.5922404 0.2414725 0.1662871
```

极大似然估计为$\hat{\lambda} \doteq (0.592, 0.241, 0.166)$. 数据是由参数值$(0.60, 0.25, 0.15)$生成的. 另一种估计$\lambda$的方法参见例11.15. ◇

注11.1 多年以来二次型分布的近似问题在文献中吸引了大量的关注. 关于这类重要的分布已经得到了许多的理论结果和数值方法. 关于正态变量二次型分布的数值近似可以参见Imhof[150, 151]和Kuonen[166].

11.7 期望最大化算法

期望最大化(Expectation‐Maximization)算法是一个广义的最优化方法, 当数据不完全时经常使用这种方法来求出极大似然估计. 1977年Dempster、Laird和Rubin发表了影响深远的文章[67], 在此之后这种方法被广泛使用并被推广来解决其他类型的统计问题. 最近关于期望最大化算法及其推广的综述有文献[178, 194, 292].

数据的不完全性起因于缺失数据（缺失数据常出现在多元样本中）, 或者起因于其他类型的数据, 比如服从删截分布或截尾分布的样本或者隐藏变量. 隐藏变量是为了在某种程度上简化分析而引进的不可观测变量.

期望最大化算法的主要思想非常简单, 尽管相对于其他的可用方法而言它的收敛速度较慢, 但是在寻找总体最大值方面还是很可靠的. 从目标参数的初始估计开始, 然后交替进行E步骤（期望, Expectation）和M步骤（最大化, Maximization）. 在E步骤考虑观测数据和目前的参数估计值计算目标函数（通常是对数似然函数）的条件期望. 在M步骤使条件期望对于目标参数最大化. 更新估计值并不断重复E步骤和M步骤直到算法按照某种标准收敛. 尽管期望最大化算法的主要思想比较简单, 但对某些问题来说在E步骤中计算条件期望可能比较复杂. 对不完全数据而言, 考虑到缺失的数据, E步骤要求计算一个完全数据的函数的条件期望.

例11.15 (混合模型的期望最大化算法).

在本例中使用期望最大化算法来估计例11.14中介绍的二次型的参数. 回忆一下, 这个问题可以表述为估计Gamma随机变量混合的率参数. 尽管期望最大化算法并不是解决这个问题的最佳办法, 我们还是重复估计过程来作为练习, 混合如例11.14中给出的那样具有$k = 3$个分量（两个未知参数）.

期望最大化算法首先更新后验概率p_{ij}——第i个样本观测值y_i是由第j个分量生成的概率. 在第t步,

$$p_{ij}^{(t)} = \frac{\frac{1}{k} f_j(y_i|y, \lambda^{(t)})}{\sum_{j=1}^{k} \frac{1}{k} f_j(y_i|y, \lambda^{(t)})},$$

其中$\lambda^{(t)}$是参数$\{\lambda_j\}$的当前估计, $f_j(y_i|y, \lambda^{(t)})$是Gamma$(1/2, 1/(2\lambda_j^{(t)}))$密度在$y_i$处的值. 注意第$j$个分量的均值为$\lambda_j$, 所以更新方程为

$$\mu_j^{(t+1)} = \frac{\sum_{i=1}^{m} p_{ij}^{(t)} y_i}{\sum p_{ij}^{(t)}}.$$

为了比较估计值, 我们使用例11.14中的随机数种子来从混合Y生成数据.

```
set.seed(543)
lambda <- c(.6, .25, .15)  #rate is 1/(2lambda)
lam <- sample(lambda, size = 2000, replace = TRUE)
y <- rgamma(m, shape = .5, rate = 1/(2*lam))

N <- 10000                 #max. number of iterations
L <- c(.5, .4, .1)         #initial est. for lambdas
tol <- .Machine$double.eps^0.5
L.old <- L + 1

for (j in 1:N) {
    f1 <- dgamma(y, shape=1/2, rate=1/(2*L[1]))
    f2 <- dgamma(y, shape=1/2, rate=1/(2*L[2]))
    f3 <- dgamma(y, shape=1/2, rate=1/(2*L[3]))
    py <- f1 / (f1 + f2 + f3) #posterior prob y from 1
    qy <- f2 / (f1 + f2 + f3) #posterior prob y from 2
    ry <- f3 / (f1 + f2 + f3) #posterior prob y from 3

    mu1 <- sum(y * py) / sum(py) #update means
    mu2 <- sum(y * qy) / sum(qy)
    mu3 <- sum(y * ry) / sum(ry)
    L <- c(mu1, mu2, mu3)  #update lambdas
    L <- L / sum(L)

    if (sum(abs(L - L.old)/L.old) < tol) break
    L.old <- L
}
```

下面给出结果.

```
> print(list(lambda = L/sum(L), iter = j, tol = tol))

$lambda [1] 0.5954759 0.2477745 0.1567496
$iter [1] 592
$tol [1] 1.490116e-08
```

这里期望最大化算法经过 592 次迭代后收敛（在1.5×10^{-8}以内）到估计值 $\hat{\lambda} \doteq (0.595, 0.248, 0.157)$. 数据是由参数$(0.60, 0.25, 0.15)$生成的. 比较这个结果和例11.14中对数似然函数二维数值最优化得到的极大似然估计. ◇

11.8　线性规划——单纯形法

对于具有线性目标函数和线性约束条件的特殊约束最优化问题来说，单纯形法是一种广泛应用的最优化方法. 约束条件一般含有不等式，所以目标函数在其上进行优化的区域（可行域）可以表示成一个单纯形. 线性规划方法包括单纯形法以及内点法，我们这里只介绍单纯形法. 关于单纯形法的综述可以参见Nocedal和Wright[206, 第13章].

给定n个变量的m个约束条件，令A为$m \times n$系数矩阵，所以约束条件可以通过$Ax \geqslant b$给出，其中$b \in \mathbf{R}^m$. 这里我们假设$m < n$. 可行集中的元$x \in \mathbf{R}^n$满足约束条件$Ax \geqslant b$. 对象函数是n个变量的线性函数，系数由向量c给出. 因此目标是在约束条件$Ax \geqslant b$下最小化$c^{\mathrm{T}}x$.

上面描述的问题是原始问题（primal problem）. 对偶问题为：在约束条件$Ay \leqslant c$下最小化$b^{\mathrm{T}}y$，其中$y \in \mathbf{R}^n$. 对偶定理指出，如果原始问题或对偶问题中的一个包含有限目标值的最优解，那么另一个问题也有相同的最优目标值.

单纯形的顶点称为基本可行点. 如果目标函数的最优值存在，那么它将在某个基本可行点处取得. 单纯形法计算目标函数在基本可行点处的值，但是每次迭代中选择点使得通过相对较少的迭代就能找到最优解. 可以看出（参见文献[206, 定理13.4]）如果线性规划是有界、不减的，那么单纯形法将在有限多次迭代之后终止在某个基本可行点处.

"boot"程序包[34]中的"simplex"函数实现了单纯形法. "simplex"函数可以在约束条件$A_1x \leqslant b_1$、$A_2x \geqslant b_2$、$A_3x = b_3$和$x \geqslant 0$下最大化或最小化线性函数ax. 不管是原始问题还是对偶问题都可以通过"simplex"函数简单解决.

例11.16（单纯形法）.

使用单纯形法解决下面问题.

$$-2x + y + z \leqslant 2$$
$$4x - y + 3z \leqslant 3$$
$$x \geqslant 0, y \geqslant 0, z \geqslant 0.$$

在约束条件下求$2x + 2y + 3z$的最小值.

对这样一个简单问题来说并不难直接求解，因为相关理论告诉我们如果有最优解的话，那它一定出现在可行集的某一个顶点处. 因此我们只需要在有限多个顶点处计算目标函数的值就可以了. 顶点由线性约束条件的交集所决定. 单纯形法从一个顶点移动到另一个顶点时也计算目标函数的值，通常每一步中只在一个顶点处改变系数. 技巧是在目标函数增加或减少最快的方向上决定下一个要计算的顶点. 对有界、不减的问题来说，最终目标函数的值不能再改进，算法在解处终止. "simplex"函数实现了这个算法.

```
library(boot)   #for simplex function
A1 <- rbind(c(-2, 1, 1), c(4, -1, 3))
b1 <- c(1, 3)
a <- c(2, 2, 3)
simplex(a = a, A1 = A1, b1 = b1, maxi = TRUE)

Optimal solution has the following values
x1 x2 x3
2  5  0
The optimal value of the objective function is 14.
```

◇

11.9 应用：博弈论

在例11.16的线性规划中，约束条件都是不等式. 但是约束条件也可能是等式. 比如当变量的和固定的时候，就会出现等式约束条件. 如果变量表示离散概率质量函数，那么概率的和一定等于1. 在下面的问题中我们就来探讨概率质量函数. 它是博弈论中的一个经典问题.

例11.17 (猜拳游戏(Morra game)).

猜拳游戏是世界上最古老的一种策略游戏. 在三指猜拳游戏中，每个玩家比出1、2或3个手指，并同时猜他的对手会比出几个手指. 如果两个玩家都猜对了，游戏是平局. 如果只有一个玩家猜对了，那么他将赢得两人比出的手指数加起来那么多的钱. Dresher[74]以及Székely和Rizzo[264]探讨过这个例子. 关于解决游戏方法的更多细节可以参看Owen[208].

每个玩家的策略为数对(d, g)，其中d是比出的手指数，g是猜测的手指数. 因此每个玩家有9种纯策略$(1,1)$，$(1,2)$,$\cdots$,$(3,3)$. 这是一个零和博弈：第一个玩家赢的钱等于第二个玩家输的钱. 玩家1力图赢的尽可能的多，玩家2力图输的尽可能的少. 这个博弈可以通过表11.1中的支付矩阵来表示.

用$\boldsymbol{A} = (a_{ij})$来表示支付矩阵. 由von Neumann极小极大定理[282]可知，在这个博弈中两个玩家的最佳策略是混合策略，因为$\min_i \max_j a_{ij} > \max_j \min_i a_{ij}$. 混合策略是策略集上的一个概率分布$(x_1, \cdots, x_9)$，其中选择策略$j$的概率为$x_j$.

极小极大定理指出，如果两个玩家分别使用最佳策略$\boldsymbol{x}^*$和$\boldsymbol{y}^*$，那么每个玩家的期望支付为$v = \boldsymbol{x}^{*\mathrm{T}} \boldsymbol{A} \boldsymbol{y}^*$，称其为博弈值. 如果第一个玩家使用最佳策略$\boldsymbol{x}^*$来应对另一个玩家的任何策略$\boldsymbol{y}$，那么他的期望收入至少为$v$. 令变量$x_{10} = v$，$\boldsymbol{x} = (x_1, \cdots, x_9, x_{10})$.

用-1构成的列来扩张矩阵$\boldsymbol{A}$，将得到的矩阵记为$\boldsymbol{A}_1$. 那么由于对每个纯策略$y_j = 1$有$\boldsymbol{x}^{*\mathrm{T}} \boldsymbol{A} \boldsymbol{y} \geqslant v$，我们有约束系统$\boldsymbol{A}_1 \boldsymbol{x} \leqslant 0$. 等式约束条件为$\sum_{i=1}^{m} x_i = 1$. "simplex"函

表 11.1   猜拳游戏的支付矩阵

策略	1	2	3	4	5	6	7	8	9
1	0	2	2	−3	0	0	−4	0	0
2	−2	0	0	0	3	3	−4	0	0
3	−2	0	0	−3	0	0	0	4	4
4	3	0	3	0	−4	0	0	−5	0
5	0	−3	0	4	0	4	0	−5	0
6	0	−3	0	0	−4	0	5	0	5
7	4	4	0	0	0	−5	0	0	−6
8	0	0	−4	5	5	0	0	0	−6
9	0	0	−4	0	0	−5	6	6	0

数自动包含约束条件$x_i \geqslant 0$（为了保证$v \geqslant 0$，我们可以将支付矩阵中的每一个元减去"min(A)"，这样并不改变最优策略集）.

定义$1 \times (n+1)$向量$\boldsymbol{A}_3 = (1,1,\cdots,1,0)$. 在限制条件$\boldsymbol{A}_1\boldsymbol{x} \geqslant 0$和$\boldsymbol{A}_3\boldsymbol{x} = 1$下将$v = x_{10}$最小化. 注意"simplex"返回的最佳$x$为$\boldsymbol{x}^* = (x_1,\cdots,x_m)$和$v = x_{m+1}$.

注意我们考虑的是原始问题和对偶问题的最优解, 对第二个玩家有类似的约束条件和目标. 所有的双玩家零和博弈都可以类似地表示为线性规划, 所以对一般的$m \times n$双玩家零和博弈可以得到解. 函数"solve.game"将支付矩阵作为它的唯一参数, 在一个列表中返回支付矩阵、最优策略和博弈值.

```
solve.game <- function(A) {
    #solve the two player zero-sum game by simplex method
    #optimize for player 1, then player 2
    #maximize v subject to ...
    #let x strategies 1:m, and put v as extra variable
    #A1, the <= constraints
    #
    min.A <- min(A)
    A <- A - min.A    #so that v >= 0
    max.A <- max(A)
    A <- A / max.A
    m <- nrow(A)
    n <- ncol(A)
    it <- n^3
    a <- c(rep(0, m), 1) #objective function
```

```
A1 <- -cbind(t(A), rep(-1, n)) #constraints <=
b1 <- rep(0, n)
A3 <- t(as.matrix(c(rep(1, m), 0))) #constraints sum(x)=1
b3 <- 1
sx <- simplex(a=a, A1=A1, b1=b1, A3=A3, b3=b3,
            maxi=TRUE, n.iter=it)
#the 'solution' is [x1,x2,...,xm | value of game]
#
#minimize v subject to ...
#let y strategies 1:n, with v as extra variable
a <- c(rep(0, n), 1) #objective function
A1 <- cbind(A, rep(-1, m)) #constraints <=
b1 <- rep(0, m)
A3 <- t(as.matrix(c(rep(1, n), 0))) #constraints sum(y)=1
b3 <- 1
sy <- simplex(a=a, A1=A1, b1=b1, A3=A3, b3=b3,
            maxi=FALSE, n.iter=it)

soln <- list("A" = A * max.A + min.A,
            "x" = sx$soln[1:m],
            "y" = sy$soln[1:n],
            "v" = sx$soln[m+1] * max.A + min.A)
soln
}
```

尽管原则上来说函数"solve.game"可以用来解决任意的 $m \times n$ 博弈, 但在实际应用中它还是局限在那些对"simplex"("boot")函数而言不算太大的系统上.

现在我们使用函数"solve.game"来解决猜拳游戏. 我们将会得到一个含有每个玩家最佳策略和博弈值的列表.

```
#enter the payoff matrix
A <- matrix(c(  0,-2,-2,3,0,0,4,0,0,
              2,0,0,0,-3,-3,4,0,0,
              2,0,0,3,0,0,0,-4,-4,
              -3,0,-3,0,4,0,0,5,0,
              0,3,0,-4,0,-4,0,5,0,
              0,3,0,0,4,0,-5,0,-5,
              -4,-4,0,0,0,5,0,0,6,
```

```
                    0,0,4,-5,-5,0,0,0,6,
                    0,0,4,0,0,5,-6,-6,0), 9, 9)

    library(boot)  #needed for simplex function

    s <- solve.game(A)
```

"solve.game"对两个玩家返回的最佳策略是一样的(因为游戏是对称的).

```
> round(cbind(s$x, s$y), 7)
           [,1]        [,2]
x1 0.0000000  0.0000000
x2 0.0000000  0.0000000
x3 0.4098361  0.4098361
x4 0.0000000  0.0000000
x5 0.3278689  0.3278689
x6 0.0000000  0.0000000
x7 0.2622951  0.2622951
x8 0.0000000  0.0000000
x9 0.0000000  0.0000000
```

每个玩家应该根据上面的概率分布随机选择他们的策略.

可以看出(参见文献[74])对于这个猜拳游戏每个玩家的最佳策略集的端点分别为

$$(0, 0, 5/12, 0, 4/12, 0, 3/12, 0, 0), \tag{11.12}$$

$$(0, 0, 16/37, 0, 12/37, 0, 9/37, 0, 0), \tag{11.13}$$

$$(0, 0, 20/47, 0, 15/47, 0, 12/47, 0, 0), \tag{11.14}$$

$$(0, 0, 25/61, 0, 20/61, 0, 16/61, 0, 0). \tag{11.15}$$

注意这个例子通过单纯形法得到的解为端点(11.15). ◇

对于线性和整数规划还可以参考程序包"lpSolve"[26]中的"lp"函数.

练习

11.1 自然对数函数和指数函数互为反函数, 所以在数学上有 $\log(\exp x) = \exp(\log x) = x$. 通过例子说明在计算机运算中这个性质并不一定成立. 由相同性可以得到近似相等性吗(参见"all.equal")?

11.2 假设X和Y是互相独立的随机变量，$X \sim \text{Beta}(a,b)$，$Y \sim \text{Beta}(r,s)$. 可以看出[7]

$$P(X<Y) = \sum_{k=\max\{r-b,0\}}^{r-1} \frac{\binom{r+s-1}{k}\binom{a+b-1}{a+r-1-k}}{\binom{a+b+r+s-2}{a+r-1}}$$

给出一个函数对任意的$a,b,r,s > 0$计算$P(X<Y)$. 对$(a,b)=(10,20)$和$(r,s)=(5,5)$比较你的结果和$P(X<Y)$的蒙特卡罗估计.

11.3 (a)给出一个函数来计算

$$\sum_{k=0}^{\infty} \frac{(-1)^k}{k!2^k} \frac{\|\boldsymbol{a}\|^{2k+2}}{(2k+1)(2k+2)} \frac{\Gamma(\frac{d+1}{2})\Gamma(k+\frac{3}{2})}{\Gamma(k+\frac{d}{2}+1)}$$

中的第k项，其中$d \geqslant 1$是一个整数，$\boldsymbol{a}$是$\mathbf{R}^d$中的向量，$\|\cdot\|$表示欧氏范数. 执行运算使得对（几乎）任意大的k和d都可以计算系数（这个和对所有的$\boldsymbol{a} \in \mathbf{R}^d$都收敛）.

(b) 调整函数使得其可以进行计算并返回和.

(c) 当$\boldsymbol{a}=(1,2)^{\mathrm{T}}$时计算和.

11.4 对$k=4:25,100,500,1000$,找到曲线

$$S_{k-1}(a) = P\left(t(k-1) > \sqrt{\frac{a^2(k-1)}{k-a^2}}\right)$$

和

$$S_k(a) = P\left(t(k) > \sqrt{\frac{a^2 k}{k+1-a^2}}\right)$$

在$(0,\sqrt{k})$内的交点$A(k)$，其中$t(k)$是自由度为k的学生t随机变量（这些交点决定着Székely[260]提出的数值混合误差t检验的临界值）.

11.5 给出一个函数来解出方程

$$\frac{2\Gamma(\frac{k}{2})}{\sqrt{\pi(k-1)}\Gamma(\frac{k-1}{2})} \int_0^{c_{k-1}} \left(1+\frac{u^2}{k-1}\right)^{-k/2} \mathrm{d}u = \frac{2\Gamma(\frac{k+1}{2})}{\sqrt{\pi(k)}\Gamma(\frac{k}{2})} \int_0^{c_k} \left(1+\frac{u^2}{k}\right)^{-(k+1)/2} \mathrm{d}u$$

中的a，其中

$$c_k = \sqrt{\frac{a^2 k}{k+1-a^2}}$$

将得到的解和练习11.4中的点$A(k)$进行比较.

11.6 给出一个函数来计算柯西分布的累积分布函数，该分布具有密度

$$\frac{1}{\theta\pi(1+[(x-\eta)/\theta]^2)}, \quad -\infty < x < +\infty,$$

其中$\theta > 0$. 将你的结果和R函数"pcauchy"得到的结果进行比较（源代码可以参见"pcauchy.c"）.

11.7 使用单纯形法解决下面问题.

$$2x + y + z \leqslant 2,$$
$$x - y + 3z \leqslant 3,$$
$$x \geqslant 0, y \geqslant 0, z \geqslant 0.$$

在约束条件下将$4x + 2y + 9z$最小化.

11.8 在猜拳游戏中，如果将支付矩阵的每个元减去一个常数或者将支付矩阵的每个元乘上一个正的常数，那么最佳策略集并不会改变. 但是单纯形法可能在一个不同的基本可行点（也是最佳的）终止. 计算"B<-A+2"，找到博弈B的解，验证它是原来博弈A的端点，即式(11.12)~式(11.15)中的一个. 给出博弈A和博弈B的值.

附　　录

附录 A　　符号

这里总结了选定的通篇使用的符号和缩写，不包括特定章节中所使用的符号.

符号说明

$E[X]$　　随机变量X的期望值

$I(A)$　　集合A的示性函数：如果$x \in A$，则$I(x) = 1$；如果$x \notin A$，则$I(x) = 0$

$\boldsymbol{I}_d$　　$d \times d$单位矩阵

$\log x$　　x的自然对数

$\mathbf{P}$　　马尔可夫链的转移矩阵

$\mathbf{R}$　　一维实数域

$\mathbf{R}^d$　　d维实系数空间

$\Gamma(\cdot)$　　完全Gamma函数

$\Phi(\cdot)$　　标准正态分布的累积分布函数

Φ^{-1}　　标准正态分布的逆累积分布函数：$\Phi^{-1}(\alpha) = z \Rightarrow \Phi(z) = \alpha$

$\overset{D}{=}$　　依分布相等

$\doteq$　　约等于

$X \sim$　　X服从"$\sim$"右边的分布

$\overset{\text{iid}}{\sim}$　　左边的向量互相独立且服从右边的分布

$\|\boldsymbol{x}\|$　　$\boldsymbol{x}$的欧氏范数

$|\boldsymbol{A}|$　　矩阵$\boldsymbol{A}$的行列式

$\boldsymbol{A}^{\mathrm{T}}$　　$\boldsymbol{A}$的转置

$\overline{\boldsymbol{X}}$　　样本均值或样本均值向量

缩写

ASL	基于样本的显著性水平
ASH	平均移位直方图（密度估计）
BVN	二元正态
cdf	累积分布函数
dCor	距离相关性
dCov	距离协方差
ecdf, edf	经验累积分布函数
GUI	图形用户界面
iid	独立同分布
IMSE	积分均方误差
LRT	似然比检验
M-H	Metropolis-Hastings
MC	蒙特卡罗
MCMC	马尔可夫链蒙特卡罗
MISE	平均积分平方误差
MLE	极大似然估计量或估计值
MSE	均方误差
MVN	多元正态
$N(\mu, \sigma^2)$	均值为μ、方差为σ^2的正态分布
$N_d(\boldsymbol{\mu}, \boldsymbol{\Sigma})$	均值向量为$\boldsymbol{\mu}$、方差-协方差矩阵为$\boldsymbol{\Sigma}$的d维多元正态分布
$\chi^2(\nu)$	自由度为ν的卡方分布
$W_d(\Sigma, n)$	参数为(Σ, n, d)的Wishart分布
se	标准误差
svd	奇异值分解

附录 B　处理数据框和数组

B.1　重抽样和数据划分

B.1.1　使用"boot"函数

自助法是在"boot"函数（"boot"程序包[34]）中实现的，它提供了文献[63]中的函数和参数. 在普通的自助法中，样本是有放回地选取的. 普通自助法的基本语法为

```
boot(data,statistic, R)
```

其中"data"是观测样本，R是自助法重复试验的次数. 默认"sim="ordinary""，即普通的自助法（有放回地抽样）.

第二个参数（"statistic"）是一个函数或函数名，它用来计算重复生成的统计量. 假设我们将这个函数称为f. 则"boot"函数对每一个自助法重复试验生成随机指标$i = (i_1, \cdots, i_n)$，并将"data"和指标向量i传递给函数f. 然后函数f再根据重抽样的观测值来计算统计量$\hat{\theta}^{(b)}$. 例B.1讨论了对f内部的计算如何抽取样本.

例B.1 (使用指标向量抽取自助法样本).

我们已经知道"sample"函数可以用来从向量中有放回地抽样. 等价地，如果x是一个长度为n的向量，我们从指标"1:n"构成的向量中有放回地抽样，并使用得到的值来抽取"x"中的元素. 注意下面的两种方法生成的样本是一样的.

```
> letters
 [1] "a" "b" "c" "d" "e" "f" "g" "h" "i" "j" "k" "l" "m" "n" "o" "p"
[17] "q" "r" "s" "t" "u" "v" "w" "x" "y" "z"
> set.seed(123)
> sample(letters[1:10], size = 10, replace = TRUE)
 [1] "c" "h" "e" "i" "j" "a" "f" "i" "f" "e"
> set.seed(123)
> i <- sample(1:10, size = 10, replace = TRUE)
> letters[i]
 [1] "c" "h" "e" "i" "j" "a" "f" "i" "f" "e"
```

类似地，"[ ]"运算符可以用来从数据框架或矩阵中抽取自助法样本，方法为使用"x[i,]".

```
> x
     [,1] [,2] [,3] [,4]
[1,]  16   14   17   12
[2,]  14   13   16   14
[3,]  13   13   14   11
[4,]  19   11   15   11
[5,]  14   10    8   11

> i
[1] 1 3 3 2 1

> x[i, ]
     [,1] [,2] [,3] [,4]
[1,]  16   14   17   12
[2,]  13   13   14   11
[3,]  13   13   14   11
[4,]  14   13   16   14
[5,]  16   14   17   12
```

"boot"将传递观测样本"x"和第b个指标向量"i"；用户函数f（"statistic"）在"x[i,]"或"x[i]"上计算检验统计量. 比如，如果"x"是一个二元样本，重复生成的统计量是相关系数，那么函数f可以写成下面的形式.

```
f <- function(x, i) {
     cor(x[i, 1], x[i, 2])
}
```

对一个重抽样试验来说，无论是否使用"boot"函数来运行自助法，在类似上面f的函数中对统计量的计算进行编码都是非常有益的.   ◇

B.1.2   不放回地重抽样

"boot"函数也可以用于不放回地重抽样的情况中. 比如，在置换检验中，重抽样的方法应该为"sim="permutation"".

如果不使用"boot"函数，那么对于每次重复试验都必须生成一个样本观测值的置换. 使用"x[i,]"来得到一个数据框或矩阵"x"中样本观测值的置换，其中"i"是样本元素指标的一个置换. 整数"1:n"的置换可以由"sample(1:n)"生成.

在类似水手刀法和交叉验证的情况中，指定哪些元素不该被抽取会更加方便. 使用一个带有负参数的 "[ ]" 运算符来指定哪些元素需要排除在外. 比如，使用 "A[-i,]" 来抽取矩阵 "A" 中除了第 "i" 行之外的所有行. 一般来说，"i" 可以是一个向量，"A[-i,]" 从 "A" 中抽取一个子矩阵并将 "i" 指向的行排除在外.

例B.2（从一个矩阵中抽取行）.

```
> A <- matrix(1:25, 5, 5)
> A[-(2:3), ]
     [,1] [,2] [,3] [,4] [,5]
[1,]    1    6   11   16   21
[2,]    4    9   14   19   24
[3,]    5   10   15   20   25

> A[-(2:3), 4]
[1] 16 19 20
```

注意在最后一行中结果被转化成了一个向量. 可以使用 "as.matrix(A[-(2:3), 4])" 来得到 3×1 矩阵. ◇

要想从一个大小为 n 的样本 "x" 中不放回地选取一个大小为 k 或 $n-k$ 的样本，可以使用下面的代码

```
i <- sample(1:n, size = k)}
x1 <- x[i, ]}
x2 <- x[-i, ]}
```

那么 "{x1, x2}" 形成了原样本 "x" 的一个划分.

有些精确检验要求生成一个样本的全部置换. "e1071" 程序包[72]中的函数 "permutations" 生成了一个包含指标集 "1:n" 的所有 $n!$ 个置换的矩阵. 返回的矩阵的每一行都是 "1:n" 的一个置换.

为了生成具有给定边缘的随机双向列联表⊖可以参考函数 "r2dtable".

B.2　构造子集和重塑数据

在处理实际数据时，经常会遇到数据的格式或布局与我们打算使用的方法的要求不符的情况，比如缺失值或者其他问题. R提供了一些实用程序来改造数据集. 接下来

⊖列联表是观测数据按两个或更多属性（定性变量）分类时所列出的频数表. 列联表又称交互分类表，一般地，若总体中的个体可按两个属性A与B分类，A有 r 个等级 $A_1, A_2, \cdots, A_r$，B有 c 个等级 $B_1, B_2, \cdots, B_c$，从总体中抽取大小为 n 的样本，设其中有 n_{ij} 个个体属于等级 A_i 和 B_j，n_{ij} 称为频数，将 $r \times c$ 个 n_{ij} 排列为一个 r 行 c 列的二维列联表，简称 $r \times c$ 表. —— 译者注

的简单例子展示了一些可能用到的操作，比如归并、构造子集或重塑数据. 在实际中这些操作很可能是非常复杂、非常困难的. 关于更详细的解释和例子可以参考各个主题的说明文件.

接下来的例子只是几个关于特殊主题的方便参考，关于使用R进行数据分析的较好介绍读者可以参阅相关文献，比如Dalgaard[62] 或Verzani[280].

B.2.1　构造数据子集

数据框的子集可以使用运算符"$"，"[[ ]]"和数组索引"[ ]"来生成. 函数"subset"给出了另一种构造数据子集的方法. "subset"函数的参数有数据集的名称、要求的子集满足的条件("subset")以及（或）一列变量("select").

例B.3 (构造数据框的子集).

例1.1和例1.4中对鸢尾花("iris")数据计算得到的均值和概括统计量也可以按下面的方法计算. 第一个子集使用的条件是种类为"versicolor"并选择花瓣长为变量. 第二个子集选择花萼长和花萼宽为变量并且不限制种类.

```
# versicolor petal length
y <- subset(iris, Species == "versicolor",
            select = Petal.Length)


summary(y)
Petal.Length
Min.   :3.00
1st Qu.:4.00
Median :4.35
Mean   :4.26
3rd Qu.:4.60
Max.   :5.10


# sepal width, all species
y <- subset(iris, select = c(Sepal.Length, Sepal.Width))
mean(y)


Sepal.Length Sepal.Width
  5.843333     3.057333
```

◇

B.2.2 合并数据和拆分数据

数据框或数据表格可以使用"stack"("unstack")函数进行合并(拆分).

例B.4 (拆分数据).

"InsectSprays"数据框包含了两个变量,"count"(一个整数)和"spray"(一个因子). 其形式是合在一起的. 下面给出前几个观测值.

```
> attach(InsectSprays)
> InsectSprays
   count spray
1     10     A
2      7     A
3     20     A
4     14     A
5     14     A
6     12     A
...
```

数据可以通过默认公式"unstack(InsectSprays)"进行拆分,或者和下面一样明确指定公式来拆分.

```
> unstack(count, count ~ spray)
    A  B  C  D  E  F
1  10 11  0  3  3 11
2   7 17  1  5  5  9
3  20 21  7 12  3 15
4  14 11  2  6  5 22
5  14 16  3  4  3 15
6  12 14  1  3  6 16
7  10 17  2  5  1 13
8  23 17  1  5  1 10
9  17 19  3  5  3 26
10 20 21  0  5  2 26
11 14  7  1  2  6 24
12 13 13  4  4  4 13
```

如果结果储存在一个对象"u"中,那么可以使用"stack(u)"来还原拆分. 在"stack(u)"返回的结果中,变量"count"会被标记为"values",变量"spray"(的指标)会被标记为"ind". ◇

R笔记B.1　　公式"count~spray"代表一个线性模型，其中响应变量为"count"，唯一的预示变量为因子"spray". 默认包含了一个截距项. "formula"提供了与数据框有关的默认模型方案. 比如，和鸢尾花("iris")数据相关的模型公式如下，但可能并不是所期望的公式.

```
>formula(iris)
Sepal.Length ~ Sepal.Width + Petal.Length + Petal.Width + Species
```

B.2.3　归并数据框

使用"merge"函数，通过公共变量（列）名或公共行名可以将两个数据框归并在一起.

例B.5 (通过ID归并).

在本例中我们事先给出了两个成绩集"data1"和"data2". 公共变量是第一列的ID号码. 本例是一个典型的有重复测量数据的情况. 我们希望通过ID将两组成绩归并为一个数据框. ID是"data1"的第一个变量，也是"data2"的第一个变量，所以"by=c(1,1)"指定了匹配ID进行归并. 在下面的第一种方法中，只有拥有共同ID号码的观测值（用"V1"标记）才会在新的数据集中被保留. 而所有有缺失值的项目则都被剔除了.

```
data1
     [,1] [,2]
[1,]   1    9
[2,]   2   12
[3,]   3    9
[4,]   4   13
[5,]   5   13
data2
     [,1] [,2]
[1,]   3    6
[2,]   4   10
[3,]   5   13
[4,]   6   10
[5,]   7   10
```

现在归并数据集. 在默认的情况下，只有完全的数据才会出现在结果中. 在下面的第二种方法中，新数据集保留了所有的观测值. 缺失的成绩被指定为缺失值"NA".

语法为

```
merge(x, y) #default
merge(x, y, by = intersect(names(x), names(y)),
        by.x = by, by.y = by, all = FALSE, ...)
```

其中…表示更多的参数（参见帮助主题）.

```
# keep only the common ID's
merge(data1, data2, by=c(1,1))
  V1 V2.x V2.y
1  3    9    6
2  4   13   10
3  5   13   13
#keep all observations
merge(data1, data2, by=c(1,1), all=TRUE)
  V1 V2.x V2.y
1  1    9   NA
2  2   12   NA
3  3    9    6
4  4   13   10
5  5   13   13
6  6   NA   10
7  7   NA   10
```

◇

B.2.4　重塑数据

假设我们需要引入一个时间变量, 将例B.5中的数据重塑为一个"长"格式. "reshape"函数可以用来在"长"格式和"宽"格式之间转化. 语法为

```
reshape(data, varying, v.names, timevar, idvar, ids,
    times, drop, direction, new.row.names,
    split, include))
```

除了"data"和"direction"之外的所有参数都有默认值. 使用"all=TRUE"来保留所有的观测值. 通过"varying"来指定重复测量还是随时间变化测量. "direction"是"宽"或"长".

例B.6 (重塑).

将例B.5中的数据从"宽"格式转化为"长"格式.

```
#keep all observations
a <- merge(data1, data2, by=c(1,1), all=TRUE)
reshape(a, idvar="ID", varying=c(2,3),
    direction="long", v.names="Scores")
    V1 time Scores ID
1.1  1    1      9  1
2.1  2    1     12  2
3.1  3    1      9  3
4.1  4    1     13  4
5.1  5    1     13  5
6.1  6    1     NA  6
7.1  7    1     NA  7
1.2  1    2     NA  1
2.2  2    2     NA  2
3.2  3    2      6  3
4.2  4    2     10  4
5.2  5    2     13  5
6.2  6    2     10  6
7.2  7    2     10  7
```

◇

B.3　数据输入和数据分析

B.3.1　手动数据输入

"edit"函数提供了类似电子表格的界面来生成数据框.

```
mydata <- edit(data.frame())
```

这个命令会打开一个类似电子表格的编辑器来输入数据. 当关闭编辑器时会生成一个数据框 "mydata". 数据框 "mydata" 可以通过 "edit(mydata)" 来进行编辑. 对较大的数据来说，将其输入到一个电子表格中并通过 "read.table" 导入到数据框中会简单一些，这个命令会在后面介绍.

B.3.2　重新编码缺失值

重新编码缺失值的第一步是找到缺失值. 函数 "is.na" 可用于对缺失值进行的检验，并返回逻辑值. "which" 函数返回一个逻辑向量中 "TRUE" 的指标. 对 "is.na"

的结果使用"which"将会给出一个包含缺失值指标的向量. 那么如果"i"包含了一个向量"x"缺失数据的指标,将"NA"记为"0"可以简单通过"x[i]<-0"来完成.

例B.7 (重新编码).

对例B.6中的重复测量数据,将缺失成绩重新编码为0. 利用函数"is.na"对缺失值进行检验. 使用"which"函数抽取缺失成绩的行标. 在下面的结果中,"which"返回了指标6、7、8、9,说明以它们为下标的成绩缺失了.

```
#store the previous result into b
b <- reshape(a, idvar="ID", varying=c(2,3),
                direction="long", v.names="Scores")
i <- which(is.na(b$Scores))   #these are missing
```

现在i中储存的指标为6、7、8、9,我们将相应的NA替换为0.

```
b$Scores[i] <- 0 #replace NA with 0
b
      V1 time Scores ID
1.1    1    1      9  1
2.1    2    1     12  2
3.1    3    1      9  3
4.1    4    1     13  4
5.1    5    1     13  5
6.1    6    1      0  6
7.1    7    1      0  7
1.2    1    2      0  1
2.2    2    2      0  2
3.2    3    2      6  3
4.2    4    2     10  4
5.2    5    2     13  5
6.2    6    2     10  6
7.2    7    2     10  7
```

通过设置"arr.ind=TRUE","which"函数也可以抽取数组下标. 在例B.5第二种归并运算的结果中,我们可以按如下方法抽取缺失值的数组下标.

```
m <- merge(data1, data2, by=c(1,1), all=TRUE)
i <- which(is.na(m), arr.ind=TRUE) #these are missing
>i
     row col
```

```
[1,]  6  2
[2,]  7  2
[3,]  1  3
[4,]  2  3
```

◇

B.3.3　读取和转换日期

金融数据的时间序列通常会有一个对应每个观测值的日程表日期. 在本小节中，我们讨论一些导入含有日期的文件、转换日期的格式和读取年月日的基本方法. 日期计算和格式化是一个非常复杂的问题，并且部分依赖于应用的场合. 更深入的说明可以参考R手册[217].

我们的第一个例子说明了如何将一个字符串格式的日期从"mm/dd/yyyy"格式转换为"yyyymmdd"格式. 关于"as.Date"、"format.Date"和"strptime"更多的细节和例子可以参考帮助主题.

例B.8 (日期格式).

将一个日期的字符串表示转换为一个日期对象，并将结果以不同的格式显示. 默认的格式为"yyyy-mm-dd". 下面我们以4种不同的格式给出日期.

```
d <- "3/27/1995"
thedate <- as.Date(d, "%m/%d/%Y")
print(thedate)
[1] "1995-03-27"
print(format(thedate, "%Y%m%d"))
[1] "19950327"
print(format(thedate, "%B %d, %Y"))
[1] "March 27, 1995"
print(format(thedate, "%y-%b-%d"))
[1] "95-Mar-27"
```

◇

为了从日期或时间中读取年、月、日或其他的分量，我们可以使用"POSIXlt"日期时间类("?DateTimeClasses").

例B.9 (日期时间类).

继续上面的例子，使用"POSIXlt"日期时间类从日期1995-03-27中读取年、月、日. 下面给出命令和结果. 注意1月到12月用数字0到11表示，"year"表示1900年之后第几年.

```
> pdate <- as.POSIXlt(thedate)
> print(pdate$year)
[1] 95
> print(pdate$mon)
[1] 2
> print(pdate$mday)
[1] 27
```

输入"?DateTimeClasses"来查看日期时间对象"POSIXlt"和"POSIXct"的
说明. ◇

B.3.4 导入/导出.csv文件

数据通常是用逗号分隔值(comma-separated-values, .csv)格式给出的,它是一个文本文件,用称为分隔符的特殊文本字符将数据隔开. 另外.csv格式的文件可以在大多数的电子表格应用程序中打开. 在导入R之前电子表格数据应保存为.csv格式. 在.csv文件中,数据可能是以字符串的格式给出,并且被双引号隔开.

例B.10 (导入/导出.csv文件).

本例展示了如何将一个数据框的内容导出到一个.csv文件中,以及如何将数据从一个.csv文件导入到一个R数据框中.

```
#create a data frame
dates <- c("3/27/1995", "4/3/1995",
           "4/10/1995", "4/18/1995")
prices <- c(11.1, 7.9, 1.9, 7.3)
d <- data.frame(dates=dates, prices=prices)
#create the .csv file
filename <- "/Rfiles/temp.csv"
write.table(d, file = filename, sep = ",",
            row.names = FALSE)
```

新的文件"temp.csv"可以在大多数的电子表格应用程序中打开. 当在一个文本编辑器(不是电子表格)中显示时,文件"temp.csv"中包含了下面的代码(没有前导空格).

```
"dates","prices"
"3/27/1995",11.1
"4/3/1995",7.9
"4/10/1995",1.9
"4/18/1995",7.3
```

可以使用"read.table"来读取大多数的.csv文件. 此外对.csv文件还设计了函数"read.csv"和"read.csv2".

```
#read the .csv file
read.table(file = filename, sep = ",", header = TRUE)
read.csv(file = filename) #same thing
dates prices
1 3/27/1995 11.1
2 4/3/1995 7.9
3 4/10/1995 1.9
4 4/18/1995 7.3
```

关于将日期的字符表示转换为日期对象可以参考例B.8.   ◇

B.3.5   数据输入和分析的例子

虽然这不是本书的主题，但R的新用户一般需要了解如何去分析书中典型的小数据集例子. 对于蒙特卡罗研究而言，还需要从一个拟合模型中提取某些结果. 我们以几个这种类型的简单例子来结束这一节.

堆积数据输入

例B.11 (单向方差分析).

对两个试验组和一个控制组的对象收集了重量测量结果. 这是完全随机设计的，我们希望得到单向方差分析(Analysis of Variance, ANOVA). 数据的布局是单向布局，而对于方差分析我们需要堆积数据. 因子有三个水平. 这里我们对反应变量（重量）生成了一个变量，对组变量生成了一个变量并将其编码为"factor"的形式. 对单向布局堆积数据的另一种方法可以参见例B.13.

```
# One-way ANOVA example
# Completely randomized design
ctl <- c(4.17,5.58,5.18,6.11,4.50,4.61,5.17,4.53,5.33,5.14)
trt1 <- c(4.81,4.17,4.41,3.59,5.87,3.83,6.03,4.89,4.32,4.69)
trt2 <- c(5.19,3.33,3.20,3.13,6.46,5.36,6.95,4.19,3.16,4.95)
group <- factor(rep(1:3, each=10)) #factor
weight <- c(ctl, trt1, trt2) #response
a <- lm(weight ~ group)
```

注意将组变量编码为"factor"的形式非常重要. 如果"group"不是一个因子，而只是一个整数向量，那么"lm"将会拟合一个回归模型. "anova"的输出是方差分析表. 使用"summary"可以得到输出的更多细节.

```
> anova(a)                          #brief summary
Analysis of Variance Table

Response: weight
          Df    Sum Sq   Mean Sq   F value   Pr(>F)
group      2    1.120    0.56000   0.5656    0.5746
Residuals 27   26.734    0.99016


> summary(a)                        #more detailed summary

Call:
lm(formula = weight ~ group)

Residuals:
    Min     1Q  Median      3Q     Max
-1.4620 -0.5245  0.0685  0.5005  2.3580

Coefficients:
            Estimate Std. Error t value Pr(>|t|)
(Intercept)  5.0320      0.3147  15.991 2.71e-15 ***
group2      -0.3710      0.4450  -0.834    0.412
group3      -0.4400      0.4450  -0.989    0.332
---
Signif. codes:  0 '***' 0.001 '**' 0.01 '*' 0.05 '.' 0.1 ' ' 1
Residual standard error: 0.9951 on 27 degrees of freedom
Multiple R-squared: 0.04021,   Adjusted R-squared: -0.03089
F-statistic: 0.5656 on 2 and 27 DF,  p-value: 0.5746
```

◇

从拟合模型中提取统计量和估计值

在蒙特卡罗研究中，我们经常希望从分析中提取p值、F统计量或可决系数(R-squared)，而不是只打印出它们的汇总. 接下来的例子展示了如何从"anova"对象或汇总中提取各种结果.

例B.12 (从方差分析中提取p值和统计量).

为了从"anova"对象或"summary"的结果中提取p值、F统计量和其他信息，我们需要这些值的名称("names"). 然后可以使用方括号通过名称或位置来提取这些信息（本例继续例B.11的分析）.

```
A <- anova(a)
names(A)
[1] "Df" "Sum Sq" "Mean Sq" "F value" "Pr(>F)"
```

这样，假设我们需要F统计量. 它是一个长度为2的向量，对应着方差分析表中的两行. 每一行的F统计量对应着同一行的因子.

```
> A$"F value"
[1] 0.5655666 NA
> A$"F value"[1]
[1] 0.5655666
```

类似地，我们可以使用"names"找到"summary"返回对象中的值的名称.

```
B <- summary(a)
names(B)
[1] "call" "terms" "residuals" "coefficients" "aliased"
[6] "sigma" "df" "r.squared" "adj.r.squared" "fstatistic"
[11] "cov.unscaled"
```

现在假设我们希望从这个模型中提取可决系数(R-squared)、均方误差(MSE)和误差的自由度.

```
> B$sigma
[1] 0.9950695
> B$r.squared
[1] 0.0402093
> B$df[2]
[1] 27
```

◇

在堆积布局中生成数据框

下面的例子展示了另一种在单向布局中输入数据的方法. 这里我们生成一个数据框并使用"stack"函数.

例B.13 (堆积数据输入).

本例中的小数据集在Larsen和Marx[170]的案例研究12.3.1中给出. 因子（抗生素类型）有5种水平. 反应变量测量了药物的血清蛋白结合率. 对于方差分析数据框的布局必须是堆积的.

```
P <- c(29.6, 24.3, 28.5, 32)
```

```
T <- c(27.3, 32.6, 30.8, 34.8)
S <- c(5.8,  6.2, 11, 8.3)
E <- c(21.6, 17.4, 18.3, 19)
C <- c(29.2, 32.8, 25,  24.2)

#glue the columns together in a data frame
x <- data.frame(P, T, S, E, C)

#now stack the data for ANOVA
y <- stack(x)
names(y) <- c("Binding", "Antibiotic")
```

"y" 中堆积数据的前几行为

```
  Binding Antibiotic
1   29.6        P
2   24.3        P
3   28.5        P
4   32.0        P
5   27.3        T
6   32.6        T
...
```

并且这个数据是方差分析的单向布局. 现在 "y" 是一个数据框, 所以存在着跟它相联系的默认公式.

```
> #check the default formula
> print(formula(y)) #default formula is right one
Binding ~ Antibiotic
```

由于默认公式和我们希望拟合的模型是相同的, 所以可以不需要指定公式而直接使用 "lm".

```
> lm(y)

Call:
lm(formula = y)

Coefficients:
(Intercept)  AntibioticE  AntibioticP  AntibioticS  AntibioticT
```

```
   27.800        -8.725         0.800        -19.975        3.575

> anova(lm(y))
Analysis of Variance Table

Response: Binding
           Df  Sum Sq  Mean Sq  F value   Pr(>F)
Antibiotic  4 1480.82   370.21   40.885 6.74e-08 ***
Residuals  15  135.82     9.05
---
Signif. codes:  0 '***' 0.001 '**' 0.01 '*' 0.05 '.' 0.1 ' ' 1
```

可以用和例B.12一样的方法从拟合模型中提取统计量、p值和估计值. ◇

例B.14 (双向方差分析).

"leafshape"("DAAG")[185]数据本身就是堆积格式的, 有两个因子"location"和叶结构"arch".

```
> data(leafshape, package = "DAAG")
> attach(leafshape)
> anova(lm(petiole ~ location * arch))
Analysis of Variance Table

Response: petiole
                Df Sum Sq  Mean Sq  F value    Pr(>F)
location         5  209.9    41.98   1.8107    0.1108
arch             1 1098.5  1098.50  47.3786 3.983e-11 ***
location:arch    5  232.6    46.52   2.0066    0.0779 .
Residuals      274 6352.8    23.19
---
Signif. codes:  0 '***' 0.001 '**' 0.01 '*' 0.05 '.' 0.1 ' ' 1
```

使用公式"petiole~location+arch"来拟合没有相互作用项的模型. ◇

例B.15 (多重比较).

在例B.13中, 我们可以继续进行多重比较来判断哪一个均值是明显不同的. Tukey法就是一种这类方法. 学生化范围统计量在$\alpha = 0.05$的临界值可以通过下面的方法得到

```
> qtukey(p = .95, nmeans = 5, df = 15)
[1] 4.366985
```

对 "TukeyHSD" 来说, 使用 "aov" 而不是 "lm" 来拟合模型.

```
#alternately: Tukey Honest Significant Difference

a <- aov(formula(y), data = y)

TukeyHSD(a, conf.level=.95)

Tukey multiple comparisons of means
  95% family-wise confidence level

Fit: aov(formula = formula(y), data = y)

$Antibiotic
        diff      lwr        upr      p adj
E-C   -8.725 -15.295401  -2.154599 0.0071611
P-C    0.800  -5.770401   7.370401 0.9952758
S-C  -19.975 -26.545401 -13.404599 0.0000010
T-C    3.575  -2.995401  10.145401 0.4737713
P-E    9.525   2.954599  16.095401 0.0034588
S-E  -11.250 -17.820401  -4.679599 0.0007429
T-E   12.300   5.729599  18.870401 0.0003007
S-P  -20.775 -27.345401 -14.204599 0.0000006
T-P    2.775  -3.795401   9.345401 0.6928357
T-S   23.550  16.979599  30.120401 0.0000001
```

◇

例B.16 (回归).

下面给出一些回归公式的其他例子 (参见例7.17).

```
library(DAAG)
attach(ironslag)

# simple linear regression model
lm(magnetic ~ chemical)
```

```
# quadratic regression model
lm(magnetic ~ chemical + I(chemical^2))

# exponential regression model
lm(log(magnetic) ~ chemical)

# log-log model
lm(log(magnetic) ~ log(chemical))

# cubic polynomial model
lm(magnetic ~ poly(chemical, degree = 3))

detach(ironslag)
detach(package:DAAG)
```

在二次模型中，"原样"运算符"I( )"说明指数运算符是一个算术运算符，不应该被理解为一个公式运算符. 注意"poly"对正交多项式进行计算.

```
> cor(poly(chemical, 2))      #uncorrelated
                1                 2
1   1.000000e+00 -4.956837e-18
2  -4.956837e-18  1.000000e+00
> cor(chemical, chemical^2) #correlated
[1] 0.9919215
```

参 考 文 献

[1] M. Abramowitz and I. A. Stegun, editors. Handbook of Mathematical Functions with Formulas, Graphs, and Mathematical Tables. Dover, New York, 1972.

[2] D. Adler and D. Murdoch. rgl: 3D visualization device system(OpenGL), 2007. R package version 0.74.

[3] J. H. Ahrens and U. Dieter. Computer methods for sampling from the exponential and normal distributions. Comm. ACM, 15:873 – 882, 1972.

[4] J. H. Ahrens and U. Dieter. Sampling from the binomial and Poisson distributions: A method with bounded computation times. Computing, 25:193 – 208, 1980.

[5] J. Albert. Bayesian Computation with R. Springer, New York, 2007.

[6] J. H. Albert. Teaching Bayesian statistics using sampling methods and MINITAB. The American Statistician, 47:182 – 191, 1993.

[7] P. M. E. Altham. Exact Bayesian analysis of a 2×2 contingency table and Fisher's "exact" significance test. Journal of the Royal Statistical Society. Series B, 31:261 – 269, 1969.

[8] T. W. Anderson. An Introduction to Multivariate Statistical Analysis. Wiley, New York, Second edition, 1984.

[9] T. W. Anderson and D. A. Darling. A test of goodness-of-fit. Journal of the American Statistical Association, 49:765 – 769, 1954.

[10] D. F. Andrews. Plots of high dimensional data. Biometrics, 28:125 – 136, 1972.

[11] F. J. Anscombe and W. J. Glynn. Distribution of the kurtosis statistic b2 for normal statistics. Biometrika, 70:227 – 234, 1986.

[12] S. Arya and D. M. Mount. Approximate nearest neighbor searching. In Proceedings of the fourth annual ACM-SIAM Symposium on Discrete Algorithms (SODA 1993), pages 271 – 280, 1993.

[13] S. Arya, D. M. Mount, N. S. Netanyahu, R. Silverman, and A. Y. Wu. An optimal algorithm for approximate nearest neighbor searching. Journal of the ACM, 45:891 – 923, 1998.

[14] D. Asimov. The grand tour: a tool for viewing multidimensional data. SIAM Journal on Scientific and Statistical Computing, 6(1):128 – 143, 1985.

[15] A. Azzalini and A. W. Bowman. A look at some data on the Old Faithful geyser. Applied Statistics, 39:357 – 365, 1990.

[16] L. J. Bain and M. Engelhardt. Introduction to Probability and Mathematical Statistics. Duxbury Classic Series. Brooks-Cole, Pacific Grove, CA, 1991.

[17] N. K. Bakirov, M. L. Rizzo, and G. J. Székely. A multivariate nonparametric test of independence. Journal of Multivariate Analysis, 93:1742 – 1756.

[18] J. Banks, J. Carson, B. L. Nelson, and D. Nicol. Discrete-Event System Simulation. Prentice-Hall, Upper Saddle River, NJ, fourth edition, 2004.

[19] P. Barbe and P. Bertail. The Weighted Bootstrap. Springer, New York, 1995.

[20] L. Baringhaus and C. Franz. On a new multivariate two-sample test. Journal of Multivariate Analysis, 88:190 – 206, 2004.

[21] M. S. Bartlett. On the theory of statistical regression. Proceedings of the Royal Society of Edinburgh, 53:260 – 283.

[22] K. E. Basford and G. J. McLachlan. Likelihood estimation with normal mixture models. Journal of the Royal Statistical Society. Series C, 34(3):282 – 289, 1985.

[23] M. A. Bean. Probability: The Science of Uncertainty with Applications to Investments, Insurance, and Engineering. Brooks-Cole, Pacific Grove, CA, 2001.

[24] R. A. Becker, J. M. Chambers, and A. R. Wilks. The New S Language: A Programming Environment for Data Analysis and Graphics. Wadsworth & Brooks/Cole, Pacific Grove, CA, 1988.

[25] J. L. Bentley. Multidimensional binary search trees used for associative searching. Communications of the ACM, 18(9):509 – 517, 1975.

[26] M. Berkelaar et al. lpSolve: Interface to Lp solve v. 5.5 to solve linear/ integer programs, 2006. R package version 5.5.7.

[27] P. J. Bickel. A distribution free version of the Smirnov two-sample test in the multivariate case. Annals of Mathematical Statistics, 40:1 – 23.

[28] P. J. Bickel and L. Breiman. Sums of functions of nearest neighbor distances, moment bounds, limit theorems and a goodness of fit test. Annals of Probability, 11:185 – 214, 1983.

[29] A. W. Bowman and A. Azzalini. sm: Smoothing methods for nonparametric regression and density estimation, 2005. Ported to R by B. D. Ripley up to version 2.0 and later versions by Adrian W. Bowman and Adelchi Azzalini. R package version 2.1-0.

[30] A. W. Bowman, P. Hall, and D. M. Titterington. Cross-validation in nonparametric estimation of probabilities and probability densities. Biometrika, 71(2):341 – 351,

1984.

[31] G. E. P. Box and M. E. Müller. A note on the generation of random normal deviates. The Annals of Mathematical Statistics, 29:610 - 611, 1958.

[32] R. Brent. Algorithms for Minimization without Derivatives. Prentice- Hall, New Jersey, 1973.

[33] S. P. Brooks, P. Dellaportas, and G. O. Roberts. An approach to diagnosing total variation convergence of MCMC algorithms. Journal of Computational and Graphical Statistics, 6(3):251 - 265, 1997.

[34] A. Canty and B. Ripley. boot: Bootstrap R (S-Plus) Functions (Canty), 2006. S original by Angelo Canty, R port by Brian Ripley. R package version 1.2-28.

[35] O. Cappe and C. P. Robert. Markov Chain Monte Carlo: 10 years and still running! Journal of the American Statistical Association, 95(452):1282 - 1286, 2000.

[36] A. E. Carlin, B. P. Gelfand and A. F. M. Smith. Hierarchical Bayesian analysis of changepoint problems. Applied Statistics, 41:389 - 405, 1992.

[37] B. P. Carlin and T. A. Louis. Bayes and Empirical Bayes Methods for Data Analysis. Chapman and Hall/CRC, Boca Raton, FL, 2000.

[38] D. Carr. hexbin: Hexagonal Binning Routines, 2006. Ported by Nicholas Lewin-Koh and Martin Maechler. R package version 1.8.0.

[39] G. Casella and R. Berger. Statistical Inference. Duxbury Press, Belmont, California, 1990.

[40] G. Casella and E. E. George. Explaining the Gibbs sampler. The American Statistician, 46:167 - 174, 1992.

[41] J. M. Chambers. Programming with Data: A Guide to the S Language. Springer, New York, 1998.

[42] J. M. Chambers and T. J. Hastie. Statistical Models in S. Chapman & Hall, London, 1992.

[43] J. M. Chambers, C. L. Mallows, and B. W. Stuck. A method for simulating stable random variables. Journal of the American Statistical Association, 71:304 - 344, 1976.

[44] M.-H. Chen, Q.-M. Shao, and J. G. Ibrahim. Monte Carlo Methods in Bayesian Computation. Springer, New York, 2000.

[45] M. A. Chernick. Bootstrap Methods: A Practitioner's Guide. Wiley, New York, 1999.

[46] H. Chernoff. The use of faces to represent points in k-dimensional space graphically. Journal of the American Statistical Association, 68:361 - 368, 1973.

[47] S. Chib and E. Greenberg. Understanding the Metropolis-Hastings algorithm. The American Statistician, 49:327 - 335, 1995.

[48] W. S. Cleveland. Visualizing Data. Summit Press, New Jersey, 1993.

[49] W. S. Cleveland. Coplots, nonparametric regression, and conditionally parametric fits. In Multivariate Analysis and its Applications (Hong Kong, 1992), volume 24 of IMS Lecture Notes Monograph Series, pages 21 - 36. Inst. Math. Statist., Hayward, CA, 1994.

[50] W. S. Cleveland and R. McGill. The many faces of a scatterplot. Journal of the American Statistical Association, 79(388):807 - 822, 1984.

[51] J.-F. Coeurjolly. Simulation and identification of the fractional Brownian motion: a bibliographical and comparative study. Journal of Statistical Software, 5, 2000.

[52] D. Cook and D. F. Swayne. Interactive and Dynamic Graphics for Data Analysis: With R and GGobi. Springer, New York, 2007.

[53] G. Cornuejols and R. Tütüncü. Optimization Methods in Finance. Cambridge University Press, Cambridge, 2007.

[54] M. K. Cowles and B. P. Carlin. Markov Chain Monte Carlo convergence diagnostics: A comparative review. Journal of the American Statistical Association, 91(434):883 - 904, 1996.

[55] D. R. Cox and N. J. H. Small. Testing multivariate normality. Biometrika, 65:263 - 272, 1978.

[56] H. Cramér. On the composition of elementary errors. II Statistical applications. Skandinavisk Aktuarietidskrift, 11:141 - 180, 1928.

[57] M. J. Crawley. Statistical Computing: An Introduction to Data Analysis using S-Plus. Wiley, New York, 2002.

[58] R. B. D'Agostino. Tests for the normal distribution. In R. B. D' Agostino and M. A. Stephens, editors, Goodness-of-Fit Techniques, pages 367 - 420. Marcel Dekker, New York, 1986.

[59] R. B. D'Agostino and E. S. Pearson. Tests for departure from normality. empirical results for the distributions of b_2 and $\sqrt{b_1}$. Biometrika, 60:613 - 622, 1973.

[60] R. B. D'Agostino and M. A. Stephens. Goodness-of-Fit Techniques. Marcel Dekker, New York, 1986.

[61] D. B. Dahl. xtable: Export tables to Latex or HTML, 2007. With contributions from many others. R package version 1.4-3.

[62] P. Dalgaard. Introductory Statistics with R. Springer, New York, 2002.

[63] A. C. Davison and D. V. Hinkley. Bootstrap Methods and their Application. Cambridge University Press, Oxford, 1997.

[64] M. H. DeGroot and M. J. Schervish. Probability and Statistics. Addison-Wesley, New York, third edition, 2002.

[65] S. Déjean and S. Cohen. FracSim: An R package to simulate multifractional Lévy motions. Journal of Statistical Software, 14, 2005.

[66] S. Déjean and S. Cohen. FracSim: Simulation of Lévy motions, 2005. R package version 0.2.

[67] A. P. Dempster, N. M. Laird, and D. B. Rubin. Maximum likelihood from incomplete data via the EM algorithm (with discussion). Journal of the Royal Statistical Society. Series B. Methodological, 39:1 - 38, 1977.

[68] L. Devroye. The computer generation of Poisson random variables. Computing, 26:197 - 207, 1981.

[69] L. Devroye. Non-Uniform Random Variate Generation. Springer, New York, 1986.

[70] L. Devroye. A Course in Density Estimation. Birkhäuser, Boston, 1987.

[71] L. Devroye and L. Györfi. Nonparametric Density Estimation: The L1 View. John Wiley, New York, 1985.

[72] E. Dimitriadou, K. Hornik, F. Leisch, D. Meyer, and A. Weingessel. e1071: Misc Functions of the Department of Statistics (e1071), TU Wien, 2006. R package version 1.5-16.

[73] D. P. Doane. Aesthetic frequency classification. The American Statistician, 30:181 - 183, 1976.

[74] M. Dresher. Games of Strategy: Theory and Application. Dover, New York, 1981.

[75] R. O. Duda, P. E. Hart, and D. G. Stork. Pattern Classification. Wiley, New York, second edition, 2001.

[76] T. Duong. ks: Kernel smoothing, 2007. R package version 1.4.9.

[77] R. Durrett. Probability: Theory and Examples. Wadsworth Publishing (Duxbury Press), Belmont, CA, second edition, 1996.

[78] R. Eckhardt. Stan Ulam, John von Neumann, and the Monte Carlo method. Los Alamos Science, (15, Special Issue):131 - 137, 1987. With contributions by Tony Warnock, Gary D. Doolen, and John Hendricks, Stanislaw Ulam 1909 - 1984.

[79] S. Efromovich. Density estimation for the case of supersmooth measurement error. Journal of the American Statistical Association,92(438):526 - 535, 1997.

[80] B. Efron. Bootstrap methods: another look at the jackknife. Annals of Statistics, 7:1 - 26, 1979.

[81] B. Efron. Nonparametric estimates of standard error: the jackknife, the bootstrap, and other methods. Biometrika, 68:589 - 599, 1981.

[82] B. Efron. Nonparametric standard errors and confidence intervals (with discussion). Canadian Journal of Statistics, 9:139 - 172, 1981.

[83] B. Efron. The Jackknife, the Bootstrap and Other Resampling Plans. Society for Industrial and Applied Mathematics, Philadelphia, 1982.

[84] B. Efron and R. J. Tibshirani. An Introduction to the Bootstrap. Chapman & Hall/CRC, Boca Raton, FL, 1993.

[85] V. K. Epanechnikov. Non-parametric estimation of a multivariate probability density. Theory of Probability and its Applications, 14:153 – 158, 1969.

[86] R. L. Eubank. Spline Smoothing and Nonparametric Regression. Marcel Dekker, New York, 1988.

[87] M. Evans and T. Schwartz. Approximating Integrals via Monte Carlo and Deterministic Methods. Oxford University Press, Oxford, 2000.

[88] B. Everitt and T. Hothorn. A Handbook of Statistical Analyses Using R. Chapman & Hall/CRC, Boca Raton, FL, 2006.

[89] B. S. Everitt and D. J. Hand. Finite Mixture Distributions. Chapman & Hall, London, 1981.

[90] J. J. Faraway. Linear Models with R. Chapman & Hall/CRC, Boca Raton, FL, 2004.

[91] J. J. Faraway. Extending Linear Models with R: Generalized Linear, Mixed Effects and Nonparametric Regression Models. Chapman & Hall/CRC, Boca Raton, FL, 2006.

[92] R. A. Fisher. On the 'probable error' of a coefficient of correlation deduced from a small sample. Metron, 1:3 – 32, 1921.

[93] R. A. Fisher. The moments of the distribution for normal samples of measures of departures from normality. Proceedings of the Royal Society of London, A, 130:16 – 28, 1930.

[94] G. S. Fishman. Monte Carlo Concepts, Algorithms, and Applications. Springer, New York, 1995.

[95] G. S. Fishman. Discrete-Event Simulation. Springer, New York, 2001.

[96] R. Fletcher and C. M. Reeves. Function minimization by conjugate gradients. Computer Journal, 7:148 – 154.

[97] J. Fox. An R and S-Plus Companion to Applied Regression. Sage Publications, Thousand Oaks, CA, 2002.

[98] J. N. Franklin. Numerical simulation of stationary and non-stationary Gaussian random processes. SIAM Review, 7:68 – 80.

[99] D. Freedman and P. Diaconis. On the histogram as a density estimator: L2 theory. Zeitschrift für Wahrscheinlichkeitstheorie und verwandte Gebiete, 57:453 – 476.

[100] J. Friedman and J. Tukey. A projection pursuit algorithm for exploratory data analysis. IEEE Transactions on Computers, 23:881 – 889, 1975.

[101] J. H. Friedman and L. C. Rafsky. Multivariate generalizations of the Wald-Wolfowitz and Smirnov two-sample tests. Annals of Statistics, 7:697 - 717, 1979.

[102] M. Friendly. Visualizing Categorical Data. SAS Press, Cary, NC, 2000.

[103] D. Gamerman. Markov Chain Monte Carlo. Stochastic simulation for Bayesian inference. Chapman Hall, London, 1997.

[104] A. E. Gelfand. Gibbs sampling. Journal of the American Statistical Association, 95(452):1300 - 1304, 2000.

[105] A. E. Gelfand, S. E. Hills, A. Racine-Poon, and A. F. M. Smith. Illustration of Bayesian inference in normal data models using Gibbs sampling. Journal of the American Statistical Association, 85:972 - 985, 1990.

[106] A. E. Gelfand and A. F. M. Smith. Sampling based approaches to calculating marginal densities. Journal of the American Statistical Association, 85:398 - 409, 1990.

[107] A. Gelman. Inference and monitoring convergence. In W. R. Gilks, S. Richardson, and D. J. Spiegelhalter, editors, Markov Chain Monte Carlo in Practice, pages 131 - 143. Chapman & Hall, Boca Raton, FL, 1996.

[108] A. Gelman, J. B. Carlin, H. S. Stern, and D. B. Rubin. Bayesian Data Analysis. Chapman and Hall, Boca Raton, second edition, 2004.

[109] A. Gelman and D. B. Rubin. Inference from iterative simulation using multiple sequences (with discussion). Statistical Science, 7:457 - 511, 1992.

[110] A. Gelman and D. B. Rubin. A single sequence from the Gibbs sampler gives a false sense of security. In J. M. Bernardo, J. O. Berger, O. P. Dawid, and A. F. M. Smith, editors, Bayesian Statistics 4, pages 625 - 631. Oxford University Press, Oxford, 1992.

[111] S. Geman and D. Geman. Stochastic relaxation, Gibbs distributions and the Bayesian restoration of images. IEEE Transactions on Pattern Analysis and Machine Intelligence, 6:721 - 741, 1984.

[112] J. E. Gentle. Random Number Generation and Monte Carlo Methods. Springer, New York, 1998.

[113] J. E. Gentle. Elements of Computational Statistics. Springer, New York, 2002.

[114] J. E. Gentle, W. Härdle, and Y. Mori, editors. Handbook of Computational Statistics : Concepts and Methods. Springer, New York, 2004.

[115] A. Genz and F. Bretz. mvtnorm: Multivariate Normal and T Distribution, 2007. R port by Torsten Hothorn. R package version 0.8-1.

[116] C. J. Geyer. Practical Markov Chain Monte Carlo (with discussion). Statistical Science, 7:473 - 511, 1992.

[117] C. J. Geyer. mcmc: Markov Chain Monte Carlo, 2005. R package version 0.5-1.

[118] S. Ghahramani. Fundamentals of Probability. Prentice-Hall, New Jersey, second edition, 2000.

[119] W. R. Gilks. Full conditional distributions. In W. R. Gilks, S. Richardson, and D. J. Spiegelhalter, editors, Markov Chain Monte Carlo in Practice, pages 75 – 88. Chapman & Hall, Boca Raton, FL, 1996.

[120] W. R. Gilks, S. Richardson, and D. J. Spiegelhalter. Markov Chain Monte Carlo in Practice. Chapman & Hall, Boca Raton, FL, 1996.

[121] G. H. Givens and J. A. Hoeting. Computational Statistics. Wiley, New Jersey, 2005.

[122] R. Gnanadesikan. Methods for the Statistical Analysis of Multivariate Observations. Wiley, New York, Second edition, 1997.

[123] C. Gu. gss: General Smoothing Splines. R package version 0.9-3.

[124] F. A. Haight. Handbook of the Poisson Distribution. Wiley, New York, 1967.

[125] P. Hall and J. S. Marron. Choice of kernel order in density estimation. Annals of Statistics, 16:161 – 173, 1987.

[126] D. J. Hand, F. Daly, A. D. Lunn, K. J. McConway, and E. Ostrokowski. A Handbook of Small Data Sets. Chapman & Hall, Boca Raton, FL, 1996.

[127] R. K. S. Hankin. gsl: wrapper for the Gnu Scientific Library, 2005. qrng functions by Duncan Murdoch. R package version 1.6-7.

[128] W. Härdle. Applied Nonparametric Regression, volume 19 of Econometric Society Monographs. Cambridge University Press, Cambridge, 1990.

[129] W. Härdle. Smoothing Techniques. Springer-Verlag, New York, 1991. With implementation in S.

[130] W. Härdle, M. Müller, S. Sperlich, and A. Werwatz. Nonparametric and Semiparametric Models. Springer-Verlag, New York, 2004.

[131] F. E. Harrell. Regression Modeling Strategies, with Applications to Linear Models, Survival Analysis and Logistic Regression. Springer, 2001.

[132] F. E. Harrell Jr. Hmisc: Harrell Miscellaneous, 2007. With contributions from many other users. R package version 3.3-1.

[133] H. O. Hartley and D. L. Harris. Monte Carlo computations in normal correlation problems. Journal of Association for Computing Machinery, 10:301 – 306, 1963.

[134] T. Hastie. gam: Generalized Additive Models, 2006. R package version 0.98.

[135] T. Hastie and R. Tibshirani. Generalized additive models. Statistical Science, 1(3):297 – 318, 1986. With discussion.

[136] T. Hastie, R. Tibshirani, and J. Friedman. The Elements of Statistical Learning. Springer Series in Statistics. Springer-Verlag, New York, 2001. Data mining, inference, and prediction.

[137] T. J. Hastie and R. J. Tibshirani. Generalized Additive Models. Chapman and Hall Ltd., London, 1990.

[138] W. K. Hastings. Monte Carlo sampling methods using Markov chains and their applications. Biometrika, 57:97 – 109, 1970.

[139] N. Henze. A multivariate two-sample test based on the number of nearest neighbor coincidences. Annals of Statistics, 16:772 – 783, 1988.

[140] N. Henze. On Mardia's kurtosis test for multivariate normality. Communications in Statistics: Theory and Methods, 23:1031 – 1045, 1994.

[141] N. Henze. Extreme smoothing and testing for multivariate normality. Statistics and Probability Letters, 35:203 – 213, 1997.

[142] N. J. Higham. Accuracy and Stability of Numerical Algorithms. SIAM Publications, Philadelphia, 1996.

[143] J. S. U. Hjorth. Computer Intensive Statistical Methods: Validation, Model Selection and Bootstrap. Chapman and Hall, London, 1992.

[144] W. Hoeffding. A class of statistics with asymptotically normal distribution. Annals of Mathematical Statistics, 19:293 – 325, 1948.

[145] W. Hoeffding. A non-parametric test of independence. Annals of Mathematical Statistics, 19:546 – 547, 1948.

[146] R. V. Hogg, J. W. McKean, and A. T. Craig. Introduction to Mathematical Statistics. Prentice Hall, Upper Saddle River, New Jersey, sixth edition, 2005.

[147] K. Hornik. The R FAQ. R Foundation for Statistical Computing, Vienna, Austria, 2007. ISBN 3-900051-08-9.

[148] R. J. Hyndman and Y. Fan. Sample quantiles in statistical packages. The American Statistician, 50:361 – 365, 1996.

[149] S. M. Iacus. sde: Simulation and Inference for Stochastic Differential Equations, 2006. R package version 1.9.5.

[150] J. P. Imhof. Computing the distribution of quadratic forms in normal variables. Biometrika, 48(3/4):419 – 426, 1961.

[151] J. P. Imhof. Corrigenda: Computing the distribution of quadratic forms in normal variables. Biometrika, 49(1/2):284, 1962.

[152] A. Inselberg. The plane with parallel coordinates. The Visual Computer, 1:69 – 91, 1985.

[153] R. G. Jarrett. A note on the intervals between coal-mining disasters. Biometrika, 66:191 – 193, 1979.

[154] M. E. Johnson. Multivariate Statistical Simulation. Wiley, New York, 1987.

[155] M. E. Johnson, W. Chiang, and J. S. Ramberg. Generation of continuous multivariate distributions for statistical applications. American Journal of Mathematical Management Science, 4:225 – 248, 1984.

[156] N. L. Johnson, S. Kotz, and N. Balakrishnan. Continuous Univariate Distributions, volume 1. Wiley, New York, Second edition, 1994.

[157] N. L. Johnson, S. Kotz, and N. Balakrishnan. Continuous Univariate Distributions, volume 2. Wiley, New York, Second edition, 1995.

[158] N. L. Johnson, S. Kotz, and A. W. Kemp. Univariate Discrete Distributions. Wiley, New York, Second edition, 1992.

[159] A.W. Kemp. Efficient generation of logarithmically distributed pseudorandom variables. Applied Statistics, 30:249 – 253, 1981.

[160] S. E. Kemp. knnFinder: Fast Near Neighbour Search. R package version 1.0.

[161] W. J. Kennedy, Jr. and J. E. Gentle. Statistical Computing. Marcel Dekker, New York, 1980.

[162] D. A. King and J. H. Maindonald. Tree architecture in relation to leaf dimensions and tree stature in temperate and tropical rain forests. Journal of Ecology, 87:1012 – 1024, 1999.

[163] C. Kleiber and S. Kotz. Statistical Size Distributions in Economics and Actuarial Sciences. Wiley, 2003.

[164] D. B. Knuth. The Art of Computer Programming (Vol.2: Seminumerical Algorithms). Addison-Wesley, Reading, third edition, 1997.

[165] D. Kundu and A. Basu, editors. Statistical Computing: Existing Methods and Recent Developments. Alpha Science International Ltd., Harrow, U.K., 2004.

[166] D. Kuonen. Saddlepoint approximations for distributions of quadratic forms in normal variables. Biometrika, 86(4):929 – 935, 1999.

[167] D. T. Lang, D. Swayne, H. Wickham, and M. Lawrence. rggobi: Interface between R and GGobi, 2006. R package version 2.1.4-4.

[168] K. Lange. Numerical Analysis for Statisticians. Springer-Verlag, New York, 1998.

[169] K. Lange. Optimization. Springer-Verlag, New York, 2004.

[170] R. J. Larsen and M. L.Marx. An Introduction to Mathematical Statistics and Its Applications. Prentice-Hall, Inc., New Jersey, fourth edition, 2006.

[171] P. M. Lee. Bayesian Statistics. Oxford University Press, New York, third edition, 2004.

[172] E. L. Lehmann. Testing Statistical Hypotheses. Springer, New York, second edition, 1986. Originally published New York: Wiley, 1986.

[173] E. L. Lehmann and G. Casella. Theory of Point Estimation. Springer, New York, second edition, 1998.

[174] F. Leisch and E. Dimitriadou. mlbench: Machine Learning Benchmark Problems, 2007. R package version 1.1-3.

[175] R. V. Lenth. Algorithm AS 243 – Cumulative distribution function of the non-central t distribution. Applied Statistics, 38:185 – 189, 1989.

[176] A. Liaw and M. Wiener. Classification and regression by randomForest. R News, 2(3):18 – 22, 2002.

[177] U. Ligges. R-WinEdt. In K. Hornik, F. Leisch, and A. Zeileis, editors, Proceedings of the 3rd International Workshop on Distributed Statistical Computing (DSC 2003), TU Wien, Vienna, Austria, 2003. ISSN 1609- 395X.

[178] R. J. A. Little and D. B. Rubin. Statistical Analysis with Missing Data. Wiley, Hoboken, NJ, second edition, 2002.

[179] J. S. Liu. Monte Carlo Strategies in Scientific Computing. Springer, New York, 2001.

[180] C. Loader. locfit: Local Regression, Likelihood and Density Estimation, 2006. R package version 1.5-3.

[181] C. R. Loader. Bandwidth selection: Classical or plug-in? The Annals of Statistics, 27:415 – 438, 1999.

[182] J. Ludbrook and H. Dudley. Why permutation tests are superior to t and F tests in biomedical research. The American Statistician, 52(2):127 – 132, 1998.

[183] M. Maechler and many others. sfsmisc: Utilities from Seminar fuer Statistik ETH Zurich, 2007. R package version 0.95-9.

[184] J. Maindonald and J. Braun. Data Analysis and Graphics Using R – an Example-based Approach. Cambridge University Press, Cambridge, 2003.

[185] J.Maindonald and J. Braun. DAAG: Data Analysis and Graphics, 2007. R package version 0.95.

[186] E. Mammen. When Does Bootstrap Work? Springer, New York, 1992.

[187] K. V. Mardia. Measures of multivariate skewness and kurtosis with applications. Biometrika, 57:519 – 530, 1970.

[188] K. V. Mardia, J. T. Kent, and J. M. Bibby. Multivariate Analysis. Academic Press, San Diego, 1979.

[189] J. S. Marron and M. P. Wand. Exact mean integrated squared error. The Annals of Statistics, 20:712 – 736, 1992.

[190] G. Marsaglia, W. W. Tsang, and J. Wang. Fast generation of discrete random variables. Journal of Statistical Software, 11, 2004.

[191] A. D. Martin and K. M. Quinn. MCMCpack: Markov Chain Monte Carlo (MCMC) Package, 2007. R package version 0.8-1.

[192] W. L. Martinez and A. R. Martinez. Computational Statistics Handbook with MATLAB. Chapman & Hall/CRC, Boca Raton, FL, 2002.

[193] R. N. McGrath and B. Y. Yeh. Count Five test for equal variance. The American Statistician, 59:47 – 53, 2005.

[194] G. J. McLachlan and T. Krishnan. The EM Algorithm and Extensions. Wiley, New York, 1997.

[195] N. Metropolis. The beginning of the Monte Carlo method. Los Alamos Science, (15, Special Issue):125 – 130, 1987. Stanislaw Ulam 1909 – 1984.

[196] N. Metropolis. The Los Alamos experience, 1943 – 1954. In A History of Scientific Computing (Princeton, NJ, 1987), ACM Press History Series, pages 237 – 250. ACM, New York, 1990.

[197] N. Metropolis, A. W. Rosenbluth, M. N. Rosenbluth, A. H. Teller, and E. Teller. Equations of state calculations by fast computing machine. Journal of Chemical Physics, 21:1087 – 1091, 1953.

[198] N. Metropolis and S. Ulam. The Monte Carlo method. Journal of the American Statistical Association, 44:335 – 341, 1949.

[199] D. Meyer, A. Zeileis, and K. Hornik. vcd: Visualizing Categorical Data, 2007. R package version 1.0.5.

[200] P. W. Mielke, Jr. and K. J. Berry. Permutation tests for common locations among samples with unequal variances. Journal of Educational and Behavioral Statistics, 19(3):217 – 236, 1994.

[201] I. Miller and M. Miller. John E. Freund's Mathematical Statistics with Applications. Prentice Hall, New Jersey, seventh edition, 2004.

[202] J. F. Monahan. Numerical Methods of Statistics. Cambridge University Press, Cambridge, 2001.

[203] H. G. Müller. Nonparametric Regression Analysis of Longitudinal Data. Springer-Verlag, Berlin, 1988.

[204] P. Murrell. R Graphics. Chapman & Hall/CRC, Boca Raton, FL, 2005.

[205] J. A. Nelder and R. Mead. A simplex algorithm for function minimization. Computer Journal, 7:308, 1965.

[206] J. Nocedal and S. J. Wright. Numerical Optimization. Springer, New York, 1999.

[207] P. L. Odell and A. H. Feiveson. A numerical procedure to generate a sample covariance matrix. Journal of the American Statistical Association, 61:199 – 203.

[208] G. Owen. Game Theory. Academic Press, New York, third edition, 1995.

[209] W. M. Patefield. Algorithm AS159. An efficient method of generating r × c tables with given row and column totals. Applied Statistics, 30:91 – 97, 1981.

[210] J. K. Patel and C. B. Read. Handbook of the Normal Distribution. Marcel Dekker, New York, second edition, 1996.

[211] J. C. Pinheiro and D. M. Bates. Mixed-Effects Models in S and S-Plus. Springer, 2000.

[212] M. Plummer, N. Best, K. Cowles, and K. Vines. coda: Output analysis and diagnostics for MCMC, 2007. R package version 0.11-2.

[213] W. H. Press, S. A. Teukolsky, W. T. Vetterling, and B. P. Flannery. Numerical Recipes in C: The Art of Scientific Computing. Cambridge University Press, New York, second edition, 1992.

[214] M. L. Puri and P. K. Sen. Nonparametric Methods in Multivariate Analysis. Wiley, New York, 1971.

[215] M. H. Quenouille. Approximate tests of correlation in time series. Journal of the Royal Statistical Society, Series B, 11:68 – 84, 1949.

[216] M. H. Quenouille. Notes on bias in estimation. Biometrika, 43(3/4):353 – 360, 1956.

[217] R Development Core Team. R: A Language and Environment for Statistical Computing. R Foundation for Statistical Computing, Vienna, Austria, 2007. ISBN 3-900051-07-0.

[218] R Development Core Team. R Installation and Administration. R Foundation for Statistical Computing, Vienna, Austria, 2007. ISBN 3-900051-09-07.

[219] A. E. Raftery and S. M. Lewis. How many iterations in the Gibbs sampler? In J. M. Bernardo, J. O. Berger, O. P. Dawid, and A. F. M. Smith, editors, Bayesian Statistics 4, pages 763 – 773. Oxford University Press, Oxford, 1992.

[220] C. R. Rao, editor. Linear Statistical Inference and Its Applications. Wiley, New York, second edition, 1973.

[221] C. R. Rao, editor. Computational Statistics. Elsevier, The Netherlands, 1993.

[222] C. R. Rao, E. J. Wegman, and J. L. Solka, editors. Handbook of Statistics, Volume 24: Data Mining and Data Visualization.

[223] B. D. Ripley. Stochastic Simulation. Cambridge University Press, Cambridge, 1987.

[224] B. D. Ripley. Pattern Recognition and Neural Networks. Cambridge University Press, Cambridge, 1996.

[225] B. D. Ripley and D. J. Murdoch. The R for Windows FAQ. R Foundation for Statistical Computing, Vienna, Austria, 2007.

[226] M. L. Rizzo and G. J. Székely. energy: E-statistics (energy statistics) tests of fit, independence, clustering, 2007. R package version 1.0-6.

[227] C. P. Robert. Convergence control methods for Markov Chain Monte Carlo algorithms. Statistical Science, 10(3):231 – 253, 1995.

[228] C. P. Robert and G. Casella. Monte Carlo Statistical Methods. Springer, New York, second edition, 2004.

[229] G. O. Roberts. Markov chain concepts related to sampling algorithms. In W. R. Gilks, S. Richardson, and D. J. Spiegelhalter, editors, Markov Chain Monte Carlo in Practice, pages 45 – 58. Chapman & Hall, Boca Raton, FL, 1996.

[230] G. O. Roberts, A. Gelman, and W. R. Gilks. Weak convergence and optimal scaling of random walk Metropolis algorithms. Annals of Applied Probability, 7:110 – 120, 1997.

[231] V. K. Rohatgi. An Introduction to Probability Theory and Mathematical Statistics. Wiley, New York, 1976.

[232] S. M. Ross. A First Course in Probability. Prentice-Hall, New Jersey, seventh edition, 2006.

[233] S. M. Ross. Simulation. Academic Press, San Diego, fourth edition, 2006.

[234] S. M. Ross. An Introduction to Probability Models. Academic Press, San Diego, ninth edition, 2007.

[235] J. P. Royston. Algorithm AS 181. The W test for normality. Applied Statistics, 31:176 – 180, 1982.

[236] J. P. Royston. An extension of Shapiro and Wilk's W test for normality to large samples. Applied Statistics, 31(2):115 – 124, 1982.

[237] P. Royston. Approximating the Shapiro-Wilk W-test for non-normality. Statistical Computing, 2:117 – 119, 1992.

[238] R. Y. Rubinstein. Simulation and the Monte Carlo Method. Wiley, New York, 1981.

[239] D. Sarkar. lattice: Lattice Graphics, 2007. R package version 0.15-8.

[240] M. F. Schilling. Multivariate two-sample tests based on nearest neighbors. Journal of the American Statistical Association, 81:799 – 806, 1986.

[241] D. W. Scott. On optimal and data-based algorithms. Biometrika, 66:605 – 610, 1979.

[242] D. W. Scott. Averaged shifted histograms: Effective nonparametric density estimators in several dimensions. Annals of Statistics, 13:1024 – 1040, 1985.

[243] D. W. Scott. Frequency polygons: Theory and application. Journal of the American Statistical Association, 80:348 – 354, 1985.

[244] D. W. Scott. Multivariate Density Estimation. Theory, Practice, and Visualization. John Wiley, New York, 1992.

[245] D. W. Scott and A. Gebhardt. ash: David Scott's ASH routines. S original by David W. Scott, R port by Albrecht Gebhardt. R package version 1.0-9.

[246] P. K. Sen. On some multisample permutation tests based on a class of U-statistics. Journal of the American Statistical Association, 62(320):1201 – 1213, 1967.

[247] J. Shao and D. Tu. The Jackknife and Bootstrap. Springer-Verlag, New York, 1995.

[248] S. S. Shapiro and M. B. Wilk. An analysis of variance test for normality (complete samples). Biometrika, 52:591 – 611, 1965.

[249] S. S. Shapiro, M. B. Wilk, and H. J. Chen. A comparative study of various tests of normality. Journal of the American Statistical Association, 63:1343 – 1372, 1968.

[250] B. W. Silverman. Choosing the window width when estimating a density. Biometrika, 65(1):1 – 11, 1978.

[251] B. W. Silverman. Some properties of a test for multimodality based on kernel density estimates. In Probability, Statistics and Analysis, volume 79 of London Mathematical Society Lecture Note Series, pages 248 – 259. Cambridge University Press, Cambridge, 1983.

[252] B. W. Silverman. Density Estimation for Statistics and Data Analysis. Chapman & Hall, London, 1986.

[253] P. W. F. Smith, J. J. Forster, and J. W. McDonald. Monte Carlo exact tests for square contingency tables. Journal of the Royal Statistical Society. Series A (Statistics in Society), 159(2):309 – 321, 1996.

[254] G. Snow. TeachingDemos: Demonstrations for teaching and learning, 2005. R package version 1.5.

[255] C. Spearman. The proof and measurement of association between two things. American Journal of Psychology, 1904.

[256] Student. The probable error of a mean. Biometrika, 6:1 – 25, 1908.

[257] H. A. Sturges. The choice of a class interval. Journal of the American Statistical Association, 21:65 – 66, 1926.

[258] G. J. Székely. Potential and kinetic energy in statistics. Lecture notes, Budapest Institute of Technology (Technical University), 1989.

[259] G. J. Székely. E-statistics: Energy of statistical samples. Technical Report 03-05, Bowling Green State University, Department of Mathematics and Statistics, 2000.

[260] G. J. Székely. Student's t-test for scale mixture errors. In J. Rojo, editor,

Optimality, The Second Lehmann Symposium, volume 49 of IMS Lecture Notes – Monograph Series, pages 9 – 15. Institute of Mathematical Statistics, 2006.

[261] G. J. Székely and M. L. Rizzo. Testing for equal distributions in high dimension. InterStat, 11(5), 2004.

[262] G. J. Székely and M. L. Rizzo. Hierarchical clustering via joint betweenwithin distances: extending Ward's minimum variance method. Journal of Classification, 22(2):151 – 183, 2005.

[263] G. J. Székely and M. L. Rizzo. A new test for multivariate normality. Journal of Multivariate Analysis, 93(1):58 – 80, 2005.

[264] G. J. Székely and M. L. Rizzo. The uncertainty principle of game theory. The American Mathematical Monthly, 8:688 – 702, October 2007.

[265] G. J. Székely, M. L. Rizzo, and N. K. Bakirov. Measuring and testing dependence by correlation of distances. Annals of Statistics, 35(6), December 2007.

[266] M. A. Tanner. Tools for Statistical Inference: Methods for the Exploration of Posterior Distributions and Likelihood Functions. third edition, 1993.

[267] M. A. Tanner and W. H. Wong. The calculation of posterior distributions by data augmentation. Journal of the American Statistical Association, 82:528 – 549, 1987.

[268] T. M. Therneau and B. Atkinson. rpart: Recursive Partitioning, 2007. R port by Brian Ripley. R package version 3.1-36.

[269] R. A. Thisted. Elements of Statistical Computing. Chapman and Hall, New York, 1988.

[270] H. C. Thode, Jr. Testing for Normality. Marcel Dekker, Inc., New York, 2002.

[271] R. Tibshirani and F. Leisch. bootstrap, 2006. Functions for the book "An Introduction to the Bootstrap." S original by Rob Tibshirani, R port by Friedrich Leisch. R package version 1.0-20.

[272] L. Tierney. Markov chains for exploring posterior distributions (with discussion). Annals of Statistics, 22:1701 – 1762, 1994.

[273] Y. L. Tong. The Multivariate Normal Distribution. Springer, New York, 1990.

[274] J. Tukey. Bias and confidence in not quite large samples (abstract). Annals of Mathematical Statistics, 29:614, 1958.

[275] J. W. Tukey. Exploratory Data Analysis. Addison-Wesley, New York, 1977.

[276] S. Ulam, R. D. Richtmyer, and J. von Neumann. Statistical methods in neutron diffusion. Los Alamos Scientific Laboratory, report LAMS-551, 1947.

[277] W. N. Venables and B. D. Ripley. S Programming. Springer, New York, 2000.

[278] W. N. Venables and B. D. Ripley. Modern Applied Statistics with S. Springer, New York, fourth edition, 2002. ISBN 0-387-95457-0.

[279] W. N. Venables, D. M. Smith, and the R Development Core Team. An Introduction to R. R Foundation for Statistical Computing, Vienna, Austria, 2007. ISBN 3-900051-12-7.

[280] J. Verzani. Using R for Introductory Statistics. Chapman & Hall/CRC, Boca Raton, FL, 2005.

[281] R. von Mises. Wahrscheinlichkeitsrechnung und Ihre Anwendung in der S-tatistik und Theoretischen Physik. Deuticke, Leipzig, Germany, 1931.

[282] J. von Neumann. Zur Theorie der Gesellschaftsspiele. Mathematische An-nalen, 100:295 – 320, 1928.

[283] J. von Neumann. Various techniques used in connection with random digits. National Bureau of Standards Applied Mathematics Series, 12:36 – 38, 1951.

[284] G. Wahba. Spline Models for Observational Data. SIAM, Philadelphia, 1990.

[285] G. G. Walter and X. Shen. Wavelets and other Orthogonal Systems. Chapman & Hall/CRC, Boca Raton, FL, second edition, 2001.

[286] M. Wand and B. Ripley. KernSmooth: Functions for kernel smoothing for Wand & Jones (1995), 2007. S original by Matt Wand. R port by Brian Ripley. R package version 2.22-20.

[287] M. P. Wand. Frequency polygons: Theory and applications. Journal of the American Statistical Association, 80:348 – 354, 1985.

[288] M. P. Wand. Data-based choice of histogram bin width. The American Statistician, 51:59 – 64, 1997.

[289] M. P. Wand and M. C. Jones. Kernel Smoothing, volume 60 of Monographs on Statistics and Applied Probability. Chapman and Hall Ltd., London, 1995.

[290] G. R.Warnes. gplots: Various R programming tools for plotting data. Includes R source code and/or documentation contributed by Ben Bolker and Thomas Lumley. R package version 2.3.2.

[291] G. R. Warnes. mcgibbsit: Warnes and Raftery's MCGibbsit MCMC diagnostic, 2005. R package version 1.0.5.

[292] M. Watanabe and K. Yamaguchi. The EM Algorithm and Related Statistical Models. Marcel Dekker, New York, 2004.

[293] E. Wegman. Nonparametric probability density estimation: I. A summary of available methods. Technometrics, 14:533 – 546, 1972.

[294] E.Wegman. Hyper dimensional data analysis using parallel coordinates. Journal of the American Statistical Association, 85:664 – 675, 1990.

[295] E. J. Wegman. Computational statistics: A new agenda for statistical theory and practice. Journal of the Washington Academy of Sciences, 78:310 – 322, 1988.

[296] S. S. Wilks. On the independence of k sets of normally distributed statistical variables. Econometrica, 3:309 – 326, 1935.

[297] M. Wiper, D. R. Insua, and F. Ruggeri. Mixtures of gamma distributions with applications. Journal of Computational and Graphical Statistics, 10(3):440 – 454, 2001.

[298] P. Wolf and U. Bielefeld. aplpack: Another Plot PACKage: stem.leaf, bagplot, faces, spin3R, · · · , 2006. R package version 1.0.

[299] D.Wuertz, many others, and see the source file. fSeries: Rmetrics – The Dynamical Process Behind Markets, 2006. R package version 240.10068

索　引